新型市政基础设施规划与管理丛书

低碳生态市政基础设施规划与管理

深圳市城市规划设计研究院
俞露　曾小瑱　等　编著

中国建筑工业出版社

图书在版编目（CIP）数据

低碳生态市政基础设施规划与管理 / 俞露等编著. —北京：中国建筑工业出版社，2018.9
（新型市政基础设施规划与管理丛书）
ISBN 978-7-112-22426-5

Ⅰ.①低…　Ⅱ.①俞…　Ⅲ.①市政工程－基础设施建设－城市规划－研究　Ⅳ.①TU99

中国版本图书馆CIP数据核字（2018）第150501号

本书系统介绍了低碳生态市政基础设施规划与管理相关的各项内容，包括理念篇、技术篇、规划篇、管理篇四部分。通过总结国内外先进市政技术应用经验和梳理国内低碳生态市政设施规划管理实践，对低碳生态市政设施的发展历程、内涵要求、关键技术、目标和指标、规划编制指引、规划编制技术方法、相关标准与规范、规划管理、建设管理、运营模式等问题给出了较为清楚和明确的解释。全书还附有丰富的技术应用实例和详细的规划编制实例，资料新颖、内容全面，以实用性为主，兼顾理论性。

本书可供市政基础设施规划建设领域的科研人员、规划设计人员、政府管理部门人员参考，也可作为相关专业大专院校师生、专项培训的教学参考书。

责任编辑：朱晓瑜
责任校对：焦　乐

新型市政基础设施规划与管理丛书
低碳生态市政基础设施规划与管理
深圳市城市规划设计研究院　　编著
俞露　曾小瑱　等

*

中国建筑工业出版社出版、发行（北京海淀三里河路9号）
各地新华书店、建筑书店经销
北京点击世代文化传媒有限公司制版
北京建筑工业印刷厂印刷

*

开本：787×1092毫米　1/16　印张：20½　字数：461千字
2018年9月第一版　2020年6月第二次印刷
定价：**49.00元**
ISBN 978-7-112-22426-5
（32251）

丛书序言

中国自改革开放至今30多年的工业化和城镇化发展，以其巨量、快速、高效而成为人类文明发展史的一个奇迹。这场沿着西方现代城镇化道路的追赶式发展，有超越的成功，但没能避免一些重大城市问题的出现，如环境污染、水资源短缺、能源紧张、交通拥挤等。2011年中国城镇化率过半，意味着中国的城镇化发展进入了下半程。未来，中国预计还将新增3亿城镇化人口，是发展机遇，但也面临严峻挑战。一方面，缓解生态环境、能源、资源等困境刻不容缓；另一方面，全球经济放缓和中国经济进入新常态时期让中国能否跨越中等收入陷阱面临考验。新型城镇化是以"五位一体"总布局为指引，以可持续发展为导向的发展模式转型。以"创新、协调、绿色、开放、共享"五大发展理念为指引，推进生态城市建设，是新型城镇化发展的重要路径。

深圳的城市发展是对新型城镇化的前瞻性探索和实践，其发展成就令世人瞩目，且具有世界性的典范意义。深圳卓越的社会经济增长、首屈一指的创新能力、健康的经济和财税结构，使其跻身国内一线城市之列。天蓝水清的良好生态环境，更使得深圳一枝独秀。深圳在资源、能源、环境承载力都严重不足的条件下，很好地兼顾并平衡了社会经济发展和生态环境保护，摸索出了独具特色的发展路径。

深圳特色发展模式的难能可贵之处着重体现在对城市生态建设的前瞻性重视和务实性推进。生态城市建设的关键在于，用系统论思维研究城市生态保护和修复，用城市生态系统理念完善城市规划建设管理，并坚持以法治保障生态理念的植入和有效技术措施的落实。深圳自特区成立之初即从尊重自然生态环境出发，确定且持续完善组团式城市空间结构；深圳早于中央政策要求十年在全市划定基本生态控制线并立法实施；深圳在全国率先开展了以节能减排为导向的地下综合管廊、海绵城市、电动汽车充电基础设施、新型能源基础设施、低碳生态市政基础设施等新型市政设施的规划建设工作；深圳在国际低碳城探索"低排放、高增长"城市转型发展模式……从我不完全的了解来看，深圳特色发展模式至少在三方面体现了生态城市建设的要义：一是始终坚持在规划建设中融入生态保护理念；二是依托技术措施和公共政策在规划编制及规划管理中系统性地落实生态保护理念；三是注重基础性设施的低碳生态化改造和建设。

今年10月我访问深圳期间，深圳市城市规划设计研究院（简称"深规院"）司马晓院长陪同我考察了深圳国际低碳城的规划建设情况，并向我介绍深规院应中国建筑工业出版社之邀即将出版《新型市政基础设施规划与管理丛书》。该丛书包括地下综合管廊、海绵城市、电动汽车充电基础设施、新型能源基础设施、低碳生态市政基础设施等多个分册，汇集了深规院近些年在市政设施领域开展的有关生态城市规划建设的思考和实践，其中不乏深圳和其他城市的实践案例。

应对气候变化，是人类面临的越来越严峻的挑战。工业化、城市化和科技进步拓宽了人类对自然资源利用的深度、广度和规模，推动人类文明快速发展。但与此同时，工业化和城市化打破了农业文明时代人与自然生态系统的平衡关系。灾害性气候事件频发、自然生态系统退化、水资源分布失衡、生物多样性锐减等问题，都是人类活动方式不当累积所致，为人类发展渐渐笼罩上阴影。能源、土地、水资源、粮食等供应不足或者不均衡，逐渐成为引发国际社会局部冲突的主要根源性问题。生态环境危机更是需要全球共同面对的难题。

新型市政基础设施是生态城市建设的重要基础性工作，但在我国尚处于起步阶段。新型市政基础设施的规划建设融入了绿色生态、低碳智慧的理念，积极应用新技术，以有效提高资源能源的利用效率，并改善城市生态环境。本质上，这是支撑城市转型发展的一场渐进性变革。与此同时，推动新型市政基础设施的规划建设，是推进供给侧结构性改革的重大举措，对于适应和引领经济发展新常态具有重要的现实意义。

《新型市政基础设施规划与管理丛书》是深圳经验的推广和共享，为促进更广泛、更深入的思考、探索和行动提供了很好的平台。希望深规院继续秉持创新、开放、共享的理念，大道直行，不断完善深圳特色发展模式，为新型城镇化注入特区的经验和智慧。

原建设部部长、第十一届全国人民代表大会环境与资源保护委员会主任委员

汪光焘

2016 年 11 月

丛书前言

市政基础设施主要由给水、排水、燃气、环卫、供电、通信、防灾等各项工程系统构成。市政基础设施是城市承载功能最主要的体现，对城市发展具有重要的基础性、支撑性、引领性作用，其服务水平高低决定着一座城市承载能力的大小，体现一个城市综合发展能力和现代化水平，是城市安全高效运行的坚实基础和城市健康持续发展的有力保障。

通过60多年的大规模投资建设，我国基础设施也经过了大规模的投资和建设，得到明显加强。根据《2015年国民经济和社会发展统计公报》，2015年全国固定资产投资（不含农户）额为551590亿元，增长10.0%，而同期第三产业中基础设施（不含电力）投资额为101271亿元，增长17.2%，这一增速不仅远远高于同期制造业及房地产投资增速，也高于投资领域整体增速。事实上，基础设施建设已当仁不让地成为中国经济社会健康可持续发展的有力支撑，持续不断地为稳增长与惠民生增添强劲动力。以给水、排水、燃气、环卫、供电、通信、防灾等为重点的多领域基础设施建设和民生工程全面开花，不仅直接拉动经济增长、创造就业，并为经济发展注入强大后劲，也通过改善民生，让人民群众真正分享到改革发展所带来的滚滚红利。

虽然近年来城市市政基础设施建设投入力度不断加大，但由于历史欠账多，投资不足和设施建设滞后的矛盾仍然突出。2013年9月，国务院印发的《关于加强城市基础设施建设的意见》中明确提出当前我国城市基础设施仍存在总量不足、标准不高、运行管理粗放等诸多问题。因此随着城市规模的扩大，新型城镇化的进行，市政基础设施的类型和规模也是与日俱增，新型市政基础设施的概念也应运而生。

新型市政基础设施是指市政基础设施的新类型或者新模式，在现阶段主要包括城市地下综合管廊、海绵城市、电动汽车充电基础设施、新型能源基础设施以及低碳生态市政基础设施等。2013年9月，国务院印发的《关于加强城市基础设施建设的意见》针对以上设施或模式提出了相关要求，在城市地下综合管廊方面，提出"开展城市地下综合管廊试点，用3年左右时间，在全国36个大中城市全面启动地下综合管廊试点工程"；在海绵城市方面，提出"积极推行低影响开发建设模式，将建筑、小区雨水收集利用、可渗透面积、蓝线划定与保护等要求作为城市规划许可和项目建设的前置条件，因地制宜配套建设雨水滞渗、收集利用等削峰调蓄设施"；在电动汽车充电基础设施方面，提出"推进换乘枢纽及充电桩、充电站、公共停车场等配套服务设施建设，将其纳入城市旧城改造和新城建设规划同步实施"；在新型能源基础设施方面，提出"推进城市电网智能化，以满足新能源电力、分布式发电系统并网需求，优化需求侧管理，逐步实现电力系统与用户双向互动"；在低碳生态市政基础设施方面，提出"绿色优质的原则，全面落实集约、智能、绿色、低碳等生态文明理念"。为了切实做好新型市政基础设施建设工作，国务院办公厅于2015年8月印发了《国务院办公厅关于推进城市地下综合管廊建设的指导意见》，于 2015 年 10 月印发了《国务院办公厅关于推进海绵城市建设的指导意见》和《国务院办公厅关于加快电动汽车充电基础设施建设的指导意见》，这三个指导意见，在国内迅速引起了新型基础设施建设高潮，特别是城市地下综合管廊和海绵城市建设，由财政部、住房和城乡建设部组织开展 2015 年、2016 年两个年度地下综合管廊和海绵城市试点城市工作，中央财政对地下综合管廊试点城市给予专项资金补助。新型市政基础设施建设无疑是我国城市建设的重要里程碑，是我国城市建设由粗放式管理向精细化管理转变的重要节点之一。

新型市政基础设施作为近年来我国在城镇开发建设中大力倡导的新理念，其相关技术尚处于起步阶段，各相关技术人员以及政府管理人员对其有不同的理解，社会上不时涌现疑惑甚至质疑的声音。因此我们希望结合我们的经验，就新型市政基础设施规划设计中一些容易混淆和模糊的理念或概念，给出较为清晰的解释，建立较为系统和清晰的技术路线或思路。同时对新型市政基础设施的投融资模式、建设模式、运营模式等管理体制进行深入研究，期望构建一个从理念到实施的全过程体系。

深圳市城市规划设计研究院是一个与深圳共同成长的规划设计机构，1990 年成立至今，在深圳以及国内外 200 多个城市或地区完成了 3500 多个项目，有幸完整地跟踪了中国城镇化过程中的典型实践。市政规划研究院作为其下属最大的专业技术部门，拥有近 100 名市政专业技术人员，是国内实力雄厚的城市基础设施规划研究专业团队之一，一直深耕于城市基础设施规划和研究领域，早在 10 年前在国内就率先对新型市政基础设施规划和管理进行专门研究和探讨。在海绵城市规划研究方面，2005 年编制的《深圳市水战略》，率先在国内提出了雨洪利用和低影响开发等理念；2007 年编制的《深圳市雨洪利用系统布局规划》《光明新区雨洪利用详细规划》《深圳市居住小区雨水综合利用规划指引》等从不同的角度和层次应用低冲击开发理念；2011 年承担了国家水专项低影响开发雨水系统综合示范与评估课题，率先对海绵城市示范区规划、建设及评估进行了系统研究。在综合管廊规划研究方面，编制完成了近 20 项综合管廊工程规划，其中 2009 年编制的《深圳市共同沟系统布局规划》是国内第一个全市层面的综合管廊系统整体规划，获得了2012 年度华夏建设科学技术奖。在电动汽车规划研究方面，2010 年编制的《深圳市东部滨海地区电动汽车充电设施布局规划研究》是国内第一个类似项目，获得了 2014 年度华夏建设科学技术奖。在低碳生态市政基础设施方面，《深圳国际低碳城规划》获保尔森基金会 2014 年度中国可持续规划设计奖和 2015 年度广东省优秀城乡规划设计奖一等奖；《深圳市盐田区低碳市政基础设施规划研究及试点方案》获深圳市第十六届优秀城乡规划设计奖三等奖。近年来在新型能源基础设施方面也开展了大量规划研究工作。

在中国建筑工业出版社的支持下，由司马晓、丁年、刘应明整体策划和统筹协调，组织了院内对新型市政基础设施规划设计具有丰富经验的专家和工程师编著了《新型市政基础设施规划与管理丛书》。该丛书共五册，包括《城市地下综合管廊工程规划与管理》《海绵城市建设规划与管理》《电动汽车充电基础设施规划与管理》《新型能源基础设施规划与管理》和《低碳生态市政基础设施规划与管理》。丛书的编著力求根据国情，在总结具体规划研究项目经验的基础上，进行了理论提升，突出各类新型市政基础设施的特点和要求，并附经典实例，以便为从事城市基础设施建设的规划、设计人员和广大基层干部、群众提供一些具有实践意义的参考资料和亟待解决问题的处理方法，也希望给新型市政基础设施热爱者和建设者一个有价值的参考。

丛书编写中，得到了住房和城乡建设部、广东省住房和城乡建设厅、深圳市规划国土委等相关领导的大力支持和关心，得到了各有关方面专家、学者和同行的热心指导和无私奉献，在此一并表示感谢。

《新型市政基础设施规划与管理丛书》编委会

2016 年 10 月

本书所称市政基础设施，是指给水、排水、电力、通信、燃气、供热、环卫、防灾等工程设施的总和。21世纪以来，随着中国城镇化发展过程中不断累积的环境恶化、生态破坏、资源短缺等问题被广泛关注，低碳生态城市的建设理念逐渐成为共识。市政基础设施是城市规划、建设、管理的重要基础系统，它们是城市的生命线，承载着为城市输送资源、分解废物的功能，是城市赖以生存和发展的物质基础，在很大程度上表征了城市物质和能源流动的过程，构筑起低碳生态城市的核心框架。市政基础设施也是低碳先进技术的重要载体，将全面支撑城市的可持续发展。同时，市政基础设施一般由政府投资或管理，可以进行最大程度的引导和规范，具有较好的示范条件。对市政基础设施进行低碳化和生态化规划、设计和建设，可以直接控制城市宏观层面的能量消耗与废物排放，从而达到节能减排、低碳循环的目的。因此，市政基础设施的低碳化、生态化是低碳生态城市建设示范的首要工作任务之一，也是提升公共投资效率，提高城镇化质量，增强市民幸福感，促进人与自然和谐发展的有力手段。

低碳生态市政基础设施是在常规市政设施的基础上，衍生引入低碳生态理念，以新兴技术植入的形式融入常规市政系统。结合新加坡、英国、德国、日本等先进国家的实践经验，按照资源和能源系统的供应、使用等分类，低碳生态市政基础设施相关技术包含水资源综合管理、能源清洁高效利用、废弃物减量循环、智慧通信和综合管廊等技术，上述每类技术又包含了若干项更为细化和具体的先进技术。随着科技的发展和进步，新的低碳生态技术也不断被发明创造出来，本书中所涉及的低碳生态市政基础设施技术主要为目前全球主流的、使用较为广泛的一些成熟技术，以及近年来得到国家关注和大力推广的一些新兴技术。

低碳生态市政基础设施不是新建一套市政基础设施体系，而是在旧的体系基础上将低碳、生态的理念和技术有机融入规划和管理中，新旧体系之间的转变存在一个循序渐进的完善过程。在这个过程中需要更加重视规划体系的构建、规划方法的完善和激励政策的作用。

近年来，国家、省层面发布了多项低碳生态城市规划、基础设施提升等相关的政策和标准。2013年9月，国务院办公厅发布《国务院关于加强城市基础设施建设的意见》（国发〔2013〕36号），要求按照"规划引领、民生优先、安全为重、机制创新、绿色优质"的基本原则，围绕改善民生、保障城市安全、投资拉动效应明显的重点领域，加快城市基础设施转型升级，全面提升城市基础设施水平。海绵城市、综合管廊、电动车充电设施、太阳能、分布式能源、海水淡化等新技术的试点、激励政策也相继出台。在这样一个转型发展的关键时期，深圳市城市规划设计研究院低碳生态市政规划团队结合在各地的实践案例，总结多年来的工作思路与方法，希望能助力我国低碳生态市政基础设施规划和管理工作迈向新台阶。

深圳市城市规划设计研究院市政规划研究院是国内较早关注和开展低碳生态市政基础设施规划和建设实践的专业技术团队之一。从 2008 年开始，就率先在城市规划领域引入绿色市政、低碳市政理念进行规划和实践，逐渐形成了近百人、涵盖多专业的低碳生态市政基础设施市政技术团队，成立了低碳生态规划研究中心。该中心是国内低碳生态城市规划领域的一支生力军，长期跟踪和参与各地低碳生态城市建设与实践。2011 年开始，通过深圳国际低碳城市政基础设施体系的研究和规划工作，展开了从理论研究到各层次专项规划再到工程设计的全过程技术研发，期间多次组织技术团队赴日本、新加坡等开展学习和交流，并结合在深圳市、佛山市、扬州市、滕州市等地的 20 余项相关规划实践，逐渐形成和丰富了低碳生态市政基础设施规划编制的理论和方法。承担的相关项目先后获得多项奖励，其中《深圳国际低碳城规划》获保尔森基金会 2014 年度中国可持续规划设计奖和 2015 年度全国优秀城乡规划设计奖一等奖;《广东省低碳生态城市建设规划编制指引》及《广东省绿色生态城区规划建设指引》获 2015 年度全国优秀城乡规划设计奖二等奖;《深圳市盐田区低碳市政基础设施规划研究及试点方案》获深圳市第十六届优秀城乡规划设计奖三等奖（2015 年);《滕州市高铁新区低碳生态城规划》获 2016 年度华夏建设科学技术三等奖;《深圳市低碳市政规划标准研究与实施指引》获深圳市第十七届优秀城乡规划设计奖二等奖（2017 年)。这既是荣誉，也是动力，鼓舞着我们团队不断提升和凝练技术能力，为各地提供更好、更优质的技术服务。

本书是编写团队对低碳生态市政基础设施规划与建设实践工作的总结和凝练，希望通过本书与各位读者分享我们的规划理念、技术方法和实战经验，但限于作者水平和城市建设的快速发展，书中疏漏乃至错误之处在所难免，敬请读者批评指正。

《低碳生态市政基础设施规划与管理》编写组

2018 年 5 月

目　录

1 理念篇

本部分以低碳生态城市及市政基础设施的相关概念开篇，叙述市政基础设施发展演变历程，阐述低碳生态市政基础设施的产生背景、发展情况和关键技术。市政基础设施作为城市的生命线，承载着为城市输送资源、分解废物的过程，在很大程度上表征了城市物质和能源流动的过程，是城市赖以生存和发展的物质基础。对市政基础设施进行低碳化和生态化规划、设计和建设，促进能源资源供应及废弃物处理环节的高效循环和节能减排，对于城市的低碳生态发展具有重要意义。

21世纪初，在全球气候变化的背景下，我国开展了低碳生态城市相关的试点规划建设，市政基础设施作为以政府为主导的公共服务体系，最容易贯彻低碳生态理念形成示范效应。国家出台一系列相关政策，要求促进城市基础设施水平全面提升，按照绿色循环低碳的理念进行规划建设。随即，低碳生态市政基础设施的规划和建设得到了充分的促进和发展。本部分对国内外低碳生态市政基础设施的概念内涵、发展历程、关键技术、实践案例、规划管理等进行阐述，为读者提供参考。

1.1 低碳生态市政基础设施的由来

1.1.1 市政基础设施的概念

1. 基础设施

基础设施的概念源于国外，又称为基础结构。在 18 世纪中期西方经济学家的研究中已经有了基础设施概念的雏形，古典经济学的奠基人与集大成者亚当·斯密在其著作《国民财富的性质与原因研究》中提到了公路、桥梁、运河等基础设施的思想，称为"公共工程"。1943 年发展经济学家罗森斯坦·罗丹在《东欧和东南欧的工业化问题》中，以"社会先行资本"（Social Overhead Capital）提出了基础设施的概念。"基础设施"作为正式文献用词是在 20 世纪 50 年代初北约组织研究一国的军事能力时提出的。具体见表 1-1。

目前最被广泛接受的基础设施定义由世界银行在《1994 年世界发展报告》中界定，将基础设施分为经济基础设施和社会基础设施。狭义的基础设施主要是指经济基础设施，即"永久性的工程构筑、设施、设备和它们所提供的为居民所用和用于经济生产的服务"，此类基础设施包括三个方面：一是公用事业，包括电力、电信、管道煤气、供水、卫生设施以及排污、固体废弃物收集与处理系统；二是公共工程，包括道路、大坝和灌溉及排水渠道工程；三是交通设施，包括铁路、城市交通、港口、水运和机场；经济基础设施以外的基础设施，包括文化教育、医疗保健等统称为社会基础设施[1]。

国外基础设施概念发展历程表[2]　　　　　　　　　　　　　　表 1-1

发展历程	代表人物 / 机构	时间	备注
思想的早期代表	魁奈	1758 年	称"原预付"
	亚当·斯密	1776 年	称"公共工程"
概念的最早出现	罗森斯坦·罗丹	1943 年	称"社会先行资本"
Infrastructure 词的最早出现	北约 NATO	1951 年	北约成立 NATO's Infrastructure Committee
最早提出广义、狭义概念	赫希曼	1958 年	
	汉森	1965 年	
最早提出人力资本论，推动对社会基础设施的认识	舒尔茨	1960 年	提出"人文基础设施"，作用是提高劳动力的生产力
	贝克尔	1964 年	
迄今为止，来自国际机构较权威、较为广泛接受的定义	世界银行	1994 年	《1994 年世界发展报告》

我国管理部门最早对城市基础设施采用的概念是"市政"。1962 年,《中共中央、国务院关于当前城市工作若干问题的指示》中第十一条提出要"逐步改善大中城市的市政建设",并指出"市政"的内容包括"城市的公用事业、公共设施"。随后在 1963 年,财政部和建筑工程部的文件中对"公用事业"和"公共设施"的具体范围进行了划分,20世纪 80 年代我国才引入基础设施的概念,1981 年学者钱家骏和毛立本在《要重视国民经济基础结构的研究和改善》一文中引入了"基础结构"这一概念。目前我国对"城市基础设施"较为权威的定义来自 1998 年建设部颁布的《城市规划基本术语标准》,定义为"城市生存和发展所必须具备的工程性基础设施和社会性基础设施的总称",其中工程性基础设施一般指能源供应、给水排水、交通运输、邮电通信、环境保护、防灾安全等工程设施;社会性基础设施则指文化教育、医疗卫生等设施(表 1-2)。

我国基础设施概念发展历程表 [2]   表 1-2

发展历程	代表人物 / 机构	时间	备注
管理实践中最早定义"公用事业""公共设施"	财政部	1963 年	〔63〕财预王字第 36 号
	建筑工程部	1963 年	〔63〕建许城字第 25 号
最早引入"基础设施"概念	钱家骏、毛立本	1981 年	称"基础结构"
最早对"基础设施"较全面的研究	刘景林	1983 年	《论基础结构》
管理实践中最早正式使用"城市基础设施"概念	中共中央国务院文件	1983 年	关于《北京城市建设总体规划方案》的批复
最早对"城市基础设施"下定义	城乡建设环境保护部	1985 年	首次"城市基础设施学术讨论会"
对"城市基础设施"的系统研究	北京课题组林森木等	1986 年	《城市基础设施》
		1987 年	《城市基础设施管理》
对"城市基础设施"较为权威的定义	建设部	1998 年	《城市规划基本术语标准》

2. 市政基础设施

在《城市规划基本术语标准》中对"市政公用设施用地"的定义为:包括供应设施用地(供水、供电、供燃气和供热等设施用地,但供电用地中不包括应归入工业用地的电厂用地,关于高压线走廊下规定的控制范围内的用地,则应按其地面实际用途归类)、交通设施用地(公共交通和货运交通等设施用地)、邮电设施用地(邮政、电信和电话等设施用地)、环境卫生设施用地(雨水、污水处理和粪便垃圾处理用地)、施工与维修设施用地、殡葬设施用地及其他市政公用设施,如消防、防洪等设施用地。可见,市政基础设施属于工程性基础设施。

市政基础设施通常指在城市区、镇(乡)规划建设范围内设置、基于政府责任和义务为居民提供有偿或无偿公共产品和服务的各种建筑物、构筑物、设备等,包括城市建设中的各种公共交通设施、给水、排水、燃气、城市防洪、环境卫生及照明等基础设施建设，是城市生存和发展必不可少的物质基础。而在我国城市规划设计中，道路交通规划设计与市政设施规划设计通常是分开的。本书中市政基础设施指给水、排水、电力、通信、燃气、供热、环卫、防灾等工程设施。

1.1.2 市政基础设施发展历程

市政基础设施是城市赖以生存和发展的物质基础，是城市产生集聚效应的决定性因素，市政基础设施的建设发展与城市的发展水平密切相关，也是体现一个城市综合发展能力和现代化水平的重要标志。市政基础设施建设和城市社会经济发展水平以及城镇化发展阶段存在显著相关性，通常会经历从提升市政基础设施规模到提升设施质量的发展过程。城市发展初期，城市人口、空间规模、生产生活需求扩大，市政基础设施的数量和规模需要随之增加，以满足城市运行基本需求。随着城市发展，针对城市化过程中的资源能源短缺、环境污染、城市内涝等一系列问题，市政基础设施建设需要在扩容的同时实现提质，以促进城市的可持续发展。梳理我国市政基础设施发展历程，可总结概括为新中国成立初期阶段的起步期、改革开放阶段的发展期和低碳生态城市建设阶段的提升期三个阶段。

1. 新中国成立初期阶段（起步期）

新中国成立初期是我国市政基础设施建设的起步期，大部分城市市政基础设施建设始于填补空白或者战后修复，并随着国民经济发展而逐步推进系统建设。

1949 年新中国成立时我国经济极度贫穷落后，经过三年恢复期后，开始实施第一个"五年计划"。由此到改革开放的近 30 年时间里，我国在基础产业领域开展了大规模的经济建设，同时在基础设施建设领域也进行了较大规模的投资，以满足新中国成立后社会发展的需求[3]。该时期全国各个城市的建设情况差异较大，大多数城市市政基础设施建设的原则是"先求其有，后求其备"，重点在于基础设施的建设和恢复，以实现从无到有。市政基础设施的规划和建设工作都处于起步阶段，且以水利、交通、供电等大型市政基础设施建设为主，对于给水排水、环卫等小型市政基础设施的建设重视程度不够。而上海、武汉等极少数较为发达的城市在新中国成立之前已建有一定规模的市政基础设施，在新中国成立初期以市政基础设施的恢复和完善为主。根据相关资料，上海市的给水、排水、供电、煤气、邮电等市政基础设施，从清同治四年（1865 年）起陆续开始建设，至民国初期已具一定规模，在国内处于领先地位，但由于租界分割、各自为政，这些设施自成系统，分布很不均匀，新中国成立以后上海市先后对排水系统的排水制度、系统分区等内容进行了探索，两次编制市区雨水排水规划，并规划了煤气、自来水环流干管网络和高压电路环网等[4]。

2. 改革开放阶段（发展期）

改革开放阶段是我国市政基础设施建设的发展期，这一时期我国经济发展迅猛，市政基础设施建设步伐也随之加快，成为基础产业和基础设施中年均增速最快的行业，城市基础设施条件明显改善，但建设水平仍滞后于社会和经济发展，仅能实现特定阶段低水平的供需平衡[5]。

改革开放以来，政府不断加大对城市市政基础设施建设的投资力度。2000～2009年我国城市市政基础设施固定资产投资从1891亿元增加到9039亿元，占同期全社会固定资产投资比重为5.86%，这段时期内城市市政基础设施建设提速明显。截止到2009年底城市供水服务人口3.6亿人，用水普及率达到94.9%；建成投入运行的城镇污水处理厂1993座，污水日处理能力超过1亿 m^3，城市污水处理率达到73%；全国城市生活垃圾清运量1.67亿 t，无害化处理率达69.9%，城市生活垃圾基本做到日产日清，收集运输逐步走向密闭化。我国市政基础设施建设指标变化趋势如图1-1所示。

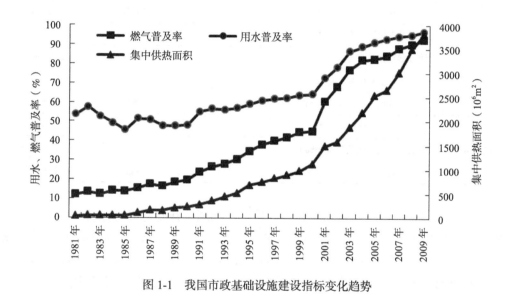

图1-1 我国市政基础设施建设指标变化趋势

"十二五"时期，我国城市市政基础设施投入力度持续加大，累计完成投资95万亿元，比"十一五"时期投资增长近90%，市政基础设施建设与改造稳步推进，设施能力和服务水平不断提高，城市人居环境显著改善，城市综合承载力不断增强，城市安全保障能力明显提高，有力支撑了新型城镇化进程（表1-3）。供水、排水、燃气、垃圾处理等服务已经基本普及，设市城市（县城）公共供水普及率达到93.1%（85.1%），污水处理率达到91.9%（85.2%），燃气普及率达到95.3%（75.9%），生活垃圾无害化处理率达到94.1%（79.0%）[6]。

3. 低碳生态城市建设阶段（提升期）

改革开放以来，市政基础设施建设得到长足发展，但仍滞后于社会经济发展，长期累积的问题和发展约束瓶颈愈加突出：一是供需矛盾缺口仍然较大。长期以来，我国市政基础设施建设的投入远低于实际需求，历史欠账巨大，随着城市化进程的加快和城市人口的急剧增长，城市供水、供气、供热等市政基础设施建设不能有效满足城市快速增长的需求；二是设施建设水平偏低，特别是老城区的市政基础设施建设很不完善，市政基础设施建设距离低碳、生态发展要求差距较大。总体来看，量与质的双重差距导致近年来各大城市水体黑臭、内涝、垃圾围城等"城市病"问题日益突出和严峻，严重影响城市人居环境和公共安全。

"十二五"时期全国设市城市市政基础设施建设主要进展 表 1-3

设施类别	指标	2010 年	2015 年	增长幅度
地下管线（廊）	供排水、供热、燃气地下管线长度（万 km）	136	198	46%
供水排水	公共供水普及率（%）	89.5%	93.1%	3.6 个百分点
	公共供水能力（万 m³/日）	20071	23101	15%
	污水处理能力（万 m³/日）	10436	14028	34%
	污泥无害化处置率（%）	—	53	
燃气、供热	城市燃气普及率（%）	92.0	95.3	3.3 个百分点
	城市集中供热面积（亿 m²）	44	67	54%
	城市热源供热能力（万 MW）	39	53	36%
环境卫生	生活垃圾无害化处理能力(万 t/日)	39	58	49%
	生活垃圾无害化处理率（%）	77.9	94.1	16.2 个百分点
	生活垃圾焚烧处理能力占比（%）	21.9	38.0	16.1 个百分点

自 19 世纪以来，国外针对不断显现的城市病问题，开始思索理想的城市发展模式，涌现出一批理想城市概念，如园林城市、森林城市、绿色城市等。20 世纪 90 年代以来，针对温室气体排放、全球气候变暖，学术界又提出低碳城市、生态城市等概念。进入 21 世纪，理想城市概念进一步发展，2009 年时任我国住房城乡建设部副部长的仇保兴提出"低碳生态城市"概念[7]。2011 年住房城乡建设部发布《低碳生态试点城（镇）申报管理暂行办法》，启动我国低碳生态城市建设的试点工作。低碳生态城市整合了目前各种理想城市的概念，涵盖了各类城市发展的共同目标，致力于全面落实可持续发展思想，有助于实现资源高效利用、环境质量改善、人民生活幸福的目标[8]。城市市政基础设施功能是维持城市正常运转最为重要的基础设施，作为低碳生态城市建设的重要内容和支撑条件，市政基础设施的低碳化和生态化愈加显示出其重要性，成为市政基础设施建设新的发展方向。

在此背景下，我国低碳生态市政基础设施的规划开始进入广泛的探索和实践。国家先后发布多项支持可再生能源利用、推广电动汽车、开展垃圾分类回收利用等促进低碳生态市政基础设施发展的政策文件。2013 年 9 月，国务院办公厅发布《国务院关于加强城市基础设施建设的意见》（国发〔2013〕36 号），要求按照"规划引领、民生优先、安全为重、机制创新、绿色优质"的基本原则，围绕改善民生、保障城市安全、投资拉动效应明显的重点领域，加快城市基础设施转型升级，全面提升城市基础设施水平。习近平总书记在 2015 年的中央城市工作会议上也提出：要统筹生产、生活、生态三大布局，提高城市发展的宜居性。城市交通、能源、给排水、供热、污水、垃圾处理等基础设施，要按照绿色循环低碳的理念进行规划建设。2012 年以来国家先后启动了多批智慧城市、地下综合管廊、海绵城市等建设试点工作，财政方面，相关部委、政策性金融机构等联合发布多项财政支持政策，对试点工作给予大力资金支持。技术方面，国家先后印发《城市综合管廊工程技术规范》《海绵城市建设国家建筑标准设计体系》等技术标准和指南，以规范低碳生态市政基础设施的规划建设，保障试点工作质量。

目前，国内外已开展了一些低碳生态市政基础设施建设实践，有成功案例，也有失败项目，为未来低碳生态市政基础设施建设发展提供了经验。总体来看，由于低碳生态市政技术仍在发展探索中，各种技术的本地化、普及推广和规模效应等有待进一步研究。因此要真正实现人与自然、城市与资源环境之间的和谐融合，使城市人居环境实现低碳化和生态化，必须更加重视低碳生态市政基础设施的前期规划和管理工作，避免盲目激进和做表面文章。

1.1.3 低碳生态城市建设要求

生态城市是在联合国教科文组织发起的"人与生物圈"计划研究过程中提出的一个概念，指运用生态学原理和方法，指导城乡发展而建立的空间布局合理，基础设施完善，环境整洁优美，生活安全舒适，物质、能量、信息高效利用，经济发达、社会进步、生态保护三者保持高度和谐，人与自然互惠共生的复合生态系统。其中，自然子系统是基础，经济子系统是条件，社会子系统是目标。

低碳城市是以低碳经济为发展模式和发展方向、市民以低碳生活为理念和行为特征、政府公务管理层以低碳社会为建设标本，在经济健康发展的前提下，保持能源消耗和二氧化碳排放处于低水平的城市。此概念由低碳经济发展而来，低碳经济出自 2003 年英国政府发表的题为《我们未来的能源：创建低碳经济》白皮书中，随后发展到社会生活领域，延伸出"低碳社会""低碳技术""低碳城市"等一系列新概念。低碳城市发展旨在通过经济发展模式、消费理念和生活方式的转变，在保证生活质量不断提高的前提下，实现有助于减少碳排放的城市建设模式和社会发展方式。

低碳生态城市的概念是住房城乡建设部原副部长仇保兴在"2009 城市发展和规划国际会议"中提出的，是低碳城市和生态城市这两个关联度高、交叉性强的理念的复合。低碳生态城市是围绕能源消耗、经济发展模式、环境改善等方面，将低碳目标与生态理念相融合，体现经济高效、社会和谐、科学建设、生态健康、资源节约等目标，实现"人—城市—自然环境"和谐共生的复合人居系统 [9]。

作为一个复合概念，低碳生态城市在哲学、经济、社会和空间等不同层面分别融合了低碳城市和生态城市的某些内涵，同时又是对低碳城市和生态城市理念的发展和提升（表 1-4）。"低碳"主要体现在以低污染、低排放、低能耗、高能效、高效率、高效益为特征的新型城市发展模式；"生态"则主要体现在资源节约、环境友好、居住适宜、运行安全、经济健康发展和民生持续改善等方面。因此，低碳生态城市是可持续发展在城市发展中的具体化，是低碳经济发展模式和生态化发展理念互相融合而成的新型城市发展形态。

低碳城市、生态城市和低碳生态城市内涵对照表 [10]　　　　　　　表1-4

	低碳城市	生态城市	低碳生态城市
哲学内涵	主要从减碳角度考虑和处理人与自然的关系	采用综合手段实现人与自然的和谐共生	以低碳化和生态化的结合实现人与自然的和谐共生
功能内涵	削减碳排放、减少城市对自然环境的负面影响	城市与自然环境形成共生系统	通过实现低碳化、生态化，使城市成为自然生态系统中的组成部分
经济内涵	以低碳经济为核心，强调减少经济过程中的碳排放量	以循环经济为核心，强调经济过程中的各要素的循环利用	以循环经济为主要发展模式实现经济的"低碳化"和"生态化"发展
社会内涵	提高社会环境意识，减少碳排放	以生态理念指导人及城市的社会生活，协调人类社会活动与自然生态系统的关系	在社会系统中倡导"生态文明"，提高全社会生态意识，通过低碳排放的社会活动，实现社会系统与自然生态系统的融合
空间内涵	强调空间的紧凑性、复合性	强调空间的多样性、紧凑性、共生性	综合了空间的多样性、紧凑性、复合性、共生性

从最终使用的角度看，碳排放的来源可以分为工业、居住和交通三个主要的组成部分。根据资料，美国来自建筑物排放的 CO_2 约占39%，交通工具排放的 CO_2 约占33%，工业排放的 CO_2 约占28%，英国80%的化石燃料是由建筑和交通消耗的[11]。很显然，可以将城市生产和生活中的碳排放进行梳理，归纳出同物质空间环境营造相关的三个方面，即建筑碳排放、交通碳排放、资源利用和处理过程中的碳排放，这些碳源也是低碳城市规划建设所必须考虑的，它们同空间分布形式有着紧密的联系。从生态保护的角度看，城市的规划建设应最大限度地保护原有的山体、绿地、河流、湖泊、湿地等生态敏感区，划定相应的保护控制区，同时对传统粗放式城市建设模式下已经受到破坏的山体、水体等其他自然生态环境，运用生态的手段进行恢复和修复，并维持一定比例的生态空间。

依据城市规划设计要素和低碳生态发展理念要求，低碳生态城市系统构建通常由绿色低碳交通、绿色低碳建筑、低碳生态产业、低碳生态市政、低碳生态空间和城市绿化碳汇等六部分组成（图1-2）。

低碳生态产业：产业活动是城市能耗与碳排放的主要来源，也是各种资源消耗与污染排放的大户，产业结构的优化与产业技术的升级，能够大幅降低生产能耗与污染排放，开展清洁生产、促进产业节能减排，是城市低碳生态建设的关键。

低碳生态空间：城市空间作为承载一切城市活动的载体，其结构对于活动具有锁定作用，直接影响生产和生活行为的交通出行，生态结构与景观结构会影响城市小气候与舒适度，进而影响利用机械进行环境营造的耗能，同时为动植物提供栖息地，营造具有多样性和稳定性的生态系统。

绿色低碳交通：绿色交通作为实现可持续交通的重要手段，以节能减排和环境保护为主要目标，可通过发展新能源汽车、加强交通管理、发展公交优先、鼓励慢行交通、步行和自行车使用等措施来实现。

绿色低碳市政：通过提高清洁能源与可再生能源在城市能源消费总量中的比重，开展水资源循环利用与废弃物的再生利用，建设低碳生态市政系统。

绿色低碳建筑：指在建筑的全寿命周期内，最大限度地节约资源，体现节能减排、环境友好。目前，我国绿色建筑已经从单项技术研究走向全过程技术体系建设，从单体建筑走向绿色建筑群，并逐渐与社区、城市微循环中资源能源节约等战略衔接。

城市绿化碳汇：在城市碳循环过程中，城市绿地系统是城市区域内唯一的自然碳汇系统，在低碳生态城市中扮演重要且无可替代的角色。

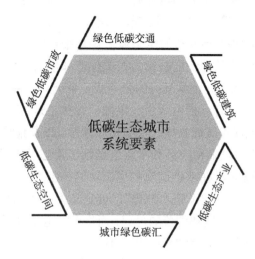

图 1-2　低碳生态城市系统要素构成

市政基础设施是城市规划、建设、管理的重要内容，它们是城市的生命线，承载着为城市输送资源、分解废物的过程，在很大程度上表征了城市物质和能源流动的过程，是城市赖以生存和发展的物质基础。而且市政基础设施一般由政府投资或管理，可以进行最大程度的引导和作为，具有较好的示范条件。同时，市政基础设施也是低碳先进技术的重要载体，将全面支撑城市的可持续发展。对市政基础设施进行低碳化和生态化规划、设计和建设，可以直接控制城市宏观层面的能量消耗与废物排放，从而达到节能减排、低碳循环的目的。因此，市政基础设施的低碳化、生态化是低碳生态城市建设示范的首要工作任务。

1.1.4　低碳生态市政基础设施内涵

低碳生态市政基础设施是指在保证设施功能的前提下，在规划设计中融入并在建设运行中贯彻低碳、生态理念的市政基础设施。与低碳生态城市相同，低碳生态市政基础设施也是一个复合概念，涵盖了低碳和生态两个方面的内涵。

国内学者对低碳市政基础设施的定义和内涵已开展不少研究探讨，马强提出低碳视角下的绿色市政是指通过采用市政新技术，构建创新型、环保型、知识型的现代化绿色市政设施体系，实现低碳化布局和数字化管理，保障城市安全运行[12]。章蓓蓓等提出市政基础设施低碳化可以定义为，在市政基础设施的建设、运营和拆除的全生命周期中，以低能耗、低污染、低排放为基础，最大限度地减少温室气体排放，向市民提供更舒适、更人性化的基础设施[13]。但目前关于低碳市政基础设施定义尚无明确规定，基于"低碳市政"的概念表述，一般可将其理解为：相对传统市政设施，在资源能源供应、废弃物处理方面更高效、更节能、更低排放的市政设施，是在城市快速发展过程中，面对资源环境的紧约束，对传统市政基础设施功能的补充和提升[14, 15]。

对于生态市政基础设施，相关的概念有生态基础设施、绿色基础设施、基础设施生态化、基础设施可持续发展等。其中，生态基础设施一词最早见于联合国教科文组织"人与生物圈计划"（MAB）1984年发布的生态城市规划报告中，属于生态城市规划的五项原则之一，李锋等提出生态基础设施是指为人类生产和生活提供生态服务的自然与人工设施，保障自然和人文生态功能正常运行的公共服务系统[16]。绿色基础设施是1999年美国保护基金会首次提出的概念，指由水道、湿地、森林、野生动物栖息地、其他自然区域（如绿道、公园和其他保护区域农场、牧场和森林等，以及荒野和开敞空间所组成的相互连接的网络）。绿色基础设施在内涵和本质上延续了生态基础设施的理念。市政工程／基础设施生态化是国内研究者在基础设施的生态功能、生态特性和生态化标准研究基础上提出的，其本质是"灰色基础设施生态化"，可定义为：为生活、生产提供服务的各种市政基础设施向生态型不断发展和完善的过程；而生态型是指以可持续发展为目标，以生态学为基础，以人与自然的和谐为核心，以现代技术和生态技术为手段，最高效、最少量地使用资源和能源，最大可能地减少对生态环境的干扰，以营造和谐、健康、舒适的人居环境状态[17, 18]。

由于长期以来市政基础设施建设与生态环境保护滞后于城市发展，在我国过去几十年的发展过程中遗留了大量"环保欠账"，导致大部分城市的水环境、大气环境、生态环境出现不同程度的污染破坏，环境治理与生态修复成为新时期生态建设的重任。而当前我国城市基础设施仍存在总量不足、标准不高、运行管理粗放等问题，在有序推进常规市政基础设施建设的同时，加快低碳生态市政基础发展建设，能有效缓解和应对当前出现的部分"城市病"问题。譬如，通过大力发展污水再生利用，缓解大城市的水资源紧缺问题，利用再生水补给河道生态用水，促进水体生态功能的恢复；通过发展光伏发电、风力发电等零碳能源利用，减少煤炭等高碳能源消费，促进能源结构优化、空气环境改善；通过低影响开发和海绵城市建设，尽可能恢复城市开发前的水文状况，促进水文生态的良性循环。通过提高市政基础设施在资源能源供应和废弃物消解方面的能力，实现城市内在运作的低碳生态化，能有效推进城市健康持续发展。

低碳生态市政基础设施（图1-3），是在常规市政设施的基础上，引入低碳生态理念，以新兴技术应用的形式植入，譬如低影响开发技术在海绵城市建设中的应用，光伏建筑一体化在太阳能丰富地区的应用，水源热泵技术在沿海地区的应用等。市政基础设施作为以政府为主导的公共服务体系，是城市建设及运行管理最基础的部分，也是建设开发的前置条件，可进行最大程度的引导。虽然一些低碳生态市政技术的应用尚不成熟，但已受到国家和相关行业的强烈关注。2011年，国家发展改革委、财政部、住房城乡建设部、国家能源局联合发布《关于发展天然气分布式能源的指导意见》（发改能源〔2011〕2196号），鼓励先行试点、逐步推广，在经济发达、能源品质要求高的地区（包括国家规划设立的生态经济区等）或天然气资源地鼓励采用热电冷联产技术，建立示范工程，通过示范工程积累经验，为大规模推广奠定基础。2016年，国管局、中直管理局发布《关于在中央和国家机关推进餐厨垃圾就地资源化处理的通知》（国管节能〔2016〕183号），要求中央和国家机关积极申报餐厨垃圾就地资源化处理项目，缓解餐厨垃圾处理、消纳问题。一些低碳市政技术目前应用成本较高，但通过市场化应用和规模化量产，成本将大幅降低，并拉动产业发展，有望成为新的经济增长点。

1 在系统功能和价值导向方面：	·市政系统是城市的"生命线"，承担城市生态系统的输入和输出功能 ·在城市和社区尺度下集中体现了物资和能源的流动 ·市政系统的低碳实质上是城市内在运作机理的低碳 ·减量、循环、高效和低影响是可持续发展的核心价值观
低碳生态市政是 **低碳生态发展的内核**	
2 在技术的应用载体方面：	·现有的负成本减碳技术（可由市场推动而达到正投资回报）大部分和城市基础设施有关 ·通过改变能源结构和提高效率减少碳排放 ·通过节水降低输送和处理能耗，并修复生态环境 ·通过资源再生、循环利用减少产品制造及垃圾处理能耗
低碳生态市政是 **低碳生态技术的先锋**	
3 在管理机制和建设时序方面：	·以政府为主导的公共服务体系，是城市建设及运行管理最基础的部分，可进行最大程度的引导 ·建设开发的前置性条件，是建设项目开工和地块开发的前提条件
低碳生态市政是 **低碳生态建设的先导**	

图1-3　低碳生态市政内涵解析

1.2　低碳生态市政基础设施的认识

1.2.1　相关概念

近年来，随着低碳生态城市理念的不断发展，我国涌现出许多以水环境治理、雨水资源综合利用、生态环境保护和修复、城市智慧化管理等为切入点的市政基础设施建设新技术、新模式。各种新理念、新技术、建设模式，虽然名字不同，但在低碳生态方面的内涵是相通的，且都与市政基础设施关系紧密。在国家政策引导、财政资金支持的背景下，这些新技术、新模式凭借其领先的理念，以及良好的社会、经济、环境效益，在全国范围内得到迅速推广，并取得了良好效果。

1. 海绵城市

海绵城市是指通过加强城市规划建设管理，充分发挥建筑、道路和绿地、水系等生态系统对雨水的吸纳、蓄渗和缓释作用，有效控制雨水径流，实现自然积存、自然渗透、自然净化的城市发展方式。海绵具有良好的"吸水、持水、释水"的水力特性，海绵城市则具体表现为下雨时吸水、蓄水、渗水、净水，需要时将蓄存的水"释放"并加以利用。海绵城市是一种以雨水综合管控为出发点的城市建设模式，是统筹解决水资源、水环境、水安全、水生态等水系统问题的重要措施和手段。

2013年12月，习近平总书记在《中央城镇化工作会议》的讲话中提出建设"海绵城市"，2014年、2015年住房城乡建设部和国务院办公厅先后发布《海绵城市建设技术指南——低影响开发雨水系统构建（试行）》和《国务院办公厅关于推进海绵城市建设的指导意见》（国办发〔2015〕75号），要求积极推进海绵城市建设。财政部、住房城乡建设部、水利部联合发布《关于开展中央财政支持海绵城市建设试点工作的通知》，已开展两批国家海绵城市试点建设。目前海绵城市成为我国城市基础设施建设的重点和热点。

2. 城市双修

"城市双修"是指生态修复和城市修补。其中，生态修复旨在有计划、有步骤地修复被破坏的山体、河流、植被，重点是通过一系列手段恢复城市生态系统的自我调节功能；城市修补重点是不断改善城市公共服务质量，改进市政基础设施条件，发掘和保护城市历史文化和社会网络，使城市功能体系及其承载的空间场所得到全面系统的修复、弥补和完善。

2017年3月住房城乡建设部发布《住房城乡建设部关于加强生态修复城市修补工作的指导意见》（建规〔2017〕59号），指出开展"城市双修"是治理"城市病"、改善人居环境的重要行动，是推动供给侧结构性改革、补足城市短板的客观需要，是城市转变发展方式的重要标志。2017年7月，住房城乡建设部印发《关于将保定等38个城市列为第三批生态修复城市修补试点城市的通知》，继三亚首个试点城市和福州等19个第二批试点城市后，又将保定等38个城市列为第三批"城市双修"试点城市，至此，住房城乡建设部分三批共公布了58个"城市双修"试点城市。

3. 智慧城市

智慧城市，是城市发展的一种新模式，是指利用新一代信息技术（如物联网、云计算等）整合、优化现有的城市资源，营造绿色低碳环境，提高能源利用效率，促进产业升级转型，提供更完善的公共服务，保证城市的可持续发展。智慧城市建设的主要内容包括：智慧政务、智慧医疗、智慧教育、智慧交通、智慧环保、智慧市政、智慧社区等。

2012年住房城乡建设部发布《国家智慧城市试点暂行管理办法》，要求加强现代科学技术在城市规划、建设、管理和运行中的综合应用，提升城市管理能力和服务水平，并指导国家智慧城市试点申报和实施管理。2013年国务院发布《关于智慧城市建设全面升级若干意见》，提出以科技创新为支撑，加强信息基础设施建设，加快信息产业优化升级，建立促进信息消费持续稳定增长的长效机制，为经济平稳较快发展和民生改善发挥更大作用。

1.2.2　关键技术

低碳生态技术是以维护自然生态环境平衡和人类利益最大化合理平衡为价值取向，追求在技术实施过程中，保持人与自然在资源、能源的获取和消耗、输入和输出方面的循环平衡。低碳生态市政基础设施是承担城市资源与能源生产、传输、废弃物处理等环节的重要载体。按照市政系统要素分类，低碳生态市政基础设施可以分为水系统、能源系统、废弃物处理、综合管廊和智慧通信等五大类子系统，每类子系统都包含了若干项先进技术（图 1-4）。虽然低碳生态市政技术随着科技的发展一直在更新优化，不断有新的技术涌现出来，但是为更具参考价值，本书中提及的低碳生态市政技术，主要为当前国内外应用较为主流或颇受关注、具有广阔应用前景的低碳生态市政技术类别。

水资源利用	排水生态处理	能源系统	废弃物处理	其他技术
再生水利用 城市雨洪综合利用 海水综合利用 城市分质供水	初期雨水管控 水生态修复 人工湿地 污水生态处理 低影响开发 海绵城市	天然气分布式能源 区域供冷 冰蓄冷 太阳能利用 风能利用 地热能利用 220/20kV系统 电动汽车充电设施	垃圾气力收集 垃圾焚烧发电 餐厨垃圾资源化处理 建筑垃圾综合利用 危险废弃物处理	综合管廊 智慧通信 智能电网

图 1-4　低碳生态市政基础设施关键技术

1. 水系统低碳生态技术

传统市政基础设施中给水工程是为满足城乡居民及工业生产等用水需要而建造的工程设施，包括水源、取水工程、净水工程、输配工程等。低碳生态市政系统主要通过非常规水资源利用来实现城乡供水设施的低碳生态化。非常规水资源利用主要包括污水再生利用、雨水综合利用及海水利用等技术。通过利用再生水、雨水和海水等替代常规水资源，加速和改善天然水资源的循环过程，减少长距离输水工程，减少污水排放对水体的污染负荷，进而实现供水工程的低碳生态。

排水工程主要包括污水收集、污水处理、污泥处理等，低碳生态市政系统中的排水工程主要通过污水生态处理、初期雨水管控、低影响开发、海绵城市建设等来实现。通过分散的、生态化的源头、过程、末端控制技术，控制暴雨所产生的径流和污染，从而使开发区域尽量接近于开发前的自然水文循环状态。通过维持和保护场地自然水文功能，减少城市开发对环境的冲击和其他环保设施的投入。通过全面、动态、精准的污废水收集处理，控制水污染物进入自然水体，保障水环境品质。

2. 能源系统低碳技术

传统市政基础设施中的能源设施为电力、燃气和热力工程，为城市生产和输送电力、燃气、热力等能源。在城市规划的建设用地分类中，供电用地不包括归入工业用地的电厂用地，因此电力生产的节能减排技术通常划入工业节能减排，但与市政设施相关的清洁能源利用仍纳入低碳市政范畴，包括天然气分布式能源、可再生能源利用等。此外，针对超大型城市高密度建设区的能源高效输送和供应技术也逐步发展起来，譬如区域供冷、220kV/20kV 系统等。总体来看，能源系统低碳技术可划分为两类：清洁能源利用技术和能源高效利用技术。

清洁能源的含义包含两方面：一是可再生能源，消耗后可得到恢复补充，不产生或极少产生污染物，如太阳能、风能、生物能、水能、地热能等，目前太阳能、风能、水能的利用技术最为普遍，如光伏发电、光热利用、风力发电、水源热泵等，生物能热电联产和地热能发电则通常计入工业节能，地源热泵技术目前主要应用于建筑领域。二是非再生能源中的低污染化石能源，如天然气等，以及利用清洁能源技术处理过的化石能源，如洁净煤、洁净油（主要应用于工业）等，因此市政工程中利用天然气替代其他高污染化石能源（如煤炭、石油等），也属于清洁能源利用范畴，目前国内比较关注的技术为天然气分布式能源。

能源高效利用技术，顾名思义即提高能源综合利用效率。市政基础设施重点关注能源转换传输过程的节能技术，包括天然气分布式能源，在负荷中心就近实现能源供应，同时利用余热制冷制热，提高能效；区域供冷，通过集中供冷提高能源效率，减少输送能耗，减少设备空间，实现优化控制；220kV/20kV 系统，减少变电站与线路走廊用地，减少电力输送损耗；冰蓄冷，利用储能技术，实现削峰填谷，辅助电厂实现节能减排等。

3. 废弃物减量循环技术

传统市政基础设施中的环卫设施分为：①环境卫生公共设施，包括生活垃圾收集点、废物箱和公共厕所；②环境卫生工程设施，包括垃圾转运站、再生资源回收站、生活垃圾卫生填埋场、生活垃圾焚烧厂、危险废弃物处理设施、余泥渣土受纳场和其他固体废弃物处理厂（处置场）等；③其他环境卫生设施，包括基层环境卫生管理机构用房、环境卫生车辆停车场、环卫工人作息场所等。

废弃物减量循环技术主要体现在前端垃圾分类和末端垃圾处理环节，前端如垃圾气力收集，通过垃圾分类收集，为后续分类处理奠定基础。末端垃圾资源化处理与综合利用技术，包括垃圾焚烧发电、建筑垃圾综合利用、餐厨垃圾资源化处理等。以垃圾焚烧发电为例，通过焚烧处理后，一方面垃圾中的病原体被彻底消灭，实现无害化处理，一方面垃圾中的可燃成分被高温分解后可减容 80%~90%，可节约大量填埋场占地；同时垃圾被作为能源来利用，焚烧过程产生的高温烟气和热能、蒸汽可用来供热及发电，充分实现垃圾处理的资源化。

4. 智慧通信技术

智慧通信是实现智慧城市"全面感知、可靠传送、智能处理"的核心，是多种通信技术的聚合和集成，其主要技术包括物联网、云计算、IPv6、ICT、感知、接入技术、数据挖掘、普适计算等。智慧通信技术改变人与人、人与物、物与物之间的交互方式，提高城市资源能源利用与管理效率。服务于智慧城市的智慧通信系统可分为三个层次，底层用于感知收集数据并根据指令做出智慧响应的感知层，中间层是负责数据传输的网络层，最上层是智慧城市统一支撑平台及各类智慧应用的应用层[19]。智慧通信技术的应用有利于转变城市运营管理模式，提升城市管理的监测、分析、预警、决策能力和智慧化水平，提高城市管理和服务的精细化程度，满足公众对城市生活和营商环境的新需求，增强应对突发和重大事件的应对能力。

5. 综合管廊

综合管廊又称为"共同沟"或"综合管沟"，是建于城市地下用于容纳两类及以上城市工程管线的构筑物及附属设施。综合管廊可分为三类（图 1-5），包括干线综合管廊、支线综合管廊和缆线管廊。干线综合管廊是用于容纳城市主干工程管线，采用独立分舱方式建设综合管廊；支线综合管廊是用于容纳城市配给工程管线，采用独立单舱或双舱方式建设综合管廊；缆线管廊是采用浅埋沟道方式建设，设有可开启的盖板但其内部空间不能满足人员正常通行要求，用于容纳电力线缆和通信线缆的管廊。

相对于传统管线直埋敷设方式，综合管廊的建设有以下优势：①避免由于敷设和维修地下管线挖掘道路而对交通和居民出行造成影响和干扰，保持路容的完整和美观；②降低了路面的翻修费用和市政管线的维修费用，保持了路面的完整性，增加了市政管线的耐久性；③便于各种市政管线的敷设、增设、维修和管理；④由于综合管廊内市政管线布置紧凑合理，有效利用了道路下的空间，节约了城市用地，提高城市的综合防灾与减灾能力。

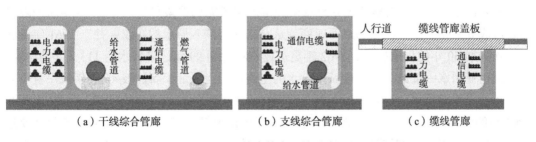

（a）干线综合管廊　　　　（b）支线综合管廊　　　　（c）缆线管廊

图 1-5　综合管廊三种形式

1.2.3　国外建设实践

1. 水资源综合利用的实践——以新加坡为例[20]

城市水系统是在一定地域内以城市水源为主题，以水的开发利用和保护为过程，并与自然环境和社会环境密切相关的随时空变化的动态系统。低碳生态市政基础设施的水资源综合利用主要从以下几个方面进行系统控制：①需求管理，包括与区域水资源综合规划相协调、用水定额管理、价格调控、非常规水利用等；②污染控制，包括提高污水处理率和出水水质、加强面源污染控制等；③生态保护，包括水的循环利用、诱导地下水补给、涵养地表水源、水体和周边空间保护等；④洪涝防治，包括雨水滞蓄、河道整治、可持续排水系统等。世界各国在水资源综合利用方面均投入了大量人力和物力，研究水资源系统方面的低碳生态技术，以解决水资源短缺问题、提高供水保证、改善水环境质量，其中尤以新加坡的做法效果最为显著。

新加坡属热带海洋性气候，年平均气温 24 ~ 27℃，年平均最高气温 31℃，年平均最低气温 23℃，气候温暖潮湿，降雨充沛，年平均降雨量 2300mm，但新加坡岛上河流或湖泊稀少，淡水水源十分匮乏，淡水资源总量 6 亿 m³/年，人均水资源量仅 211m³/年，排名世界倒数第二，淡水危机时刻威胁着这个国家的生存。目前新加坡供水量的一半以上由邻国马来西亚的柔佛水库经 40km 管线引入，其他用水来自新加坡国内水库集水、淡化海水及再生水水源。

新加坡的规划建设，以建立世界级花园城市和金融导向的大都会为目标，这就要求其市政基础设施建设必须秉持高效、便捷、以人为本的原则。新加坡作为一个水资源稀缺的岛国，仅用 40 余年的时间，就建设成为全球最具竞争力的国家之一，连续 10 年被评为最适合亚洲人居住的世界城市，与水资源综合利用方面的低碳生态理念和方法是密不可分的。

（1）开源

新加坡政府提出开发四大"国家水喉"计划，包括马来西亚柔佛水库提供的进口水、国内集水区集蓄的天然降水、污水经深度处理的新生水和海水淡化水，由历史上主要依靠外来水源，逐步向实现水资源自力更生的目标努力，新加坡政府的最终目标是完全实现淡水供应自给自足。根据新加坡的水源规划，未来新加坡的淡水供应中 50% 将来自收集雨水，25% 来自污废水循环利用，另外 25% 则由海水提取实现。

外来供水：新加坡人早就充分地意识到本国水资源的严峻形势，在 1959 年新加坡自治政府成立之初，就开始与马来西亚商谈从马来西亚购入原水的协议，并于 1961 年签署了一项为期 50 年的供水协议，1962 年更达成一项为期 99 年、日供水达 113 万 t 的协议。从马来西亚引水一度成为新加坡城市供水的主要途径，保证了新加坡 40 余年来一直可以获得较低成本的供水。但是，由于新马两国在领土及其他利益方面的争端，使 1961 年和 1962 年的合约变成了一个十分脆弱的合约，两国此前针对该两项合约每 4 ~ 5 年就要进行一次协商，对水价和履约形式进行调整，但利益冲突仍相当激烈。新加坡政府意识到水资源对两国关系的影响制约，决定从自力更生角度大力发展本国水资源。目前，两个购水合约中至 2011 年的合约已到期，由于新加坡其他三大水喉的水资源量不断增加，保障力不断提高，新加坡方面未续签此项购水合约；另一项购水合约于 2020 年将到期废止，按照新加坡的水源规划，届时新加坡将实现水资源完全自给自足，不再依赖外来供水。

天然降水：天然降水在新加坡的水源规划中起到举足轻重的作用，占水资源总量的一半以上，而适合岛国特色的集水区计划无疑是新加坡政府一项重要的国家水资源开发计划（图1-6）。受岛国地质条件限制，新加坡严禁开采地下水，以防止地面沉降，因而获取水资源的主要途径就是采集雨水。经过多年的实践，新加坡政府成功地制定了适合岛国特色的集水区计划，在规划建设、环境保护和综合利用等方面，都进行了有益的探索和尝试，积累了一整套行之有效的经验和办法。新加坡将全境划分为六个集水区，建成了十余个水库和蓄水池，雨水通过集水区收集流入蓄水池，输送到水厂进行处理后进入供水管网系统。2005年7月，新加坡政府不惜斥巨资，开工建造了 Marina Bay（滨海湾），把滨海湾开发成为一个大型河口蓄水池，通过 Marina Barrage（滨海堤坝）将海水拦挡在外，并通过5年左右时间通过降水积蓄将 Marina Barrage 内的海水逐渐淡化，目前河口蓄水池基本实现了咸淡分离，达到建设目的。Marina Barrage 完全建成后，新加坡集水区的面积已经达到4万公顷，约占新加坡国土面积的2/3。

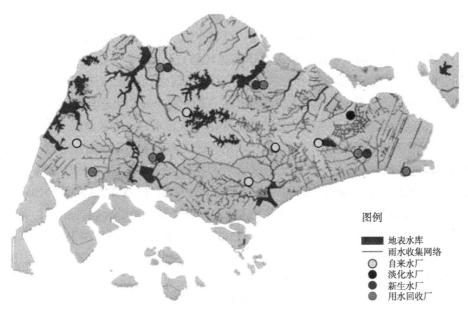

图例
■ 地表水库
— 雨水收集网络
○ 自来水厂
● 淡化水厂
● 新生水厂
● 用水回收厂

图1-6　新加坡集水区示意图

新生水：新加坡十分重视"新生水"的开发与利用，将其视为缓解水资源紧缺的主要增长点，并于2003年2月正式启动新生水推广活动。新加坡公用事业局认为，污水处理不仅是一种环境保护行为，而且也是水资源再利用的重要途径。新加坡新生水的主要利用途径为提供工业用水、商业服务业杂用水，以及绿化、道路浇洒等市政环境用水，同时有小部分新生水注入蓄水池与天然水混合后送到自来水厂，经过进一步处理后达到饮用水标准，间接作为饮用水供应。新加坡新生水厂的典型处理工艺是在污水二级处理后再增加 MF（微滤）和 RO（反渗透）、UV 消毒等主要工艺，以保证新生水厂出水水质达到各种用途的水质要求，目标是再生水占日供水量比例达30%以上。

海水淡化水：2005年9月，由凯发集团投资建设的新加坡第一座海水淡化厂——新泉海水淡化厂正式建成投产。该项目日产淡化水13.6万 t，可满足新加坡现状10%的用水需求。新泉海水淡化厂是目前全球最大型的使用反渗透膜技术的海水淡化厂之一，它的建成和长期稳定运行不仅为新加坡实现供水自给自足奠定了重要的基础，而且也为其他国家海水淡化事业的发展提供了一个重要的学习和借鉴对象。

（2）节流

由于历史上水资源危机一直威胁着新加坡的发展甚至国家安全，从新中国成立之初"节约用水"的意识就深植新加坡国民内心，成为一种根深蒂固的理念。新加坡政府也从宏观到微观，出台了一系列的节水政策，实施了自愿性和强制性相结合的全方位节水计划，并动用经济杠杆来强化节水效果。

新加坡节水在细节上体现得尤为明显，包括强制性安装双重冲洗低容量冲水马桶，增加屋顶绿化和楼面垂直绿化，由居民组成节水自愿小组对生活区节水进行监督等，诸多节水细节反映出新加坡节水无论政策上还是宣传上都相当成功有效。

（3）水共享

为建立起人民与水的密切关系，实现"全民水源"的诉求，新加坡政府通过公用事业局于2007年开始启动"ABC"全民共享水源计划，A-ACTIVE代表活跃，是提供新的社区空间、让人民更接近水、倡导对水的拥有感和归属感；B-BEAUTIFUL代表优美，指将水库、河流与城市景观一体发展、比防涝和水存贮更进一步、营造有吸引力的休闲空间；C-CLEAN代表清洁，指改善水质、公共教育和培养人与水的亲密关系。

此计划是水资源综合利用（水收集、排涝控制、景观与休闲活动）、滨水空间利用和公共环境教育的有机结合，在成功研发综合水利基础设施，满足新加坡用水需求后，充分发掘这些蓝色资源，以提升人民生活环境质量，成为更进一步的目标。"ABC"水计划的一个重要组成部分，是建立"蓝绿橙"体系，即整合新加坡的公园（绿色）、河道、水库（蓝色）和休闲设施（橙色），按照"ABC"全民共享水源计划，在未来的10~15年内，新加坡将实施超过100项加强人与水关系的项目，目前已经全面开展两个阶段的工作，包括"ABC"水计划总体规划和水域设计导则。

2. 能源清洁高效利用的实践——以英国为例 [21]

低碳生态市政基础设施要求从能源供应方式上，减少对化石能源的依赖，将目前以煤、油为主的污染型能源结构逐步转变为以天然气、可再生能源等为主的清洁型能源结构，同时加大高效能源设施应用力度，提高能源综合利用效率。英国是世界上最早开展能源清洁高效利用的国家之一，在政策制定、技术研发、项目实践等方面都取得了良好的效果。

（1）低碳能源政策

英国出台了一系列提高能效、减少碳排放的激励政策，为英国低碳技术和服务市场的发展提供了有力的支持，包括：①《可再生能源义务法案》（2002）：强制要求电力供应部门所供电力中必须有一部分来自特定的可再生能源技术；②《气候变化法案》（2008）：提出了受法律约束的英国碳减排目标以及为实现这一目标而制定的国家五年碳排放配额计划；③《国家可再生能源行动计划》（2010）：为实现2020年英国能源消费中15%来自可再生能源的目标，制定了发展路线和措施；④《碳减排承诺与能效制度》（2010）：要求未列入欧盟排放权交易体系（EU ETS）的大型排放企业为每吨碳排放购买排放配额；⑤《上网电价补贴政策》（2010）：适用于小型低碳发电项目；⑥绿色投资银行：建立于2012年，旨在资助低碳投资；⑦能电表全英家庭普及计划：将于2014~2019年逐步实施。

（2）完善的顶层规划和管理方案

在能源清洁高效利用方面，英国形成了较完善的管理方案，以指导具体工作的开展，如表1-5所示。

英国清洁能源管理方案 表1-5

风能	·建设和部署 ·电网并入 ·风力和气象评估 ·海上驱动系统、电力系统、复合材料、海底电缆、锚定平台、振动和应力分析
太阳能	·创新融资机制 ·电网并入
生物质和生物能源	·将火力发电站转化为生物质与煤混燃或全生物质发电站 ·高混合生物燃料的生产 ·木质纤维转化为生物乙醇 ·第二代可持续细菌生物燃料 ·生化丁醇
电网解决方案	·智能电表 ·智能电网设计 ·先进的传输监控 ·先进的配电网组件 ·配电自动化 ·网络安全

同时，英国高度重视可再生能源的规划建设，将可再生能源规划作为国家和地区重要的城市总体规划项目之一，明确了其地位和重要性。中央政府要求各地区、各大中型城市编制可再生能源规划，规划深度要涵盖定性、定量以及定位，包括确定可再生能源的种类，可承担的城市功能份额，以及可再生能源设备的空间位置等，形成在宏观上进行战略性部署并且在微观上进行量化布局的规划模式。如英国伯纳斯社区的可再生能源总体规划，是一次自下而上的规划工作，由伯纳斯当地居民自发组成的社区组织GPG开始推行可持续社区的系列活动，并找到卡迪夫大学威尔士建筑学院、威尔士地方政府联合进行可持续低碳社区的规划编制，其中最重要的工作之一就是可再生能源总体规划。

（3）低碳能源技术的集中实践

伯纳斯是英国威尔士首都卡迪夫南侧8.4km的一个临海小镇，总规划面积约10km^2，人口约2.3万。伯纳斯可再生能源建设分成两个部分："可再生能源的单项发展规划"和"2020—2030—2050时序发展规划"。在单项规划中，主要进行定位和定系统的工作：基于每个系统的特征、伯纳斯自然环境的可承载力以及设备经济效应的综合分析评估，确定适合各类可再生能源设备及系统安装和配置的位置；同时，对符合场地要求的典型设备的性能，包括安装费用、能源产出、占用面积、年均减少CO_2排放量等进行列表统计。在时序发展规划中，主要开展定量和定阶段的工作：根据现有的政府资助、场地的可能性、技术的成熟度，以及2020、2030、2050三个不同阶段的发展目标，来确定每个阶段所需要优先发展的技术和设备，并平衡产出。

①太阳能。太阳能利用主要考虑光伏发电以及太阳能热水系统两个部分。根据前期的研究，规划对太阳能的发展具有以下设想：在伯纳斯，除了在中心历史保护区，其他朝南的屋顶上均有可能装上太阳能热水系统或者太阳能光伏发电板；根据房屋的情况以及住户经济收入，将这些可能区域分为先锋区和潜在区两个部分；在先锋区域内85%朝南屋顶将装上太阳能系统，在潜在区内5%的朝南屋顶将装上太阳系统；考虑到经济效益，在规划的太阳能系统中2/3为太阳能热水，1/3为太阳能光伏系统。

②风能。风能的利用分为陆上和海上风能发电机。并且根据噪声、可能的视觉干扰以及风能的经济效应，两种类型的风能发电系统的具体位置也被确定。

③生物质能热电联供。生物质能的热电联供系统位置的选定原则是：设置在热能和电能需求较密集的区域，从而减少管网的铺设和传输的耗损；选择公共建筑，例如寄宿制学校、社区中心等作为安装设备的单位，产生的电能和热能可以同时服务于周边500～1000m范围内的住宅，从而保证能源需求的平衡性和连续性；在设备安装初期，进行经济估算，由设备运营商与居民签订能源费用合同，从而形成双赢的运作机制。

④地源热泵系统。地源热泵系统位置的选定原则是：设置在热能和电能需求较密集的区域，从而减少管网的铺设和传输的耗损，因此以公寓式住宅为首选；具有较大的室外开敞空间，方便实施水平铺设地热管，减少建造成本。

⑤潮汐能。作为一项新兴且具有巨大潜力的可再生能源，英国被认为是世界上蕴藏最大可利用潮汐能的国家。因此，在过去的十年中，英国也组织了专业人员进行长期的监测、评估和可行性分析。其中，塞文河口沿线管理规划中就提出在包括伯纳斯在内的沿线地区发展潮汐能有着巨大潜力（表1-6），在2002～2009年连续7年的观察数据证明其潮汐能的巨大蕴藏量。

伯纳斯可再生能源占各能源消耗规划值   表1-6

年份	2008	2020	2030	2050
电力（GWh）	38.3	38.3	38.3	38.3
燃气（GWh）	161.6	145.4	130.9	117.8
总需求（GWh）	199.9	183.7	169.2	156.1
可再生能源份额（总能耗的比例）	< 1%	20%	50%	100%
总可再生能源供给（GWh）	< 2.0	36.7	84.6	156.1

3. 废弃物减量循环的实践——以德国为例

城市废弃物是"放错了地方的资源"，废弃物管理从末端治理向前端减量化和资源化方向发展，是废弃物处理低碳生态化的重心，也是城市可持续发展的必然要求。废弃物减量循环的实质是提高废弃物的资源化利用率，减少垃圾的最终填埋量，包含三个阶段性内涵：一是减少源头产生量，即从产品的设计和生产阶段就开始充分考虑尽量减少废弃物的产生，比如杜绝过度包装；二是减少中段清运量，即对产生的垃圾最大可能实现资源回收利用；三是减少末端处理量，实质上是减少垃圾填埋量。

随着经济和社会发展水平的提高，世界各国在废弃物管理和处理技术方面进行了广泛的探索和实践，其中德国的废弃物处理处于世界先进行列，是推行废弃物减量和循环利用最具成效的国家之一。德国自 20 世纪 70 年代以来综合运用法律、政策、教育等强制性和倡导性手段，将废物处理的管理理念确立为"减量、循环与再利用"，首先在生产和消费环节尽量减少垃圾的产生，其次在垃圾处理环节优先采用分类回收利用技术和堆肥（生化）技术，最后无法资源化的垃圾才焚烧或卫生填埋。

（1）法律法规

德国是联邦制国家，由 16 个州组成，有关废弃物处理的行政管理组织机构分为 5 级，即社区、市、地区、州和联邦。其中联邦政府主要负责确立废弃物处理原则、制定颁布管理法律和标准、进行有关的国际合作和科研项目；州一级负责实施法律规定；地区负责审批具体的废弃物处理项目；市、县负责废弃物的收集、运输、处理及处置的全过程；社区是废弃物收集的基本单元。

德国在废弃物管理方面十分注重立法，是第一个系统地以立法应对废弃物问题的欧盟国家，相关的法律有 800 余项，行政条例近 5000 条，从法律的角度确定了全新的废弃物管理思路，由最初的末端无害化处理过渡到废弃物的全方位管理。

1972 年，德国颁布了《废弃物管理法》，该法是德国第一个基于国家层面出台的专项垃圾管理法律。该法律确定了废弃物处理的几个关键原则：无害化、处理责任的划分、污染者付费等。1986 年，德国颁布了《垃圾源头减量和垃圾管理法》，该法案提出尽可能优先在源头减少垃圾产生量，其次将不能避免产生的垃圾进行回收利用，最终将不能回收的垃圾进行焚烧或填埋。1991 年颁布的《包装废弃物法》将包装废弃物的收集和处理责任从过去的各个行政州政府分摊给了各生产厂家、分销商等企业机构，要求生产厂家和分销商回收其产品包装，并进行再利用，该法催生了德国著名的"二元回收系统"（即"绿点公司"），与公共环卫回收系统平行运作。1994 年颁布、1996 年生效的《循环经济与废弃物管理法》，将废弃物处理提高到发展循环经济的高度，最完整地体现了废弃物减量化、资源化和无害化原则。该法案把资源闭路循环的循环经济思想推广到所有生产部门，强调生产者对产品的整个生命周期负责，规定处理垃圾的优先顺序是"避免产生—循环使用—最终处置"，比欧盟 2008 年提出垃圾管理的"五层倒金字塔"原则早了 12 年。2005 年 6 月 1 日，德国颁布更严格的垃圾填埋条例，对生活垃圾和工业垃圾的处理做出了更严格的规定，严格限制进入垃圾填埋场的可降解废物含量。要求任何垃圾都必须进行预处理或机械生物处理，使其总有机碳小于 5%，总有机物含量低于 18%，才可进行填埋处理。根据垃圾填埋条例的新规定，垃圾填埋基本只接收经过垃圾生物处理或焚烧处理后的灰渣。

此外，德国还陆续出台了一系列相关的法规条例，如《饮料包装押金规定》《商业废物条例》《报废汽车条例》《废物焚烧条例》《废物处置厂（场）审批条例》《有害废物分类条例》《有害废物监管条例》《有害废物运输条例》等（图 1-7）。2016 年 7 月，德国新版的电器回收法案生效，规定电器零售商有义务免费提供电器回收服务。这些法规条例的出台，有力地保证了德国对废弃物进行全方位的管理，形成了一体化的治理方案。

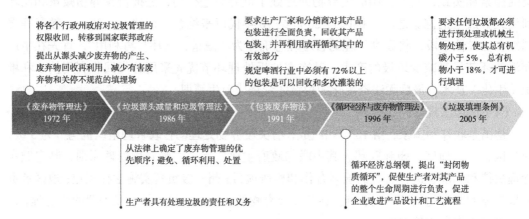

图 1-7　德国废弃物相关法律法规

（2）管理政策[22]

①废弃物收费制度

德国从 20 世纪 90 年代起，全国城市普遍实施了垃圾收费政策，对城市居民征收垃圾处理费。对垃圾收费不仅是筹集垃圾处理费用的方式之一，也表明垃圾的产生者使用处理垃圾的公共设施，包括垃圾转运站、垃圾焚烧厂、垃圾填埋场等，必须支付相应的费用。收费的方法因城市不同而各异，大部分城市的垃圾收费为定额收费，还有一些城市采用定额收费与计量收费相结合的方式，如弗莱堡市，定额部分是以家庭人口为基数交纳的基本金，计量部分是按照灰色垃圾桶（只装纳需要处理的生活垃圾）的容积和收集频率交纳的垃圾费。为准确测算居民排出的数量，有些还采用了先进的技术，在每个垃圾桶（箱）上安装微晶片，将垃圾桶中的垃圾倒入垃圾车时，车上的识别器会自动识别测算出垃圾的重量，并将数据传送到驾驶室的电脑上，以此作为收费凭证。德国几十个城市的数十万个垃圾桶已安装了这种微晶片。

②环境押金制度

德国于 1998 年和 2005 年修订了《包装废弃物法》，规定对于非生态有益的包装如饮料包装、洗涤剂包装和挥发性颜料包装，生产者、销售者承担向消费者收取押金和返还押金的义务。2003 年 1 月起德国开始强制实行饮料容器押金制度。顾客在购买可回收利用包装容器的矿泉水、啤酒、可乐和汽水时，均要支付相应的押金，1.5L 以上的 0.5 欧元，1.5L 以下的 0.25 欧元。顾客在退还空容器时，可获得相应押金返还。德国实施押金返还制度之初，曾要求购买者必须把空容器退还到当初购买饮料的商店并出具当天的收银条才能退还押金。2003 年 10 月后建成了全国统一的空容器回收、押金返还体系，消费者可以到任意一家超市里退还空容器，而且回收空容器数量超过实际售出数量的商店，可以从这一体系中得到财政支持。

③财政补贴制度

德国通过制定《电力供应法》，对垃圾焚烧发电投资进行补贴，补贴通常一部分来自财政投入，一部分来自政府通过发行市政债券筹集的资金。目的是通过上网电价的收益，促进私人资本进入垃圾焚烧发电产业，同时保证垃圾焚烧等市政设施持续运转。补贴主要有以下几个方面：一是补助金，目的是对垃圾焚烧厂通过减少废弃物对环境的最终影响而从政府或其他部门得到财政补贴，主要包括创新技术研发补助金制度，废物再资源化补助金制度和能源使用合理化事业者补助金制度。二是低息贷款，主要是给予垃圾焚烧企业购买先进的仪器设备的贷款支持。三是减免税，通过加快折旧、免征、回扣税金或者费用的形式，对垃圾焚烧这种采取减少垃圾最终排放、进行自回收资源生产的企业给予支持。

④垃圾焚烧企业投融资政策

政府利用向居民收取的处理费（或一部分为财政拨款）将设施发包给企业进行运营。此外，还通过新的基础设施建设融资方式（以 BOT 及其衍生的方式为主）和对现状国有基础设施进行私有化来实现融资。垃圾焚烧发电厂属于市政环保项目，目的在于妥善处理垃圾，同时注重环保效益和社会效益。由于垃圾焚烧后能源的综合利用越来越广泛，垃圾焚烧发电作为德国主要的能源回收方式得到广泛推广。垃圾的热值较低（不同于煤油等燃料的发热值高），相应发电量少，单独依靠售电收入一般无法确保项目投资商获得合理的回报。因此，项目所在地政府作为受益者必须向投资商支付一定的垃圾处理费，使项目具有合理的利润。垃圾焚烧发电厂的收益主要来自两方面：一是售电收入，二是政府支付的垃圾处理费。德国等欧美国家和日本企业化运作的垃圾焚烧发电项目基本上都是这种收益模式，只是售电收入和垃圾处理费在总收入中所占的比例因各地区实际情况不同而有所差异。每处理一吨垃圾，德国给予垃圾焚烧发电厂补贴平均约为 200 欧元。

⑤监督机制

垃圾分类对居民的环境素质要求较高，为避免个别居民、企业、商业部门将剩余垃圾投放到其他垃圾桶以减少垃圾费用，提高垃圾分类质量，德国各垃圾清运单位和当地政府的环保部门共同承担环境警察的职责。环境警察负责检查垃圾分类收集情况，在垃圾错误投放的情况下，有权拒绝清运，只有交付罚款后才予以清运（此类垃圾作为剩余垃圾清运处置）。这样通过法律与经济综合手段，有效地提高了垃圾分类的质量。

（3）分类方式

按照产生来源，德国的城市生活垃圾主要分为家庭垃圾和其他垃圾两大类。家庭垃圾包括普通家庭生活垃圾、公共垃圾、大件垃圾（废旧家具、家电等）、有机垃圾、可回收利用垃圾（玻璃、废纸、纸板、塑料、轻质包装材料、金属等）；其他垃圾包括街道清扫垃圾、菜场垃圾、其他混合生活垃圾等。

按照后续处理方式，生活垃圾又可分为分类收集的垃圾和剩余垃圾两类。分类收集的垃圾包括废纸、有机垃圾（残余果蔬、园林垃圾等）、玻璃（分为棕色、绿色、白色）、轻质包装废弃物、大件垃圾（废旧家具）及废旧金属、废旧电池等多种类型。剩余垃圾则是其他不可回收的残余废弃物。

德国生活垃圾分类投放多采用"五分法"，即将生活垃圾分为以下五大类分别扔入不同颜色垃圾桶:棕色桶装有机垃圾（包括剩饭剩菜、果皮骨头等厨余垃圾，庭院绿化垃圾）；黄色桶（或袋）装轻型包装（如塑料袋，包装盒，牛奶盒等）；蓝色桶收集废纸与废纸箱；废玻璃经过分类后分别投入棕色、白色、绿色三种颜色的垃圾桶；剩余黑色或灰色的桶，用来收集所有居民分到无法再分的剩余垃圾。

（4）处理方式

德国的生活垃圾处理方式总体可以归为四类：填埋、有能量回收的焚烧、堆肥 / 发酵和回收利用。进入 21 世纪以来，德国城市生活垃圾的直接回收利用率和有机处理（堆肥发酵）率都有稳步提升，直接回收利用率的增长更为显著，从 2001 年的 37.7% 增长至 2014 年的 46.6%。从 2001 年至 2005 年，德国的生活垃圾填埋量逐年下降，到 2006 年，生活垃圾填埋处理的占比已经不足 1%，这标志着德国城市生活垃圾正式开始进入"零填埋"时代。这一转变与德国 2005 年颁布的《垃圾填埋条例》是密切相关的，根据条例，全面禁止垃圾直接填埋，垃圾填埋基本只接收经过垃圾生物处理或焚烧处理后的灰渣，因此大幅降低了生活垃圾的填埋量。

（5）实施效果

废弃物减量和资源化利用在德国取得了显著的成效，目前德国是全球再生资源利用率最高的国家（图 1-8）。根据欧洲统计局的数据，从 2001 年至 2010 年，德国的城市生活垃圾总产生量在 5000 万 t 左右浮动，但是人均垃圾产生量有所下降，从 2001 年的 632kg/ 年减少到 2006 年的 564kg/ 年。2000 年德国城市固体垃圾重复再利用率为 51%，到 2012 年已经提高至 83%，其中生物垃圾桶收集的垃圾和可生物降解的庭院和公园垃圾实现了 100% 的重复再利用。按照德国《循环经济法》要求，从 2020 年起，城市固体垃圾再循环利用率至少达到 65%，2012 年德国已经实现了这个目标 [23]。

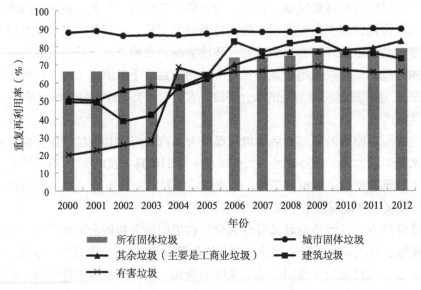

图 1-8　2000 ～ 2012 年德国主要固体垃圾重复再利用率情况

4. 综合管廊的实践——以日本为例

日本在世界上是兴建综合管廊（共同沟）数量居于前列的国家之一。日本国土狭小，地震等自然灾害频发，综合管廊的建造首先在人口密度大、交通状况严峻的特大城市展开，其后发展至中小城市。至1992年，仙台、冈山、广岛、福冈、熊本等地方中心城市都已建造综合管廊。建设初期，综合管廊内的设施仅限于通信、电力、煤气、上水管、工业用水、下水道六种，现在又增加了供热管、废物输送管等设施。1981年末，日本全国综合管廊总长156.6km，到1992年达到310km。1993～1997年为日本综合管廊的建设高峰期，至1997年已完成干管446km。较著名的有东京银座综合管廊、青山综合管廊、麻布综合管廊、幕张副都心综合管廊、横滨M21综合管廊、多摩新市政综合管廊（设置有垃圾输送管），其他各大城市如大阪、京都、名古屋、冈山市、爱知县等均大量进行综合管廊建设。

（1）规划概况

日本综合管廊的总体发展目标是要在21世纪初，在县政府所在地和地方中心城市等80个城市干线道路下建设约1100km的综合管廊。而人口最为密集的城市东京，已提出了利用深层地下空间资源（地下50m）建设规模更大的干线综合管廊网络体系的设想，涉及这一设想的土木工程施工技术和相关的法律问题等已初步得到解决，反映出日本综合管廊建设的趋势和今后的发展方向。

在规划方面，日本政府做了大量的工作，充分体现了规划的先导作用。以东京都为例，东京都总面积为2188km²，根据1995年12月制定的《东京都的综合管廊基本规划》，东京都内1100km的干线道路中119km规划建设了综合管廊，规划综合管廊总长为2057.5km，市政道路综合管廊建设率达到7.4%。现在，规划市政道路总长为27881km，综合管廊总长为2657.5km，市政道路综合管廊建设率达到7.4%。现在东京都内1100km的干线道路中已有135km建设了综合管廊，东京都呈放射状建设的10条综合管廊和国道357号线的综合管廊相连，被河川分割的部分也在规划中，形成网络连接（图1-9）。

图1-9　东京都内建设综合管廊的基本计划

（2）运营管理方面

1963 年，日本通过并颁布了《关于建设共同沟的特别措施法》（共同沟法），解决了在综合管廊建设中的资金分摊、维护管理等方面的关键问题，综合管廊随之在日本得到了规模化的建设和发展。1991 年，日本成立了专门管理综合管廊的部门，负责推动综合管廊建设。综合管廊建设费用由预约使用者和道路管理者共同负担，其中预约使用者投资额占工程总额的 60% ~ 70%。

针对综合管廊的管理，日本成立专门的管理机构。日本在中央建设省下设了 16 个共同管道科，其主要职责体现在以下几方面：综合管廊始建时，负责相关政策和具体方案的制定；综合管廊在建中，负责投资、建设的监控；综合管廊建成后，负责工程验收和营运监督等。

综合管廊的管理工作是依据《综合管廊管理规定》实施的，一般来说对综合管廊本体以及附属设备（照明、换气、排水、安全设备等）的管理由综合管廊管理者承担，综合管廊内所收容的占用物（电信电话、电力电缆、煤气管、上水道管、下水道管）以及附属设施（金属支架、金属承架、承载台架等）由公益事业者各自进行管理。综合管廊的维护管理主要包括巡回检查、综合管廊本体的维修、附属设备的维护修补、紧急事态时的联络系统。

综合管廊的管理经费是由道路管理者的负担金及依据法令成立并共同运营综合管廊的全体业者的负担金两部分构成的。负担金的比例如前所述按照《综合管廊管理规定》，有关本体的费用应依据投资额的比例而定，有关附属设备的费用及维护管理经费则应由综合管廊管理者与占用者各依其利用程度而定，目前通常情况下多采取均等负担方式。

（3）政策立法方面

日本于 1964 年 4 月 1 日颁布《关于建设共同沟的特别措施法》，并于同年 10 月 4 日又颁布了《实施细则》，至 1987 年 9 月共进行了五次大的修改和完善，目的是规范在公路下面建造综合管廊集成相关的管线，确保道路结构安全和保障交通运输的安全。《关于建设共同沟的特别措施法》以及相应的《实施细则》从根本上解决了日本综合管廊"规划建设、管理及费用分摊"等关键问题，如：①明确了必须建设综合管廊的城市道路范围，以及综合管廊建设管理主体、编制规划、管理规程等；②确立了综合管廊使用申请、许可，使用权的继承转让，监督与处分等管理内容和管理程序；③规定了综合管廊的相关费用，重点明确建设费、维护管理费的分担原则与计算办法，以及国家、地方政府的政策性补贴、收入的归属等，是日本在综合管廊规划、设计、管理、费用分摊等领域研究成果的集大成者，并以法律的约束力确保其付诸实践。

1964 年颁布《道路法》，确定了有关城市地下空间的管理：①确立道路地下空间占用的行政许可和有偿使用规定。例如，《道路法》第三十二条（道路占用的许可）规定："道路根据以下所列内容设置建筑、对象或设施，若想要继续使用道路，必须得到道路管理者的许可"；②确立城市主要道路的立体区域理念和道路立体相关要求。如《道路法》第四十七条之五（道路立体区域的决定等）规定："道路管理者，新建或重建道路时，要勘察该道路所在地域情况。为了更加正当合理地利用土地，必要时可根据第十八条第一款的规定，就空间及地下情况确定将要变更的道路区域的空间及地下范围（以下称为立体区域）"。

在 2001 年颁布了《大深度地下公共使用特别措施法》，确定大深度地下公共空间使用管理的定义和适用，确立大深度地下公共使用管理的原则和程序制度，强化了关于城市大深层地下空间资源公共性使用的规划、建设与管理。

（4）技术标准方面

1964 年 4 月 1 日，日本制定了《关于建设共同沟的特别措施法》（综合管廊法），将综合管廊作为合法的道路附属物；以后又颁布了《共同沟设计指针》，统一了综合管廊技术标准与规范，从而大大促进了日本综合管廊建设事业的发展。《共同沟设计指针》对综合管廊的各种设计（如布局设计、结构设计、管线设计、防灾设计等）、施工方法（如施工工艺、施工流程、施工安全等）、检查验收（如验收方法、验收指标等）和材料设备（如建筑材料、监控系统、通风系统、供电系统、排水系统、通信系统、标示系统和地面设施等）制定了具体的标准和规范。

日本提出综合管廊原则上设置在道路的地下，并且平面线形与道路的中心线相吻合。关于综合管廊的平面线形要对道路的现状、规划以及和其他事业的关联进行充分的调查来决定。与其他的工程同时施工时，在同一挖掘面中能进行综合管廊施工是比较经济的。与地铁同时施工时，列入地铁构造范围内，在构造上最好是不发生不连续点。

在设计平面线形方面的控制要领除了道路的平面线形以外还有：①建筑物的间隔距离；②与已埋设物的关系；③与城市规划、地铁规划等将来规划的构造物的关系。另外纵断线形和与平面线形有必要同时审核，纵断线形设计上必须考虑的事项除平面线形方面的控制要领以外还有：④综合管廊覆土；⑤纵断坡度。

日本提出地下管线的覆土根据道路法规实施令的规定在行车道部保持 1.2m 以上，如果综合管廊也有同等程度覆土的话，道路构造面就不会有问题。但是像地铁和综合管廊那样的大规模的建筑物如果设置在道路的纵断方向的话，将来管路等有必要横断埋设道路时就需要大规模的施工，考虑横断管用的空间，覆土最好是 2.5m 以上。但是考虑到综合管廊特殊部的（分岔部、换气部、出入口、材料搬入口等）部分横断管能转动，不得已的情况下可确保覆土在 1m 以上。纵断坡度对应于道路的纵断坡度，施工时尽可能减少开挖深度，考虑到沟内排水需要的最小坡度为 0.2%。

1.2.4　国内建设实践

近年来为推动城市绿色可持续发展，国家部委和各省市对低碳生态城市建设给予了很大重视。试点建设工作广泛开展，非试点城市亦提出建设低碳城市、生态城市或低碳生态城市的目标。低碳生态市政基础设施的建设随之得到系统发展。

2017 年国家发展改革委发布第三批全国低碳试点省区名单，我国低碳省区试点达到 6 个、低碳城市试点达 81 个，大陆 31 个省市自治区均有试点城市分布（表 1-7）。

全国低碳试点省区、城市名单 表1-7

	低碳省区试点	低碳城市试点
第一批（2010年）	广东、辽宁、湖北、陕西、云南	天津、重庆、深圳、厦门、杭州、南昌、贵阳、保定
第二批（2012年）	海南省	北京市、上海市、石家庄市、秦皇岛市、晋城市、呼伦贝尔市、吉林市、大兴安岭地区、苏州市、淮安市、镇江市、宁波市、温州市、池州市、南平市、景德镇市、赣州市、青岛市、济源市、武汉市、广州市、桂林市、广元市、遵义市、昆明市、延安市、金昌市、乌鲁木齐市
第三批（2017年）		乌海市、沈阳市、大连市、朝阳市、逊克县、南京市、常州市、嘉兴市、金华市、衢州市、合肥市、淮北市、黄山市、六安市、宣城市、三明市、共青城市、吉安市、抚州市、济南市、烟台市、潍坊市、长阳土家族自治县、长沙市、株洲市、湘潭市、郴州市、中山市、柳州市、三亚市、琼中黎族苗族自治县、成都市、玉溪市、普洱市思茅区、拉萨市、安康市、兰州市、敦煌市、西宁市、银川市、吴忠市、昌吉市、伊宁市、和田市、新疆生产建设兵团第一师阿拉尔市

　　2010年1月，住房城乡建设部与深圳市人民政府签订了共建国家低碳生态示范市合作框架协议，深圳成为住房城乡建设部开展合作共建的第一个国家低碳生态示范市（表1-8）；2010年7月，住房城乡建设部与江苏省无锡市人民政府签署《共建国家低碳生态城示范区——无锡太湖新城合作框架协议》；同年10月，住房城乡建设部与河北省共同签署《关于推进河北省生态示范城市建设促进城镇化健康发展合作备忘录》；2011年1月，住房城乡建设部成立低碳生态城市建设领导小组，组织研究低碳生态城市的发展规划、政策建议、指标体系、示范技术等工作，引导国内低碳生态城市的健康发展。同年6月，领导小组下发了《关于印发〈住房和城乡建设部低碳生态试点城（镇）申报管理暂行办法〉的通知》（建规〔2011〕78号），启动新建低碳生态城镇示范工作。另外，住房城乡建设部还与美国、瑞典、英国、德国、新加坡等国家的有关部门签署了生态城市合作方面的谅解备忘录，共同开展生态城市方面的国际合作和交流。2013年广东成为与住房城乡建设部开展合作共建的全国首个低碳生态城市建设示范省。

住房城乡建设部与地方合作共建的低碳生态城试点名单（部分） 表1-8

合作方式	获批时间	试点名称
住房城乡建设部与天津市共建	2007年11月	天津中新生态城
住房城乡建设部批准设立	2009年11月	合肥滨湖新区
住房城乡建设部与深圳市共建	2010年1月	深圳光明新区
	2010年1月	深圳坪山新区
住房城乡建设部与无锡市共建	2010年7月	无锡太湖新城
住房城乡建设部与河北省共建	2010年10月	曹妃甸唐山湾新城
	2010年10月	石家庄正定新区
	2010年10月	秦皇岛北戴河新区

续表

合作方式	获批时间	试点名称
住房城乡建设部与河北省共建	2010 年 10 月	沧州黄骅新城
	2011 年 2 月	涿州生态宜居示范基地
住房城乡建设部与上海市共建	2011 年 4 月	上海虹桥商务区
	2011 年 4 月	上海南桥新城

据中国城市科学研究会统计，截止到 2013 年，我国 44% 的低碳生态城市（区）项目处于规划阶段，56% 的项目处于建设阶段。在规划阶段，各试点城市基于地方特色，在开展低碳生态城市规划的同时，也对水系统、能源系统、固体废弃物处理等低碳生态市政设施进行了系统的规划，不少城市已通过实践取得了良好成效。其中深圳、苏州和天津等试点城市在低碳生态市政基础设施规划和建设方面的经验备受关注。

1. 深圳光明新区 [24]

光明新区位于深圳市西北部，总规划面积 156.1km²，其建设目标是打造低碳新城，探索地区转型所需的综合和可持续发展道路。光明新区坚持规划先行，编制完成了"绿色新城"系列规划，高起点编制了再生水及雨洪利用、综合管沟、生态建设与环境保护、绿色建筑等 40 多个"绿色"专项规划。按照规划，光明新区进行了系统的低碳市政基础设施建设，其中成效比较显著的是低影响开发雨水综合利用系统、能源系统和综合管廊的建设。

（1）低影响开发雨水综合利用系统

2004 年深圳市在国内率先引入低影响开发理念，2008 年光明新区编制完成雨洪利用相关规划，2010 年住房城乡建设部与深圳市政府签订了低碳生态示范市创建框架协议，明确要求光明新区探索低影响开发建设模式。2011 年 10 月住房城乡建设部正式批复光明新区为国家首个也是唯一的低影响开发雨水综合利用示范区。通过近十年的实践探索，目前光明新区在低影响开发雨水综合利用方面的建设已初具规模，形成一定的示范效应，是推进海绵城市建设的重要基础。2016 年 4 月，以光明新区凤凰城为试点区域，深圳市成功入选第二批"国家海绵城市建设试点城市"。

在推进海绵城市建设方面，光明新区加强组织领导，创新工作机制，制定政策法规，启动示范项目，形成了 2 个实施方案、2 个专项规划、1 个规划设计导则、1 个实施办法和 26 个示范项目，在推广低影响开发模式、建设海绵城市中实现"四个率先"：率先在雨洪利用规划中明确低影响开发的建设要求；率先强制一定规模建设项目配套建设雨洪利用设施；率先将低影响开发控制指标纳入规划"两证一书"中；率先对各类建设用地控制指标进行细化（图 1-10、图 1-11）。

26 个低影响开发示范项目基本覆盖了城市建设开发过程中常见的项目类型，其中公共建筑项目 2 个，市政道路项目 9 个，公园绿地项目 6 个，水系湿地项目 2 个，居住小区（保障性住房）项目 5 个，工业园区项目 2 个，涉及建筑面积 370.57 万 m²，道路总长度 16.32km。

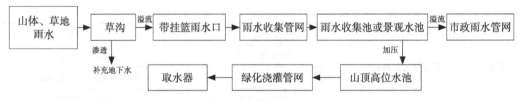

图 1-10 光明新城公园低影响开发雨水系统流程图

图 1-11 光明新区群众体育中心透水铺装地面和下沉式绿地实景

（2）能源系统

光明新区能源系统采取的低碳生态措施主要有 LED 照明、光伏太阳能发电以及 220kV/20kV 直降电压系列。

LED 照明：光明新区在深圳率先采用 LED 绿色照明系统。新建成的道路全部采用 LED 照明，其中光明大道是深圳首条采用 LED 照明系统的绿色道路。近年来，LED 路灯充分展现了低光辐射污染、低能耗的优势，与普通照明灯具相比，每年每公里耗电费可节约 8 万元。

光伏太阳能发电：光明新区的国家"金太阳"示范项目——"光大环保杜邦太阳能光伏发电工程"于 2010 年 11 月正式并网发电，年发电量 148 万 kW·h，每年减少碳排放量约 1480t，是目前中国南方单个面积最大、容量最大的屋顶光伏电站；国家"可再生能源示范工程"——光明拓日工业园已建成，集屋顶及幕墙光伏电站、太阳能热水系统、LED 照明、风力发电等多项应用技术于一体，其中太阳能光伏电站装机容量 370kW，年发电量约 43 万度。此外光明新区公交站亭采用光伏太阳能顶，太阳能电池板一方面可起到隔热、遮阴作用，另一方面为候车亭的 LED 显示屏、广告牌提供夜间照明。

220kV/20kV 直降电压系列：深圳的电压等级共分为 500kV、220kV、110kV、10kV、380V 五个等级，按照《光明新区 220kV/20kV 电力专项规划》的内容，试点区域将变成 500kV、220kV、20kV、380V 四个等级。采用新的电压等级后，变电站变少，变电站和线路走廊将节约大量建设用地，并可进一步减少电力在输送过程中的损耗，提高输送容量和转供电能力。光明新区原来需要 23 座普通 220kV 变电站和 110kV 变电站才能实现的供电网络，采用新的 20kV 供电模式的变电站只需 12 座即可达到同样效果（图 1-12）。

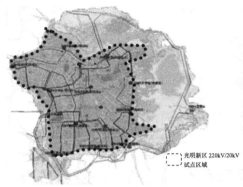

光明新区 220kV/20kV
试点区域

图 1-12　光明新区 220kV/20kV 试点区域（左）和玉律变电站（右）

（3）综合管廊

高标准建设地下综合管廊。光明新区规划建设城市主干道地下综合管廊 21km，现已建成 9km，正在建设 12km。综合管廊为水泥浇筑，根据城市主干道的功能要求，分为不同的尺寸规格，一般高 2.8m，沟宽 3 ~ 7.8m 不等，可以容下一辆中型卡车从中穿过。综合管廊将之前分散埋设的电力、通信、给水、中水、燃气等各种地下管线敷设在同一个管沟内，共同维护、集中管理（图 1-13）。

图 1-13　光明新区光侨大道综合管廊给水电信舱（左）和光侨大道综合管廊进料口（右）

2. 苏州工业园区

苏州工业园区是中国和新加坡两国政府间的重要合作城市开发项目，园区于 1994 年 2 月经国务院批准设立，行政区划面积 278km²。开发建设 20 年以来，园区始终坚持以低碳生态理念引导规划建设，2014 年成为国家第一批低碳试点园区。

园区编制了《苏州独墅湖科教创新区低碳生态控制性详细规划》，在能源利用、水资源利用和废弃物资源利用等方面分别提出了低碳生态的技术路线（图 1-14、图 1-15）。目前已建设的月亮湾集中供热供冷中心项目定位绿色二星建筑，因地制宜地将围护结构保温隔热体系、雨水利用、分布式热电冷联供、室内二氧化碳监测系统等绿色生态技术融合为一体，具有较好的示范价值[25]。

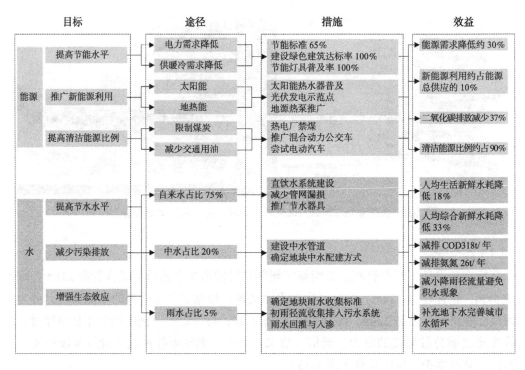

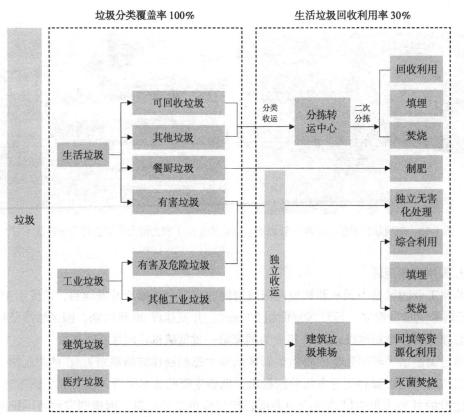

图 1-14 独墅湖科教创新区低碳生态市政基础设施技术路线

图 1-15 独墅湖科教创新区月亮湾集中供热供冷中心项目

　　园区内构建低碳基础设施循环链，实现污水污泥余热综合利用，集中供汽（图 1-16）。园区内污泥干化处置项目一期工程建成以来累计处置近 50 万 t 污泥（湿污泥），投运的二期工程处置量约 4 万 t。按年处理约 10.8 万 t 湿污泥计算，每年可减少二氧化碳排放 3.1 万 t；蒸汽冷凝水回送至热电厂重新利用，每年可节约脱盐水 7.6 万 t；干污泥作为燃料，每年可节约煤炭 1.7 万 t；最终的灰渣作为建筑辅材，每年还可减少固体垃圾 1 万 t。

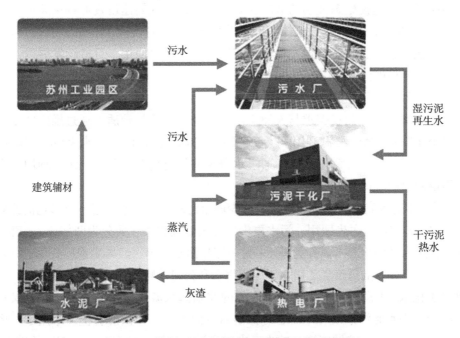

图 1-16 苏州工业园低碳基础设施循环链流程图

同时园区内规划建设综合管廊，目前已建成的有月亮湾综合管廊和桑田岛地区综合管廊（图1-17）。其中月亮湾综合管廊于2011年建成并试运行，是江苏省地下管廊的样板段。月亮湾综合管廊呈"T"形分布，全长920m，断面尺寸为3.4m×3m，工程造价约4000万元，管廊内进驻的管线有：给水管一根、集中供冷管两根、高压电缆两路。此外，管廊内安装有信息检测与监控系统、动力和照明控制系统、通风控制系统、排水控制系统、消防控制系统、安防控制系统等六大智能运行控制系统。

图1-17 苏州工业园区月亮湾综合管廊

3. 中新天津生态城

中新天津生态城位于天津滨海新区，占地面积为30km²，是中国和新加坡政府2007年改善生态环境、建设生态文明的战略性合作项目，以规划建设资源约束条件下的示范性生态城市。2008年开始，中新天津生态城借鉴新加坡先进经验，在城市规划、环境保护、资源节约、循环经济、生态建设、可再生能源利用、中水回用、可持续发展以及促进社会和谐等方面分别进行了广泛的探索和实践。

（1）水资源循环利用模式

针对生态城水资源的高需求与天津市水资源缺乏之间的矛盾，通过推广雨水、再生水和海水淡化等非常规水资源利用，贯彻分质供水和梯级利用，以节水为核心，构建安全、高效、人水和谐的水循环利用模式。通过水资源的优化配置，非传统水源利用量占水资源总利用量的比例可达到50%。

再生水：本着提高水资源利用效率和减少城市污水对自然水生态不良影响的原则，生态城的污水100%进行再生回用。污水再生回用按处理方式主要分为两部分：一部分污水厂出水直接进入区内生态水体作为补水；另一部分污水厂出水经再生水厂处理达到相应水质标准后回用于区内的道路浇洒用水、绿化用水和公建冲厕用水。

海水淡化水：生态城的海水水源由区外的北疆海水淡化厂提供，由区外的汉沽水厂在厂内进行自来水和海水淡化水的合理掺混后，向生态城提供混合优质水用于居民生活和工业。这种方式不仅节约能源、减少区内供水设施建设，且有利于生态城的供水管理，具有较强的生态性和示范意义。

雨水：生态城雨水利用实现非汛期雨水不外排，全部在区内消纳利用，汛期雨水量超过区内消纳能力时通过排涝设施进行有效外排。生态城的雨水优先考虑通过路面、绿地下渗以及收集屋面雨水进行就地利用，多余径流通过市政雨水管网排入区内水体用于生态补水。

（2）能源系统

在低碳内涵的引导下，生态城的能源系统建设贯彻"开发与节约并举"的方针，大力推行节能减排，提高能源使用效率，积极探索可再生能源的开发利用，形成常规能源和新型可再生能源、集中式和分布式能源相互衔接、相互补充的能源利用模式。

①市政节能

生态城市政基础设施节能主要通过推广使用 LED 灯具，以及使用智能电网调峰等措施。调整供需平衡，提高处理设备以及设施能效，减少输送环节不必要的能源浪费和设置自动监控管理系统等措施来实现。

②新能源和可再生能源利用

通过大力推广余热、太阳能、地热能利用等新型能源利用技术，生态城可再生能源利用占总能耗比例达到 15%，余热及可再生能源的利用比例达到 30%。

余热利用：规划生态城集中供热充分利用热电厂余热解决（图 1-18）。在利用电厂蒸汽的基础上，充分采用电厂循环水余热利用技术，对热电厂循环冷却水排水进入冷却塔之前的余热进行利用，从而完成了对热能的梯级利用。该供热工艺热水供回水温度为 130℃/15℃，实现了大温差小流量运行，在运行方面也具有良好的节能效果。

图 1-18　中新天津生态城南部片区蓟运河口风电工程

太阳能：控制生态城不低于 60% 的住宅建筑设置太阳能热水设施，每栋商业建筑均设置太阳能热水设施。结合污水处理厂氧化沟及生态城防护绿带设置光伏发电设施。

风能：结合生态城鹦鹉洲和百旗广场公园等地区设置小型微风电场，在生态城景观性城市次干道安装风光互补路灯系统。

地热及热泵技术：生态城重点利用明化镇组热储层和馆陶组热储层地热资源，由于地热资源有限，结合热泵技术实现地热资源的梯级利用，并结合生态城规划，主要用于动漫园、清净湖周围的生态休闲项目等。

燃气热电冷三联供：在生态城起步区结合健康养生医院、世贸超五星酒店等公共建筑建设楼宇式燃气热电冷三联供系统，根据建设运行效果在后期建设中适当推广。

（3）固体废弃物处理系统

生态城结合自身的规划定位，以高标准推进固体废弃物"减量化、资源化、无害化"处置，建立"源头削减、分类收集、分类运输、综合处理"的现代化固体废弃物处理系统。同时，在生态城起步区引入气力输送系统进行固体废弃物的收运，这种动力化的收运方式既能满足垃圾分类收集的要求，又减少了对环境的影响，是一种高效、环保的垃圾收运方式。

减量化：积极推行分类收集、净菜进城、绿色消费和绿色包装等减量化措施，并采取一定的政策、经济措施，鼓励源头减量。生态城人均垃圾产生量为 0.8kg/ 日。

资源化：建立完善的垃圾资源回收利用和资源化处理系统，全面推动垃圾分类收集、分类运输、分类处理工作，资源回收利用率超过 60%。在清净湖西侧规划建设 1 座资源化处理中心，用于有机垃圾、可回收垃圾的资源化处理。

无害化：城市生活垃圾无害化处理率达到 100%。

截至 2009 年底，中新天津生态城起步区的市政基础设施建设已基本完成（图 1-19）。2016 年垃圾气力输送系统覆盖整个南片区，是亚洲最大的一套气力输送系统，中部和北部的气力输送系统也会陆续进行建设。2017 年 2 月，新加坡公用事业局和中新天津生态城管委会签署谅解备忘录，开展海绵城市合作建设。2018 年中新天津生态城建设十年之际，将修订发展总蓝图，在市政基础设施方面将进一步加强城市水管理能力和城市智慧通信的发展。

（a）垃圾分离器

（b）抽风机

（c）垃圾集装箱及压实机

（d）控制柜

图 1-19 中新天津生态区的垃圾气力输送系统

1.3　低碳生态市政基础设施规划编制和管理

1.3.1　规划编制的必要性

实施低碳生态城市发展战略，是面向资源环境约束条件下的中国城镇化所面临的现实矛盾与未来挑战，通过明确城市发展的资源消耗和环境影响等目标要求，按照低碳生态城市的理念确定新型城市发展模式。在住房城乡建设部和英国大使馆组织编制的《低碳生态城市规划方法》一书中，总结明确了低碳生态城市规划的目标、内容、方法以及实现途径。作者认为低碳生态城市规划是以生态安全格局为基础，制定低碳生态愿景、目标、策略和指标，形成详细的低碳生态规划方案，并以控制导则的形式落实到基地和地块。其中低碳生态规划方案包括交通—土地利用框架、开放空间—生态框架、低碳生态基础设施框架、场所营造和低碳生态建筑四大块内容[26]。通过多学科在规划过程中的整合，实现城市规划元素的密切衔接和有机融合。如何通过规划设计为基于资源（能源）循环高效利用的碳减排提供用地、设施等方面的物质支持，是低碳生态市政基础设施规划中必须解决的问题。充分发挥规划的统筹和引领作用，也成为低碳市政基础设施建设的关键所在。

为落实广东省人民政府和住房城乡建设部签署的《关于共建低碳生态城市建设示范省合作框架协议》的有关部署和要求，指导全省绿色生态城区的规划建设工作，实现绿色生态规划编制和实施管理的标准化、规范化，广东省住房和城乡建设厅研究制定《广东省绿色生态城区规划建设指引》（简称《指引》）。该《指引》明确绿色生态城区规划包含环境保护规划、土地利用规划、城市形态与空间环境设计、交通系统规划、市政基础设施规划等内容，其中市政基础设施规划关注能源综合利用，要求构建能源综合利用系统，提升用能效率，因地制宜引导可再生能源利用，保障能源基础设施建设；关注水资源保护利用，要求加大非常规水资源比例，基于低影响开发模式，维护水生态和水健康，重构清洁自然的水文循环；关注废弃物管理，要求以分类收集为前提、提高交换回收比例，减少废弃物产生量，在无害化处理的基础上促进资源再生和循环利用；并且提出相应的规划控制指标，市政基础设施类指标包括可再生能源占一次能源比例、非常规水资源利用率、地表径流系数、垃圾分类收集比例等。

从已开展的低碳生态城市规划建设情况看，无论是国家绿色生态示范城区/低碳生态试点城（镇）的申报材料要求（表1-9），还是获批绿色生态示范城区的项目建设情况，如中新天津生态城、唐山湾生态城、无锡太湖新城、深圳光明新区、秦皇岛北戴河新区、上海虹桥商务区、重庆悦来生态城、长沙梅溪湖新区、昆明呈贡新区生态城等，市政基础设施的低碳生态是低碳生态城市规划建设的核心内容之一。

绿色生态示范城区／低碳生态试点城（镇）申报材料要求　　　　　　　　表1-9

序号	申报材料	内容要求
1	《资源环境现状评估和经济社会发展条件分析报告》	主要包括土地、水资源、能源利用的状况，生态环境状况，对外交通条件，经济社会发展的现状和发展目标
2	《绿色生态示范城区规划纲要》	应体现资源节约和环境友好的发展理念，明确试点城（镇）的功能定位和主导产业，明确提出交通、市政基础设施、建筑节能、生态环境保护等方面的发展目标、发展策略和控制指标。纲要确定的总体和人均碳排放量应低于同一区域同等规模城市的平均水平
3	《绿色生态示范城区建设实施方案》	包括低碳生态城（镇）产业发展、绿色建筑推广、交通和市政基础设施建设、环境治理和生态保护等方面的行动计划和创新示范工程

注：2011年6月住房城乡建设部发布通知，在全国范围组织建设绿色低碳重点小城镇和低碳生态试点城（镇）；2012年住房城乡建设部联合财政部在全国建设绿色生态示范城区，随后低碳生态试点城（镇）与绿色生态示范城区整合为一。

1.3.2　规划管理的意义

城市规划管理是城市规划编制、审批和实施等管理工作的统称，是一项协调和促进城市经济社会全面协调可持续发展的行政管理工作，包括对一个城市的规划编制、规划许可以及建设项目是否符合规划许可的内容进行监督检查和行政处罚等，直接关系着城市规划能否顺利实施[27]。城市规划编制管理主要是组织城市规划的编制，征求并综合协调各方面的意见，规划成果的质量把关、申报和管理。城市规划审批管理主要是对城市规划文件实行分级审批制度。城市规划实施管理主要包括建设用地规划管理、建设工程规划管理和规划实施的监督检查管理等。

市政基础设施规划管理是城乡规划管理的重要组成部分，是保障低碳生态市政基础设施建设的重要手段，内容主要涉及市政基础设施规划管理、组织管理、建设运营管理、激励政策等。规划编制对城市低碳生态市政基础设施的建设具有整体统筹和先导作用，规划审批和实施管理所涉及的行政程序、审查依据、审查要点、行政许可文件指标与条款等内容，将直接影响到低碳生态要求在市政基础设施建设活动中的落实[28]。

规划编制管理中，制定相关设计标准与技术规范以贯彻低碳生态理念、确定低碳生态目标，是科学合理编制低碳生态市政基础设施规划的基础，也是建立低碳生态市政基础设施规划建设管理政策体系的重要保证。

规划审批和实施管理中，在建设项目选址与预审、建设用地规划管理、建设工程规划管理、竣工验收、运营等各个阶段对市政基础设施建设项目的低碳生态相关内容进行行政审查和监管等，以保障低碳生态指标及规划设计要点得以在建设运营中实现。

低碳生态市政基础设施不是新建一套市政基础设施体系，而是在既有体系的基础上将低碳、生态理念和技术有机融入规划和管理中，两个体系之间的转变存在一个循序渐进的完善过程。在这个过程中需要更加重视激励政策的作用，传统的规划管理"重控制轻引导"，相对于控制性政策的强制性和约束性，激励性政策能够运用多样的政策手段，更大程度地吸引和引导公众、企业按照政府期望的方向行动、参与到市政基础设施低碳生态化建设进程中，并且在实施强度、约束力等方面具有较大弹性，运用中更为灵活，显示出更加显著的积极作用[29]。

在低碳生态城市建设理念的引导下，低碳化、生态化、绿色化逐渐成为各地市政基础设施规划管理的共识，以低能耗、低污染、低排放、绿色生态、环境友好为标志的市政基础设施是在社会、资源和生态环境综合平衡制约下的建设发展方向。随着经济水平的提高、城市规模的扩大，市政基础设施规划管理的另一个发展方向是高标准化、大区域化、高度集中化和高科技化。高标准化是要在快速城市化的大潮中巩固大中城市的命脉，从选址到设计再到施工都要强调科学合理，能够适应未来几十年甚至百年的城市发展需求；大区域化是要在城乡统筹和区域统筹的发展政策下，打破城乡二元结构和行政区限，统筹大型基础设施规划，避免重复建设；高度集中化是要以可持续发展为目标，集约各项建设资源和能源；高科技化是通过科学技术的不断革新，能够做到最大限度地减少非可再生能源的使用、减少碳和各类污染物的排出、最好地满足城市发展需求，兼顾社会效益和经济效益。可以看出，这个发展方向和低碳生态理念具有很多协调一致的要求，将其与低碳生态理念有机融合，建设与社会发展相协调的市政基础设施体系，需要更加复杂化和系统化的市政基础设施规划管理作为保障。

1.3.3 规划编制的实践

近十年，我国低碳生态城市建设得到长足发展，相关理论和实践经验不断丰富。根据中国城市科学研究会学术交流部的一项统计，截至2012年7月，我国97.6%的地级（含）以上城市和80%的县级城市已提出"生态城市"或"低碳城市"等生态型城市发展模式和目标。虽然数量众多，但多数城市低碳生态建设的实践存在自发性、零散性和尝试性的特点，并未进行系统科学的研究和规划设计，而低碳生态市政基础设施的规划则一般需要建立在总体规划的基础上进行专项研究。成功的低碳生态城市建设需要规划先行，目前部分城市已经完成的典型低碳生态城市建设相关规划统计如表1-10所示。

我国低碳生态城市规划随着低碳生态城市试点工作的启动而发展起来。2008年12月，保定市政府公布了《保定市低碳城市发展规划纲要（2008—2020年）》（草案），这是中国首个以政府文件形式提出的促进低碳城市发展的纲要。

同年《中新天津生态城总体规划》编制完成，并同时开展控制性详细规划和起步区修建性详细规划及交通、能源、绿化、环卫、水系统等12项专项规划的编制。总体规划在水资源综合利用、能源综合利用、环境保护和环境卫生等三个方面强调了市政基础设施低碳生态化建设，并在相关专项规划中得到进一步细化。

深圳在30多年的发展中，较好地做到了经济、社会和环境的协调发展，率先探索了低碳生态的发展理念和建设路径。2010年1月16日，国家住房和城乡建设部与深圳市人民政府签订《关于共建国家低碳生态示范市合作框架协议》，深圳成为我国首个由部市共建的国家低碳生态城市，重点探索城市发展转型和南方气候条件下的低碳生态城市规划建设模式，并明确要求以深圳为试点，建立从规划编制到规划实施全过程的低碳生态规划管理和实施机制，把低碳生态城市建设工作从试点地区推广到全市域范围[30]。为推进低碳生态城市建设，深圳先后编制了《深圳生态市建设规划》《深圳市建设国家低碳生态示范市工作方案》和深圳国际低碳城系列规划等，并在低碳生态市政基础设施专项规划方面进行了广泛探索，编制了《前海深港现代服务业合作区综合规划——综合市政专题研究之市政先进技术规划研究》《深圳国际低碳城市政专项规划》《深圳市盐田区低碳市政基础设施规划研究及试点方案》等，在低碳生态市政规划方面积累了较为丰富的经验。

低碳生态城市建设相关规划　　　　　　　　　　　　　　　　表 1-10

省	市	名称	编制时间
	北京	《北京城市低碳发展规划纲要》	2011 年
		《北京城市低碳发展总体规划研究》	2013 年
	天津	《中新天津生态城总体规划》	2008 年
		《中新天津生态城起步区详细规划》	2008 年
河北	保定	《保定市低碳城市发展规划纲要（2008—2020 年）》	2008 年
		《保定中心城市北部低碳新城规划》	2012 年
四川	广元	《广元市低碳城市发展规划研究》	2010 年
	成都	《成都低碳城市试点实施方案》	2017 年
广东	深圳	《深圳生态市建设规划》	2006 年
		《深圳市创建国家低碳生态示范市白皮书》	2010 年
		《深圳市建设国家低碳生态示范市工作方案》	2011 年
		《深圳国际低碳城系列规划》	2015 年
	江门	《江门市发展低碳城市战略规划》	2010 年
	惠州	《广东惠州环大亚湾新区发展总体规划（2013～2030 年）》	2013 年
		《惠州市低碳生态规划（2014～2030 年）》	2014 年
	清远	《清远市低碳生态城市建设规划》	2016 年
	中山	《中山市低碳生态城市建设规划》	2015 年
	佛山	《佛山建设低碳城市规划》	2015 年
福建	厦门	《厦门市低碳城市总体规划纲要》	2010 年
	福州	《生态福州总体规划》	2013 年
江苏	杭州	《杭州市"十二五"低碳城市发展规划》	2011 年
	无锡	《无锡市低碳城市发展战略规划》	2010 年
	江阴	《江阴市敔山湾新城低碳发展控制规划》	2014 年
	扬州	《扬州市生态科技新城综合规划》	2016 年

1.3.4 相关政策解读

1. 低碳生态城市建设相关政策要求

为推进生态文明建设、推动绿色低碳发展，国家发展改革委先后于 2010 年、2012 年启动两批低碳省区和城市试点，试点省市认真落实试点工作要求，"十二五"期间在推动低碳发展方面取得了积极成效。按照《国家应对气候变化规划（2014—2020 年）》和《"十三五"控制温室气体排放工作方案》要求，国家发展改革委在 2017 年又启动第三批试点工作，以扩大国家低碳城市试点范围，鼓励更多的城市探索和总结低碳发展经验，要求试点城市积极探索创新经验和做法，优化能源结构、将低碳发展理念融入城镇化建设和管理中，编制低碳发展规划，按照低碳理念规划建设城市交通、能源、供排水、供热、污水、垃圾处理等基础设施。此外，国家发展改革委于 2014 年 3 月发布《关于开展低碳社区试点工作的通知》，鼓励将低碳理念融入社区（居民生活基本单元）的规划、建设、管理和居民生活之中，要求促进社区生活方式、运营管理、楼宇建筑、基础设施、生态环境等各方面的绿色低碳化，建设高效低碳的基础设施，加强社区生态环境规划设计。

2011 年 6 月，住房城乡建设部印发《低碳生态试点城（镇）申报管理暂行办法》，要求申报城（镇）的规划纲要和实施方案中要明确交通、市政基础设施、建筑节能、生态环境保护等方面的发展目标、行动计划和创新示范工程。

2013 年 3 月，住房城乡建设部科技发展促进中心下发《"十二五"绿色建筑和绿色生态城区发展规划》，明确提出在自愿申请的基础上，确定 100 个左右不小于 1.5km^2 的城市新区按照绿色生态城区的标准因地制宜进行规划建设。

2013 年 9 月，《国务院关于加强城市基础设施建设的意见》（国发〔2013〕36 号）指出市政基础设施建设的基本原则之一是"绿色优质"，应"全面落实集约、智能、绿色、低碳等生态文明理念，提高城市基础设施建设工业化水平，优化节能建筑、绿色建筑发展环境，建立相关标准体系和规范，促进节能减排和污染防治，提升城市生态环境质量"。

2015 年 4 月，国务院发布《关于加快推进生态文明建设的意见》，要求坚持把绿色发展、循环发展、低碳发展作为基本途径。争取到 2020 年，资源节约型和环境友好型社会建设取得重大进展，主体功能区布局基本形成，经济发展质量和效益显著提高，生态文明主流价值观在全社会得到推行，生态文明建设水平与全面建成小康社会目标相适应。2016 年 8 月，中共中央办公厅、国务院办公厅印发了《关于设立统一规范的国家生态文明试验区的意见》及《国家生态文明试验区（福建）实施方案》，要求统一规范各类试点示范。这为整合发展改革、住房城乡建设和环保部门的各类低碳、生态城市试点示范指明了方向。

2017 年 5 月，住房城乡建设部、国家发展改革委发布《全国城市市政基础设施规划建设"十三五"规划》（以下简称《规划》），是我国首次编制国家级、综合性的市政基础设施规划。《规划》针对我国城市市政基础设施存在的总量不足、标准不高、发展不均衡、管理粗放等问题，提出了"十三五"时期城市市政基础设施发展目标、规划任务、重点工程和保障措施，是指导"十三五"时期我国城市市政基础设施建设的重要依据。《规划》在落实中央城市工作会议尊重城市发展规律、树立城市系统思维要求的同时，改变了以往按专业分别编制规划的做法，对市政基础设施各专业进行系统集成，从而整体推动市政基础设施的增量、提质、增效。《规划》要求，到2020年建成与小康社会相适应的布局合理、设施配套、功能完备、安全高效的现代化城市市政基础设施体系。围绕基本民生需求充分保障、城市人居环境持续改善、城市安全水平显著提升、绿色智慧引领转型发展、城市承载能力全面增强等提出了24项城市市政基础设施的发展指标。

2. 低碳生态市政基础设施相关政策要求

（1）海绵城市

习近平总书记在2013年12月中央城镇化工作会议上谈道："在提升城市排水系统时要优先考虑把有限的雨水留下来，优先考虑更多利用自然力量排水，建设自然积存、自然渗透、自然净化的海绵城市"。其后习近平总书记在中央财政领导小组第五次会议等多次会议上强调要建设海绵城市。

2014年10月22日，国家住房城乡建设部发布《关于印发海绵城市建设技术指南——低影响开发雨水系统构建（试行）的通知》（建城函〔2014〕275号），要求各地结合实际，参照技术指南，积极推进海绵城市建设。

2014年12月31日，国家财政部、住房城乡建设部、水利部联合开展海绵城市建设试点示范工作，发布了《关于开展中央财政支持海绵城市建设试点工作的通知》（财建〔2014〕838号），要求各地积极组织开展试点建设和申报工作，由财政部、住房城乡建设部和水利部对申报城市按照竞争性评审方式选择试点城市，中央财政对试点城市给予专项资金补助。

2015年7月10日，住房城乡建设部发布《关于印发海绵城市建设绩效评价与考核方法（试行）的通知》（建办城函〔2015〕635号），要求各地结合实际，在推进海绵城市建设过程中依据水生态、水环境、水资源、水安全、制度建设及执行情况、显示度等六个方面的指标对海绵城市建设效果进行绩效评价与考核。

2015年8月10日，水利部发布《关于印发推进海绵城市建设水利工作的指导意见的通知》（水规计〔2015〕321号），意见指出要充分认识水利在海绵城市建设中的重要作用，提出了海绵城市建设水利工作的指导思想、基本原则、总体目标和各项水利主要指标，明确了海绵城市建设水利工作的主要任务和具体要求。

2015年8月28日，住房城乡建设部和环境保护部联合发布《关于印发城市黑臭水体整治工作指南的通知》（建城〔2015〕130号），指南内容包括城市黑臭水体的排查与识别、整治方案的制订与实施、整治效果的评估与考核、长效机制的建立与政策保障等，并强调将相关的治理措施和技术与海绵城市建设紧密结合。

2015年9月11日，住房城乡建设部发布《关于成立海绵城市建设技术指导专家委员会的通知》（建科〔2015〕133号），将成立"专家委员会"加强全国海绵城市建设技术专业指导，充分发挥专家在海绵城市建设领域中的作用，提高我国海绵城市建设管理水平。10月，住房城乡建设部成立了37位专家组成的"海绵城市建设技术指导专家委员会"。

2015年10月11日，国务院办公厅发布《关于推进海绵城市建设的指导意见》（国办发〔2015〕75号），要求加快推进海绵城市建设，到2020年，20%城市建设区要满足海绵城市要求；到 2030 年，80% 城市建设区满足海绵城市相关要求。

2015 年 12 月 10 日，住房城乡建设部和国家开发银行发布《关于推进开发性金融支持海绵城市建设的通知》（建城〔2015〕208 号），要求各地建立健全海绵城市建设项目储备制度，加大对海绵城市建设项目的信贷支持力度，建立高效顺畅的工作协调机制，推进开发性金融支持海绵城市建设。

2016 年 12 月 30 日，住房城乡建设部和中国农业发展银行发布《关于推进政策性金融支持海绵城市建设的通知》（建城〔2015〕240 号），要求地方各级住房城乡建设部门要把农发行作为重点合作银行，加强合作，最大限度发挥政策性金融的支持作用，切实提高信贷资金对海绵城市建设的支撑保障能力。

2016 年 2 月 25 日，国家财政部、住房城乡建设部、水利部联合发布《关于开展2016 年中央财政支持海绵城市建设试点工作的通知》（财办建〔2016〕25 号），开展第二批海绵城市建设试点申报工作，提高了试点城市申报的条件和要求。

2016 年 3 月 11 日，住房城乡建设部发布《关于印发海绵城市专项规划编制暂行规定的通知》（建规〔2016〕50 号），要求各地结合实际，抓紧编制海绵城市专项规划，于2016 年 10 月底前完成设市城市海绵城市专项规划草案，按程序报批。

2016 年 3 月 24 日，财政部和住房城乡建设部联合发布《关于印发城市管网专项资金绩效评价暂行办法的通知》，并制定了海绵城市建设试点绩效评价指标体系，以强化海绵城市建设专项资金管理的规范性、安全性和有效性，促进资金所支持的各项工作顺利实施。

（2）综合管廊

2013 年 9 月，国务院发布《关于加强城市基础设施建设的意见》（国发〔2013〕36 号），明确提出开展地下综合管廊试点，要用三年左右的时间，在全国 36 个大中城市全面启动地下综合管廊试点工程，中小城市因地制宜建设一批综合管廊项目。

2014 年 6 月，国务院出台《关于加强城市地下管线建设管理的指导意见》（国办发〔2014〕27 号），再次提出要在 36 个大中城市开展地下综合管廊试点工程，探索投融资、建设维护、定价收费和运营管理等新模式。

2014 年 12 月，财政部发布《关于开展中央财政支持地下综合管廊试点工作的通知》（财建〔2014〕839 号），提出中央财政将对地下综合管廊试点城市给予专项资金补助。

2015 年 8 月，国务院办公厅发布《关于推进城市地下综合管廊建设的指导意见》（国办发〔2015〕61 号），要求切实做好城市地下综合管廊建设工作，明确到 2020 年建成一批具有国际先进水平的地下综合管廊并投入运营。

2016 年 3 月，财政部、住房城乡建设部印发《关于印发城市管网专项资金绩效评价暂行办法的通知》（财建〔2016〕52 号），以强化城市管网专项资金管理，提高资金使用的规范性、安全性和有效性，保证资金所支持的各项工作顺利实施。

2016 年 4 月，住房城乡建设部办公、财政部办公厅发布《关于开展地下综合管廊试点年度绩效评价工作的通知》（建办城函〔2016〕375 号），要求总结推广试点城市工作经验和做法，查找工作中的不足并提出改进措施，督导各地按计划推进试点工作。

2016 年 5 月，住房城乡建设部国家能源局印发《关于推进电力管线纳入城市地下综合管廊的意见》（建城〔2016〕98号），对鼓励电网企业参与投资建设运营城市地下综合管廊和电力管线入廊工作提出指导意见。2016年6月，住房城乡建设部国家能源局出台意见：鼓励电网企业参与投资建设运营地下管廊。

2016年8月，住房城乡建设部发布关于《提高城市排水防涝能力推进城市地下综合管廊建设》的通知。

（3）电动汽车充电设施

2014年7月，国务院办公厅发布《关于加快新能源汽车推广应用的指导意见》（国办发〔2014〕35号），提出要加快充电设施建设，包括制定充电设施发展规划和技术标准、完善充电设施用地政策、推进充电设施关键技术攻关、落实充电设施建设责任等七条指导意见。

2015年10月，国家发展改革委员会、国家能源局、工业和信息化部和住房城乡建设部联合发布《关于印发〈电动汽车充电基础设施发展指南（2015—2020年）〉的通知》，以引导电动汽车充电基础设施建设，促进电动汽车产业健康快速发展。

（4）太阳能

2013年8月，国家发展改革委印发《关于发挥价格杠杆作用促进光伏产业健康发展的通知》，按照光照条件将国内光伏电站补贴分为三类地区，分别实行0.90元/度、0.95元/度、1.00元/度的标杆电价，分布式电站统一补贴0.42元/度。电价补贴标准适用于除享受中央财政投资补贴之外的分布式光伏发电项目，标杆上网电价和电价补贴标准的执行期限原则上为20年。国家将根据光伏发电规模、成本等变化，逐步调减电价和补贴标准，以促进科技进步，提高光伏发电市场竞争力。

2013年8月22日，国家能源局、国家开发银行（简称"国开行"）下发了《关于支持分布式光伏发电金融服务的意见》，为分布式光伏发电提供金融服务支持。此外，国家能源局和国开行还联手发布了《关于开展分布式光伏发电金融支持试点工作的通知》，国开行承诺增加分布式光伏发电信贷规模，并将支持范围扩大到开发建设的企业、公共事业单位等各类法人实体和自然人。

（5）分布式能源

2013年2月，国家电网发布《关于做好分布式电源并网服务工作的意见》，明确了分布式电源的适用范围和并网程序。该意见标志继支持分布式光伏发电并网后，国家电网公司将支持范围扩大至风电、天然气等所有类型分布式电源。

2013年7月，国家发展改革委员会发布《分布式发电管理暂行办法》，鼓励企业、专业化能源服务公司和包括个人在内的各类电力用户投资建设经营分布式发电项目，豁免部分分布式发电项目发电业务许可，电网企业负责分布式发电外部接网设施以及由接入引起公共电网改造部分的投资建设，并为分布式发电提供便捷、高效的并入电网服务；根据有关法律法规及政策规定，对符合条件的分布式发电给予建设资金补贴或单位发电量补贴。

2013年7月，财政部《关于分布式光伏发电实行按照电量补贴政策的通知》确定了国内对分布式光伏电站采取按电量补贴的标准。《通知》中明确指出，国开行将扩大支持分布式光伏发电的范围，纳入扶持的项目包括光伏示范区、新能源示范城市、绿色能源示范县、为解决偏远及海岛缺电地区建设的光伏发电项目、城市照明及通讯基站等、为解决分布式光伏发电而建设的配套电网、微电网项目等。

（6）海水淡化

2012 年 2 月，国务院办公厅印发了《关于加快海水淡化产业发展的意见》，提出 2015 年我国海水淡化产业发展的具体目标和指标、加强关键技术和装备研发等七项重点工作。

2012 年 12 月，国家发展改革委印发了《海水淡化产业发展"十二五"规划》，是我国首个海水淡化产业规划，以应对我国各地海水淡化战略意义认识不足、自主创新能力较弱、产业发展水平低和配套政策不足等问题。

2015 年 4 月，《水污染防治行动计划》（"水十条"）提出推动海水利用，在有条件的城市，加快推进淡化海水作为生活用水补充水源。

2016 年 12 月，国家发展改革委、国家海洋局发布《全国海水利用"十三五"规划》（发改环资〔2016〕2764 号），明确了"十三五"期间，为解决沿海日益紧张的淡水资源危机问题，国家将重点从沿海严重缺水城市、离岸海岛地区和产业园区三个层面推进海水淡化的规模化应用。

1.3.5 相关标准和规范

在中国低碳生态城市规划建设实践如火如荼进行的同时，也应认识到，由于低碳生态城市的概念提出时间尚短，且低碳生态城市规划与建设是一项涉及面广、综合性强的系统工程，目前尚缺乏一套适合中国国情的低碳生态城市理论体系、规划建设集成技术、实践经验以及相关政策体系作为支撑和指导，在实际的规划建设中主要表现为导向不明、目标缺失、理论缺失、唯技术论四大方面。总体来讲，中国低碳生态城市及低碳生态市政基础设施的规划建设仍处于起步、探索阶段。目前，业界对低碳生态市政内涵的认识尚不统一，低碳生态市政技术应用也处于起步阶段，技术的本地化应用尚存在较多争议。此外，不同区域和不同层次规划中对低碳市政规划的要求也不一样，在低碳生态市政基础设施的技术选择与方案制定方面的标准规范等也比较缺乏，需要进行系统研究，以完善相关标准和规范。

近几年我国在低碳生态城市相关规划标准和规范等方面进行了一些研究和探索。2012 年住房城乡建设部印发了《生态园林城市申报与定级评审办法》和《生态园林城市分级考核标准》（简称《考核标准》），《考核标准》中制定了基础指标和分级考核指标，其中分级考核指标共 26 项，包括市政基础设施和节能减排指标等，涉及非常规水资源利用率、数字化管理、低碳经济、可再生能源利用率等 15 项。2015 年中国城市规划学会编制了《低碳生态城市详细规划实施管理指引》，为促进低碳生态城市详细规划实施管理机制的健全完善，促进地方法律、法规、标准、制度的制定和完善，提升政府推进低碳生态城市建设的能力提供了管理和技术层面的参考依据。同年住房城乡建设部印发了《城市生态建设环境绩效评估导则》（试行），为科学、客观评价城市生态建设环境绩效提供了技术依据，引导城市规划建设工作更加注重实际环境效益情况，确定了包含4个主要评估方向、10个主要评估方面和29个推荐性评估指标的指标体系，其中包含综合径流系数、生活垃圾回收利用率、污水集中处理率、能源综合评价指标等低碳生态市政基础设施相关指标。2016年国家发展改革委同时发布《绿色发展指标体系》和《生态文明建设考核目标体系》，其中包含能源消耗、水资源消耗、废弃物综合利用率、污水集中处理率、新能源汽车等多个低碳生态市政基础设施相关指标。2017年住房城乡建设部发布国家标准《绿色生态城区评价标准》GB/T 51255—2017，在生态环境、绿色建筑、资源与碳排放、绿色交通、信息化管理、产业与经济、人文、技术创新等方面均制定低碳生态市政基础设施相关指标，该标准于2018年4月1日起实施。

在地方层面，2013年11月广东省政府与住房城乡建设部签订了《关于共建低碳生态城市建设示范省合作框架协议》，成为全国首个低碳生态城市建设示范省，在大力推进低碳生态城市规划建设的同时，也对相关规划指引和标准等方面开展了较多的研究工作。2015年，广东省启动《广东省低碳生态城市规划建设研究及指引》的编制（图1-20），并同步开展各个层面的规划指引编制项目。湖北省和陕西省则分别于2014年和2015年制定了本省的绿色生态城区规划设计和建设运营的指标体系，均对低碳市政基础设施建设作出相关要求。

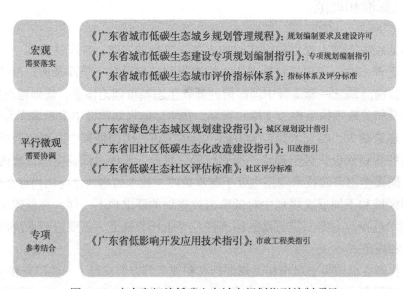

图1-20 广东省相关低碳生态城市规划指引编制项目

在市级层面，北京、重庆、深圳等城市也一直致力于完善地方性低碳生态城市规划的法规政策、技术标准和行业规范等，力求形成和建立低碳生态城市规划的制度环境。深圳市近年来逐步颁布和完善适用于深圳低碳生态城市的规划技术标准和导则，以政府规范性文件试行后,逐步上升为地方技术标准和行业规范,并选择相对成熟的内容纳入《深圳市城市规划标准与准则》《深圳市城市设计标准与准则》等政府行政规章而获得较高的

行政效力 [31]。2016 年深圳市规划和国土资源委员会开展了《深圳市低碳市政规划标准研究与实施指引》项目研究，以期为指导低碳生态相关规划的编制、引导和推动低碳市政设施的合理规划与建设提供参考。具体见表 1-11。

我国低碳生态城市规划相关标准规范　　　　　　　　　　　　　　表 1-11

分类		名称	低碳生态市政基础设施相关内容	时间
国家级		《低碳生态城市详细规划实施管理指引》	制定了低碳生态城市详细规划的管理平台、技术支持、流程管控和相关保障等方面的建议与规范；管理模式推荐市政等部门参与相应低碳生态技术内容审查	2015 年
		《生态城市规划技术导则》	制定了绿色设施部分包括能源利用、水系统、固体废弃物资源三方面设施的规划技术导则及指标体系	2016 年
		《生态园林城市分级考核标准》	市政设施和节能减排方面包含非常规水资源利用率、数字化管理、低碳经济、可再生能源利用率等 15 项相关分级指标	2012 年
		《国家循环经济示范城市（县）建设评价内容（试行）》	减量化、再利用和资源化、污染减量及效果、基础设施与生态环境等相关 4 个方面 16 个类别 26 项建设内容	2013 年
		《城市生态建设环境绩效评估导则（试行）》	土地利用、水资源保护、局地气象和大气质量三个评估方向的综合径流系数、生活垃圾回收利用率、污水集中处理率、能源综合评价指标等 11 个相关推荐评估指标	2015 年
		《绿色发展指标体系》	资源利用、环境治理和绿色生活等 3 个一级指标所对应的能源消耗、水资源消耗、废弃物综合利用率、污水集中处理率、新能源汽车等 18 个相关二级指标	2016 年
		《生态文明建设考核目标体系》	资源利用方面能源消耗、水资源消耗等相关 6 个考核子目标	2016 年
		《绿色生态城区评价标准》	生态环境、绿色建筑、资源与碳排放、绿色交通、信息化管理、产业与经济、人文、技术创新等相关指标，分为控制项和评分项，评价分为规划设计和实施运营评价两个阶段	2017 年
省级	广东	《广东省绿色生态城区规划建设指引》	从资源和能源系统降低碳排放的角度，对能源系统、水资源系统、废弃物系统提出规划指引和控制指标	2014 年
	广东	《广东省低碳生态城市建设专项规划编制指引》	对城市低碳清洁能源体系、绿色市政基础设施建设、绿色交通等方面作出规划指引	2015 年
	湖北	《湖北省绿色生态城区示范技术指标体系（试行）》	制定了三个层级的指标体系和评价方法，其中低碳排放、绿色市政、绿色建筑、绿色能源、固体资源、水资源、生态环境、高效管理等 8 个二级指标对应 40 余项低碳生态市政相关的三级指标；评价分为规划设计和建设运营两个阶段	2014 年
	陕西	《陕西绿色生态城区指标体系（试行）》	绿色建筑、环境与园林绿化、资源与能源、基础设施、城市经营与管理、产业等方面相关的 14 项一级指标对应的 26 项约束性和指导性二级指标；评价分为规划设计和建设运营两个阶段	2015 年

续表

分类		名称	低碳生态市政基础设施相关内容	时间
市级	北京	《北京市绿色生态示范区评价标准》	生态环境、绿色交通、能源利用、水资源利用、信息化和创新引领等六个领域的 25 项控制项和评分项指标，评价分为规划设计和运营管理两个阶段	2013 年
	北京	《低碳社区评价技术导则》	制定了评价指标体系、评价方法和程序，包含社区能源、水资源和固体废弃物处理等 7 项低碳生态市政相关指标	2015 年
	重庆	《绿色低碳生态城区评价标准》	交通、建筑、基础设施、工业、城市管理等五个方面的 34 项控制性和引导性指标，评价分为规划设计、年度核查和验收三个阶段	2014 年
	深圳	《深圳市城市规划标准与准则》	在旧版基础上增补了低冲击开发、本地资源综合利用等绿色低碳新理念和新技术	2014 年
	深圳	《深圳低碳生态城市指标体系》	经济转型、环境优化、城市宜居、社会和谐、示范创新等 5 个子系统的非常规水资源替代率、生活垃圾资源化利用率等 14 个相关指标	2011 年
	深圳	《深圳低碳生态示范市建设评级指引》	提出绿色市政专项低碳生态评审原则，制定社区和不同建设项目层面的能源、水系统和废弃物系统的低碳生态评审指标	2014 年
	深圳	《深圳市居住小区低碳生态规划设计指引》	对居住小区内分布式能源、中水利用、雨水径流、垃圾分类、建筑节能等制定规划设计指引和相关指标	2014 年
	深圳	《深圳市绿色住区规划设计手册》	制定了能源、水资源和材料资源等三个章节的绿色导则，并确定了相关技术经济指标	2009 年
	深圳	《落实低碳生态目标法定图则及城市更新单元规划编制技术指引》	制定了法定图则中资源和能源系统的规划编制技术指引，涉及 30 项条目	2012 年
	深圳	《深圳市低碳市政规划标准研究与实施指引》	构建了低碳市政系统框架，制定了符合深圳市实际的低碳市政规划标准与指引，具体包含水资源、能源、固体废弃物、智慧通信和综合管廊等常规与新兴市政基础设施系统	2016 年

2 技术篇

　　低碳生态市政规划的落地实施主要通过低碳生态市政技术的具体应用，而低碳生态市政技术的研究与应用是低碳生态市政规划的核心内容之一。因地制宜地分析比对选择适宜的低碳生态市政技术，才能有效发挥低碳生态市政基础设施的建设效益。

　　我国近年来城市的快速发展，同步推进了市政基础设施的建设与创新性研究。本篇章内容重点介绍了目前常见的低碳生态市政技术，包括水系统、能源系统、废弃物管理、智慧通信、综合管廊五大类26项技术。将从每项技术的基本概念、应用意义进行介绍，总结对应的适用条件，并通过国内外应用案例来展示各项技术的发展与应用状况，并总结应用过程中的特点、重点以及可借鉴的经验。最后总结各项技术的应用要点以及未来发展趋势，供从业者进行参考。

2.1 水系统

2.1.1 再生水利用

1. 基本概念

再生水，又称中水、回用水，是指污水经适当处理后达到一定的水质指标、满足某种使用要求，可以再利用的水[32]。考虑技术、成本及心理等因素，再生水一般用于非饮用水。城市供水约80%转化为污水，且污水水量与水质相对稳定，经过一定处理就可作为城市的第二水源利用，可用于农林牧渔用水、城市杂用水、工业用水、景观环境用水、补充水源水等。污水再生利用包括污水回收、再生和利用全过程，由原水系统、处理系统和供水系统组成，可分为城市再生水系统和建筑中水系统。

建筑中水水源主要是小区内的建筑物排水、小区内的雨水等，建筑中水主要回用作城市杂用水，如冲厕、道路清扫、消防、车辆冲洗、建筑施工、景观环境等。建筑中水具有就地回用、节省管道投资、减少城市基础设施投资等优点，但亦具有布局分散、管理难度大、单位投资成本高等缺点。城市再生水系统与建筑中水之间有区别，也有联系，建筑中水可以结合城市再生水水厂进行联合使用，如城市再生水水厂出水水质达到用户需要时，建筑小区可直接将城市再生水水厂出水连接中水管道使用，而不建设分散式处理设施。本文中所述再生水利用是指城市再生水系统。

2. 应用意义

（1）替代优质水资源，有效减少水资源需求，缓解水资源供需矛盾。根据《全国水资源综合利用规划（2010—2030）》，全国有各种供水问题的城市有470个，水资源短缺已成为制约我国社会经济发展的重要因素。城市污水是水量稳定、供给可靠的水资源，不受地域和气候影响，一般毗邻污水处理厂，且生产成本远低于海水淡化，是国际公认的城市第二水源，其合理回用可以缓解水资源紧缺的矛盾。推广利用再生水是贯彻可持续发展的重要措施，具有可观的社会效益、环境效益和经济效益。全面开展再生水回用将有力地解决城市发展中遇到的水资源难题[33]。

（2）削减水污染量。可进一步减少进入自然水体的污染物量，改善水体水质。根据《地表水水质标准》GB 3838—2002及《城镇污水处理厂污染物排放标准》GB 18919—2016，我国现行的污水处理厂若按照一级A类标准排放，COD允许排放浓度最高为50mg/L，而根据国家《地表水环境质量标准》，Ⅳ类水COD标准限值为30mg/L，这就意味着，按照一级A类排放标准处理排放的水仍相当于劣Ⅴ类水，对污水厂处理尾水进行深度处理净化后二次回用，可以进一步削减排入河道的污染物总量。

（3）提供环境景观用水，恢复水循环，重建水生态和水环境，为下阶段塑造亲水空间、水体景观，发展城市水文化提供契机。生态环境用水主要包括维持河流的生态基流、维持必要的湖泊与湿地水面、维持一定地下水水位用水、水土保持用水、污染水域的稀释更新用水及城市湖河用水等，再生水系统是供给环境用水的优质水源（表2-1）。[34]

我国再生水利用部分政策

表2-1

时间	名称	目标及内容
2006 年	建设部等印发《城市污水再生利用技术政策》	目标：2010 年北方缺水城市的再生水直接利用率达到城市污水排放量的 10%～15%，南方沿海缺水城市达到 5%～10%；2015 年北方缺水城市达到 20%～25%，南方沿海缺水城市达到 10%～15%，其他地区城市也应开展此项工作，并逐年提高利用率
2007 年	《全国城镇污水处理及再生利用设施"十一五"建设规划》	目标：到"十一五"末期，北方地区缺水城市再生水利用率达到污水处理量的 20% 以上（其他水资源缺乏的城市根据实际需要确定再生水利用率）
2008 年	《财政部发布对再生水等实行免征增值税政策通知》	对再生水生产、经营企业免征增值税
2012 年	《"十二五"全国城镇污水处理及再生利用设施建设规划》	目标：到 2015 年，城镇污水处理设施再生水利用率达到 15% 以上
2013 年	《国务院关于加强城市基础设施目标建设的意见》	目标：到 2015 年，城镇污水处理设施再生水利用率达到 20% 以上
2015 年	《水污染防治行动计划》	自 2018 年起，单体建筑面积超过 2 万 m^2 的新建公共建筑，北京市 2 万 m^2、天津市 5 万 m^2、河北省 10 万 m^2 以上集中新建的保障性住房，应安装建筑中水设施。积极推动其他新建住房安装建筑中水设施。到 2020 年，缺水城市再生水利用率达到 20% 以上，京津冀区域达到 30% 以上
2016 年	《"十三五"全国城镇污水处理及再生利用设施建设规划》[35]	到 2020 年底，城市和县城再生水利用率进一步提高。京津冀地区不低于 30%，缺水城市再生水利用率不低于 20%，其他城市和县城力争达到 15%

3. 适用条件

（1）水资源匮乏地区：中国降水量从东南沿海向西北内陆递减，依次可划分为多雨、湿润、半湿润、半干旱、干旱五种地带。由于降水量的地区分布很不均匀，造成了全国水土资源不平衡现象，长江流域和长江以南耕地只占全国的 36%，而水资源量却占全国的 80%；黄、淮、海三大流域，水资源量只占全国的 8%，而耕地却占全国的 40%，水土资源相差较大。所以在北方及缺水城市应大力发展污水再生利用，在水量较为充沛但河道水环境较差的南方城市，宜使用再生水进行河道补水，在有大量低品质工业用水需求时（如冷却水等），宜使用再生水进行替代。

（2）有再生水用户需求（表 2-2）：根据《城市污水再生利用分类》GB/T 18919—2002，再生水可以用于农、林、牧、渔业用水，城市杂用水，工业用水，环境用水，补充水源水等，当存在河道生态补水、工业冷却水等多种再生水用户需求时，可以按照先易后难的顺序来推进再生水利用。比如，近期再生水回用以环境用水、城市杂用水为主，试点回用于工业用水；远期再生水回用以工业用水、环境用水、城市杂用水为主。以深圳为例，再生水系统建设总体思路是：重点发展"工业用水、环境用水、绿化浇洒冲洗等杂用水"，审慎示范"冲厕用水、空调冷却水"，技术储备"补充水源水"。[36]

再生水部分潜在用户[37] 表2-2

分类	范围	再生水主要潜在用途
工业用水	生产用水	冲渣、冲灰、消烟除尘、清洗、工业水处理的原水
	冷却用水	直流式、敞开式循环式
	锅炉用水	锅炉补给水原水
	厂区杂用水	浇洒、绿化、空调水、冲厕、楼面降温等
城市杂用水	绿地浇洒	城市公共绿地、公园
	街道浇洒	城市道路、广场及附属绿地
	建筑施工	混凝土制备和养护、施工工地用水
环境用水	观赏性河道景观用水	需补水的河道干支流

（3）具备建设条件：当规划区有污水处理厂且有条件敷设再生水管网时，可沿道路敷设再生水管道供给潜在用户，若无条件大规模敷设再生水管网（如大面积建成区），再生水可主要用于河道补水或通过车运形式进行绿化浇洒等用途，如深圳西丽再生水厂目前主要用于大沙河补水。城市新建道路可考虑同步敷设再生水管网，改造道路结合道路改造时序同步建设再生水管网系统。综合管廊应设置或预留再生水管位。[38]

（4）有竞争力的再生水价格：随着一次供水中水资源费和供水成本的提升，而再生水工艺技术带来的成本下降，在水权交易等经济杠杆的作用下，再生水有可能在国内部分区域经济性优于一次供水。当再生水水价低于地表水、地下水价格一定幅度，低于自来水水价较大幅度，具有经济上的优先性时，再生水水价的价格杠杆作用才能发挥。因此，需要完善再生水价格政策，可按照自来水价格的20%～50%制定再生水指导价格，在再生水可替代自来水的领域，大幅度提高再生水使用率。

4. 国内外应用经验

国外利用污水的历史由来已久（图2-1）。19世纪中期，欧洲一些国家开始污水灌溉，1875年仅英国就有50座污水灌溉农场用于污水的处理与利用。特别是第二次世界大战以后，随着世界经济的飞速发展，水资源需求量不断加大，污水排放量也随之剧增，造成严重的环境污染，同时水资源供需矛盾日益加剧，使得污水处理与再生回用开始受到普遍重视。国外大规模利用城市污水处理设施开展污水再生回用工作，始于20世纪60年代。目前国内外污水再生回用主要是将再生水回用于工业、农业、市政杂用、河道补水等方面。

我国开始城市污水处理与利用工作也较早，基本与国外同步，在1958年就将污水处理与利用列入国家科研课题进行研究，但当时仅停留在一级处理后灌溉农田的研究阶段。近年来，随着城市发展水资源问题的突出以及海绵城市等水务新概念的推进，城市污水再生利用项目在全国范围内开始大范围推广。2015年发布的《水污染防治行动计划》提出了再生水利用率目标，到2020年，缺水城市再生水利用率达到20%以上，京津冀地区达到30%以上。此举意味着我国再生水利用率要求再次提高。

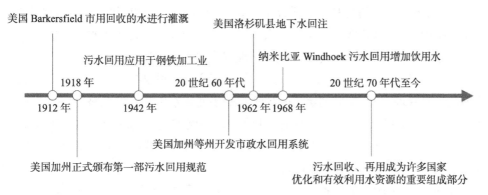

图 2-1　国外再生水利用大事记

（1）国外案例

①日本——完善再生水利用制度，利用价格优势推广

早在20世纪60年代，日本一些缺水城市，如东京、名古屋、川崎、福冈等地就开始考虑将城市污水处理厂的出水经进一步处理后回用于工业、生活或生活杂用（以冲洗卫生设备为主）。中水（再生水）道系统是日本污水回用的典型代表，有较多的中水道供生活杂用，约占中水回用量的40%。日本注重开发污水深度处理工艺，应用新型脱氮、脱磷技术，膜分离等技术，建立了以濑沪内海地区为首的许多再生水工厂。2010年日本共有污水处理厂约2100座，年总处理量为147亿 m^3，而再生水厂约有290座，再生水总产量为1.92亿 m^3，约占总处理量的1.31%。目前日本的再生水主要用于城市杂用、工业、农业灌溉等。具体见表2-3。

日本部分中水处理项目　　　　　　　　表 2-3

项目	原水种类	处理量（m³/d）	工艺
东京工业大学长津田地区	生活杂排水	1200	活性污泥＋生化脱氮＋混凝沉淀＋砂滤＋活性炭吸附
芝山住宅区	生活杂排水	161	活性污泥＋混凝沉淀＋砂滤＋臭氧处理＋活性炭吸附
电视中心大楼	生活杂排水	160	生物转盘＋初沉池＋接触氧化＋二沉池＋生物滤池
神户制钢所研究楼	杂排水	140	混凝沉淀＋反渗透＋活性炭吸附
朝日新闻社中心大楼	杂排水	400	曝气过滤槽＋消毒
大阪公园局	二级出水	10000	快滤＋去除ABS＋消毒

为了推动再生水事业的发展，日本再生水利用行政主管部门、地方政府和行业协会等分别制定了相关的指南、规定、纲要和条例等，形成了一套完整的政策标准体系，例如《污水处理水循环利用技术方针》《冲厕用水、绿化用水：污水处理水循环利用指南》《污水处理水中景观、戏水用水水质指南》《再生水利用事业实施纲要》《再生水利用下水道事业条例》《污水处理水的再利用水质标准等相关指南》等，同时制定了《污水处理水循环利用技术指南》《污水处理水中景观、亲水用水水质指南》等再生水水质标准。

②新加坡——推行 ABC 水计划，最高标准提升再生水水质

新加坡是少数从全方位考虑水资源供应的国家之一（图 2-2）。公用事业局通过对水资源循环的统筹管理，为新加坡制定了一项独特的多元化水资源开发策略，被称为国家"四大水喉"。"四大水喉"是指从马来西亚进口淡水、雨水收集、新生水和海水淡化。其中"新生水"是将经过二级处理的排水经过反渗透膜技术与紫外线消毒进一步净化而生产的，是超纯净和可安全饮用的。新生水通过 3 万次以上的科学检验，证明超越了世界卫生组织的饮用水标准。目前建成勿洛、克兰芝、实里达、乌鲁班丹四座再生水水厂。由于水质高，再生水除用作工业用水、城市杂用水外，还用作城市的补充水源。

图 2-2　新加坡新生水工程照片

（2）国内案例

我国再生水事业起步于 20 世纪 90 年代，起初与世界先进水平存在较大差距，但随着大批以引进或消化吸收国外先进技术为主的中外合资或民营企业的出现，我国在工程技术领域大大缩小了与发达国家的距离，在某些实用技术方面，甚至已跻身国际先进水平。

北京稻香湖再生水厂——节约珍贵土地资源，建设地下式再生水厂

稻香湖再生水厂是北方地区首个投运的全地下污水处理厂（图 2-3），工艺采用改良 MBR 工艺，出水水质相当于地表水 IV 类水体标准。项目实际占地 4.47 公顷，节省 70% 以上土地资源。污水处理过程采用多级生物除臭，臭气得到有效处理，水厂地面为亲水休闲公园，与周围环境融为一体。水厂应用了十几项最前沿的水处理技术，如改良 MBR 技术、多点进水 A_2O 工艺、矩形周进周出沉淀池、智能加药及精准曝气系统等，充分节约耗电、最小化药剂添加并保证出水水质。水厂设计注重节能环保理念，例如使用空气

悬浮鼓风机并全面引入自然采光技术：采用人工天窗，700m 长的水下采光带，光导管技术将自然光导入地下管廊甚至地下三层。

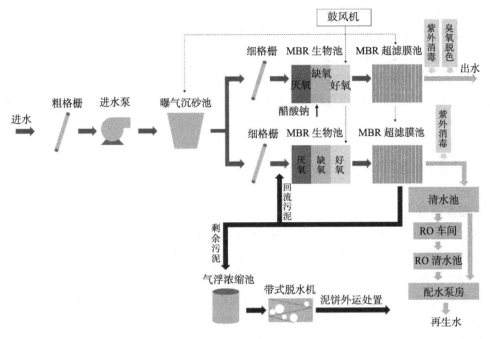

图 2-3 稻香湖再生水处理工艺图（MBR 工艺）

5. 应用要点

（1）选择合适的再生水处理技术

综合各种再生用途的需要和水质调查要求，城市污水再生主要去除对象为 SS、BOD、COD、TN、TP、病毒、细菌、天然有机物、少量重金属、硬度、浊度、溶解性无机盐。这些对象有各自的对应指标来反映它们的浓度和污染程度。生产过程中应根据原水水质、回用用途等结合污水处理技术原理及经验选择合适的处理技术。如常规处理工艺对水中的重金属去除有较好的效果，但对水中溶解性污染物质的去除效率不高，也难以彻底去除水中病原微生物、有毒有害微量污染物和生态毒性等，难以保证出水的安全性。目前使用较多的有膜处理工艺（反渗透膜、超滤膜、MBR 膜生物反应器、CMF 连续膜等）和生物滤池工艺（BAF 曝气生物滤池、反硝化生物滤池等）。

（2）体现当地水资源利用需求

再生水利用应充分结合当地实际情况，解决当地最迫切的需求。如河道水源性缺水时用于河道补水，低品质用水需求较多时用于替代此类用水，部分建筑中水利用量较大时可设置分散式建筑中水系统，地上空间不足时设计为地下式污水处理厂等。

（3）通过经济手段进行推进

政府应鼓励新建、改建、扩建建设项目使用再生水，利用再生水等非传统水资源的免收污水处理费、水资源费等。同时也应鼓励已建项目使用再生水，利用再生水等非传统水资源的除免收污水处理费、水资源费等，还可按其改造后的再生水使用规模给予一定的再生水水价优惠。远期再生水水价可采用"反阶梯水价"模式。在保证再生水企业运营成本的基础上，制定"再生水反阶梯水价"，使用再生水量越大，再生水价格越低。[39]

（4）保障再生水的供水安全

按照再生水系统安全风险防范的各项要求做好再生水系统供水安全工作，并通过积极宣传、搭建信息交互平台，让潜在用户能放心使用再生水，可建立再生水供水信息传递系统，在再生水企业和用户之间及时双向传递再生水水情，确保及时发现问题、处理问题；建立再生水安全风险应急预案，减免再生水系统水质水量风险，避免给再生水用户带来损失。

2.1.2　城市雨洪综合利用

1. 基本概念

城市雨洪利用，又称城市雨洪管理（Urban Storm-Water Management）。其内涵可解释为在法律、政策、经济等前提的保障或管制下，通过规划设计、工程管理等途径来缓解或消除城市降雨过程中潜在的城市内涝、河道侵蚀、雨水污染等问题，并在特定条件下进行收集利用的一种系统化的管理方式[40]。中国可持续水资源战略研究报告中将雨洪利用界定为对集雨面流出的雨洪水进行收集、积聚和储存，从水文循环中获取水资源为人类所用的一种方式。城市雨洪利用主要包括生态区雨洪利用、城市建设区雨洪利用、山区雨洪利用等，主要技术手段有：（1）雨水入渗，采用绿地入渗、透水地面入渗、地下渗透设施入渗等方式，将雨水转化为地下水；（2）调蓄排放，通过调蓄设施，在降雨径流高峰时暂时蓄存雨水，削减洪峰流量，延长径流排放时间；（3）收集利用，对雨水进行收集、储存、净化，将雨水转化为产品水进行使用或者用于观赏等。[41]

2. 应用意义

（1）维护自然水文循环，减少城市建设开发对生态环境破坏

城市化造成地面硬质化，改变了地面的水文特性，造成大量雨水流失，严重干扰自然水文循环，使得城市地下水从降水中获得的补给量逐年减少；地面硬质化还使土壤含水量减少，热岛效应加剧，蒸发量下降，空气干燥，河流基流丧失，造成城市生态环境恶化（图 2-4）。通过雨洪综合利用可以增加地下水补给、调节城市气候、抵御海水入侵，是建立城市健康水循环、修复城市生态环境的重要手段。[42]

（2）控制雨水径流面源污染

城市雨水径流中的污染物主要来自降雨对城市地表的冲刷。在雨洪利用的过程中，通过入渗、调蓄、收集回用等措施可以削减一定量的污染物，如在雨水渗透过程中，可充分利用土壤和绿地对雨水中污染物质的截留作用，削减雨水径流污染；在雨水调蓄或收集利用中，可通过过滤、沉淀等处理设施的处理来削减污染物。[43]

（3）缓解城市水资源压力

随着人口和用地规模的不断扩大，水资源短缺已经成为城市健康、全面、可持续发

展的瓶颈问题。据统计，北京、上海、天津、深圳、青岛、大连、重庆、昆明、沈阳、郑州、武汉、西安、西宁、太原 14 个城市水资源严重短缺。因此必须立足自身，尽力挖潜，开发利用雨洪资源，缓解城市水资源压力。

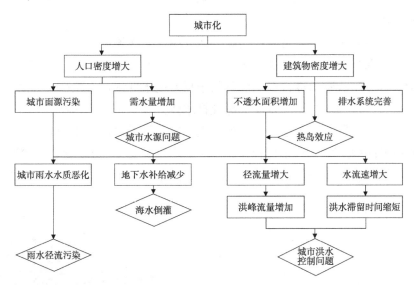

图 2-4　城市化对水文及城市生态的影响

（4）缓解城市洪涝灾害

根据 2016 年《中国气候公报》，全国南北洪涝并发，26 个省（自治区、直辖市）出现不同程度城市内涝。产生城市内涝的一个重要原因是城市下垫面的改变：原有的池塘、稻田、耕地、山坡被开发建设成硬质化的屋顶、路面，使暴雨滞留量减少、洪峰提前、洪量增大，从而加重了洪涝灾害。通过雨洪利用将雨水入渗地下或调蓄回用，可以减少地表径流量、延缓洪峰、削减洪量，从而达到减轻城市防洪排涝负担、提高城市防洪能力的目的。[44]

3. 适用条件

（1）具备城市雨洪资源利用条件

按不同区域，雨洪利用可分为山区雨洪利用、河道雨洪利用、城区雨洪利用等，雨洪资源利用条件包括：①具有一定的汇水面积，能汇集足够的雨水量；②有一定的非生活用水量或适合大量补充地下水；③具有必要的地面或地下空间；④雨水水质没有受到严重污染；⑤不构成新的污染，不对建筑基础等设施构成威胁；⑥具备有利的自然或社会条件。当具备上述一个或多个条件时，可考虑进行雨洪利用工程布局研究，增加水资源、提高城市安全、改善水环境、减少城市建设对生态环境的不利影响。[45]

（2）具有增强供水系统安全性的需要

本地水资源缺乏地区，外部水资源供水的比例较高，为增强供水系统安全性，缓解城市供水增长带来的压力，应尽量保护和利用各种本地水资源，雨洪资源就是可以利用的本地水资源中的一种。

4.国内外应用经验

雨水资源利用是在人与自然的协调发展中出现的环境与资源利用技术，有着悠久的历史。远在公元前，世界上很多国家和地区就建立了各种形态雨水集蓄工程，如坎儿井、蓄水塘、梯田、构筑土坝、水窖、天井等，来拦蓄、收集雨水，并将拦蓄收集到的雨水用于农田灌溉及生活用水。

明朝北海团城修建之时，为了利用雨洪浇灌树木，在城内建有透水铺装和地下雨水渗排系统。团城部分地面铺装由梯形青砖铺成，铺装时大面朝上、小面朝下，砖与砖之间留有空隙，且不用灰浆勾缝，倒梯形砖用于拦蓄雨水并入渗补给砖下土壤水。地下雨水渗排系统由九口地面渗井、一口地下深埋排水竖井和地下排水沟组成。地面渗井上面有石制井盖、井盖上留有多个透水孔，渗井底部充填松散物质。小雨时，地面倒梯形砖将雨水导入地下；中雨时，地面形成径流、流入渗井的雨水通过井底松散物渗透浇灌树木；大雨时，渗井井底饱和，在排水沟内形成径流，通过排水沟将多余的水排出团城（图 2-5、图 2-6）。

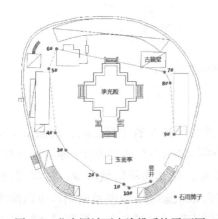
图 2-5　北京团城雨水渗排系统平面图

图 2-6　倒梯形青砖地面与渗井

20世纪70年代起，由于水资源短缺、水污染、地下水位持续下降、取水成本增加等各种各样城市水问题的出现，人们对水问题开始重新认识，排水观念发生了重大转变，提出应从资源、环境、生态角度看待城市排水，从一味追求以工程手段战胜洪水，转变为以生态治水，出现了暴雨管理措施、低影响开发模式等新理念与新思路。

国外城市降雨径流控制技术体系的比较　　　　　　　　　　　　　　　　　　表 2-4

名称	特点	应用国家或地区
BMP	从系统的角度出发，以关注水质问题为重点，在降雨径流进入水体前开展流域尺度的控制	美国
LID	在微观区域通过在源头采用多种工程和保护措施控制径流污染	美国、加拿大、欧洲、日本
WSUD	强调将降雨径流和天然河道作为可利用的资源	澳大利亚
SUDS	在关注控制地表径流和污染物的同时，还注重改善社区的居住环境	英国、瑞典

名称	特点	应用国家或地区
LIUDD	来源于 LID，但融合了水资源的"三水管理"理念，倡导雨水的就地收集、回收和利用	新西兰
海绵城市	综合采取"渗、滞、蓄、净、用、排"等措施，最大限度地减少城市开发建设对生态环境的影响	中国

（1）国外案例

①荷兰鹿特丹"水之广场"——多重功能下的城市雨洪利用模式

该广场的设计主要分为两部分：一个运动场和一个山形游乐场。运动场相对于地平面下沉了 1m，周围是人们可以用来观看比赛的台阶。山形游乐场也做了下沉处理，由多个处于不同水平面的可坐、可玩、可憩的空间组成。这两部分都由草地与乔木围合而成。大多数时候（几乎一年里 90% 的时间），水之广场是一个干爽的休闲空间（图 2-7）。即便在常规的雨季里，广场仍保持干燥，雨水将渗入土壤或被泵入排水系统（后者为鹿特丹特有的处理方法，因为这里地下水位太高以至于有时雨水无法回渗土地）。当遭遇强降雨时，水收集的雨水将从特定的入水口流入广场的中央，并且水流动过程可见可听。

（a）无降雨时　　　　　　　（b）常规降雨时　　　　　　　（c）超标降雨时

图 2-7　不同降雨时的"水之广场"

设计还确保了广场被淹没是个循序渐进的过程。短时间的暴雨只会淹没"水之广场"的一部分。此时，雨水将汇成溪流与小池。之后，雨水将在广场里停留若干小时，直到城市的水系统恢复正常。若暴雨延长，"水之广场"将逐渐浸泛，直到运动场被淹没、广场成为一个蓄水池。在这种情况下，广场将可以容纳最多 1000m³ 的该社区范围内的暴雨。

②德国汉诺威 Kronsberg 居住小区——多重功能下的城市雨洪利用模式[46]

德国是世界上雨水收集、处理、利用技术最先进的国家之一。德国的法律对于雨水的排放明确规定，为了减少雨洪对城镇排水管网的行洪威胁，减轻污水处理厂的处理压力，雨水在进入污水管道之前必须经过就地入渗消纳，或收集处理后再回用，只有超量部分和污染程度较高的部分才允许排入污水管，并通过各种市场管理手段鼓励用户推广采用雨洪利用技术。例如，若用户实施了雨水利用技术，国家将不再对用户征收雨水排放费，而雨水排放费与污水排放费用一样高，通常为自来水费的 1.5 倍左右。

Kronsberg 居住小区是为 2000 年汉诺世界威博览会而开发的居民小区,总面积 150 公顷(图 2-8)。博览会期间用于接待参会人员,会后销售给当地居民。该小区是采用全新概念建设的绿色环保小区。能源方面,全部采用太阳能和风能,无外来电力供应;供水方面,首先利用雨水满足灌溉和环境用水需求,不足时采用自来水补充;建筑材料全部采用新型保温隔热环保材料;同时采用节能、节水技术,最大限度地节约能源和用水。雨水的利用除采用绿地、入渗沟、洼地等方式外,透水型人行道也被广泛应用,同时,还经过特殊设计,利用储蓄径流的地下蓄水池与径流进入蓄水池的撞击声模拟海浪的声音,增添了小区的自然气息。观测证明,小区建成后,径流系数几乎没有增加。

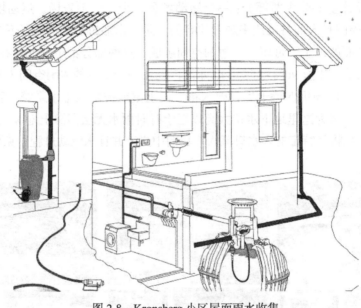

图 2-8 Kronsberg 小区屋面雨水收集

(2)国内案例

北京奥林匹克公园——按照"下渗为主,适当回收;先下渗净化,再回收利用"设计的城市雨洪利用模式

奥林匹克公园是国内最大的雨洪利用示范工程,园中应用了透水铺装、渗滤沟渠、集水池、坡形蓄水绿地等多种雨洪处理技术和设施(图 2-9)。在收集的同时对其进行净化处理,蓄水池水质达到浇灌用水标准,省去烦琐的水质净化步骤。现在公园可集蓄 5 年一遇的暴雨量、平水年下渗、收集雨洪 150 万 m^3,地表径流就地下渗、净化、回用的综合利用率达 80% 以上(表 2-5)。

5. 应用要点

(1)山区雨洪综合利用要点

丘陵山区雨洪资源普遍水质较好,雨洪利用相对简单,但往往因为降雨时间分配极不均匀,非汛期时的地表径流量较少,汛期降雨量易形成洪涝灾害,加之地形、地貌条件导致降雨径流滞留时间过短,从而造成雨洪资源利用率相对较低。山区雨洪综合利用可根据山区具体地形地貌特征，依托现有水厂布局和排洪设施布局，进行如下的雨洪利用：

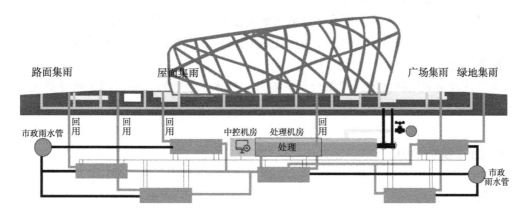

图 2-9　奥林匹克公园雨水利用

奥林匹克公园雨水利用综合指标表　　　　　　　　　　表 2-5

序号	名称	单位	数量	备注
1	雨洪利用总面积	m²	951721	
2	雨洪利用收集水量	m³/年	139170	多年平均
3	雨洪入渗量	m³/年	324357	多年平均
4	多年平均降雨量	m³/年	556757	
5	雨洪总利用率	%	80	多年平均

①已有水库扩建挖潜、新建水库或山塘：在确保防洪安全的前提下，挖潜已建小水库，进行扩容加固、整修以恢复利用。相应措施包括：a. 结合除险加固，在合理、经济、安全的前提下，针对生态红线范围内区域，可新扩建水库；b. 有条件的水库应进行流域外相邻区域坡面雨洪的收集工程，扩大水库集雨面积；c. 有条件的水库新建输配水管道，补充城市供水的原水、河道生态景观用水或城市杂用水。

②淘汰水厂设施改造：改造现状淘汰小水厂，利用其净水设施和原水水库资源，新建输配水管道，提供城市杂用水或河道生态景观用水。

③山涧溪流利用工程：利用集雨面积大于1km²的溪涧谷地，在满足防洪安全的前提下，建设小型引水工程，收集山边雨水，利用已有或新建截洪沟、贮水池等收集储存，将水质好的山区水资源用作水厂备用水源、城市杂用水等，供附近公园或小区利用。

（2）河流雨洪综合利用要点

①对于水质较好、具备条件的河段，可设置提引水工程，利用水库调蓄，作为饮用水水源或杂用水水源。

②对于水质一般，穿越城市建设区的河道，应结合城市景观设计，在不影响防洪安全的前提下，设置生态景观壅水工程，形成常年景观水面，丰富城市景观和市民生活。

③对于防洪压力大、面源污染严重的河流，应结合河道综合整治工程，合理设置多功能人工湿地滞洪区，既控制面源污染也削减洪峰，减轻城市防洪压力。

（3）建设区雨洪综合利用要点（详见本书 2.1.7 节）

①首先应采用低影响开发模式，降低区域综合流量和雨量径流系数。

②应用低影响开发技术手段后，仍不达标的可设置天然或人工调蓄设施降低区域洪峰流量和外排流量。

③适宜收集回用的区域，可结合低影响开发技术手段建设收集回用设施降低区域洪峰流量和外排流量。[47]

2.1.3　海水综合利用

1. 基本概念

海水综合利用包括海水直接利用、海水淡化、海水化学资源利用等。海水直接利用即以海水为原水，直接替代淡水作为工业用水和生活用水，海水直接利用方式主要有工业冷却水、海水烟气脱硫、生活用水、海水源热泵等[48]。海水淡化即利用海水脱盐生产淡水[49]，淡化方法按照分离过程分类，可分为热过程和膜过程两类：热过程有多级闪蒸（MSF）、多效蒸馏（MED）、压汽蒸馏（VC）和冷冻法等；膜过程有反渗透法（RO）、纳滤（NF）、电渗析（ED）等[50-53]。海水化学资源的综合利用即从海水提取化学元素、化学品及深加工。在市政应用中主要考虑海水直接利用及海水淡化利用。[54]

2. 应用意义

水资源短缺依然是制约我国经济社会发展的主要因素之一。随着沿海经济社会的快速发展，在沿海形成了一批钢铁、石化等产业园区、示范基地，高耗水行业呈现向沿海集聚的趋势。与此同时，沿海部分地区存在地下水超采和水质性缺水严重等问题，水资源压力越来越大，急需寻找新的水资源增量。《全国海水利用"十三五"规划纲要》明确提出要"以水定产、以水定城"和"推动海水淡化规模化应用"，以此在一定程度上缓解水资源短缺的压力。

（1）缓解水资源短缺及城市用水矛盾，保障安全供水

我国沿海地区气候适宜、人口稠密、交通方便、经济发达，属国家重点开发、率先发展地区，但淡水资源严重短缺，制约了这些地区的发展。2008 年，我国沿海 11 省（自治区、直辖市）以占全国 25% 的淡水资源，供应了占全国 53% 左右的人口（含常住流动人口），创造了占全国 62% 的 GDP。根据水利部《全国水资源综合规划》，到 2030 年沿海省级行政区多年平均行业需水量将比 2008 年增加 214 亿 m^3。我国沿海城市生活与农业、工业、环境用水矛盾突出，存在过度开采地下水，引发地下水位下降、地面下沉、生态环境恶化等问题；且水源单一，出现突发事件时供水安全无法得到保障。现在可供解决我国沿海地区淡水资源短缺问题的水源已经不多，今后主要依靠节水和大力实施海水利用。积极发展海水淡化，可以缓解我国沿海城市用水矛盾，改善水环境，提高供水的安全性和可靠性。

（2）海水利用环境问题相对简单

修建水库是实施水资源优化配置的重要手段之一，但存在淹没土地、移民搬迁、水资源调配等问题，海水综合利用相对而言环境问题简单，不淹地、不移民、不争水，有利于实现人与自然和谐发展。

3. 适用条件

海水综合利用主要为解决城市水资源问题，在地理区位适宜、常规自来水供水成本高、有海水利用需求的条件下，适合开展海水利用。[55]

（1）地理区位适宜

属于沿海地区城市，特别是存在水资源短缺，地下水超采严重情况，或者是面临水质性缺水、工程性缺水问题的城市，综合考虑临海距离、水资源短缺状态、经济、用地布局等因素，较适宜使用海水综合利用技术，可以考虑利用淡化海水作为补充居民生活饮用水的重要水源并作为应急备用水源。

另外，海岛区域四面环海，可利用的径流少、地下水储量不足、水文地质条件脆弱、开发难度大，与同纬度的大陆地区相比，海岛的降水少、蒸发量大，远距离输水经济性不高，非常适宜开展海水淡化利用。

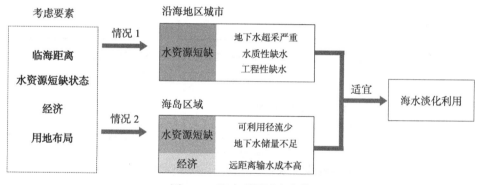

图 2-10 海水利用适宜条件

（2）常规自来水供水成本高

沿海产业园、港口等有大量的较低品质的用水需求，使用常规自来水供水成本高，根据产业特征、工艺流程、水质要求、用水量、临海区位等因素，综合判断沿海产业园具有较好的海水综合利用技术适宜性，特别是电厂、钢铁厂等工艺流程中需要大量冷却水的企业，适宜使用海水。

4. 国内外应用经验

海水综合利用技术在国外应用已有 50 多年历史，在国内应用已有 30 多年历史。随着技术的发展、革新和实践，国内外海水综合利用项目积累了大量应用经验。

（1）国外应用

近年来国际上海水综合利用保持快速发展态势，主流技术日趋成熟，新技术研发活跃，美国、以色列、西班牙、澳大利亚等国家海水利用较为成熟，并制定相关政策扶持措施。

海水利用产业朝着工程大型化、环境友好化、低能耗、低成本等方向发展。下面以新加坡和美国海水利用作为案例。

①新加坡[56]

a. 地理位置优越，海水资源丰富，适宜利用淡化海水资源替代常规水资源

新加坡四面环海，面对水资源危机，通过淡化海水来增加和扩大海水供应，已成为新加坡水源供应管理的重要组成部分。

2005 年 9 月，新加坡兴建的第一座国家级海水淡化厂——大士新泉海水淡化厂建成并开始启用，是一座私人企业设计、兴建、拥有和投入生产的海水淡化厂（图 2-11）。坐落于新加坡西南部大士，占地约 6 万 m²，日产淡化水 13.6 万 t。由新加坡凯发集团负责投资、建设、运营和维护，总投资为 2 亿新元（约合 10 亿人民币），是目前全球最大的使用反渗透膜技术的海水淡化厂之一，也是目前世界上淡化水售价最低的海水淡化厂，每立方米饮用水售价仅为 0.78 新元（约合 3.9 元人民币）。

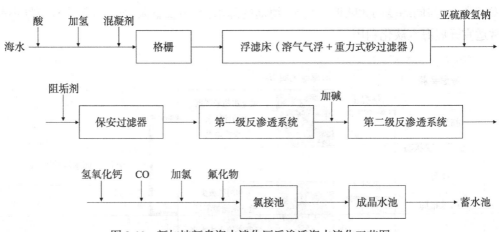

图 2-11　新加坡新泉海水淡化厂反渗透海水淡化工艺图

b. 海水淡化作为饮用水注重后期处理，特别是与其他水源的合理混合

根据研究，海水淡化通过蒸馏、渗透技术处理后淡水纯度很高，淡化水的 pH 值一般小于 7.0，为了防止或减缓淡化水对输送管网的侵蚀和腐蚀，通常要与其他饮用水进行混合。[57]新泉海水淡化厂生产的淡水输送到新加坡公共事业局的储水池，与其他饮用水以 1∶2 的比例进行混合，再输送至西部居民家中以供饮用，为了确保淡化水的安全可靠，公共事业局委任了一个独立的专家审查团，定期对淡化水进行严格的测试，确保其水质符合世界卫生组织与公用事业局的饮用水的安全标准。

②美国

a. 广泛将海水淡化应用于市政及工业用水，完善配套制度

截至 2013 年 7 月，全美共有 1227 座淡化装置在运行，总产水能力约为 655 万 t/日。淡化水已成为美国的重要水源，市政供水是其主要用水途径之一。在美国约 66% 的淡化产水用于市政供水，22% 用于工业，2% 用于农业，其他部分用于军事、旅游等。

在大力发展海水利用的同时，为使其对周围环境的影响保持在合理范围之内，规范和促进淡化产业健康、可持续发展，美国政府在过去的几十年中制定并逐步修订完善了一系列涉及淡化的法律和法规，已形成了联邦、州和地方三个层面，囊括淡化项目的立项、实施、环境影响以及淡化水的安全饮用等各个方面。

（2）国内应用

到 2015 年底，全国已建成海水淡化工程 121 个，产水规模 100.88 万 t/ 日，主要采用反渗透和低温多效蒸馏海水淡化技术，海水直流冷却、海水循环冷却应用规模不断增长并发布了数十项海水利用国家及行业标准。[58]

①海水淡化

a. 海水淡化技术主要用于沿海省市的工业

截至 2015 年底，海水淡化水用于工业用水的工程规模为 67.7 万 t/ 日，全国海水淡化工程在沿海 9 个省市分布，主要是在水资源严重短缺的沿海城市和海岛（图 2-12）。北方以大规模的工业用海水淡化工程为主，主要集中在天津、河北、山东等地的电力、钢铁等高耗水行业；南方以民用海岛海水淡化工程居多，主要分布在浙江、福建、海南等地，以百吨级和千吨级工程为主。

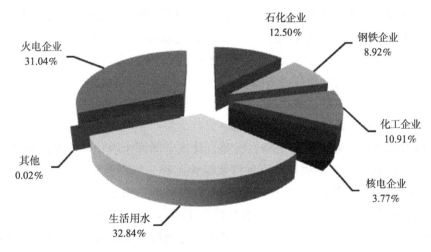

图 2-12　全国已建成海水淡化工程产水用途分布情况

b. 海水淡化产水成本偏高，能源来源传统单一

海水淡化产水成本主要由投资成本、运行维护成本和能源消耗成本构成（表 2-6）。其中，运行维护成本包括：维修成本、药剂成本、膜更换成本、管理成本和人力成本等。目前我国海水淡化产水成本在 5 ～ 8 元 /t，其中万吨级以上海水淡化工程产水成本平均为 5.99 元 /t、千吨级海水淡化工程产水成本平均为 8.44 元 /t。

截至 2015 年，尚无与可再生能源耦合海水淡化工程建成。全国已建成海水淡化工程的能源供给仍以电力为主，主要来源于国家电网和本厂自发电。

我国部分海水淡化厂投资及其成本构成　　　　　　　　　　表 2-6

项目名称	技术方法	年份	规模 （m³/d）	总投资 （万元）	吨水投资 [元/（m³·d）]	总成本 （元/m³）	折旧成本 （元/m³）	运行成本 （元/m³）
天津海兹食品 公司	多级闪蒸	1989	6000	540	—	7	—	—
浙江嵊山	反渗透	1997	500	616	12320	7.52	3.35	4.17
大连长海县	反渗透	1994	1000	1200	12000	7.31	3.25	4.06
天津大港电厂	多级闪蒸	1986			—	5.71		
山东黄岛电厂	低温多效	2003	3000	2400	8000	5.48		3.16
山东长岛	反渗透	2000	1000	750	7500	4.09		
华能威海电厂	反渗透	2001	2500	1982	7928	5.98		

②海水直接利用

a. 海水直接利用以工业冷却和冲厕等大生活用水为主，技术研究不断发展

海水直接利用主要包括海水直流冷却、海水循环冷却和大生活用海水等，并以海水直流冷却为主，主要应用于沿海火电、核电及石化、钢铁等行业。海水循环冷却技术是在海水直流冷却技术和淡水循环冷却技术基础上发展起来的环保型新技术。截至 2015 年底，我国已建成海水循环冷却工程 15 个。大生活用水方面，涉及居民生活的多用途海水利用关键技术及装备研究，在多功能复合絮凝剂、新型海水高速过滤技术、景观/娱乐海水处理等技术研究方面我国均取得进展。

b. 技术发展，成本下降，海水淡化经市政管网用于冲厕和海水空调示范

典型案例城市——青岛

青岛市海水淡化产业发展的战略目标是，建成全国海水淡化产业基地和国家海水淡化推广应用示范城市。典型项目是百发海水淡化工程，位于青岛市李沧区印江路 2 号，由西班牙 BEFESA、青岛碱业股份有限公司和青岛海润自来水集团有限公司共同投资发起。工程总投资约 1.52 亿美元，淡化水产量为 10 万 t/日，安装工程造价为 6070 万元。该项目是我国目前最大的中外合资建设的海水淡化项目。项目建成后，每天将有 10 万 t 淡化海水通过市政管网直接进入市民家庭，占到青岛市区供水量的 15%～20%，相当于每年可节省自来水 3600 多万吨，可为 50 万人供水。[59]

2004 年青岛崂山区的南姜小区建立了利用海水冲厕示范基地，是全国首个海水冲厕示范小区，其成本仅 0.5 元/m³ 左右。2006 年青岛在胶南的海之韵居民小区进行建筑面积 25 万 m² 的海水冲厕试点，每天减少淡水用量 1000m³，在小区居民入住率达到 60% 的情况下，海水冲厕的引入能够达到日节约居民生活用水 269.34m³，年节约水量约 9.7 万 m³。

典型案例城市——我国香港地区

我国香港地区长期存在淡水供水不足的情况，从 20 世纪 70 年代开始，香港市区及多个新市镇修建了海水供应系统，与淡水供应系统并存（图 2-13）。据统计，冲厕用水每日每人约 70L，冲厕用海水最高能减少住宅用水 40%。海水冲厕过程主要包括：海水经过

格栅去除大型垃圾杂质、加氯消毒（2～3mg/L）、在抽水站增氧曝气、泵配送往配水库和用户为防止海水腐蚀，直接与海水接触的泵部件全部采用不锈钢材质，输送海水的管材，直径600mm以上的用内衬抗硫酸盐混凝土的钢管，直径600mm以下的采用UPVC管或内衬抗硫酸盐混凝土的球墨铸铁管，户内管采用UPVC管材。冲厕后的海水经市政下水道和污水混合后，进入污水厂处理后排海。在我国香港地区凡未经批准而使用淡水冲厕的均视为非法，凡有海水供应的地区，不准使用淡水冲厕，必须接受海水冲厕的安排。冲厕海水不做计量，免费供应。[60] 除对化学物料泄漏的冲洗或室内自动灭火系统必须使用淡水作为消防水外，准许使用海水作为消防用水。

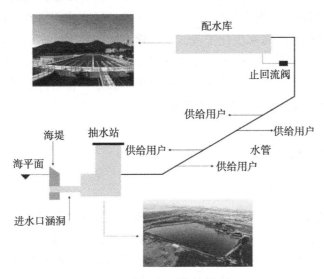

图 2-13　我国香港地区海水供应系统图

5. 应用要点

海水综合利用技术属于较新型技术，推广应用需因地制宜进行适用性分析。[55]

①沿海地区——重点考虑海水淡化民生保障工程及海水直接利用产业

近海特大型城市常面临水质性缺水或者工程性缺水问题，如上海、深圳、厦门、泉州、宁波、舟山等南方城市及天津、大连、青岛等北方城市，适宜采用海水综合利用技术。通过利用淡化海水作为优质工业用水，或直接利用海水作为工业冷却水、大生活用水等，有效替代淡水资源，并作为应急备用水源，在优化水资源结构的同时，解决这些地区的水质性缺水和季节性缺水问题。此外，可以考虑利用淡化海水作为补充居民生活饮用水的重要水源。重大海水淡化工程应开展可行性方案的比选与论证后进行科学决断。

②海岛——重点解决淡水资源短缺问题

淡水资源是海岛经济发展的物质基础和支持条件。针对海岛经济社会发展和保护性开发以及船舶作业生产对淡水资源的迫切需求，进行海岛水资源方面的深入调研，全面分析并掌握海岛淡水资源的分布情况，确定合理的淡水供应方式，逐步提高以海水淡化水为主体的非常规水源供应量，保证岛上淡水供应充足。海岛海水利用的发展重点是根据发展需求，建设规模适中的海水淡化工程，重点解决乡镇以上行政建制海岛上军民的淡水资源短缺问题；建立战略储备水源，因地制宜利用风能、太阳能、潮汐能，积极推进新能源与海水淡化耦合技术的发展与应用；大力推广海水冲厕。在面积较大的有居民海岛，发展大中型海水淡化工程，保障驻岛居民饮水安全。在面积较小、人口分散的有居民海岛和具有战略及旅游价值的无居民海岛，建设小型海水淡化装置，促进旅游开发、生态岛礁建设，服务海岛开发与经济发展。

③沿海产业园——重点扩大产业园区海水利用的规模

沿海区域产业园近期发展迅速，产业用水在城市整体用水结构中占比一般较高。根据产业特征、工艺流程、水质要求、用水量、临海区位等因素，判断沿海产业园的海水综合利用技术的适宜性。特别是电厂、钢铁等企业，适宜使用海水。在新建或在建沿海产业园区，规划建设大型海水淡化工程，配套建设输送管网，向园区内企业供应不同品质的海水淡化水，实现园区内供水。结合电力、化工、石化、钢铁等高耗水行业新建、改扩建项目，推进海水循环冷却技术大规模应用。鼓励具备条件的地区开展大生活用海水示范。开展浓海水排放对环境影响的研究。

2.1.4　初期雨水管控

1. 基本概念

初期雨水污染属于非点源污染的重要组成部分，其污染负荷在降雨初期内会迅猛升高，超过点源污染，对城市水体造成冲击性影响，严重制约城市水环境质量的改善。城市雨水径流污染具有污染负荷不均匀的特征，降雨初期产生的径流集中了整场降雨所产生径流中的绝大部分污染物，这种现象称为初期冲刷效应。在降雨初期，携带有较高浓度污染物的地表雨水径流称为初期径流雨水或初期雨水。[61]因此对初期雨水径流的收集与处理成为控制城市雨水径流污染的关键。[62]

2. 应用意义

在我国，城市点源污染仍是水体污染的主导因素，但随着城市污水收集处理系统的日益完善，初期雨水的污染问题将更为突出。城市初期雨水的特性和水质因区域差别而不同，这主要与区域人口分布情况、产业布局、截治污水平以及城市发展水平息息相关。城市中大量酸性气体、汽车尾气、工厂废气等污染性气体，硬化路面灰尘颗粒，雨污渠道中存积的污水、污泥以及垃圾渗滤液进入初期雨水是造成城市初期雨水污染的主要原因。[63]不同城市的径流雨水的污染物浓度是不同的，但总的来说，COD、SS 等都比《污水综合排放标准》GB 8978—1996 规定的相关限值要高（表 2-7）。

在欧美等发达国家，特别是城市污水收集处理系统较完善的城市，雨水径流污染已成为水体污染的主导因素。相关研究显示，在美国实现污水二级处理的城市，水体中 BOD 与 COD 的总含量约 40% ~ 80% 来自面源污染；在降雨较多的年份中，采用合流制排水体制的区域，90% ~ 94% 的总 BOD 与 COD 负荷来自城市污水管道的溢流；城市地表径流中污染物 SS、重金属及碳氢化合物的浓度与未经处理的城市污水基本相同。

因此，美国国家环保署（EPA）把城市雨水径流污染列为导致全美水体污染的第三大污染源。[64]

我国典型城市雨水径流主要污染物浓度（mg/L）　　　　　　　表 2-7

指标	北京	上海	广州	深圳	珠海	城市生活污水典型值
COD	1220	699.88	373	224.14	77.51	500
SS	1934	448.25	439	571.15	569.34	200
TP	5.6	0.87	0.49	2.04	0.48	8
TN	13	3.1	11.74	5.22	4.96	40
Pb	0.3	—	0.12	—	—	0.1
Zn	1.76	—	2.06	—	—	0.28

3. 适用条件

（1）点源污染已经基本得到控制，水质距目标仍有差距

初期雨水的治理是一个长期而复杂的过程，不可能一蹴而就。国内多数城市水污染的主导因素仍是点源污染，近期治污的重点仍是污水支管网的完善和雨污错接乱排管道的纠正。初期雨水的治理应从严格管理、源头控制和相关处理处置措施用地预控做起，循序渐进开展治理工作。在点源污染已经基本得到控制的基础上，针对面源污染采取"源头—过程—末端"的全过程控制。

（2）已进行面源污染相关研究，有一定的技术手段

各城市根据水体污染程度、用地条件、建设管理水平、土地利用类型、排水系统状况和初期雨水的污染水平等存在着较大的差异，在初期雨水治理措施上，应通过对面源污染的来源及污染程度等进行分析，找出适用于当地的初期雨水处理标准及技术措施。面源污染的复杂性和结果的不确定性较大，很难通过常规手段评估，所以需要掌握一定的技术手段如面源污染模型等。

（3）具备建设条件

初期雨水设施一般不单独设计，需要在小区改造、雨污分流改造、河道治理、生态湿地等项目的实施过程中落实初期雨水设施。当具备合适的建设条件时，通过科学划分排水片区，合理布局雨水管道和调蓄设施，有效收集初期雨水，从源头控制初期雨水径流污染。根据初期雨水的水质，可输送至城镇污水处理设施集中处理，或就地结合景观、绿地等进行处理并资源化利用。

4. 国内外应用经验

20 世纪 70 年代初，美国联邦议会通过《清洁水法》要求对雨污合流水在溢流之前进行调节、处理或处置，同时对污染负荷较高地区的径流雨水排放提出了更为严苛的要求，如纺织印染工业区、化工区、港口区、高速公路等处的暴雨径流必须要经过沉淀、撇油等处理后才可以排放。1979 ~ 1983 年美国环境保护局（USEPA）投入 1.5 亿美元进行的

"全美城市雨水径流项目"（National Urban Runoff Program），在许多城市大规模地收集分析雨水径流水质数据，研究污染情况及控制对策。欧洲国家从 20 世纪 80 年代起开始研究对城市雨水径流的控制和利用，其研究重点为从源头控制径流污染和通过调蓄削减瞬时的雨水径流量，研究成果主要包括现已修建的各种渗塘、地下渗渠、地表的透水铺装、受控的雨水排放口、各种"干""湿"池塘和小型水库等。[65]

我国对城市雨水径流污染的关注始于 20 世纪 90 年代，首先在北京进行了有关研究，然后推广到了主要的大中城市，研究提出了城市雨水径流污染的污染物指标、指标变化范围、迁移输送规律、控制管理办法等，为下一步推进径流污染的管控奠定了基础。21 世纪的头十年，我国在加强雨水径流管理与污染控制方面取得了长足进步，特别是利用北京奥运会、上海世博会、广州亚运会等大型国际活动的筹备，对城市重新规划、大规模改造的契机，学习国外先进的技术和案例，修建了很多对城市雨水径流储存管控的设施，为我国其他地区管控雨水径流污染积累了宝贵的经验。

（1）国外案例

①西雅图——将 BMPs（最佳流域管理措施）用于暴雨管理和面源污染控制

a. 制定法律和法规

美国国会于 1987 年通过了《联邦水污染控制法》修正案，制定了暴雨出水限度和排放许可证制度（NPDES），对暴雨排放进行管理；联邦政府制定的法规通常由州政府来监督执行，州政府也会制定自己的法规，并且制定的标准要高于联邦政府的法规；除了联邦和州政府的法规外，地方政府也可以根据自己的需要和特殊情况制定自己的法规。例如，根据法规，西雅图地区征收暴雨管理费，费用从每户 8.5 美元到 20 美元之间；对工商企业征收暴雨管理费，水泥地面的面积及是否有暴雨收集处理系统等都是考虑的因素；针对建筑物累积与冲刷产生的径流含有重金属和其他有害物质，对河流、湖泊和野生动植物造成直接威胁的，西雅图制定新的法规，要求房地产开发新建民用住宅必须安装收集屋顶雨水的接水槽，接水槽必须接入市政雨水管网或是雨水滞留池，市中心的所有商业大厦必须设置雨水滞留池，以配合面源污染控制，特别是初期雨水污染控制。

b. 方针政策

西雅图市意识到暴雨管理和面源污染的治理是一个长期复杂的过程，并不能在短时间见成效，因此仅有法律法规还远远不够，还必须通过行政、经济、技术、教育等手段提高人们对"暴雨—初期雨水污染—生态环境"一体化的意识、道德、科学和法制观念；通过大力发展清洁生产技术、环境无害技术、节能技术、废物综合利用技术等，从源头上控制污染物经暴雨径流进入城市水体，实现社会、经济和环境"三赢"。具体措施举例如下：西雅图市为控制草坪、花园对化肥和杀虫剂的使用量，降低对水体生态系统的破坏，政府积极推广生态草坪理念，并对市民和开发商提供技术指导和信息服务；为修复河流的生态系统，政府制定了整个流域的长期治理规划，包括河床水体生态的修复、水土流失控制、建立缓冲带、减少排入水体的污染物等；为解决合流制系统污水溢流问题，政府充分认识到必须采用政府、民众和工商界合作的模式才能达到目标，政府投资 1.4 亿美元建立的雨水在线处理系统就是以这种模式规划并建设完成的。

c. 工程技术

早于 20 世纪 70 年代，西雅图市就开始使用人工湿地、传统草沟和滞留塘等传统 BMPs 设施对面源污染进行控制治理，其在设计和建造 BMPs 的同时也兼顾到园林景观和生态平衡，到 80 年代后期起，西雅图公用事业局开始大力推广各式各样的结构性 BMPs，并取得良好效果，从 90 年代末开始，消失几十年的三文鱼重新回游到西雅图市区河流。

②日本——加强雨水的"蓄"和"渗"，以控制初期雨水污染和合流制管道雨污水溢流

a. "蓄"——多功能雨水调蓄池

日本于 1963 年始兴建滞洪和调蓄雨洪的蓄水池，暴雨时，污染严重的初期雨水进入调蓄池，雨停后再将调蓄池中的雨水慢慢通过截流管送进污水处理厂；并充分利用蓄水池的雨水进行路面喷洒、绿地灌溉等（图 2-14）。蓄水池大多建于地下，以充分利用地下空间；地下蓄水池形式多样，如大阪市的隧洞式地下防洪调节池，可蓄水 112 万 m^3；名古屋市的方形地下蓄洪池，可容纳洪水 10 万 m^3；横滨市规划蓄水池 16 个，容量多在 6000 ~ 80000 万 m^3 之间，最大容量为 11 万 m^3。而建在地上的也尽可能满足多种用途，如在蓄水池内修建运动场，雨季用来蓄洪，平时用作运动场。日本政府规定在城市中新开发土地，每公顷土地应附设 500m^3 的雨洪调蓄池，在城市中广泛利用公共场所，甚至住宅院落、地下室、地下隧洞等一切可利用的空间调蓄雨洪，治理城市初期雨水污染，防止城市洪涝灾害。

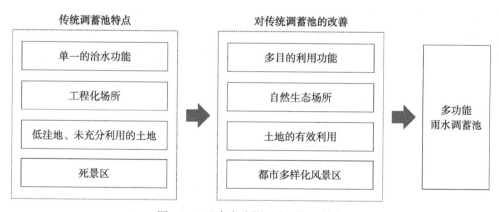

图 2-14　日本多功能雨水调蓄池特点

b. "渗"——雨水就地下渗设施

日本将"雨水抑制型下水道"纳入国家下水道推进计划，下水道是泵站、污水处理厂、雨水截流和调蓄等设施的总称；1992 年，颁布"第二代下水总体规划"，正式将雨水渗沟、渗塘及透水路面作为城市总体规划的组成部分，要求新建和改建的大型公共建筑群必须设置雨洪就地下渗设施。东京都应对初期雨水污染的策略是提高雨水的下渗、收集和利用率，以削减洪峰流量，降低管道溢流污水量。东京都已经有 8.3% 的人行道采用了透水性柏油路面（图 2-15），雨水通过透水性柏油路面入渗到地下，经过收集系统处理后加以

利用；很多建筑物上都设计了收集雨水的设施，收集到的雨水用于消防、植树、洗车、冲厕和补给冷却水等，也可以经处理后供居民饮用。

图 2-15　雨水渗沟和透水性柏油路面

（2）国内案例

上海市——源头控制、过程削峰缓排、末端治理、加强管理[66]

上海市是国内进行初期雨水污染治理研究相对较早的城市之一，从 20 世纪 90 年代开始对初期雨水治理进行研究，2006 年利用雨水调蓄池开展试点治理工作，2012 年完成《上海市中心城区初期雨水治理规划》。上海市实施初期雨水污染的控制策略是源头控制、过程削峰缓排、末端治理、加强管理。具体控制措施有雨水调蓄系统、排水系统升级改造、截污纳管、低影响开发（LID）、地表清扫、管道疏通、雨水利用等，如图 2-16 所示。其中新建城区初期雨水污染控制以低影响开发为主，老城区以控制溢流雨污水的雨水调蓄系统为主。

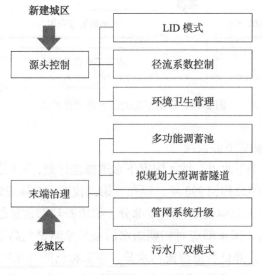

图 2-16　上海市初期雨水污染治理措施

a. 雨水调蓄池

雨水调蓄池是上海市控制初期雨水污染的重要工程性措施之一，于2006年即开始利用调蓄池进行雨水径流污染的试点治理（表2-8）。

上海市雨水调蓄池　　　　　　　　　　　　　　　　　表2-8

调蓄池名称	容积（m³）	排水体制
江苏路泵站调蓄池	15300	合流制
成都路泵站调蓄池	7400	合流制
梦清园调蓄池	25000	合流制
昌平路泵站调蓄池	15000	合流制
芙蓉江泵站调蓄池	12500	合流制
世博浦明泵站调蓄池	8000	分流制
世博后滩泵站调蓄池	2800	分流制
世博南码头泵站调蓄池	3500	分流制
世博蒙自泵站调蓄池	5500	分流制

以昌平路雨水调蓄池为例：昌平路雨水调蓄池为调蓄池与合流制泵站合建的全地下式排水构筑物，系统服务面积345公顷，设计径流系数0.7，暴雨重现期1年一遇，其中调蓄池有效容积为15000m³，雨水泵站设计规模为19.97m³/s，旱流污水配泵设计规模为2.02 m³/s。昌平路雨水调蓄池采用重力自流进水模式，运行过程中有晴天模式、进水模式、满池模式、放空模式和冲洗模式，晴天时系统主要收集合流制管道中的污水，雨天时在放空模式后利用调蓄池收集污染严重的初期雨水，并利用服务范围内的管道与自身调蓄池共同参与调蓄，以缓解洪峰流量，减少直排雨污水量，超出调蓄能力的雨水则直排入苏州河。苏州河水质的极大改善说明上海市针对初期雨水污染采用的末端治理措施取得了显著成效。

b. 建设深层地下隧道系统

由于城市高强度建设和地面硬质化比例的不断上升，径流系数较建设前有了很大提高，加之对排水系统排水能力需求的估计不足，已建排水系统越来越不能满足城市排水需求，这是国内外经济较发达的大城市面临的共同问题。合流制系统的溢流雨污水、分流制系统的初期雨水急需处理场所，但老城区地上土地资源极其匮乏，浅层地下也有纵横交错的轨道线和大范围的地下开发，因此深层地下成为解决初期雨水污染问题的可用之地。上海市已规划将地下隧道系统作为解决老城区面源污染问题的重要措施。深层地下隧道系统能够有效地控制初期雨水污染，削减洪峰，提高雨水利用率，且能够采用大容积而避免地面小容积调蓄池分散管理的弊端，但是投资巨大，运行能耗较高，且管理要求高。

c. 低影响开发模式及径流系数控制

上海市在初期雨水污染控制方面与国外发达国家的做法充分接轨，提出以低影响开发模式为主导的源头污染控制是治理初期雨水污染的有效方法，因此上海在新城区开发过程中推行采用低影响开发模式，例如：下凹式绿地、植被草沟、透水路面等低冲击技术。同时径流系数与降雨径流量也具有直接的关系，径流系数越大，同一强度降雨径流量也越大，控制径流系数，能够有效地控制初期雨水污染，降低城市洪涝灾害，也是雨水源头减量控制措施的另一表现形式。

d. 污水处理厂双模式运行

初期雨水污染物浓度较高，接近甚至超过城市生活污水污染物浓度，但是初期雨水中主要污染物指标为 SS、COD 等，BOD 浓度较低，因此初期雨水生化性较差，难以与生活污水采用同一处理工艺。上海市在污水处理厂规划建设中采用了旱季和雨季两种运行模式，使初期雨水经过收集后进入污水处理厂也能够得到有效的处理。

5. 应用要点

（1）以控制点源污染为基础：初期雨水污染作为面源污染的典型，其治理具有复杂性和长期性。初期雨水污染治理与城市经济发展程度、城市管理水平等有直接关系，一般在点源污染得到有效控制后或与点源污染同步治理开展。

（2）管理手段优先、源头控制和综合治理：管理措施和源头控制是初期雨水污染治理的最有效措施，新加坡及中国香港地区、杭州市的经验显示，出色的城市管理也能够有效地控制初期雨水污染。初期雨水的治理应与雨水利用、城市防洪防涝、生态景观改善相结合，采用综合的治理手段。[67]

（3）合适的末端处理设施：末端处理设施的选择应因地制宜确定，合流制区域特别强调在末端应用雨水调蓄池等处理设施；对于用地紧张地区，可考虑结合防洪需求设置深层调蓄隧道，但投资巨大；分流制区域主要在重点污染区设置末端的雨水调蓄处理设施；对于城市管理和源头控制措施落实到位的区域，可不采用末端处理设施。

2.1.5 城市分质供水

1. 基本概念

分质供水（Dual Water Supply；Dual Distribution System）已有很久的历史。国外现有分质供水系统的发展主流是饮用水系统作为主体，非饮用水作为补充。非饮用水系统包括回用水或海水供冲洗卫生洁具、清洗车辆、园林绿化、浇洒道路及部分工业用水（如冷却水）等。[68]

非饮用水系统的设立是为了利用降低水处理费和充分利用水资源，从供水范围来看，有小范围（居民住宅、公共场所等）和大范围（城市范围）之分[69]。对于小范围的小区分质供水系统，直饮水系统是国内目前最常见的模式，是指以现行自来水为水源，在供水区内分散设置深度处理净水站，城市自来水经进一步处理，在现有给水管网的基础上，另敷设一套专用饮水管道，供人们直接生饮。该种供水模式的优点是城市水处理系统和市政管网系统无须改造，只需建立分散的处理点，省去了运输，用户可随时开水龙头取水。但是分散处理点不便于管理，且处理设施受人口密度的影响大。[70]

对于大范围的城市分质供水系统，主要有：城市分质供水—直饮水系统和城市分质供水—优水优用系统。居民直接饮用水约为城市总供水量的 1% ~ 2%，将此部分用水采用城市整体直饮水系统代替从经济角度投资较大，并存在直饮水在管道停留时间过长造成末端无法达标，故城市分质供水—优水优用系统是城市未来分质供水的发展方向。城市分质供水—优水优用系统是在城市范围内建立三套供水系统（饮用水系统、工业用水系统、杂用水系统），并本着优水优用的原则选择原水，水质较好的地下水、地表水处理后优先用于居民生活，其次用于对水质要求较高的食品、医药等行业，中水主要用于工业、农业灌溉和环境生态用水（图 2-17）。本书主要以城市分质供水系统对象进行论述[71]。

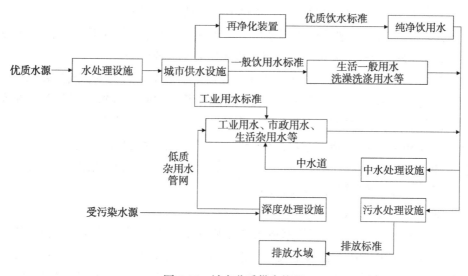

图 2-17　城市分质供水格局

2. 应用意义

（1）有效优化配置水资源：城市用水可分为一般工业用水、生活杂用水和食品饮料等行业的产品用水、以及生活饮用水两大类，前者约占全部用水量的 95% 左右，水质要求不高，一些低质水源水和城市再生水就可以满足使用要求，生活饮用水水质要求较高[72]。目前城市供水采用单一制，为保证生活饮用水质量，全面提高了城市供水水质标准，要处理的水量大，加大了对水源水质的要求，增加了解决城市供水水源问题的难度。分质供水可以有效避免单一供水的问题，使高质量水源在没有任何危害的条件下提供给用户。低质水源及再生水将满足用户非饮用水的需求，缓解水的供需矛盾。

（2）社会经济效益：长期以来，我国城市供水系统全部按照生活饮用水标准供给，而城市居民家庭用水仅占城市自来水总量的 10% 左右，居民直接饮用水约占家庭生活用水的 10%，大约为城市总供水量的 1% ~ 2%，加上洗浴等生活辅助用水也不过占 5%。现有的城市供水方式单一，为了满足 1% ~ 2% 的饮用水水质要求，而将净水厂的供水水质全部提高，既是对水资源的极大浪费，也是对人力、物力与能源的浪费。将饮用水、其他对水质要求较高的生活用水与其他用途用水分开供应,尤其是广义的分质供水,实现"分质供水、优水优用"减少了对城市优质水源的浪费使大量的一般用水的水质要求不过分地提高,可避免投入大量资金用于新水源的建设和远距离原水的输送,大大减少原水水质处理的费用[73]。

（3）环境效益:分质供水将各种可以利用的水资源合理配置和使用,不仅提高了城市用水的效率,而且可以减少污水排放,改善城市水环境。

3. 适用条件

（1）小区分质供水系统

①有高品质生活用水的需求:虽然目前城市给水厂出水能达到 106 项指标《生活饮用水卫生标准》GB 5749—2006 要求。但是由于陈旧管网腐蚀及二次供水设施污染等,导致目前居民家庭自来水尚不宜直接饮用,而随着物质生活水平提高,健康概念加强,人们对高品质生活用水的需求愿望越来越强烈。从用水结构来看,高品质生活用水仅占总用水量的 2% ~ 5％,若全面大幅度提高自来水水质势必造成浪费。

②降低总体成本的需要:人们为了追求高品质水,通常会购买瓶装或桶装水。从经济上来说,这两者成本都普遍高于管道直饮水,且桶装水保鲜期较短。因此管道直饮水降低了用户的经济成本,且提供新鲜的高品质水。小区采用再生水分质系统后预计居住区用水量可省 30% ~ 40%,排水量可减少 35% ~ 50%,将产生良好的社会效益和环境效益。

③特殊公共场合的建设需求:为安检需要,部分特殊公共场合严禁携带任何液体入园,在此设置直饮水系统就能解决游客的饮水问题。

（2）城市分质供水系统

①差异化的用水需求:城市供水的要求已从水量的满足提升到对水质和服务的关注上,而无差异的供水方式不能满足人们对饮用水的高品质需要,如对于工业城市无差异水质的供水方式一方面不能满足用户的实际需求,另一方面无法做到对水资源的合理配置与利用;分质供水不但可以保障各用水户的用水水质安全,延长设备的使用寿命,还可以通过合理分质,节约新水用量,进而缓解水资源供需矛盾。

②方便管理维护:分质供水管网对系统调试和管网维护提出了更高的要求。可以将饮用水管道用更高的标准设计,使净水循环流畅,尽可能不存在死角。循环流畅的意义在于管网中未被用户使用的水必须能够及时流动和经过管网消毒系统回流至净水水箱,而不是在某段管道中长时间停留,否则极易造成管网二次污染、滋生细菌。单独设置的饮用水管在管理维护上也应按照更高的标准执行。

4. 国内外应用经验

分质供水源于美国、丹麦、荷兰等国家,其发展得也比较成熟。如美国的双管道二元供水系统,日本的三种供水系统,法国的两套供水系统等。我国现有代表性的分质供水系统主要有青岛的城市污水回用系统、香港特别行政区的海水冲厕系统、上海桃浦工业区工业用水系统,其他一些城市如大庆、江苏、深圳、珠海、宁波、天津、大连等也建设或拟建有城市或区域性分质供水系统,涉及城市范围、居民住宅、公共场所、宾馆和学校等,这些系统与国外分质供水系统在形式与内容上并无差别。

（1）国外案例

日本——建筑中水系统及工业用水道两套分质供水系统

由于水保护意识较强，日本是分质供水开始较早、建设比较系统化的国家之一。日本的分质供水特色主要体现在两方面，一是建筑中的上、中、下水道组成的三套管网的给水排水结构，二是某些城市中有专门的工业用水道供给工业用水。

建筑物中三套管网的给水排水结构主要是由于中水道的存在而具有典型意义。建筑中水道，是以建筑物内的生活污水或屋顶收集的雨水为水源，处理后再分配到建筑物中的杂用系统中。为了降低成本，个别城市中也出现了区域甚至城市范围的中水系统，将污水集中深度处理后送到子配水中心，消毒后供给用户。

工业用水道是日本分质供水的另一特色。正是由于工业用水道的存在（表2-9），使得日本的低品质水用于工业用途的比例相对较大，占到低品质水利用总量的一半左右。东京早在1951年就开始将某些污水处理厂生产的再生水用于一些工厂的杂用和车辆冲洗等方面，1964年向江东地区及1971年向城北地区专门供给水质较差的工业用水，到1986年几个大城市中都建有工业用水道。

日本的主要工业用水道			表2-9
工业用水名称	供水能力（m³/d）	回用污水量（m³/d）	污水回用比重（%）
川崎工业用水道	30000	18800	62.7
名古屋工业用水道	57000	30000	52.6
东京都江东地区工业用水道	376000	167000	44.4

（2）国内案例

①沈阳铁西区分质供水工程——工业区新建优质水源和专用生活用水管网，原水源和管网改为工业用水。

铁西区分质供水工程于1998年7月1日全部竣工，这是沈阳乃至我国东北地区首例大规模分质供水工程规划建设，受益人口达72.8万人。目前已基本实现了工业和生活用水两套体系，该区采用优水优用的原则，水质较好的地下水优先用于居民生活，其次用于对水质要求较高的食品、医药等行业，中水主要用于工业、农业灌溉和环境生态用水，如取暖、洗涤、园林绿化等用途。

铁西区是全国闻名的重要工业区和重点工业改造区，是沈阳大中型企业的集中区，全市第一用水大户，市政日均供水量达46万m³，占城区总供水量的30%，原供水系统统一供给工业用水31万m³与生活用水15万m³。铁西区分质供水工程共投资2.2亿元，其中新建翟家水源，提抽近百米深的优质地下水日均15万m³、投资1.8亿元，敷设27km长专用生活用水管网、投资0.4亿元。原供水46万m³的水源和管网等设施则保留为工业供水系统，基本解决了该区工业用水紧张状况，自来水公司还节省大量按高标准生活水供应低标准工业水的深加工费用。

②包头市直饮水工程——置换水源，多种方式推进直饮水系统建设

a. 置换水源

包头市是全国严重缺水的城市之一。从 20 世纪 70 年代中期开始，包头城区生活用水的主要来源就是黄河水，约占总水量的 70%，而十分有限的优质地下水大部分都用在了农业、工业、绿化或者洗浴业。随着黄河的流量减少以及污染严重，群众要求改善生活用水水质的呼声也越来越高，然而全面提高生活用水水质需要大量投资，供水水价也将大幅度提高。

2004 年包头市委市政府决定通过实施水源置换科学合理配置水资源，将市民现在喝的黄河水改用于农业、工业、绿化以及洗浴业等行业，将过去用于农业、工业、绿化以及洗浴业的地下水改为市民生活饮用水。采取分质供水形式，实行分质定价、优质优用的供水方案，解决生活用水水质问题，并确定了青昆两区和九原区以地下承压水为主，东河区以自来水为主的分质供水水源方案。到工程实施完毕的时候，置换水资源将达到 600 万 m^3，使分质供水的水资源得到保障。

b. 推广策略

采取"政府主导、企业运作、社会参与"方式，选择包钢集团、包头市惠民水务有限责任公司、北方重工集团公司、一机集团公司等大型国有企业，以特许经营的形式，建设运营直饮水工程。另外，包头市政府还在政策保障方面给予很大的支持，出台了包头市鼓励"健康水工程"建设经营优惠政策，积极推动了包头直饮水的发展。另一种模式是以市场化为主，由专业的直饮水公司、房地产开发企业投资建设直饮水项目，开发商将直饮水工程的前期投入分摊到建筑面积上，最多不超过 30 元 $/m^3$。

5. 应用要点

（1）水质保证：分质供水应首先满足各用户的水质要求，尤其是饮用水，关系到每个人的健康问题。直饮水管道的水质除在处理工艺上的要求外，还应从减少长途输送、选用优质饮用水管网及采用循环系统设计方式三个方面进行保障，在直饮水的输送过程中应减少二次污染，选用安全卫生的管道材料，缩短水在管道中停留时间[74]。

（2）分质定价：完整的水价应该包括资源成本、工程成本和环境成本三个部分，加上利润和税收。对二次供水，水价主要取决于制水成本，如污水处理、海水淡化及原水的深度处理等，这些由系统的工程造价、运行成本及供水规模等因素决定。采用分质定价，可以促进各品质水合理利用，降低用水成本[75]。

（3）避免负面效应：实施分质供水应避免放松对保护水源和改进水厂处理技术的努力，片面强调分质供水，而降低城市供水系统服务标准与质量，有悖于经济和社会持续发展的要求。城市整体分质供水系统建造和投资回收的期限很长，应根据实际情况选择分质供水的系统设置和供水范围。

2.1.6　污水生态处理

1. 基本概念

污水生态处理是运用生态学原理，采用工程学方法，使污水无害化、资源化的一种

技术手段，将污水净化与水资源利用相结合，从而实现生活污水、工业污水的循环再利用。污水生态处理主要可分为污水土地处理系统、污水生态塘处理系统以及其他新型生态污水处理技术等。

（1）污水土地处理系统

污水土地处理系统的应用原理是通过农田、林地、苇地等土壤—植物系统的生物、化学、物理等固定与降解作用，对污水中的污染物实现净化并对污水及氮、磷等资源加以利用[76]。根据处理目标、处理对象的不同，将污水土地处理系统分为慢速渗滤、快速渗滤、地表漫流、湿地处理和地下渗滤五种主要工艺类型[77]。土地处理系统造价低，处理效果佳，其工程造价及运行费用仅为传统工艺的10%～50%。其中，污水湿地生态处理系统又称人工湿地，是目前研究最为深入、应用最广泛的技术之一。通过人工湿地生态工程进行水污染控制不仅可以使污水中的水得以再生利用，还能使污水中的有机物、N、P、K等营养物得到利用，整个系统呈自然式良性循环，构成了具有自适应、自净化能力的水陆生态系统。该系统管理简单，稳定后几乎不需要人的参与，物耗、能耗低，效率高[78]。生态系统中的植物群体不需要另行施肥与灌溉，还兼有美化环境的功能，这种生态净化方法实现了水环境可持续发展。

（2）污水生态塘系统

污水生态塘系统是以太阳能为初始能源，通过在塘中种植水生作物，进行水产和水禽养殖，建立人工生态系统，通过天然的生化自净作用，在自然条件下完成污水的生物处理[79]。有机物质在生态塘处理系统中得到降解，释放出的营养物进入了复杂的食物链中，产生的水生作物、水产都可以被收获。污水生态塘处理系统能够有效地处理生活污水及一些有机工业废水，对有机物有很好的去除效果，具有投资少、运行费用低、运行管理简单的优点。但该系统占地面积大、易出现短流、温度较高时易散发臭气和滋生蚊虫、对氮磷的去除效果不稳定。

（3）其他新型污水生态处理技术

除常用的技术外，还有其他新型污水生态处理技术，如：通过蚯蚓和微生物协调作用净化污水并进行生态循环的蚯蚓生态滤池[80]、利用土壤毛细管浸润扩散原理通过土壤过滤和微生物降解进行污水处理的地下毛细渗滤系统，以及利用太阳能和生物组成生态系统、将水产养殖与人工湿地结合起来并封闭在温室里处理污水的活机器系统[81]等。

2. 应用意义

污水生态处理技术的发展，为污水资源化和回用提供了广阔的前景，减少污水处理设施投资和运行费用，对于保护生态环境，维护生态平衡，治理废水污染具有重要意义。

（1）稳定的生态净化体系，实现资源循环和再生

污水生态处理技术是把污水有控制地投配到土地上，利用土壤—植物—微生物复合系统的物理、化学、生物学和生物化学特征对污水中的水、肥资源加以利用，对污水中可降解污染物进行净化的工艺技术[82]。通过形成稳定的生态系统，一方面利用非生物成分不断地合成新物质，一方面又把合成物质降解为原来的简单物质，并归还到非生物组分中。如此循环往复，进行不停顿的新陈代谢作用，这样生态系统中的物质和能量就实

现循环和再生[83]。

（2）污水处理流程生态化，降低处理成本

传统的污水处理技术已经经历了上百年的发展历史，生物处理工艺以活性污泥法为代表已发展到较高水平，技术上日臻成熟，对水污染控制的作用是十分积极的。但目前的活性污泥工艺仍存在着诸多问题，如基建投资大、运行费用高，主要目的是去除碳源污染物，对氮、磷等营养物质的去除率则较低，处理后的出水排入水体后仍会引起"富营养化"等问题。上述问题虽然可被三级处理解决，但因昂贵的投资和运行费用而无法得到普遍推广。

污水生态处理技术在实现水质净化的同时，基本上不涉及化学能的投入和化学品的消耗，大大降低了污水处理费用，为污水资源化和回用提供了广阔的前景。

3. 适用条件

（1）水资源缺乏地区。污水生态处理技术既可替代常规处理，又可作为常规处理后的深度处理技术，是常规处理的一种革新与替代技术。污水生态处理技术的出水可以作为中水进行回用，是实现污水处理无害化、资源化的重要途径之一，是解决水资源危机的重要技术政策。

（2）具有足够的建设用地。污水生态处理系统能够有效地处理生活污水及一些有机工业废水，对有机物有很好的去除效果，具有投资少、运行费用低、运行管理简单的优点，但整个系统占地面积相对较大，不适用于污水处理需求量高且用地比较紧张的区域。

（3）环境同化容量充足。为了避免污水穿透系统污染地下水及承接水体现象的发生，污水的生态处理系统在设计时还必须考虑系统的环境同化容量。根据系统的环境同化容量，对系统所承受的水力及污染负荷应进行严格的限制。

（4）改善生态环境质量需求。污水生态处理系统一方面可以通过植物的不同搭配美化环境；另一方面，可以将净化后的污水引入人工湖中，用作景观和游览的水源，形成生态景观。由此形成的处理与利用生态系统不仅将成为有效的污水处理设施，而且将成为现代化生态农业基地和游览的胜地。

4. 国内外应用经验

（1）国外案例——美国佐治亚州 Clayton 县慢速渗滤土地处理系统

①工程背景

Clayton 县位于佐治亚州亚特兰大市的南部，用地主要为商业区以及部分轻工业区，总面积约 369km²。20 世纪 70 年代初，Clayton 县所有二级污水处理厂的出水均直排到地表水和该县的 Flint 河，使河水水质受到很大影响。1974 年，县水务机构制定法案鼓励采用污水回用技术，要求对土地处理系统进行评价，同时对二级处理系统以及土地处理系统进行经济效益分析。通过广泛的筛选和评价选取了五个区域作为土地处理系统，并通过详细调查以论证土地处理系统的可行性，最终确定了利用土地处理系统代替深度处理方案。

②工程概况

该系统设计出水水量为 7.38 万 m³/日，实际处理能力 5.5 万 m³/日，设计污水渗入量为每周 6.4cm，出水水质要求达到佐治亚州饮用水水源标准。该土地处理系统采用慢速渗滤，二级处理厂的出水作为进水水源，向林区和高尔夫球场灌溉。土地处理系统中主要种植德国松、硬木材等。

③工艺流程

土地处理系统主体包括 3 个污水处理厂、泵站、贮水池、土地处理场和回用系统。具体流程见图 2-18。

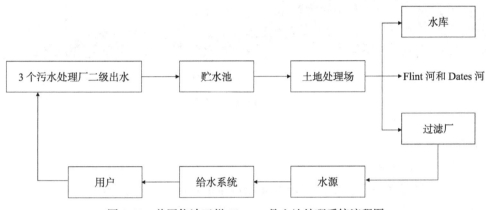

图 2-18　美国佐治亚州 Clayton 县土地处理系统流程图

二级处理厂出水经泵站提升后进入贮水池，然后喷洒到林地。一部分渗透并流入地下水中，但大部分从土地边缘渗透经过地表或浅层地下径流流入排水系统，最终流入 Flint 河和 Dates 河。

④系统运行效果

该慢速渗滤土地处理系统自 1979 年正式运行，系统运行同时对 Clayton 县地下水和河流的水质情况进行监测。监测结果表明，氯化物的浓度约为二级处理出水的一半，表明地下水与地表水进行了混合和稀释。土地处理系统对氮、磷有很好的去除效果，处理出水的氮浓度低于 10mg/L。

⑤经济分析

该慢速渗滤土地处理系统的总运行和管理费用（人力、药剂、动力费用等）中，二级土地处理费用为 0.11 美元 /m³，土地处理部分约为 0.05 美元 /m³，可见由于整个系统设计合理，总运行费用很低，尤其是土地处理部分费用远远低于常规处理费用[84]。

（2）国内案例——成都活水公园人工湿地处理系统

成都活水公园位于成都市府南河畔，是世界上第一座以水为主题的城市生态环保公园，占地 2.4 万 m²，全长 525m，宽 75m，向人们演示了被污染的水经过人工湿地处理后，由"浊"变"清"、由"死"变"活"的再生过程（图 2-19）。

鱼鳞状的人造湿地系统是一组水生植物塘净化工艺设计，种植了芦苇、葛蒲、凤眼莲、水烛、浮萍等水生植物，对吸收、过滤或降解水中的污染物，各有功能上的侧重。经过湿地植物初步净化的河水，接着流向由多个鱼塘和一段竹林小溪组成的"鱼腹"，通过鱼类的取食，沙子和砾石的过滤，最后流向公园末端的鱼尾区。至此，原来被上游污染源和城市生活污水污染的河水，经过多种净化过程，重新流入府河。每天，活水公园的流量可达 200m³。污水处理流程为取水—厌氧沉淀池—水流雕塑—兼氧池—植物塘、植物床（重复）—水流雕塑—养鱼池—戏水池，向人们演示污水由"浊"变"清"的过程[85]。

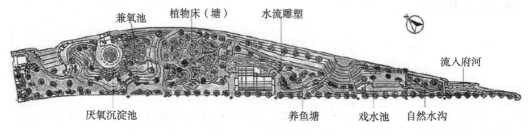

图 2-19　成都活水公园

5. 应用要点

（1）维持生态和谐

在污水的生态处理系统中，由于循环和再生的需要，修复植物与微生物种群之间、修复植物之间、微生物之间和系统环境之间应相互作用，和谐共存。在应用污水生态处理技术的过程中应控制好系统各组分的比例和关系，保障种群的和谐共存。

（2）系统整体优化

污水的生态处理技术涉及点源控制、污水传输、预处理工程、布水工艺、修复植物选择和再生水的利用等基本过程，它们环环相扣，相互不可缺少。因此，应把污水的处理系统看成是一个整体，对这些基本过程进行优化，从而达到充分发挥处理系统对污染物的净化功能和对水、肥资源的有效利用。

（3）体现区域差异

不同地理区域，由于气温、地质、土壤类型、微生物种群及水文条件差异很大，导致污水中污染物质在转化、降解等生态行为上具有明显的区域分异。在污水的生态处理系统设计时，必须有区别地进行布水工艺与修复植物的选择、结构配置和运行管理。

2.1.7　低影响开发

1. 基本概念

海绵城市是指通过加强城市规划建设管理，充分发挥建筑、道路和绿地、水系等生态系统对雨水的吸纳、蓄渗和缓释作用，有效控制雨水径流，实现自然积存、自然渗透、自然净化的城市发展方式。海绵城市建设注重生态保护、生态修复与低影响开发，主要包含水生态、水环境、水安全、水资源、水文化五大子系统（具体可见本丛书第二本《海绵城市建设规划与管理》）。海绵城市建设的技术路线包括源头减排、过程控制和系统治理，其中源头控制是当前工作的重点和难点，其核心技术即低影响开发。

低影响开发（Low Impact Development，LID），是于 20 世纪 90 年代中期由美国马里兰州的 Prince George 环境资源署所提出的一种新型雨水管理理念，旨在基于模拟自然水文条件原理，采用源头控制，从而实现雨水控制与利用[86]。LID 措施主要提倡采用基于微观尺度景观调控的分散式小规模雨水处理措施，使得区域在开发后的水文特性与开发前基本保持一致，最大程度地降低区域开发对于周围生态环境的冲击，建造出一个具有良好水文功能的场地[87]。

2. 应用意义

（1）实现径流总量控制，降低径流峰值

采用截流、滞流等一系列径流调控措施，将径流在整个区域均匀分布，消减径流的集中性，维持未开发状态下径流的汇流时间，并对排泄量进行调控。未开发状态下的径流是以分布式的形态呈现，部分降雨直接以入渗的形式补给地下水，另一部分形成径流，且需要较长的汇流时间。LID 通过采用一系列的截流、滞留等措施不仅会延长径流路径，而且可以增加对地下水的入渗补给，延长汇流时间。这些分布式的调控措施将径流均匀分布，可以减小洪峰流量，延迟洪峰时间，从而在径流的大小、频率及洪峰到达时间方面使地表径流的各特征元素维持在自然条件下的水文循环机制。

（2）实现径流污染控制，减少水环境污染

雨水径流在铺装地面流动扩散的过程中会携带大量的污染物质，被污染的地表径流如果未经净化处理就直接进入排水基础设施，便会导致河流、湖泊水质恶化。低影响开发技术从源头治理雨水径流，减少雨水径流在地表扩散的机会和时间，充分利用植被和土壤天然过滤的功能，大大减少雨水径流中有机污染物以及其他固体悬浮物的含量，保证外排水质的质量，避免雨水径流污染受纳水体。

（3）实现雨水资源化利用，缓解水资源紧缺

通过合理的低影响开发设计，将雨水进行收集、净化以及回用，可以实现雨水资源化利用，大大缓解水资源缺乏问题。收集后的雨水可作日常用水，用于冲厕、洗衣、浇灌花草等，经过简单处理后也可作冷却水。雨水也适用于工业利用，可用来清洗机器、车间清洗等，减少工业自来水的用量，还可作市政用水，用于道路清洗、浇灌城市绿化等。

（4）实现城市开发影响最小化，保护场地的原有自然特征

在城市建设过程中，破坏了场地原有的自然特征，土壤被硬质地表所覆盖，自然的水循环过程被人为改变。采用低影响开发的模式对景观进行规划和设计，减小不透水性面积、保护自然资源生态条件、保持天然排泄河道、减少排泄管网等，改善原本独立与自然环境之外的硬质排水系统，达到人工和自然的结合。低影响开发的场地开发方式可以从根本上保护场地原有的自然特征，减少建筑、道路、停车场等硬质地表可能对场地自然生态环境造成的破坏。

3. 适用条件

低影响开发强调采用源头、分散的措施调控雨水，实现雨水的原位处理。它适用于任何形式（旧城改造、新区规划、重建复兴工程等）的区域开发模式，也适用于任何类型的用地现状（道路、广场、居民区等），只要在原有设施的基础上稍加改造，便能为低

影响开发所用，以调控雨洪。但需要说明的是低影响开发的设计必须结合传统的终端管网系统，以高强度重现期为标准，并与传统管网系统协同处理城市雨洪。

不同类型低影响开发措施功能及适用性详见表 2-10[88]。

4. 国内外应用经验

（1）国外应用案例

LID 作为一种新兴的雨水管理措施，已被美国、瑞典、新西兰、加拿大等一些发达国家广泛采用。

美国西雅图 High Point 社区

High Point 社区毗邻朗费罗河流域，是美国西雅图一个能够容纳多阶层的混合式居住区（图 2-20）。该社区于 2004 年开始重建，2007 年完成，重建过程中引入了低影响开发的多项措施，并运用自然开放式排水系统的设计手法，使得一个有着较高人口密度的城市居住空间在人居绿地空间、舒适步行系统和水质改善、雨水利用方面都得到很好的平衡。为了创建环境友好型和能源节约型的绿色生态住宅区，设计者除了重点考虑雨水的利用和排放外，在住房和基础设施等方面的重建也是坚持了多种可持续发展的原则。在该住宅区的设计中，综合使用了多种技术进行雨洪管理，例如植草沟、雨水花园、调蓄水池、渗透沟等。LID 技术在该住宅区的成功应用不仅在于设计者因地制宜地将 LID 的原理和相关技术运用到整个住宅区的重建过程中，更值得一提的是设计者利用这些技术与园林景观相结合，创造性地将池塘公园、袖珍公园和儿童游戏场地等多功能开放空间的地下部分设计成了地下储水设施，并通过减少道路宽度和街边的植被浅沟的设置来营造舒适的步行系统，营造了一个舒适、生态、优美的绿色住区。

图 2-20　美国西雅图 highpoint 社区

a. 对于不透水铺装面积的控制

High Point 住宅区的一大特点就是街道和停车场使用了透水性材料铺装，这也是自然开放式排水系统的主要内容之一。透水性铺装的使用可以有效减少雨水径流量，减少城市排水系统的负担。在以上措施仍然达不到降低雨水排放量的要求时，则利用雨水花园

表 2-10

低影响开发措施功能及适用性一览表

技术类型（主要功能）	单项设施	功能					控制目标			处置方式		污染物去除率[以SS计（%）]	景观效果	不同用地类型设施适用性			
		集蓄利用雨水	补充地下水	削减峰值流量	净化雨水	转输	径流总量	径流峰值	径流污染	分散	相对集中			建筑与小区	城市道路	绿地与广场	城市水系
渗透技术（渗）	透水砖铺装	○	●	◎	◎	—	●	◎	◎	√	—	80-90	—	●	●	●	◎
	透水水泥混凝土	○	○	○	○	—	◎	○	○	√	—	80-90	—	◎	◎	○	○
	透水沥青混凝土	○	○	○	○	—	◎	○	○	√	—	80-90	—	◎	◎	○	○
	绿色屋顶	○	—	◎	○	—	◎	◎	○	√	—	70-30	好	●	○	○	○
	下沉式绿地	○	●	◎	○	—	●	◎	○	√	—	—	一般	●	●	●	◎
	简易型生物滞留设施	○	●	◎	◎	—	●	◎	◎	√	—	—	好	●	●	●	◎
	复杂型生物滞留设施	○	●	◎	●	—	●	◎	●	√	—	70-95	好	●	●	●	○
	渗透塘	○	●	◎	◎	—	●	◎	◎	—	√	70-30	一般	◎	◎	◎	○
	渗井	○	●	○	○	—	◎	○	○	√	√	—	—	◎	◎	◎	○
储存技术（蓄、用）	湿塘	●	○	●	◎	—	●	●	◎	—	√	50-80	好	●	◎	●	●
	雨水湿地	●	○	●	●	—	●	●	●	√	√	50-80	好	●	●	●	●
	蓄水池	●	○	◎	◎	—	●	◎	◎	—	√	80-90	—	◎	◎	◎	○
	雨水罐	●	○	○	○	—	◎	○	○	√	—	80-90	—	●	○	○	○
调节技术（滞）	调节塘	○	○	●	◎	—	◎	●	◎	—	√	—	一般	◎	◎	●	◎
	调节池	○	○	●	○	—	◎	●	○	—	√	—	—	◎	◎	◎	◎
转输技术（排）	转输型植草沟	○	○	○	◎	●	○	○	◎	√	—	35-90	一般	●	●	●	◎
	干式植草沟	○	◎	◎	◎	●	◎	◎	◎	√	—	35-90	好	●	●	●	◎
	湿式植草沟	○	○	○	●	●	○	○	●	√	—	—	好	●	●	●	◎
	渗管/渠	○	○	○	○	●	○	○	○	√	—	35-70	—	◎	●	◎	○
截污净化技术（净）	植被缓冲带	○	○	○	◎	—	○	○	●	√	—	50-75	一般	●	●	●	◎
	初期雨水弃流设施	◎	○	○	◎	—	○	○	●	√	—	40-60	—	●	●	◎	●
	人工土壤渗滤	●	○	○	●	—	○	○	●	—	√	75-95	好	◎	◎	◎	○

注：1. 低影响开发措施的功能，控制目标中：●—强；◎—较强；○—弱或很小。 2. 低影响开发措施适用的用地类型中：●—宜选用；◎—可选用；○—不宜选用。 3. SS 去除率数据来自美国流域保护中心（Center For Watershed Protection，CWP）的研究数据。

来处理多余的雨水，增加雨水的过滤和下渗。雨水花园的做法通常是在一小块低洼地种植大量当地植物。当降雨来临时可通过自然水文作用，如渗透过滤等对雨水截流，流经雨水花园的雨水径流在汇入植草浅溪前可以使自身的污染物降低30%。

b. 对于屋顶排水的要求

High Point 住宅区内的建筑密度较高，屋顶的汇水面积较大，所以屋顶雨水的收集与利用对于住宅区的自然开放式排水系统来说又是一个重要的组成部分。设计者根据每家每户住宅场地的面积、条件和美学的需求选择了多种屋顶排水的方式，使屋顶的雨水能够迅速地收集或者排入植被浅沟或是公共雨洪排放系统中去。屋顶雨水的排放过程可以分成落水阶段和导流阶段。落水阶段是屋顶的雨水通过落水管的引导落至地面的过程，为了减缓雨水落下对于地面的冲击并且减小雨水的流速，设计了四种方式，分别是导流槽、雨水桶、涌流式排水装置和敞口式排水管（图2-21）。为了景观效果，导流槽还可以根据住户的喜爱设计成不同风格和样式，成为居住区独特的环境艺术品。

图 2-21　High Point 社区屋顶雨水散排或断接

c. 植被浅沟

High Point 住宅区的整个自然开放式排水系统中有一个独特的由植被浅沟组成的网络系统，这个系统沿着每条道路分布设置，它对来自街道和屋顶的雨水进行收集、吸收和过滤，然后排入地下，溢流部分排入公共雨洪排水系统。植被浅沟沿街布置，路缘石开口，可以使得雨水流入，道路一般为单坡向路面，可将雨水引导入植被浅沟中。根据区域排水量的大小，植被浅沟的深浅和宽度可以变化，深和宽的植被浅沟最后便成为一个滞留水池。池中设有溢流口，水深超过溢流口的高度就通过雨水管道直接进入居住区北部的调蓄水池中。

d. 调蓄水池

北部的调蓄水池有很大的蓄水能力，是一种具有良好滞洪、净化等生态功能的雨洪控制利用设施，可以储存大量雨水用于灌溉、保存净化水源等。蓄水池可以是开放的水塘，或者是设置于地上或地下的密闭容器。在城市绿地中开放的蓄水池可以结合园林景观进行统筹安排它的位置、形状、容积，并与其他造园要素一起精心安排，形成雨水景观。

e. 其他 LID 措施

High Point 住宅区还结合了渗透沟、屋顶绿化、土壤改良等一系列 LID 措施进行重新改造。

2007 年 12 月 1 ～ 2 日华盛顿州和俄勒冈州连下两场暴雨，12 月 3 日的暴雨格外集中，6 小时的降雨量为 100 年一遇，华盛顿州最大地区降雨量为 17.4 英寸（442mm），最大风速为 129 英里 /h（208km/h）。西雅图城市发生大面积内涝，但 High Point 社区没有发生内涝的情况，经核算，低影响开发排水系统设计为 25 年一遇的暴雨（195mm），其实际控制效率远远超出设计能力。

（2）国内应用案例

深圳光明新区群众体育中心

光明新区群众体育中心位于光侨路与华夏路交汇处，光明新城公园北侧。项目占地面积 61885m²，总建筑面积 20221m²。

群众体育中心建设过程中采用多项低影响开发技术，形成了包括绿色屋顶、下沉式绿地、植被浅沟、透水停车场、透水广场和雨水收集回用等技术设施在内的低影响开发雨水综合利用系统。

项目超过 85% 的建筑屋顶均采用绿色屋顶（图 2-24）。绿色屋顶为生态绿色屋顶，种植草皮、花坛类植物，其主要目的用于景观绿化、降低建筑顶层温度和暴雨管理。

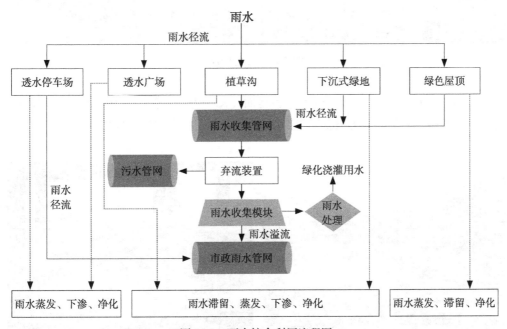

图 2-22　雨水综合利用流程图

采用绿色屋顶、雨水花园、透水铺装、生态停车场、雨水收集利用系统等工程措施

图 2-23　群众体育中心实景图

图 2-24　绿色屋顶

该项目停车场与广场应采用透水铺装地面（图 2-25）。停车场采用透水砖、草格等；广场采用透水砖，对缓解排水压力、控制水体污染方面具有积极的作用。

图 2-25　透水铺装

项目采用雨水收集利用系统，以雨水自流收集为原则（图 2-26）。雨水经收集、储存、处理后用于景观水体、灌溉、浇洒、场地清洗等。屋面和路面雨水经植草沟、管网收集，输送至初雨弃流井，经弃流处理后存储于雨水收集模块，模块内雨水经提成、加药、过滤处理后存储于不锈钢储水箱，经水泵提升后用于区域内洗车及绿化浇洒等用途。

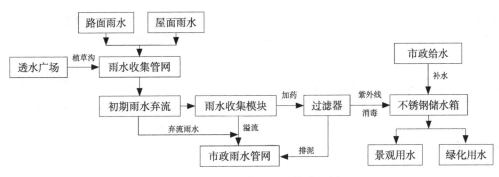

图 2-26　雨水收集回用系统流程图

雨水收集利用系统综合采用 760m³ 再生 PP 蓄水模块、24m³ 不锈钢蓄水箱、弃流装置、过滤器、油泥分离器、加药装置、紫外线消毒装置等技术设施（图 2-27）。

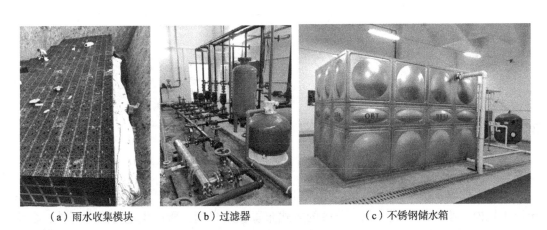

（a）雨水收集模块　　　（b）过滤器　　　（c）不锈钢储水箱

图 2-27　雨水收集回用系统设施

项目低影响开发建设相关投资约 1050 万元；实现年径流综合控制率 ≥ 70%，径流污染物（以 SS 计）削减 50%，径流峰值削减 37% ~ 47% 的效应；雨水回用量约 6.0 万 m³/年，用于绿化浇灌、道路冲洗，年节约水费约 20 万元；绿色屋顶能降低室内温度约 3℃，减少夏季空调使用，节省能耗。

5. 应用要点

（1）因地制宜选择设施

不同低影响开发设施的应用条件及适用范围不一样，为充分发挥低影响开发设施的功能，在进行低影响开发设施设计时，应通过场地调研对场地各项特性进行了解，并对场地的基本情况进行场地评估后，结合评估结果以及各类设施的适用性，因地制宜地选用低影响开发设施种类及其组合系统。其中，场地基本情况主要包括场地区位、气候条件、地形地势、土壤条件以及水文条件。

（2）经济合理，效益最优

在实际项目中，为避免雨水管理措施过于单一，往往需要对多种低影响开发措施进行组合设计。在低影响开发设计过程中，应当对多种设施方案进行合理评估，在重视和兼顾景观效果的同时，实现环境、经济和社会综合效益的最大化。

（3）科学合理的运营维护

工程建设完成之后，各类低影响开发设施如何进行有效的运行维护，直接影响低影响开发设施的功能发挥与实际工程效果。为了保证低影响开发设施工程设施建成后达到设计目标，更好地、长久地发挥设施的工程效果，应按照相关方法科学合理地对不同低影响开发设施进行后期运行及维护管理。

2.1.8　海绵城市

海绵城市相关技术内容详见新型市政基础设施规划与管理系列丛书之二《海绵城市建设规划与管理》。

2.2　能源系统

2.2.1　天然气分布式能源

1. 基本概念

分布式能源系统（图2-28），是相对于传统的集中式供电方式而言的，是指将能源系统以小规模、小容量、模块化、分散的方式布置在用户端，所产生电力除自用外，多余电力送入当地配电网的发电系统或多联供系统[89]。分布式能源系统的主要形式有：燃气冷热电三联供、废弃物发电、生物质发电、小水电、小光伏和风电等，其中燃气冷热电三联供因其技术成熟、投资相对较低，在国际上得到了较广泛的应用，也是我国城市分布式能源发展的主要方式[89]。

燃气冷热电三联供系统是一种建立在能量的梯级利用概念基础上，以天然气为一次能源，产生热、电、冷的联产联供系统。它以天然气为燃料，利用小型燃气轮机、燃气内燃机、微燃机等燃气发电设备，产生的电力供应用户的电力需求，系统发电后排出的余热通过余热回收利用设备（余热锅炉或者余热直燃机等）向用户供热、供冷；同时还可充分利用排气热量，为用户提供生活热水。天然气分布式能源通过冷热电三联供等方式可实现能源的梯级利用，其综合能源利用效率可达 70% 以上，同时因其具备在负荷中心就近实现能源供应的特征，已成为天然气高效利用的重要方式。

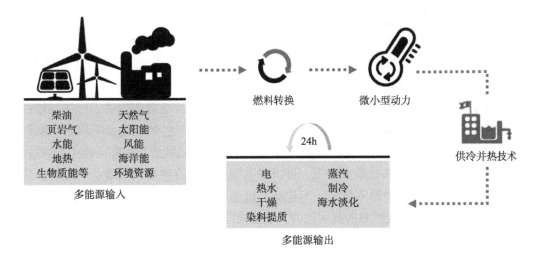

图 2-28　分布式能源转换示意图 [90]

2. 应用意义

（1）能源综合利用效率高

燃气冷热电三联供系统，按照温度对口、梯级用能的模式，在获得 30% ~ 40% 发电效率的同时，利用发电后的余热来制热、制冷，能源综合利用效率可高达 80% 以上，远超过大型发电厂 40% ~ 50% 的能源利用效率。同时，由于燃气冷热电三联供位于用户侧，电能、冷能和热能可以直接供给用户，不需要建设大电网进行远距离高压或超高压输电，避免了升降压和输送导致的能量损失。

从能源品质的角度来看，燃气锅炉的热效率虽然也能达到 90%，但它的产出能量形式为低品位的热能，而燃气冷热电三联供系统有 30% ~ 40% 的高品位电能产生，因此燃气冷热电三联供系统比燃气锅炉的综合利用效率也要高得多。

（2）环境效益优势明显

与我国主要的电力生产者——燃煤发电机组相比，燃气分布式能源系统具有显著的环境效益。根据美国的调查数据，采用冷热电三联供系统分布式能源，写字楼类建筑可减少温室气体排放 22.7%，商场类建筑可减少温室气体排放 34.4%，医院类建筑可减少温室气体排放 61.4%，体育场馆类建筑可减少温室气体排放 22.7%，酒店类建筑可减少温室气体排放 34.3%[89]。

（3）对燃气和电力有双重削峰填谷作用

我国大部分地区冬季需要采暖，夏季需要制冷。一方面，大量的空调用电使得夏季电力负荷远超过冬季，不仅给夏季电网带来巨大的压力，还造成冬季发电设施大量闲置，发电设备和输配设施利用率降低。另一方面，大量的燃气采暖使得冬季燃气负荷远超过夏季，巨大的消费落差威胁着城市燃气供应系统的稳定性，严重影响燃气系统的运行效率。

以北京为例，2010 年夏季电力最大负荷为 1666kW，冬季最大为 1232 万 kW，相差超过 400 万 kW；2010 年冬季天然气最大日消耗量超过 5000 万 m^3/ 天，而在夏季消耗量不足 400 万 m^3/ 天，峰谷差比例达到 10 以上 [89]。

通过天然气分布式能源系统的应用，采用冷热电联供等方式，一方面，在电力负荷较大的夏季，天然气可作为能源补充，为用户提供电力、冷源等；另一方面，在燃气负荷较大的冬季，可减少燃气集中供热的用量，辅以电力驱动供热，从而达到削峰填谷的作用。

（4）分布式能源满足了能源的多样性、互补性需求

分布式能源为多能源技术集成使用和最大限度利用可再生能源提供了可能。依托燃气冷热电联供分布式能源技术，同时耦合了太阳能、风能、生物质能源等可再生能源技术和蓄能、热泵、余热利用等新型或高效能源技术，将分布式能源技术和可再生能源技术、传统能源高效利用技术耦合集成使用，可以最大限度地提高能源利用效益和经济、环境效益，既弥补了可再生能源不稳定、不连续、低密度等缺陷，又在保证安全可靠供能的基础上尽可能提高可再生能源的利用比例。反过来，也进一步促进了分布式能源的发展。

3. 适用条件

（1）地域层面：气田集聚区、工业经济发达地区以及大气污染治理重点地区较为适用

我国天然气气源丰富，但资源分布不均，全国天然气探明储量的 80% 以上分布在鄂尔多斯、四川、塔里木、柴达木和莺—琼五大盆地，其中前三个盆地天然气探明储量超过了 $5000 \times 10^8 m^3$。充足的气源条件使得气田集聚区，如新疆、陕西、川渝等地区的天然气消费量明显高于其他地区。

此外，工业经济发达地区，如江苏、广东等省市，工业能源和城市生活用能需求较大，同时燃气管道等基础设施建设较为完善，政策积极支持和鼓励燃气使用，其天然气消费量也是位居前列。

同时，因天然气是一种优质、高效、清洁的低碳能源，天然气广泛使用对保护生态环境，改善大气质量具有重要作用。在京津冀、长三角、珠三角、东北地区等大气污染治理重点地区，可大力推进"煤改气"工程，通过鼓励发展天然气分布式能源高效利用项目等，扩大天然气利用规模，提高天然气在一次能源消费中的比重，调整能源结构，推动节能减排和大气质量的改善 [91]。

充足的气源条件、鼓励燃气发展的政策优势、燃气管道等基础设施较为完善的地区以及大气污染治理重点地区具备大力推广天然气分布式能源的条件。

（2）城市层面：用能密度大、用能需求稳定的用户适用性较强

天然气目前应用较为适宜的领域主要包括用户能源密度较大、用能需求较为稳定的工业企业，以及中心商业区、工厂、数据中心、交通枢纽、学校、医院等对供能可靠性要求较高的用户。

按照供应范围，分布式能源系统可分成楼宇型和区域型两种。楼宇型服务范围仅是一栋或几栋建筑，如写字楼、商场和居民小区；设备容量小、占地少，机房通常布置在建筑物内部，所需建设的能源输送管线很短。由于其规模小、终端负荷较单一、需求时间较集中，导致单位投资较高且系统运行效率偏低。

区域型服务范围一般为商业区、科技园或镇（乡）区等较大区域，设备容量较大、占地较大，通常建设独立的能源中心，配套的能源输送管线较长。区域型分布式能源系统单位投资较低，终端负荷相对丰富且稳定，系统运行效率较高。

由于区域型分布式能源系统需要建设较长的能源输送管线，因此各种供能输送管线的经济距离决定着分布式能源系统的适宜服务范围，以维持分布式能源系统较高的整体效率和效益。各项终端功能的经济供应范围大致为：10kV 电力，1 ~ 2km；空调冷水，1 ~ 1.6km；60℃左右采暖和生活热水，4 ~ 5km；1MPa 蒸汽，1 ~ 2km。因此，分布式能源系统的经济供应范围宜为 6 ~ 12km$^{2[92]}$。

4. 国内外应用经验

不同国家由于自身资源禀赋特性差异，选取的分布式能源发展类型不同。荷兰根据自身能源结构，积极推动以小型热电联产为主的分布式能源系统，到 20 世纪末，热电联产机组装机容量已达到其国内发电装机容量的 48.2%。美国基于丰富的天然气资源禀赋，以热电（冷）联产为核心的天然气分布式能源系统增长迅速，应用范围涵盖石油、化工、学校和医院等各个领域。

（1）国外

以美国为例：

a. 美国在供给充足和环境保护的双重推动下，天然气分布式能源得到了长足的发展

2000 年，美国商业、公共建筑天然气分布式能源项目 980 个，总装机容量 490 万 kW；工业天然气分布式能源项目 1016 个，总装机容量 4550 万 kW，合计超过 5000 万 kW。2010 年，天然气分布式能源总装机 9200 万 kW，占全美电力装机 14%。根据美国能源部规划，到 2020 年，美国将新增各类热电联产机组 9500 万 kW，届时，热电联产机组装机容量将占全国发电总装机容量 29%，其中天然气分布式能源系统将占据增长的主要地位。同时，根据美国能源部预测，到 2035 年，天然气在工业与商业领域的应用将进一步加强，其中应用于工业领域的天然气量将在 2009 年的基础上增长 27%，增长的贡献主要来自于天然气分布式能源在工业领域的应用。

美国分布式能源发展经验表明，当热电比大于 1 时，天然气分布式能源不仅比传统燃煤电站 + 燃气锅炉房的功能方式更具环保优势，与天然气联合循环电站 + 燃气锅炉房的供能方式相比也具有更低的污染物排放量。因此，在一定技术条件下，即具有相应热负荷，合理设计建设规模时，天然气分布式能源具有清洁、高效和环保的优点，可以通过试点逐步探索经验适时发展，一定条件下可同时提高项目用户的用电安全水平 [93]。

b. 以技术发展为基础，以法规标准为保障，以市场机制为主要驱动力

美国具有先进的发电、储能技术，主要包括先进的燃气轮机、微型燃气轮机、内燃机、燃料电池、热驱动技术和能量储存技术，同时也进行先进的材料、电力电子、复合系统以及通信、控制系统等方面技术的开发。美国政府也组织包括加州大学伯克利分校、威斯康星大学、EPRI、ABB 在内的 40 多家高校、研究机构和企业开展了与分布式发电供能技术相关的研究工作。美国现阶段分布式能源发展的重点是微电网与智能电网技术的结合，其应用的前景主要在医院、大学校园、军事基地、重要工厂等重要能源用户。

为保障和促进分布式能源产业健康规范发展，美国制定了多项支持天然气分布式能源发展的法律法规和政策包括投资补贴、低息贷款、税收减免、燃料优惠等，有效地带动了投资和相关行业的投入。为更好地促进法规的执行，建立了相应的项目节能后评估、节能效率评价机制等。标准体系建立方面，美国于 2003 年颁布的 IEEE l547 标准，规定了分布式电源并网的技术要求，成为各州制定分布式能源并网的标准。该标准的实施对分布式能源相关行业之间起到了很好的协调作用，同时也大大促进了产业自身的发展。

此外，为提高生产商的积极性、保障天然气供应，美国联邦政府于 20 世纪 80 年代后期采取了打破垄断专营的方式，在天然气市场引入了市场竞争机制，采取天然气现货和期货交易的方式，由市场上的供给和需求来解决天然气的价格，终端用户可以不受任何约束地自主选购成本更为合理的天然气供应商。

c. 从防灾的能源安全角度出发，将分布式能源系统作为集中式电网的备援系统

分布式能源系统兼具灵活、安全、经济等特点，是集中式电网备援系统的最佳选择，可有效增强城市能源系统的防灾能力。频发的飓风灾害以及"9·11"等公共安全事件的突袭，使美国对于供电安全愈加重视，分布式能源系统在各类灾害性事件中体现出的优越性也不断被认识。2012 年 10 月，飓风"桑迪"席卷美国东海岸并造成大面积断电，处于飓风登陆区域的联合公寓城、纽约大学和普林斯顿大学因配备了以天然气分布式能源站为主的微电网，在抗灾期间可切换至"孤岛模式"，保证了市政电网断电期间校园的能源供应。

按照是否与大电网连接，分布式能源系统可以分为离网型和并网型两类，离网型系统可解决海岛和偏远地区的用电问题，并网型则为用户的供能安全增加了一份保障，联网运行也可以改善系统的经济效益。

d. 典型案例：新泽西州大学 Busch 热电站

该校供热站原有 3 台集中供热锅炉，每台 5000BTU/h（1BTU=0.293W），供应 2.5 万学生生活用热与空调制冷。1995 年改造燃机热电联产，安装了 3 台 4500kW 燃机（发电效率 28%），燃机排气（485℃）送入余热锅炉（188℃饱和蒸汽，综合效率 80%），供热（制冷）发电，原 3 台单供热水锅炉做备用。改造后系统可供应 80% 的电负荷和全校 100% 冷热负荷需求，较原系统可节约 1 万美元 / 日。

（2）国内

我国发展天然气分布式能源已有十多年，国家及部分省市相继颁布了相关政策法规扶持发展，在全国范围内也建起了部分具有代表性的示范项目，为天然气分布式能源的进一步发展奠定了良好的基础。

2011 年 10 月，国家发展改革委、财政部、住房城乡建设部和能源局四部委共同发布了《关于发展天然气分布式能源的指导意见》，为天然气分布式能源的发展创造了较好的外部环境，标志着我国天然气分布式能源发展进入快车道。2012 年 7 月，国家发展改革委印发《关于下达首批国家天然气分布式能源示范项目的通知》，公布了首批 4 个示范性项目，对天然气分布式能源的支持政策又向前推进了一步。2012 年 10 月，国家发展改革委公布《天然气利用政策》，将天然气分布式能源划为"优先类"用气项目，明确提出鼓

励发展天然气分布式能源。2013 年 1 月，国务院发布《能源发展"十二五"规划》，再次提出要积极发展天然气分布式能源，根据常规天然气、煤层气、页岩气供应条件和用户能源需求，在能源负荷中心，加快建设天然气分布式能源系统。对开发规模较小或尚未联通管网的页岩气、煤层气等非常规天然气，优先采用分布式利用方式[94]。

据中国城市燃气协会分布式能源专业委员会统计，截至 2014 年底，我国已建和在建天然气分布式能源项目装机容量已达 3.8GW（图 2-29、图 2-30）。其中已建成项目 82 个，在建项目 22 个，筹建项目 53 个。其中，典型的区域分布式能源系统为广州大学城项目，楼宇分布式能源系统包括上海浦东国际机场能源中心、上海黄浦区中心医院等。但也有项目因电力并网、效益或技术等问题处于停顿状态，例如北京南站在 2008 年投入使用后，其冷热电三联供的并网手续直到 2012 年才批下来，但由于设备改造仍未完成，并没有实现真正的并网，只不过相当于"空调"的功能。

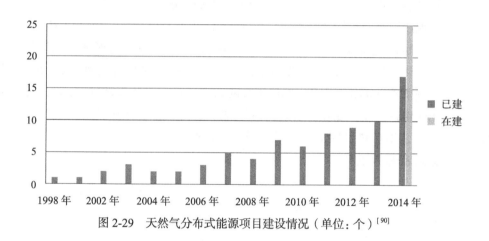

图 2-29　天然气分布式能源项目建设情况（单位：个）[90]

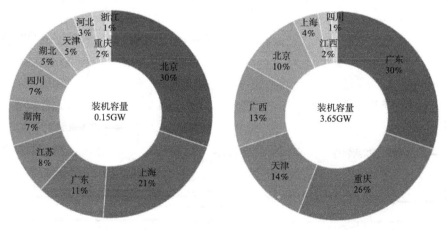

图 2-30　截至 2014 年底全国天然气分布式项目个数分布（左：楼宇型，右：区域型）[95]

从分布上看，天然气分布式能源项目呈现点状集中，主要分布在北京、上海、广东等经济发达地区。上海市于 2008 年 11 月 15 日发布了《上海市分布式供能系统和燃气空调发展专项扶持办法》，对分布式供能系统和燃气空调项目单位给予一定的设备投资补贴，并优先保障天然气供应。其中，分布式供能系统按 1000 元 /kW 补贴，燃气空调按 100 元 /kW 制冷量补贴。目前，上海已建成浦东国际机场一期工程、闵行中心医院、华夏宾馆、奥特斯（中国）有限公司、711 研究所莘庄研发基地、航天能源飞奥基地、申能能源中心、老港垃圾场（沼气）、虹桥商务区公共事务中心等分布式能源项目。广东省也将合理布局建设工（产）业园区冷热电联供项目和分布式能源项目列入"十二五"规划纲要，2012 年 6 月发布的《广州市热电联产和分布式能源站发展规划》中显示，将在广州市建设 16 个区域式分布式能源站、33 个商贸及楼宇分布式能源站[96]。

典型案例：广州大学城分布式冷热点联供项目

通过优化系统设计，采用有效的多级配置，实现能源高效利用

广州大学城坐落于广东省广州市番禺区新造小谷围岛及其南岸地区，远期规划面积为 43km²，分两期建成。其中一期工程位于小谷围岛，规划面积 18km²，含 10 所大学及中央商务区，拟建建筑面积约 800 万 m²，可容纳 14 万高校学生，总人口约 25 万。

广州大学城区域能源站一期，是以 2×78MW 燃气—蒸汽联合循环机组为基础的天然气冷热电三联供系统（图 2-31）。燃气能的 38% 先经燃气轮机转换为电能，500℃ 左右的烟气在余热锅炉产 4.0MPa 蒸汽，然后进抽凝式汽轮机进一步作功发电；可以抽出部分 0.5MPa 蒸汽供给第一制冷站的溴化锂吸收制冷机。余热锅炉排出的约 50 ～ 100℃ 烟气用于加热生活用水，不足热量用蒸汽透平冷凝潜热补充；集中生活热水系统 60℃。燃气能源利用效率达到 80% 以上[97]。

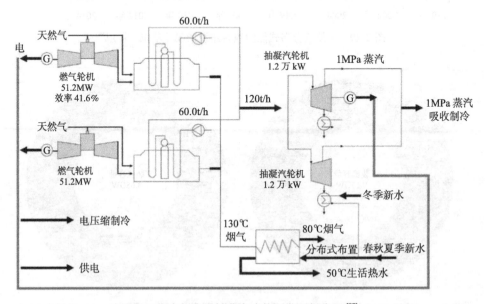

图 2-31　广州大学城分布式能源站运行流程[97]

该能源站以天然气为一次能源，通过燃气—蒸汽联合循环机组发电，具有能源利用率高、建设安装周期短、运行方式及负荷调节灵活、系统安全性和可靠性高等特点。

与传统的火电厂、单体建筑设置传统的中央空调系统、锅炉供热系统相比，制冷总装机容量大约减少 45% ~ 55%，电力装机容量减少 50MW；与设置分体空调相比可减少电力装机容量 120MW，同时节约了用地和建筑面积（10 所大学共节省设备用房面积 3.9 万 m²）。

此外，该能源站 NOₓ 排放与同规模常规燃煤发电厂相比减少了 80%，与燃气电厂的国家排放标准相比减少了 36%；SO_2 粉尘的排放几乎为零；CO_2 排放与同规模常规燃煤发电厂相比减少了 70%，减排量理论上每年可达 18 万 t。

5. 应用要点

根据能源供应及负荷条件，在条件适宜的区域，鼓励示范建设区域型和楼宇型分布式能源站，结合区域供冷等技术进行能源集中供应，提高能源利用效率。

（1）楼宇式分布式能源项目，以按需供能为原则进行系统配置，以余热的有效利用为前提进行分布式热电联产系统的优化设计。

工业类的楼宇式分布式能源项目，由于用能稳定，机组效率高，属于鼓励开发的分布式能源项目，但开发中要甄别那些受宏观经济影响较小的行业。如能利用已有的余热、余压等低效能源，则项目的经济性将更为理想。

商业类、公共类楼宇式分布式能源项目，推荐开发例如计算机中心、高档酒店、高档住宅小区等能耗稳定、用户接受度高、支付能力强的项目，且以示范性质为主。由于分布式热电联产系统遵循"按需供能"的原则，所以其对应的用户负荷对系统配置及运行至关重要。对于民用建筑而言，其负荷特性主要由建筑所在地气候特性、建筑规模及其功能所决定。

（2）区域型分布式能源项目，以独立供能理念为核心，考虑构建多种能源系统综合应用的冷热电三联供分布式能源网。

积极规划天然气、太阳能、风能、地热能、生物质能以及储能等一体化的综合性分布式能源供应解决方案，提升差异化竞争优势，打造高效、一体能源供给模式。天然气分布式能源运行形式多样，可与区域供冷（热）、地（水）源热泵、冰蓄冷等多种技术集成使用。与区域供冷（热）结合时，区域型能源站服务范围应主要结合区域供冷的合理范围确定，电力生产宜遵循以冷（热）定电和自用为主的原则。此外，区域型天然气分布式能源站建设应靠近用户，但需考虑站点运营对周边环境的影响。

（3）天然气分布式能源宜在以供冷（热）为主要任务的同时，最大化生产能源品质较高的电能。

天然气分布式能源应以满足用户的用热、用冷需求为主，合理匹配热、冷、电的容量配置，根据用户的热冷规模确定发电机组选型和设计，避免设备能力的浪费和闲置，提高项目运行的经济性。以现有和未来规划的燃机电厂为中心，在燃机电厂可控的区域内发展分布式能源项目，发挥燃机电厂发电、供热稳定的优势，弥补分布式能源供能、用能方面的不足，保证系统的连续、稳定运行，增强系统运行的可靠性。

2.2.2 区域供冷

1. 基本概念

区域供冷是由一个或多个集中设置的大型制冷站制取冷冻水，由连接制冷站与各建筑的管网向该区域内各类建筑输送空调冷冻水的制冷系统；可采用电能驱动或蒸汽驱动的冷水机组，也可采用燃气轮机或燃气锅炉排气为能源的吸收式冷水机组。系统由冷源、制冷站、输配管网和末端用户4部分组成。冷量以冷冻水为载体由制冷站生产出来并通过埋入地下的管道输送至办公写字楼、商业建筑、工业建筑和住宅等建筑中去带走室内空气中的热量，实现空调的舒适性要求或生产工艺要求，区域供冷技术存在着节能、环保及运行管理等方面的优势，已经在欧美、日本等国家和地区得到了广泛的运用[98]。

区域供冷不仅是一种技术，还是一种载体，可根据所在片区未利用能的分布情况与电厂、天然气分布式能源站、水源热泵、冰蓄冷等设施或技术联合建设和应用，实现能源综合利用的低碳效应（图2-32）。

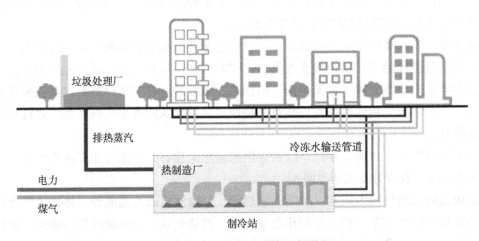

图 2-32　区域供冷系统示意图

2. 应用意义

（1）能源运行效能高，节能优势显著

与建筑单体设中央空调的传统模式相比，区域供冷技术由于供冷范围大、用户多，在部分负荷时，往往可以通过台数控制，使其始终在满负荷下运行，实现一个较高的运行能效。同时集中供冷站可以采用规模更大、性能更好的制冷机组，如离心式制冷机。相比目前广泛采用的冷水水冷螺杆式制冷机而言，离心式制冷机的COP（制冷系数，是指单位功耗所能获得的冷量，是制冷系统（制冷机）的一项重要技术经济指标）要高出20%～30%。区域供冷技术一次能源利用率高，从而提高系统运行的整体能效。据估算，在合理的供冷距离与空调制冷机组较高的利用率等条件下，应用区域供冷至少可节约10%的空调能耗。根据从日本区域供冷实际运行的统计数据，区域供冷相比单体供冷节能12%～18%。因此，区域供冷技术有显著的节能优势，是一种直接减碳的技术。

（2）环境友好型制冷技术，低碳环保

区域供冷技术是一种环境友好的制冷技术。对于同等制冷能力的大型制冷机组和分散的许多小制冷机组来说，大型机组不仅需要少得多的制冷剂，而且可以更好地处理制冷剂在工作及回收时的泄漏问题，避免制冷剂破坏臭氧层，相当于间接减少碳排放量。一旦特殊的或更为严格的空调行业标准出台，如 CFC、HCFC 等制冷剂被淘汰使用的情况下，大型制冷站可以更快、更经济和更有效地采取相关技术措施达到新标准的要求，如区域供冷站可以使用氨、溴化锂等作为制冷剂；氨是一种性质很好的天然制冷剂，单位容积制冷量较大，同时对环境无害，也不会产生任何温室效应；溴化锂也是一种环境友好的制冷介质，因此区域供冷技术环境效益更为显著。由于大的制冷机组可以不间断连续运行，制取同样的冷量就可以有效降低温室气体的排放，取消了各建筑物内部的分散冷源，对减轻城市中心区的热岛效应是一大贡献。

（3）设备占地小，节约土地和空间资源

区域供冷技术空调设备机房占地面积减少，提高建筑空间利用率，美化城市景观、节约宝贵的空间资源，为用户营造更为舒适的室内环境。分散式空调器除了造成房间空气品质不佳外，还直接影响建筑物外立面的美观，如果采用区域供冷，中小用户将会在不增加太多投资的前提下，享受到集中空调的效果，建筑楼宇内不再需要安装独立的制冷机，大大减少安装设备室所需要的空间。同时，原来设置于屋顶的冷却塔也将不复存在，经过统一设计，建筑楼顶可作为屋顶绿化或其他空间，美观性能得到提高。取消了建筑内部制冷机组的同时，也相当于取消了设备在建筑内工作运行或起停时的噪声污染，营造了一个更为舒适的室内空间。

（4）供冷可靠性高，运行维护优势明显

区域供冷技术在运行维护方面也有显著优势。采用区域供冷后用户不必自己去维护制冷系统，所有在中心制冷工厂的技术维护管理人员都受过严格专业的培训，辅助以先进的计算机控制系统，供冷的质量、可靠性和系统的安全性都可以得到很大的提高。根据欧洲的经验，区域供冷的可靠性在 99.7% 以上。因此，一般的医院和食品冷冻厂都取消了备用供冷设备，降低运行维护费用。

3. 适用条件

（1）地域层面：冷量需求大供冷时间长的南方城市更为适用

在各大南方城市，尤其是上海、广州、深圳等地区，冷量需求较高、商业化建筑密集，同时电力又比较缺乏的地区，可以利用当地潜在的天然水体作为廉价的冷源，大力发展区域供冷。

（2）城市层面：冷负荷需求大而集中的区域较为适用

区域供冷技术的成功应用需要具备一定的适用条件，如高密度的冷负荷用户，尽可能短的输送距离，尽可能大的供回水温差和尽可能小的流量，紧随负荷变化的控制策略，以及采用各种能量回收技术措施以提高整体的系统能效。只有满足了这些特殊的条件，区域供冷系统与分散供冷方案相比才可能做到节能和低碳，并具备一定的经济适用性。

开发强度较高的城市化和旅游区域，人口密度较高，冷负荷大而集中，同时区域现状可利用空间充裕，具备建设输送管道的条件，比较适合采用区域供冷技术。

此外，根据项目经验，区域供冷技术适宜服务于毛容积率大于 2.0 或净容积率大于 4.0，建筑总规模在 50 万 m^2 以上，冷负荷基本稳定，年供冷时间在 6 个月以上，同时居住用地的比例不宜过高的区域。

4. 国内外应用经验

全球气候变暖及对工作与生活环境舒适性要求的提高导致供冷需求的上升，而供冷需求的增长又给电力供应和电网安全带来压力，且不利于温室气体减排。这种形势为区域供冷系统的发展带来了前所未有的机遇，目前区域供冷系统在北美、欧洲、亚洲等国家应用较为广泛。

（1）国外

世界上最早的商业化的区域供冷工程始于 1961 年的美国，6 年之后区域供冷系统在法国的拉德芳斯登陆欧洲大陆，该系统现在发展成为全世界最大的区域供冷系统之一。1989 年，北欧第一个区域供冷工程诞生于挪威，紧接着瑞典斯德哥尔摩的市内大型区域供冷项目经过两年的精密筹划后于 1995 年正式投入使用，目前法国和瑞典是欧洲区域供冷发展最成熟也是技术最先进的两个国家。1970 年日本大阪出现了亚洲第一个大型区域供冷项目。

①美国

美国学者早在 20 世纪 40 年代就正式提出了区域供冷的概念。20 世纪 60 年代，世界第一个冷热联供系统在 Harford City 建成并投入运行。后来美国纽约蒸汽公司首次使用吸收式制冷机来增加汽轮机的夏季负荷，以求多发电又制冷。但由于当时只有单效吸收式制冷机，其热力系数很低（0.6 ~ 0.7），从经济性上无法和电压缩式制冷机相比，因此发展受到限制。而近些年来双效吸收式制冷机的研制成功，使这种系统再次受到重视。20 世纪 70 年代纽约世界贸易中心采用该技术向其建筑物群集中供冷供热，供冷量达到 172MW，成为当时世界上规模最大的一项区域供冷供热工程。

②欧洲

欧洲北部与南部气候特征不同，南欧气候温和，北欧地处北温带向北寒带交界处，大部分地方终年气温较低。因此，欧洲夏季制冷的普及率并不高，以冬季供热为主。在这种气候及供热技术成熟应用的背景下，欧洲的区域供冷系大多是在已有的区域供热管网基础上增加制冷设备而形成的[102]。在南欧，区域供冷技术应用最为成熟的是法国。在 20 世纪 60 年代法国的巴黎就出现了区域供冷系统，截至 2009 年底，法国已有 8 个大型区域供冷站提供 650MW 的制冷量，由于法国在核电技术的领先，大多数区域供冷系统采用电力压缩式制冷形式。在德国的柏林和汉诺威区域供冷系统的容量也都超过 30MW。在寒冷的北欧，挪威、瑞典和丹麦等地的区域供热供冷技术极具特色，他们普遍采用海水、湖水、地下水、工业废水和城市污水等作为冷源，或者利用生物质和垃圾焚烧作为热源。

斯德哥尔摩海水源热泵供冷

采用天然廉价的低温海水作为冷源，根据工况调节并保证较大的供水温差，实现高效用能。

考虑到瑞典比较短的供冷季节（大约年均 1000 小时的满负荷），高昂的管线投资以及较低的人口密度和缺少高楼大厦的现状，区域供冷必须寻求廉价的冷源才能在经济上可行。而斯德哥尔摩的区域供冷系统因有效利用波罗的海这一天然廉价的低温海水作为热交换介质，采用先进的大型海水源热泵对区域进行供冷，其高效、稳定、环保、经济的运行被公认为是大型供冷解决方案中最近乎完美的典型工程。

斯德哥尔摩城区的区域供冷系统的供回水温度分别是 6℃和 16℃，系统压力是 10bar，海水入水口位于海平面 20m 下，出水口在海水表面。目前，整个系统 75% 的冷量来于海水的廉价冷量，25% 的冷量来于热泵的蒸发器端和制冷机的冷凝器的热端。系统在 2000 年后，整体的 COP 大约在 12 ~ 14 之间[99]。经过多次扩充，截至 2004 年年底，斯德哥尔摩市内发展到 9 个区域供冷系统，总供冷能力达到 324MW，需求单位超过 500 个，总供冷面积 700 万 m^2，管道长度达 76km。该项目不仅成为世界最大的区域供冷工程之一，从经济和环保的角度讲，它也是世界上区域供冷工程的典范。

③日本

区域供冷技术有序推广，辅以政策助力，实现逐步普及。

区域供冷供热在日本的发展可分为三个阶段。第一阶段是 1970 ~ 1990 年的创业期，当时区域供冷供热正处于技术和性能的实验阶段，此期间建造的有大阪万国博览会场、千里新城、东京新宿副都心地区和新东京国际机场等工程；第二阶段是 1990 ~ 2010 年的逐步推广期，这时区域供冷供热的技术已趋于完善，并尝试使用多种热能来源，如垃圾焚烧热利用、地铁废热利用、未处理排水热利用和海水利用等；第三阶段是 2010 ~ 2030 年的真正普及期，将全面推广区域供冷供热，使其和电力、煤气和供水一样成为都市基本市政设施之一。

根据日本区域供冷供热协会介绍，截至 2002 年统计，日本平均区域供冷供热系统所管辖的面积为 26.8 公顷，10 公顷面积以下区域约占半数；能源中心平均供冷量 26MW，平均供热量 28MW；其中供冷量 0 ~ 30MW 约占 80%；100MW 以上大规模区域制冷供热项目分别为东京临海副都心、新宿副都心、横滨港未来 21 世纪、大手町地区、潜力中央地区等[100]。

在政策支持方面，东京都制定了《促进区域供冷供热的指导性大纲》，针对大规模再开发项目地区（容积率 400% 以上的再开发地区）的大型建筑物业主，规定必须进行区域集中供冷供热方案研究。根据研究结果，在认为有必要的场合，必须提出供冷供热规划方案，明确集中供冷供热的计划和区域范围，并公之于众。通过这样的一些程序，协调不同建筑管理者之间的关系，提高用户加入区域集中供冷供热的意识，从而也实现了目前区域供冷供热的推广。

a. 日本东京晴海 Triton 广场区域供冷供热系统

项目冷负荷密度高，输配系统能耗控制效果显著，加之热回收技术的成功应用，实现系统整体的高能效。

日本东京晴海 Triton 广场是一个高密度商用建筑区，总建筑面积近 60 万 m^2，供冷供热建筑面积 43.5 万 m^2，占地面积 6.13 公顷，容积率达 9.7。区域供冷供热系统采用电压缩制冷机作为区域供冷系统冷源。同时为了减少冷热负荷不同时性导致的不匹配并利用夜间廉价电，采用了蓄冷／热水槽来蓄存能量。

由于项目冷负荷密度非常高，且制冷站选址采用了冷水输配距离最小化设计，采用蓄能措施后冷热负荷较稳定，输配系统的控制成功地实现了大温差、小流量，减少了输配系统的能耗。此外，采用了热回收等技术，可以通过热泵系统回收热量，提高了系统的整体能源利用效率。根据该项目策划单位东京电力会社提供的资料，该区域供冷供热系统的年均一次能源能效 COP 达到 1.19，高居日本全国区域供冷供热系统第 2 位。

b. 日本东京新宿副都心区域供冷系统

系统供冷总建筑面积为 220 万 m^2，容积率约为 6.7，共 22 栋建筑物，其中超高层 14 栋；系统共建有 1 座供冷站，冷冻容量达 59000RT，单站规模目前是世界第一。系统采用燃气—蒸汽联合循环热电联产装置、汽轮机拖动的离心式冷冻机以及蒸汽吸收式冷水机组，总供冷容量为 210MW。供热用的蒸汽和供冷用的冷冻水通过四条管路进行输送，区域配管的总长度约为 8000m。

该系统以燃气为一次能源，所产电量并没有为客户侧提供，而是全部用于输配系统。为了提高冷冻机组全年的运行效率，明确区别基本负荷和高峰负荷而使用两套系统，基本负荷用的冷冻机采用背压透平／离心冷冻机与双效吸收式制冷机相组合的高效运行系统，高峰负荷用单机容量大的系统。根据全年能量平衡计算，对新宿区域供冷供热新方式比原有方式节能 33.5%。

（2）国内

在我国，区域供冷系统虽然起步较晚，但是有着良好的发展前景。近年来由于城市化进程迅速，空调负荷迅速增加；城市建筑密集，办公和居住建筑高度集中；新建居住建筑与商业、办公建筑交织，这些都为我国大中型城市中心区建设区域供冷系统提供了前提条件和良好时机。我国目前已经建成了许多区域供冷系统，如上海黄浦区中心和浦东国际机场、上海科技城、上海世博园、北京中关村西区、武汉国际会展中心、深圳大学城、广州大学城及广州珠江新城等。

①深圳前海自贸区区域供冷系统

前海合作区总占地面积约 15km²，分为 22 个开发单元，规划总建筑面积约 2700 万 m^2。合作区具备实施区域供冷的三个理想条件：公共建筑面积占比 60% 以上，冷负荷密度高；相关政策文件明确在区域内均需使用集中供冷，明确了用户的加入计划；同时，合作区的道路基础设施正在建设中，供冷管网可随道路施工同步敷设。

根据《前海深港合作区区域供冷规划布局和系统可行性研究》，合作区共规划了 9 个区域供冷站，总供冷量将达到 40 万冷吨，供冷服务覆盖桂湾、前湾和妈湾三个片区，总供冷建筑面积达到 1900 万 m^2，是目前全球规划最大的区域供冷系统群。前海区域供冷以电制冷和冰蓄冷技术为主，探索海水冷却、再生水等可再生能源的利用以及热电厂余热蒸汽制冷、燃气分布式能源等节能减排技术组合应用，形成区域的多能源互补，实现能源梯级综合利用。经测算，前海实施区域集中供冷每年可节约 1.3 亿度电，减少使用约 6万 t 标准煤，减少约 16 万 t 二氧化碳排放量，相当于 2.5 万公顷／年森林碳汇能力，减少约 500t 二氧化硫排放量，减少约 1600 万 t 冷却塔的飘水补水量，并且冷却塔集中设置，避免冷却塔对建筑规划的影响，可有效减少冷却塔对环境的污染[101]。

2016 年 4 月，前海首个冷站（二号冷站）开机运行。该冷站总建筑面积 1.3 万 m²，总蓄冷量 14.68 万 RTh，最大供冷能力 4.68 万 RT，供冷范围覆盖桂湾片区 20 余栋建筑，服务建筑面积可达 213 万 m²。

②中关村西区区域供冷与冰蓄冷技术结合，结合用能需求灵活调整运行模式。

北京的中关村西区区域供冷项目是我国北方一个具有代表性的区域供冷工程。项目位于北京海淀区海淀镇，占地总面积 514400m²，规划地上建筑面积 100 万 m²，地下建筑总面积 50 万 m²。主体功能以金融资讯、科技贸易、行政办公、科技会展为主，并配有商业、酒店、文化、康体、娱乐、大型公共绿地等配套公共服务功能。

中关村西区建设中采用了冰蓄冷的区域供冷技术，冷站设计供冷能力为 12000RT（42204kW），储冷量 28560RTh（100445kW/h），削峰电力 3800kW，满足地上地下 150 万 m² 建筑的用冷负荷。该冷站采用分量蓄存模式，即在夏季日负荷高于夜间蓄冷量时，白天由蓄冷装置和制冷机联合供冷，进入过渡季，负荷下降时可采取全量蓄存模式。系统包括 1 台离心式冷水机组，3 台双蒸发器螺杆冷水机组。选用的 RWB Ⅱ 双工况双蒸发器螺杆式压缩机是采用科技专利技术——可变内容比技术，使机组内部压缩比随时与系统压缩比相匹配，避免过压缩或欠压缩造成的能量损失。通过几年供冷季数据显示，该项目基本实现了采用冰蓄冷区域供冷技术的削峰填谷的设计目的。

5. 应用要点

区域供冷技术需要特定的适用场合和技术保障。对于区域供冷技术的推广要深入研究其特点和适用范围，研究不同建筑群的用能特点，构建评价体系，并根据各地能源情况选择合理的方案，才能真正实现区域供冷技术在环保、经济和节能方面的优势，创造良好的社会经济效益。

（1）因地制宜选择供冷技术

区域供冷技术对于商业建筑供冷需求的满足优于传统空调，长期运行的区域供冷系统的性能还可以通过提高管理水平而提升，因此区域供冷系统较适宜在供冷密度高的商业建筑群或使用时间交错的复合建筑群中使用，而在供冷密度低、波动大、运行时间长的单独居住建筑群中则不适宜使用[102]。区域供冷系统的热负荷密度可用每米管道平均承担的热负荷来表示。根据美国的经验，该指标应在 14kW/m 以上才能达到经济合理的要求[103]。

此外，区域供冷技术与其他多种技术的联合应用是其很好的发展方向。其中包括冰蓄冷技术，水源热泵技术（海水源热泵、污水源热泵），大温差、小流量技术等。区域供冷系统与冰蓄冷技术相结合，相比常规电制冷，电费可以降低 30% ~ 40%，并实现了电负荷与冷负荷的移峰填谷。夜间气温较低，提高了制冷机组制冷性能。蓄冷系统的制冷机组及其附属设备可按日平均负荷选择，无须按尖峰负荷配置，装机容量可减少 20% 以上。在电力紧张的地区，可以利用废热和热电厂蒸汽驱动吸收式制冷机实现热电冷三联产，进一步提高总体性能系数。常规火力发电厂的热能利用率只有 40% 左右，热电联产的热能利用率可达 70%，但由于热负荷全年不均衡，造成夏季运行不经济，利用热能驱动吸收式制冷机供冷将大幅提高夏季热电厂的热能利用率。

（2）合理制定初投资规模及商业管理模式

一般来说，区域供冷具有一定节能效应，但需同时面对初始投资大幅提高、商业运营管理模式复杂、对设计和运行管理要求高、供冷管道保温要求高等问题，在以公共建筑为主的区域其经济适用性明显高于居住区域[104]。

区域供冷存在初投资较大和商业管理较为复杂的特点，可能对其推广使用产生一定障碍。但如果是在一个新建的集中商业区（CBD）的供冷设计时就考虑这种方案，这种缺点可以降到最低。要实现一个区域供冷项目的成功运作，需要解决好复杂的商业管理问题，包括在不同的楼宇与不同的客户签订不同冷量价格的合同、步步为营的模块式的设计战略以避免系统的制冷能力和传输能力设计过大、准确的长期预测和适当的短期建设的成功结合以避免出现短期内初投资无法产生效益而带来的投资风险等。

2.2.3 冰蓄冷

1. 基本概念

冰蓄冷是指利用电力负荷低谷期，采用制冰机制冰，将冷量储存在蓄冰装置中，供冷高峰时段通过融冰将所储存冷量释放出来的一种供冷技术（图 2-33）。冰蓄冷系统一般由蓄冷装置、制冷机组、板式换热器、中央自动控制系统构成。冰蓄冷系统可认为是在空调系统的基础上增加了一套蓄冷装置，属于空调系统的补充。

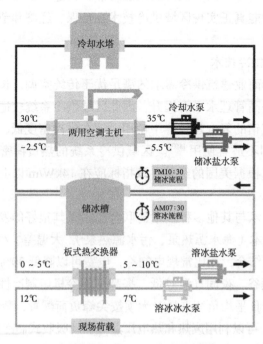

图 2-33　冰蓄冷系统原理图[105]

2. 应用意义

（1）转移高峰用电量，平衡电网峰谷差

冰蓄冷技术在用电低谷期蓄存冷量，用电高峰期融冰释冷进行单独供冷或与制冷机共同运行供冷。由于电力负荷与空调负荷特性基本一致，所以冰蓄冷技术具有削峰填谷的作用，具有缩小电网峰谷差、平衡电力负荷、减小机组装机容量、改善发电机组效率等效益[106]。若峰谷时段的电价比为 3：1 ～ 4.5：1 或更高，充分利用供电谷价，可以节省空调系统的运行电费达 30% ～ 70%，且采用空调蓄能技术后，主机设备在储能运行时的效率相对于常规运行可提高 6% ～ 8%，空调系统总的节电率在 10% 以上。

（2）降低发配电运行成本，社会经济效益高

由于蓄冷系统的移峰填谷功能，提高了电网的安全运行性能，提高了现有发电设备和输配变电设备的效率，降低了变配电损耗，从而降低了发配电的运行成本，充分利用了不可再生的资源，其社会经济效益是巨大的。蓄冷系统的用电策略利用分时电价，亦可为用户节省大量的运行费用。

（3）改善发电机组运行效率，减少污染物排放

推广蓄冷空调系统后，可改善发电机组运行效率，有效减少污染物排放，举例说明如表所示：

蓄冷系统与常规系统的比较 [107]   表 2-11

	常规系统	蓄冷系统
高峰电力需求	500kW	500kW
日耗电量	3760kWh	3760kWh
空调使用时段	10 小时：9：00 ～ 19：00	10 小时：9：00 ～ 19：00
制冷机	500kW	250kW
STL 系统		STL-AC00-23
STL 削峰电量		1290kWh
高峰用电期间（5h）STL 削峰电量		850kWh
STL 从高峰移至夜间低谷的日移峰电量（设 COP=3）		850/3=283kWh
每天减少 CO_2 的排放量		283×0.165=47kg
每年减少 CO_2 的排放量		47×6×30=8460kg
每年每立方米 STL 系统减少 CO_2 的排放量		～ 368kg/m³ 年

3. 适用条件

（1）城市层面：具备峰谷电价政策优势的城市较为适用

目前，北京、上海、江苏、浙江、广东等省市都已实行峰谷电价政策。峰谷电价的推行为促进我国冰蓄冷空调的发展和应用创造了良好的经济环境，冰蓄冷空调正以高速发展之势在市场中不断发展与扩张。随着峰谷电价比的加大，冰蓄冷空调可以大幅度减少用户空调系统的运行能耗，降低用电成本，具有广阔的发展前景和巨大的市场潜力。

（2）建筑尺度：使用情况与峰谷电价时期匹配的建筑较为适用

办公类建筑、企业类建筑、展览馆、学校（教学楼）类建筑白天使用率较高，夜晚基本无使用率，其空调负荷的持续性相对较弱。用电高峰期正好是峰电价时期，而谷电价时期则基本无用电需求。此类建筑具有采用冰蓄冷技术的巨大潜力，将用电高峰期的部分电量转移到谷电价时期将大大减少其设备容量，有利于系统初投资的控制及减少系统运行费用。此外，冰蓄冷技术能够与区域供冷系统或单体建筑的中央空调联合使用，与区域供冷系统结合其效率更高，更具有推广价值。

4. 国内外应用经验

20世纪70年代，由于全球性能源危机，加上美国、日本和欧洲一些工业发达国家夏季的电负荷增长、峰谷差迅速拉大，发电站夜间低负荷下低效率运转，自此工程技术人员开始试验性地把冰蓄冷技术引入集中式空调系统。

（1）国外

日本在1990年只有200个左右的冰蓄冷空调系统，1999年数量已达到7000多个，若将水蓄冷空调计入在内，则已达9400个；蓄冷空调系统发展迅速，规模愈来愈大，形成了区域性蓄冷和供冷系统。其中，日本调布市市政厅办公楼冰蓄冷系统于1971年改造完成，供冷面积约为1.4万m^2。利用闲置的建筑物地基的地下空间，构筑了$61m^3$的冰蓄冷槽，用高效热泵代替了燃气热源吸收式冷水机组。冰蓄冷系统的应用能确保用电高峰时冷热量需求的50%，冬季也进行蓄热。热源部分的改造实现了40%的CO_2排放量削减[108]。

美国芝加哥市的一个冰蓄冷系统蓄冰槽长28m，宽35m，高10m，共分6层设置，容积达9800m^3。系统采用冰盘管式，蓄冷能力125000RTh，移峰能力29762kW（按每天6小时高峰用电计）[109]。

（2）国内

我国蓄冷空调技术起步较晚，从20世纪70年代起才开始在体育馆建筑中采用水蓄冷空调系统，20世纪90年代初开始建造、投入使用冰蓄冷空调系统。随着我国经济的高速发展和城市商业水平的不断提高，城市建筑中央空调系统的应用逐渐普及，在建筑空调系统中应用蓄冷技术已成为我国今后进行电力负荷需求侧管理、改善电力供需矛盾的重要技术措施之一。

①上海世博会中国馆

结合展馆使用要求，采用灵活性较高的冰蓄冷技术；通过运行模式的动态调整，实现节能舒适双重目标。

上海世博会中国馆分为中国国家馆和地区馆，总建筑面积16万m^2。中国馆的空调冷源必须满足世博会展期间和展后博物馆的使用要求。由于展后博物馆的使用要求不明确，空调冷负荷具有不确定性，因此采用冰蓄冷方案具有较大的灵活性。项目集中供冷系统采用冰蓄冷+基载主机系统的形式，通过双工况冷水机组供冷、融冰供冷、基载主机3种方式组合供冷，既确保满足最大尖峰冷负荷的要求，也能根据参展人流及空调负荷调整运行模式，达到节能与舒适的和谐统一[110]。项目总蓄冰量为45500kWh，夏季日平均转移高峰电量可达 13816kWh，每年可节约运行电费约 80 万元，节约 852kVA 变配电设备费用和增容费。

②亚龙湾冰蓄冷区域供冷站

基于能源管理的自控系统，使冰蓄冷技术充分发挥效益。

该项目位于我国海南省三亚市亚龙湾国家级旅游度假区，规划供冷面积为 60 万 m^2，全年为亚龙湾中心广场西侧的 11 家五星级宾馆和亚龙湾开发公司提供空调用冷水（图 2-34）。项目一期工程供冷面积为 40 万 m^2，设计日峰值负荷为 31240kW（8885RT），总储冰量为 89658kWh（25500RTh），设计日总冷负荷为 528263kWh（150245RTh）。制冷系统采用主机上游串联外融冰系统，冷水输配系统采用二次泵变流量系统，用户端采用间接换冷方式，室外管网采用枝状直埋保温管敷设方式。

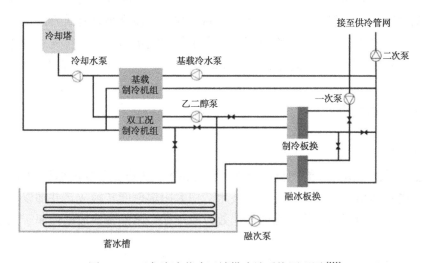

图 2-34　亚龙湾冰蓄冷区域供冷站系统原理图 [111]

该项目是优化亚龙湾区域能源管理与平衡电力负荷、节能减排的重要举措，被列为 2007 年国家节能示范项目及海南省科技节能重点项目，其中基于能源管理的自控系统对于充分发挥项目的效益至关重要。

5. 应用要点

（1）制定合理的政策，推动技术应用

冰蓄冷空调技术能够起到"移峰填谷"、平衡电网的作用，但是也要以合理的分时电价政策为前提才能推动冰蓄冷空调技术的大规模应用。政府对于采用冰蓄冷空调技术的建筑应适当采取优惠措施。

（2）根据建筑类型的用途差异，合理应用冰蓄冷技术

不同的建筑类型由于用途上的差异，并不适合全部使用冰蓄冷空调系统。办公和企业类建筑、展览馆、学校类建筑、医院类建筑、商场类建筑、酒店宾馆类建筑较为适宜推广使用冰蓄冷技术，而对于居住类建筑则需要在确定使用冰蓄冷技术之前，进行详细的经济性分析，论证其在经济上的合理性 [112]。

（3）结合建筑规模，考虑项目投资效益

冰蓄冷空调技术一般应用于面积相对较大的建筑中，在小规模的建筑中，采用冰蓄冷技术的优越性不明显，并且由于初投资的增大，回收期限可能加长。大体量的建筑为满足内部人员舒适性的要求，在夏季产生大量的空调冷负荷，产生巨大的耗电量。通过对此类建筑的巨大空调耗电量进行转移，可对整个地区产生有效的移峰作用。因此，对于大型建筑，如建筑面积1万 m² 以上的，建议采用冰蓄冷技；对于建筑面积相对较小，如小于 5000m² 的建筑，则一般不建议采用冰蓄冷技术。

（4）重视对系统的能源管理控制，提高自控系统的智能化水平

基于冷负荷的实际需求，动态调整系统的运行模式，实现能源的高效利用。冰蓄冷空调系统的运行控制策略的实质是将供冷空调负荷转移至用电少或电费低的时间里，来减少每个空调供冷周期的运行能耗和费用。不同的控制策略其运行费用是不同的，因此冰蓄冷空调系统必须合理选择系统的运行控制模式，以便既满足建筑物的供冷需求，又避免电耗过大或电费过高。冰蓄冷空调系统常用的控制策略有主机优先、融冰优先和优化控制等。其中，优化控制的运行费用最为节省，但其对自动控制系统的要求最高。

2.2.4　太阳能利用

1. 基本概念

太阳能利用技术指太阳能的直接转化和利用技术，根据其利用的原理和途径的不同，可分为太阳能热利用技术和太阳能光伏技术。把太阳辐射能转换成热并加以利用属于太阳能热利用技术，利用半导体器件的光伏效应原理把太阳能转换成电能属于太阳能光伏技术。

（1）光伏发电

光伏发电系统是由光伏电池板、控制器和电能储存及变换环节构成的发电与电能变换系统。光伏发电系统按与电力系统关系分类，通常分为离网光伏发电系统和并网光伏发电系统（图 2-35）[113]。

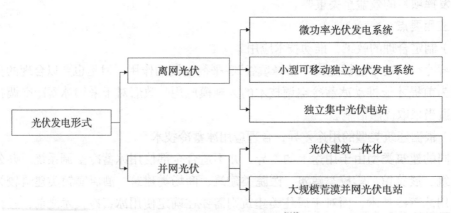

图 2-35　光伏发电形式图 [113]

（2）太阳能热利用

太阳能热利用的基本方式是利用光热转换材料将太阳辐射转换为热能，产生的热能可应用于采暖、干燥、蒸馏、烹饪以及工农业生产的各个领域，并可进行太阳能热发电、空调制冷、热解制氢等。当前，技术成熟的、广泛应用的太阳能热利用方式有太阳能热水器、太阳灶及太阳房等，其中以太阳能热水器的应用最为广泛，同时太阳能热电也进入了初步产业化阶段（图 2-36）。

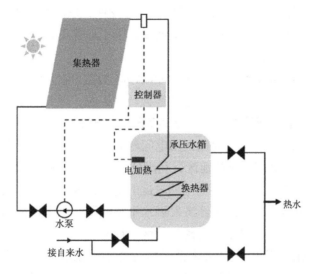

图 2-36　承压式双循环太阳能热水系统[114]

2. 应用意义

（1）储量的"无限性"。人类的能源消费量增长迅速，以我国为例，能源年消费总量已经由 2003 年的 17.5 亿 t 标煤增长为 2016 年的 43.6 亿 t 标煤[115]。与传统的能源相对比，太阳能在储量上具有非常大的优势，一年内到达地球表面的太阳能总量折合标准煤共约 120465 千亿 t，是目前世界主要能源探明储量的一万倍。

（2）存在的普遍性。根据国际太阳能热利用区域分类，全世界太阳能辐射强度和日照时间最佳的区域包括北非、中东地区、美国西南部和墨西哥、南欧、澳大利亚、南非、南美洲东、西海岸和中国西部地区等。可见，相对于其他能源来说，太阳能对于地球上绝大多数地区具有存在的普遍性，可就地取用。

（3）利用的清洁性。太阳能像潮汐能等洁净能源一样，其开发利用时几乎不产生任何污染。以 10MWp 的大型并网光伏发电系统为例，对光伏发电系统的减排情况进行测算，光伏发电系统对 CO_2、SO_2、NO_X、CO 等多种污染物均有明显的减排效果，减排环境效益总量达到 0.026147 元 /kWh[116]。

3. 适用条件

（1）太阳能资源的分布主要受地理与气候等条件的影响，太阳能利用首先应立足其资源禀赋。我国西部、北部地区，包括西藏、青海、新疆、甘肃、宁夏、内蒙古高原等，是太阳能辐射总量的高值区，其资源的充足程度和稳定性均具有较大优势。在西部、北部重点发展以太阳能为代表的绿色能源，既有助于西部人口就业，有利于东西部的协调发展，缩小经济差距，又避免东部发展过程中的环境污染、占用耕地等弊病[117]。

（2）具备大面积的廉价土地资源是建设大规模集中式发电系统的重要条件。太阳辐射能的总量虽然很大，但能流密度低、单位面积上的能量稀薄，需通过增大采光面积来获得较大功率的辐射能，占用较多的土地资源。以集中式光伏发电为例进行占地计算，如需发电 1MW，采用 250Wp 的光伏电板，共需安装 4000 块 250Wp 的太阳能电池组件，经计算需占地约 1.1 公顷。西部北部地区的荒漠、戈壁，东部沿海地区的滩涂盐碱地，以及城市周边的荒山荒地、采煤沉陷区等大面积廉价土地等可作为重点考虑对象，因地制宜地开展太阳能资源利用。

（3）并网发电系统布局和规模应与电网消纳能力相匹配。由于太阳能发电的间歇性、波动性对电网电压和电网频率及其稳定性等会产生影响，因此太阳能并网发电系统的布局、规模等应充分考虑电网消纳能力，减少弃光、弃电等资源浪费问题。

（4）离网发电系统是解决偏远地区用电问题的有效方式。离网发电系统可作为常规电网的补充应用于电力供应不足的地区，利用分布式发电系统建立局域"微电网"，有效解决缺电地区的用电问题[118]，如距离电网较远的偏远山区、无电区、海岛、荒漠地带等。

（5）太阳能利用形式应与地区经济发展水平相匹配。以太阳能集热系统为例，主动式太阳能集热系统投资大，对于经济落后地区，被动式太阳能集热系统在成本控制方面更有优势，但是太阳能资源的利用效率低于主动式太阳能集热系统[119]。

此外，还应综合地区环境条件考虑系统运行成本。光伏电板、集热板的寿命是影响太阳能利用系统运行成本的非常关键的因素，其寿命与应用地区的环境条件息息相关。在风沙大、昼夜温差大、紫外线辐射强度高的高原地区，太阳能利用元件的使用寿命就远远低于气候温和的地区，导致其系统运行成本相应增加。

4. 国内外应用经验

（1）光伏发电

光伏发电市场发展前景相当广阔，已经引起了世界发达国家的高度重视。截至 2016 年底，全球太阳能光伏装机容量累计超过 300GW。值得注意的是，已有 24 个国家迈过 GW 大关，6 个国家累计装机容量超过 10GW，4 个国家超过 40GW，仅中国就高达 78GW。2016 年中国光伏新增装机为 34.54GW，连续 4 年居全球首位[120]。

①国外典型案例

德国弗莱堡太阳能城：根据光照特点因地制宜地进行建筑结构设计，并将富余能量储存输送至公共电网，为居民带来经济回报（图 2-37）。

德国著名的绿色之都弗莱堡位于上莱茵河与黑林山之间的布赖斯高低地，是德国日照最充足的地区。该地区是德国太阳能利用的头号地区，拥有欧洲最现代的太阳能住宅工程——弗莱堡太阳能城。

弗莱堡太阳能城的建筑朝向、结构设计和平面布置都充分考虑到了建筑对太阳能的获取和利用。太阳能城内所有的建筑朝向都向阳，南北面建筑的屋顶大小、阳台和屋顶与太阳光线的夹角都经过特别的设计，以适应该地区一年四季的光照特点，从而使得建筑内部能够在冬季尽可能地获得更多的阳光，同时在夏日避免阳光直射，屏蔽高温。建筑内部的平面布置也充分考虑到了各类房间的功能性及其对阳光的需求，卧室均设在南边，厨房和作为热缓冲区的附属房间设在北边。

太阳能城住宅的能量来源有两个：安装在建筑屋顶、墙面等位置的太阳能集流器和单元式的热电站。由于太阳能城住宅的能量消耗非常少，只相当于普通低能住房的 1/7，1年之内只有几周需要进行供暖。所以，夏季时建筑产生的富余能量被输送到社区公共电网中，冬季再从社区公共电网中获取所需，其中产生的盈余能够为每座建筑带来 300 ~ 600马克 / 月的回报。

图 2-37　德国弗莱堡太阳能利用图 [122]

②国内典型案例

广州珠江城：光伏组件的设置兼顾了发电效率、使用寿命、建筑外观等多种要素。[121]

珠江城项目朝向为南偏东 13 度，各处光伏组件安装方位日照分析如图 2-38 所示。屋顶北向区域内的两排光伏组件全年只有 6 月份的中午时段能接受到太阳光的直接照射；屋顶南向区域内的四排光伏组件在全年的日照都比较好。东、西立面下方电池板由于收到上方电池板的遮挡，东立面光伏组件从 11：30 开始就无法收到太阳光照射；而西立面光伏组件则由 12：30 开始才接受太阳光照射，在 14：00 之后光伏组件完全不受遮挡。

（a）建筑平面向南偏东 13°　　　（b）屋顶光伏组件　　　（c）东西立面遮阳板光伏组件

图 2-38　广州珠江城各处光伏组件安装方位日照分析图 [121]

由于建筑东西立面的固定遮阳板处装设的光伏组件颜色对大楼外观无影响，因而选用了光电转换效率高的单晶硅电池组件，并起着隔热作用。建筑屋顶为玻璃屋顶，整体幕墙颜色为浅蓝色，由于单晶硅颜色多数偏深蓝色或黑蓝色，而多晶硅的颜色偏浅蓝色，因此，建筑屋顶最高处装设与建筑颜色相协调的多晶硅电池组件。多晶硅电池组件与玻璃集成一体，外层采用钢化双夹胶中空玻璃，既能起着隔热作用，又能节省建筑材料，可谓一举两得。

（a）原设计方案效果图　　　　（b）光伏组件安装形式

图 2-39　广州珠江城项目效果图 [121]

（2）太阳能热利用

随着城市可持续发展理念的普及，越来越多的国家开始进行城市环境中太阳能热利用的规模化应用尝试。一些发达国家甚至将城市环境中的太阳能热利用规模化应用作为重点发展，由此产生了很多建成的或者规划中的"太阳能城市"。比较著名的包括：奥地利林茨、德国柏林、荷兰的"太阳城"等。在城市环境中大规模普及太阳能热利用已经成为未来城市的发展趋势。

①国外典型案例

a. 奥地利林茨太阳城：太阳能生态社区规划当中，建筑的体量、结构、功能、位置应充分协调，保证集热面积，降低建筑能耗。[122]

奥地利林茨太阳城的住宅设计分 10 多个项目由不同建筑师团队共同设计完成。其中比较接近中心区域的四大片区分别为 WAG、GWG、NEUE HEIMAT、WSG 项目（图 2-40）。四大片区的住宅均在屋顶布设太阳能集热发电装置。其中，GWG 住宅发展项目位于中心区域的东侧，建筑均沿着南北方向排列组合（图 2-41）。其采光上通过使窗户面积与外立面之比超过 30% ～ 40% 来有效扩大采光面积；而呈扇形的 WSG 住宅发展项目位于中心区的北部，其特点是通过绿植和玻璃这些简单的材料来利用太阳能。

（a）鸟瞰图 （b）规划平面图

图 2-40 林茨太阳城[122]

（a）GWG （b）WAG

（c）NEUE HEIMAT （d）WSG

图 2-41 四大片区住宅发展项目[122]

　　b. 瑞典 Lerum 市太阳能防噪墙：太阳能集热系统作为隔音墙铺设，不仅用于供热，还可降低噪声污染。[123]

　　太阳能集热器不仅可铺设于地面或屋顶作为采暖及生活热水热源，还可铺设于公路、铁路两侧作为隔音墙，降低噪声污染。例如瑞典 lerum 市利用太阳能集热器作为铁路噪声屏蔽墙的欧盟示范项目（图 2-42）。Lerum 市为在 2025 年建成绿色示范城市制定了

"NOISUN"计划。计划运用节能技术和可再生能源技术治理噪声的同时减少温室气体排放。具体解决方案为在市区铁路沿线两侧铺设400m长集热器，防噪的同时利用太阳能集热器集热并网区域热网，用于居民采暖及生活热水。该太阳能铁路隔音墙长450m，建筑墙体高度3m，安装68块平板型太阳能集热器，总计集热器面积856m²，年供热量240MWh，提供70℃热水，与区域热网通过换热器直接换热。

图2-42　瑞典Lerum市太阳能防噪墙[123]

②国内典型案例

a. 河北经贸大学太阳能采暖系统[124]

截至2013年，国内最大的太阳能季节性蓄热采暖项目在河北经贸大学北校区启用，可保障学校20多栋宿舍楼、3万多名学生的供暖。该项目总投资7000余万元，共使用6.9万支真空管以及228个89t的储热用水箱，总蓄热总量达2万t。据测算，项目每年可减少2.7万t二氧化碳排放，节电7000万度，节约标准煤9464t。

b. 内蒙古锡林郭勒盟太阳能蒙古包[125]

太阳能蒙古包（简称"太蒙包"）采用专利保温墙系统、双层节能门窗、太阳能主被动采暖系统、光伏遮阳系统等建设。通过一个冬季的运行测试，太蒙包可以保证室内18℃以上，在最低气温时每天耗电量在5～10kWh，整个冬季仅有约40天需要电加热辅助采暖。

此外，旧房保温改窗太阳采暖、旧房保温封厦太阳采暖、旧房加接被动房太阳采暖、新建"主被动"太阳能采暖房等太阳能采暖方案也已逐步在北方地区的农房改造中推广。

经运行数据显示，按照40m²计算，"太改房"房屋建筑保温非常好，建筑能耗约22W/m²，正常晴天时，太阳能可以满足采暖24小时用热量及洗浴热水。系统运行费用主要是采暖循环泵、控制系统的耗电，循环泵为自主开发的直流泵，输入功率为55W，系统每天用电约1kWh，整个采暖季（120天）约120kWh（在阴天或雾霾时需要启用冷暖空调辅助采暖）。

5. 应用要点[126]

（1）地区与产业层面：

①根据资源禀赋合理确定开发规模。

不同地理位置的城市环境、气候条件差异较大，因此，在规模化利用太阳能前要充分利用现代信息技术对太阳能资源进行评估，对太阳能资源理性地开发利用。

②优先支持分布式光伏发电发展，推进光伏发电的综合利用。

重点支持分布式光伏发电分散接入低压配电网并就近消纳。推进光伏发电大规模集中并网地区"源网荷"（光源地资源利用条件—电网传输消纳能力—终端使用负荷）协同发展，优先就地利用，并合理扩大消纳范围。

大力推进屋顶分布式光伏发电，在具备开发条件的工业园区、经济开发区、大型工矿企业以及商场、学校、医院等公共建筑，统一规划并组织实施屋顶光伏工程。在太阳能资源优良、电网接入消纳条件好的农村地区和小城镇，推进居民屋顶光伏工程，结合新型城镇化建设、旧城镇改造、新农村建设、易地搬迁等统一规划建设屋顶光伏工程。

鼓励结合荒山荒地和沿海滩涂综合利用、采煤沉陷区等废弃土地治理、设施农业、渔业养殖等方式，因地制宜开展各类光伏发电的应用工程，促进光伏发电与其他产业有机融合，通过光伏发电为土地增值利用开拓新途径。

③广泛拓展太阳能热利用的应用范围，探索多样化利用形式。

a. 发挥太阳能热发电调峰作用。发挥太阳能热发电蓄热储能、出力可控可调等优势，实现网源友好发展，提高电网接纳可再生能源的能力。在青海、新疆、甘肃等可再生能源富集地区，提前做好太阳能热发电布局，探索以太阳能热发电承担系统调峰方式。

b. 进一步推动太阳能热水应用。在太阳能资源适宜地区加大太阳能热水系统推广力度。支持农村和小城镇居民安装使用太阳能热水器，在农村推行太阳能公共浴室工程，扩大太阳能热水器在农村的应用规模。在大中城市的公共建筑、经济适用房、廉租房项目加大力度强制推广太阳能热水系统。在城市新建、改建、扩建的住宅建筑上推动太阳能热水系统与建筑的统筹规划、设计和应用。

c. 因地制宜推广太阳能供暖制冷技术。在东北、华北等集中供暖地区，积极推进太阳能与常规能源融合，采取集中式与分布式结合的方式进行建筑供暖；在集中供暖未覆盖地区，结合当地可再生能源资源，大力推动太阳能等小型可再生能源供热；在需要冷热双供的华东、华中地区以及传统集中供暖未覆盖的长三角、珠三角等地区，重点推广太阳能供暖制冷技术。在条件适宜的中小城镇、民用及公共建筑上推广太阳能区域性供暖系统，建设太阳能热水、采暖和制冷的三联供系统。

d. 推进工农业领域太阳能供热。结合工业领域节能减排，在新建工业区（经济开发区）建设和传统工业区改造中，积极推进太阳能供热与常规能源融合，推动工业用能结构的清洁化。在印染、陶瓷、食品加工、农业大棚、养殖场等用热需求大且与太阳能热利用系统供热匹配的行业，充分利用太阳能供热作为常规能源系统的基础热源，提供工业生产用热，推动工业供热的梯级循环利用。

（2）城市层面：

城市规划布局都会对太阳能技术的运用产生关键性的影响。不同的规划布局形态影响建筑单体之间的相互遮挡，可使建筑表面获得的太阳辐射总量变化范围高达20%～80%[127]。太阳能在城市建设中的应用不再仅仅以一个个独立的建筑单体和具体的技术设备研发为思考对象，而是以城市尺度上的考虑为出发点，让太阳能利用与城市空间结构、建筑结构、公共空间和市政基础设施紧密结合在一起，共同构成一个整体。

在规划初期阶段考虑太阳能利用问题，确保场地上的建筑物处于最佳朝向，从而获得良好的日照，为各种太阳能技术的利用提供良好的基础条件；否则，不仅会降低安装光伏系统的可行性，也限制了太阳能被动式设计技术、自然采光和太阳能热水器的使用，由此产生的城市布局将存在数百年，给当前和未来各种太阳能技术的利用造成极大的限制。

（3）建筑层面：

一般来说，城市建筑上规模化利用太阳能主要有以下几个方面问题需要重点考虑：①加装太阳能发电设备，须综合考量城市中建筑的朝向、间距、屋顶类型，以便合理布置，而在新开发城市区域中，则需在前期规划阶段考虑上述因素[128]；②城市环境中的太阳能建筑规模化应用必将对城市整体风貌产生较大影响，因此更应该从光伏建筑一体化设计着手，在开发利用可再生能源的同时，提升城市的建筑风貌，塑造城市的整体形象。

太阳能利用系统的布局和安装方式与建筑类型紧密相关：①对于低层住宅小区，主要是利用在屋顶安装太阳能利用系统的方式来达到目的；对于高层住宅小区，虽然建筑高度的提升为垂直面利用太阳能增加了更多的可能性，但建筑群体的相互遮挡给太阳能利用带来了更大难度；②城市大型公建诸如机场、火车站、办公建筑、商业综合体、体育场馆等是城市环境中承载人们日常活动最多的地方，其体量往往比较巨大，这给光伏的大面积安装提供了很好的条件。光伏组件可以与大跨度建筑顶棚一体化集成或安装于建筑立面作为遮阳装置两种形式安装；③对于建筑小品个体来说，其发电量可能是微乎其微的，但由于建筑小品具有数量大、分布面广的特点，规模化利用太阳能具有很大的开发潜力，主要包括候车亭、景观装置、停车棚、路灯等。

2.2.5 风能利用

1.基本概念

目前，风能利用的主要形式为风力发电，其原理是利用风力带动风车叶片旋转，再通过增速机将旋转的速度提升，来促使发电机发电。依据目前的风车技术，发电所需的最小风速约为3m/s（微风速度）。风力发电通常有三种运行方式：

（1）独立运行方式，通常是一台小型发电机向一户或几户提供电力，采用离网运行。

（2）与其他发电方式结合，例如：与光伏发电结合，实现风光互补。

（3）并入常规电网运行，向大电网提供电力。此种形式常为一处风电场安装几十台甚至几百台风力发电机，进行集中发电。

2. 应用意义

（1）蕴藏量极其丰富，具有巨大的供给能力。根据世界能源理事会的估算，在全球 1.07 亿 km² 的陆地面积中大约有 27% 的地区在 10m 高空处年平均风速大于 5m/s。根据世界气象组织（WMO）的估算，地球上的风能资源总量约为 2.74×10^4 亿 kW，可利用的风能资源量约为 200 亿 kW。风能资源分布的广泛性和丰富性，将为其开发利用创造巨大的发展潜力[129]。

（2）清洁，无污染，具有良好的环境效益。据欧洲风能协会（EWEA）和"绿色和平"组织的估计，到 2020 年全球电力需求的 10% 可由风电提供，从而可以减少全球近 10 万亿 tCO_2 排放量。有关研究也表明，电力系统中风电穿透功率达到 10%，这将能够减少 12% 的 CO_2、13% 的 NO_X、8% 的 SO_2 以及 11% 的 PM 排放量[130]。

（3）建设周期短。风电场施工建设周期短，风能不需要运输，场地处理也比较简单，电场运行简单、自动化程度高，不需要太多管理操作的工作人员，能够很大程度上节约人力资本，运行成本低于火电厂。

（4）装机灵活。风电装机规模灵活，可大可小，根据需要可以选择建设微型、小型和大型风电场。虽然风电场会覆盖较大面积土地，但实际占地却较少，风电场相关设备和建筑占地面积仅为整个电场的 1% 不到，其空余土地仍可进行农林牧渔活动。

3. 适用条件

（1）从地区层面上分析，我国风能资源丰富地区主要分布在西北、华北、东北、华东地区，即目前认可的"三北"和东南沿海风能资源丰富带，这些地区是我国风能资源优先和重点开发的区域；西南地区虽然理论蕴藏量很丰富，但现阶段不具备开发的技术水平条件。因此只是潜在技术可开发量很可观；华中和华南地区无论是在理论蕴藏量、技术可开发量，还是潜在技术可开发量上都很小。

（2）场址对外交通运输方便。场址选择应根据风电机机舱重量、叶片长度等应充分考虑大件运输的可行性及对投资的影响。

（3）土地征用方便。风电场单位容量布机区域的面积一般为 200 ~ 400m²/kW，土地征用面积约为布机区域面积的 1%，应尽量避开基本农田、养殖区、自然保护区及军事基地或国家重要设施。

（4）风电并网规模应与电网消纳能力相匹配。由于风能发电的间歇性、波动性对电网电压和电网频率及其稳定性等会产生影响，因此风能并网发电系统的布局、规模等应充分考虑电网消纳能力，减少弃风、弃电等资源浪费问题。

（5）应考虑风机布置对附近居民和鸟类的影响。风电场一般应布置在民居 300m 以外，同时避开主要的鸟类迁徙通道和栖息地，防止对鸟类生存和迁徙造成影响。

（6）在有风力资源的条件下，针对用电负荷比较小、用电可靠性要求不高的远离电网的农村牧区以及海岛，建立小型风能或风光互补发电独立电源系统可以解决一般的照明、家电产品等生活和生产用电[131]。除此之外，风光互补型发电系统还可以用在路灯、报警电话或信号和道路标志上；博览会场和活动会场的场外照明或景观点缀；海上的辅助电源；或是在灾难时作通信用、避难紧急指示灯的辅助电源，以及需要经常移动的野外作业的工作站等[132]。可以通过流体力学模拟软件对场地的风场情况进行分析，选用合适的区域进行风能的利用研究，特别是城市区域的分散式小型风能研究[133, 134]。

4. 国内外应用经验

20 世纪 30 年代以来，世界上许多国家都建立起了风力发电站，如丹麦、瑞典、苏联、美国等，欧洲也成为了风电的发源地和世界风电发展的中心。

美国风能协会（AWEA）发布的《美国风电行业年度市场报告》显示，2015 年美国风电投资为 147 亿美元，总共安装了 4304 个公用事业规模的风机，是当年全球风电生产量最大的国家，比中国、德国、西班牙和其他国家都有更多的风力发电。美国的风机产生了创纪录的 190.9×10^6MW·h 的电力，足够供应 1750 万个美国家庭。

我国的风电发展起步较晚但起点高发展迅速，在 20 世纪 70 年代涌现了一批研究风力发电的学者，到 80 年代中后期开始有风力发电的接触，先后从丹麦、比利时、瑞典、美国等国家引进了一批大、中型风电设备，随后带领风电逐步进入快速发展阶段，截止到 2015 年末，中国的风电累计装机规模占全世界的 48.4%，跃居全球第一[135]。

（1）国外典型案例

①风电场案例

Alta 风能中心（AWEC）位于美国加利福尼亚州克恩县特哈查比（Tehachapi Pass of the Tehachapi Mountains, Kern County）。截止到 2013 年，该风电场是全球最大的风力发电场，拥有 1320MW 的装机容量，为 Terra-Gen 电力公司拥有和运营。目前正在扩建中，风电场的装机计划将达到 1550MW。

London Array Offshore 风电场 1 期，位于距肯特郡和埃塞克斯郡的海岸 20km 之外的泰晤士河口，拥有 630 MW 的产能，是目前世界上最大的海上风电场，由丹麦 Dong 能源公司、德国 E.On 和阿布扎比的马斯达尔拥有和开发。

②高层建筑风力发电设计案例[136]

在满足结构安全、环境保护等要求的前提下，高层建筑应选择大尺寸的风力机以增加发电功率。此外，城市的风力较小，可以选择低风速启动风机（如小于 3m/s），延长发电机工作时间，从而获得更多的发电量。依据高层建筑风环境的特点，风力机通常安装在风阻较小的屋顶或风力被强化的洞口、夹缝等部位。

a. 巴林世界贸易中心

巴林世界贸易中心 2008 年竣工，是世界最早建成和投入使用的风力发电建筑（图 2-43）。建筑师在 2 座高 240m 的三角形大厦之间，设计了 3 台直径 29m 的水平轴风力发电机。喇叭口式的建筑布局有利于接收和强化来自波斯湾的海风。3 台风力机发电量预计能够提供大厦 11% ~ 15% 的所需电力。

b. 美国迈阿密 COR 大厦

美国迈阿密 COR 大厦 25 层，功能为住宅、办公和商业综合体（图 2-44）。建筑采用多项绿色技术，如风电、光伏、光热水等。外墙采用高效率的结构形式，同时起到保温、遮阳、阳台和风力机支架的作用。建筑顶部四面墙上安装多个固定式水平轴风力机。

图 2-43　巴林世界贸易中心 [136]

图 2-44　美国迈阿密 COR 大厦 [136]

（2）国内典型案例

①小型风电机组在牧区和边远农村的应用 [137]

小型风力发电机组传统用户和服务对象仍为有风无电或缺电牧区的广大农牧民用户（图 2-45）。内蒙古是我国推广应用小型风力发电机组最早、最好、最多的地区。

图 2-45　小型风电机组在牧区的应用 [137]

我国小型风电机组的启动风速一般在 3 ~ 4m/s 之间,额定风速通常在 8 ~ 11m/s 之间,最大工作风速为 25m/s 左右,安全工作风速为 3 ~ 25m/s。凡是风力资源较好(年平均风速大于 4m/s,没有台风灾害)、电网不能到达或供电方不足的边远农村地区,都比较适合开展小型风力发电机的推广应用。

②风光互补路灯的应用 [138]

近年来,城乡公路、广场、农村道路以及电网的配电站等都在逐步推广风光互补路灯(图 2-46),海上交通利用方面也在积极推广以小型风电机组或风光互补系统为电源的航标灯。2009 年中科恒源、广州红鹰、宁波风神、扬州神州等小型风电机组制造厂销售出大量用于城乡道路的 300 ~ 400W 风光互补路灯,这种应用不断扩大,已对环境美化和节能减排发挥一定的作用。

图 2-46　风光互补路灯在城乡道路上的应用 [138]

5. 应用要点

(1)我国风能资源的开发利用首先应建立在风能资源最丰富的"三北"与东南沿海地区,适合进行集中规模化的"陆上 + 海上大型风电基地"并网开发模式,同时因地制宜地与分散式小规模并网或离网风电相结合开发局部风能资源欠缺地区。①东南沿海地区主要省(市)风能资源丰富,尤其是近海风能资源。经济发展程度和技术水平高,目前是我国电力需求市场最大的地区,应重点开发尤其是海上风能资源。②东北、华北、西北地区主要省(区)的风能资源储量大且连片面积大,风电技术也十分成熟,但电力需求较低且对常规能源依赖较大,需因地制宜地配套建设风能与其他能源互补发电系统和风能储能系统,减小风电大规模开发对电网稳定性的不良影响。

(2)风电开发除了需要重点满足大规模用户的用电需求外,还需要考虑缺乏常规能源的地区、无电的偏远农牧区、边防地区及小规模用户的用电需求。①中部和西南主要省份属于低风速区，风能资源等级一般在 2 级及以下且比较分散，大多省份地形还比较复杂。但是电力需求大，适宜的分散式发展小规模并网风电或小型独立风电，以解决小规模或局部小用户的用电需求，缓解电力供需矛盾，也能使得风能资源得到更加充分的开发利用，扩大利用范围。②青藏高原地区的风能资源相对比较丰富，但海拔高、交通条件差，且对电力需求很低，以水电为主，目前适合小型家庭式风电开发。

（3）探索风能建筑一体化示范项目。风能组件可以融入建筑绿地、前后院等较大的空余部分。在低层建筑中，风能发电组件可在建筑前比较空旷的位置安装，既不影响美观又不影响风能的利用，根据用电需求确定风机组件的容量。考虑到风能资源随着高度的增加而增加，也可以将风力发电机安放在房顶。在建筑楼群之间，可以根据风场的分布情况，在风道的垂直方向设置多台风电机组。

（4）风光建筑一体化。要实现风力发电和太阳能光伏电池互补供电系统与建筑一体化设计，蓄电池组、逆变器等其他相关设备在建筑设计中也是要系统地考虑和合理地组织安排。如蓄电池组需要在干燥的环境中使用，在建筑设计中应安放在防潮且能通风的地方。所以一体化设计的完成从一开始就要在建筑平面设计、剖面设计、结构选择以及建筑材料的使用方面融入新能源利用技术的理念，进一步确定建筑能量的获取方式和建筑能量流线的概念，再结合经济、造价和其他生态因素，综合得到一个最优建筑设计方案[138]。

2.2.6　地热能利用

1. 基本概念

（1）地热能

地热能是一种绿色低碳、可循环利用的可再生能源，具有储量大、分布广、清洁环保、稳定可靠等特点，是一种现实可行且具有竞争力的清洁能源。我国地热资源丰富，市场潜力巨大，发展前景广阔。根据国土资源部中国地质调查局的评价成果，中国地热资源年可开采量（折合标准煤）约 26 亿 t，年开采量（折合标准煤）2100 万 t，具有很好的开发利用潜能；中国干热岩资源总量初步评估（折合标准煤）达 856 万亿 t[139]。地热能资源可分为浅层地热地温能、水热型和干热岩型地热资源三大类。

a. 浅层地热能通常是指位于地球表层变温层之下，蕴藏在地壳浅部岩（土）体中的低温地热资源，其热能主要来自地球深部的热传导。浅层地热能的利用主要是通过热泵技术的热交换方式，将赋存在地层中的低位热源转化为可以利用的高位热源，既可以供热，又可以制冷。目前，浅层地热能开采利用的经济深度一般小于 200m。

b. 水热型地热资源一般是指地下 4000m 深度以浅、温度大于 25℃的热水和蒸汽[140]，主要用途包括发电和直接利用。其中，150℃以上的高温地热主要用于发电，发电后排出的热水可进行梯级利用；90 ~ 150℃的中温和 25 ~ 90℃的低温地热以直接利用为主，多用于工业、种植、养殖、供暖制冷、旅游疗养等。

c. 干热岩则是指地下高温但由于低孔隙度和渗透性而缺少流体的岩石（体），储存于干热岩中的热量需要通过人工压裂形成增强型地热系统（Enhanced Geothermal System）[141] 才能得以开采，赋存于干热岩中可以开采的地热能称之干热岩型地热资源 [142]。与传统的地热发电相比，干热岩系统的热储处于无水或基本无水状态，能够解决传统地热发电受地理分布限制的问题，但开发难度较大。

（2）地源热泵技术

地源热泵技术是一种利用浅层或水热型地热能的既可以取热供暖又可以取冷制冷的高效节能的空调技术。其工作原理是利用地下常温土壤或地下水温度相对稳定的特性，通过输入少量的高品位电能，运用埋藏于建筑物周围的管路系统或地下水与建筑物内部进行热交换，实现低品位热能向高品位转移的冷暖两用空调系统。它由水循环系统、热交换器、地源热泵机组和控制系统组成 [143]。

地源热泵系统是指以岩土体、地下水和地表水为低温热源，由水源热泵机组、浅层地热能换热系统、建筑物内系统组成的空调系统。

（3）地热发电

地热发电是把地下热能转变为机械能，然后再把机械能转变为电能的生产过程。要利用地下热能，首先需要有"载热体"把地下的热能带到地面上来。目前能够被地热电站利用的载热体，主要是地下的天然蒸汽和热水。按照载热体类型、温度、压力和其他特性的不同，可把地热发电的方式划分为中高温地热蒸汽发电、中低温地下热水发电和干热岩发电（即增强型地热系统开发）三大类。

2. 应用意义

地热资源具有绿色环保、污染小的特点，其开发利用不排放污染物和温室气体，可显著减少化石燃料消耗和化石燃料开采过程中的生态破坏，对自然环境条件改善和生态环境保护具有显著效果。加快开发利用地热能不仅对调整能源结构、节能减排、改善环境具有重要意义，而且对培育新兴产业、促进新型城镇化建设、增加就业均具有显著的拉动效应 [144]。

（1）资源可再生，储量巨大，适用区域广泛

地球浅表层（< 200m）是一个巨大的恒温体系，温度几乎不受环境气候变化的影响，如江西地下恒温带平均温度为 18 ~ 21℃，其能量的来源主要是地面吸收了约 40% 太阳光的热能，因此浅层地热能也是一种洁净的可再生能源，它具有容易收集和输送、参数稳定（流量、温度）、使用方便、不受地域限制等优点。

（2）无环境污染

地热能在利用时，不像化工燃料在获取能源和产生电力的同时，向环境排放大量的燃烧产物，如 CO_2、SO_2、粉尘等，对环境产生污染通过地热能开发利用，不但可以满足人们的用能需求，还可以实现零污染排放，从而促进区域大气环境质量的改善。

（3）经济适用性强，利用潜力巨大

其他新能源，比如风力、太阳能、潮汐能等发电方式，由于其资源分布的不稳定性，短期内在技术上难以保障供能稳定性和发电成本经济性。而反观地热发电的优势，只要在热显示区，就能准确勘测地热田内部结构情况，其资源的稳定性决定了地热能利用潜力巨大。

3. 适用条件

地热资源的利用分为两端：高端地热发电和低端直接利用（如供暖、洗浴、温室、烘干等）。

（1）藏南地区等干热岩资源丰富的区域适宜发展地热发电

根据我国地热资源的勘探研究，中国大陆地区有利的干热岩开发区是藏南地区、云南西部（腾冲）、东南沿海（浙闽粤）、华北（渤海湾盆地）、鄂尔多斯盆地东南缘的汾渭地堑、东北（松辽盆地）等地区[142]。对于高储能的地热资源，地热发电是较优的利用方式。发出的电既可供给公共电网，也可为当地的工业生产提供动力。

（2）浅层地热能资源丰富的地区适宜借助地源热泵技术进行直接利用

近年来，地热资源直接利用发展迅速，其中地源热泵是增长最快的利用方式。对浅层地热能的利用，主要是借助于地源热泵技术。其主要形式包括：水源热泵及土壤源热泵。其中水源热泵根据热源的不同，又分为地下水源热泵、地表水源热泵、海水源热泵等。

①地下水源热泵：地下水系统一般采用开环系统，即打一定数量的抽水井和回灌井。冷却水经热交换器向地下深井散热（冬季吸热），地下水从取水井中抽取进入热交换器吸热（冬季散热）后由回水井回灌到地下。地下水系统适用于地下水源丰富的地区。地下水的温度常年稳定，不受外界气温影响，所以热泵机组可以高效率运行。

②地表水源热泵：建筑附近有河、湖等地表水，可将闭环换热盘管放入河水、湖水中作为地源热泵的室外系统。夏季从热泵冷凝器吸热后的冷却水经密封的管道系统进入河或湖中，利用温度稳定的河水或海水散热。冬季吸取河水或湖水的热量并将热量传递给热泵机组的蒸发器。这种方式可保证河水（湖水）的水质不受到任何影响，而且可以大大降低室外换热系统的施工费用。

长江及淮河流域的过渡区，如上海、武汉、南昌、成都、重庆等城市，夏季气温较高，持续时间可长达 3 ~ 4 个月，供冷需求很大，冬季室外空调设计温度在 -10℃ ~ 1℃，持续时间达 2 ~ 3 个月，同样也具备供暖需求，由于冷热负荷相差不大，是最适宜采用水源热泵空调系统的地区，而且该地区水资源丰富，水温条件适宜，可直接利用江、湖作为低温热源[145]。

③海水源热泵：海洋是一个巨大的可再生能源库，太阳辐射形成的热能全部储存在这个能源宝库中。海水源热泵将海水作为冷热源来制冷采暖与传统的冷热源相比有很多优势，如节约能源消耗、保护环境，系统高效灵活，建筑空间利用率和美观性高，系统维护简单等。

我国有 11 万多公里的海岸线，有众多的岛屿和半岛。目前国内沿海城市发展很快，建筑物分布密集度高，建筑节能减排的需求迫切。我国黄、渤海地区在海水温度最低的2 月份表面温度大部分区域在 2℃ 以上，该温度可以满足热泵的运行条件，在瑞典同样的水温状况下热泵的 COP 值可以达到 3 左右，而且取水深度的降低可以大大减少管道安装成本。夏季，在水深 35m 处的海水温度多在 12 ~ 14℃，在山东半岛附近受冷水团影响，可以取得更低温度的海水。南海水温的分布具有明显的热带深海特征：表层水温年均值，大部分为 28.6℃；水温差一般为 4℃，夏季更小，仅差 2℃；深层水温最低可达 2.36℃，几无季节变化。我国北方一些城市如大连、青岛等，与北欧的气候非常接近，在海水资源利用方面也具备非常便利的条件。如果根据当地地理条件，结合热泵技术，进行大规模的整体开发，将带来巨大的经济效益和社会效益。

④土壤源热泵：对于地表水和地下水源缺乏的地区，室外地能换热系统可采用地埋管系统。将换热盘管深埋于地下土壤中，循环水经水管壁面直接与土壤进行热交换。夏季循环水将制冷机组吸收的热量向土壤散热，冬季从土壤吸热并将热量经由热泵机组传递至室内。该系统也称土壤源热泵系统。难以获得足够的土壤换热器施工面积是土壤源热泵推广应用主要的限制因素。由于埋管技术较为复杂，所需埋设的管道较长，总体造价较高，一般适合建筑面积较小的项目。

冬夏都可利用的土壤温度、较稳定的冷暖负荷、较少风化岩石和地下水流动性好的地质情况是采用土壤源热泵的理想条件[146]。夏热冬冷地区以及寒冷地区，土壤温度适中，大致在 13 ~ 19℃之间且全年基本稳定，冬夏季节都可采用土壤作为空调系统冷热源。夏热冬暖地区由于没有供暖需求不能体现热泵机组冬夏两用的经济性，严寒地区地源热泵又不能很好地满足高温高负荷的要求，同时夏热冬暖地区及寒冷地区全年从地下的取放热量悬殊，长期运行容易形成土壤温度失衡[147]。

4. 国内外应用经验

（1）国外

浅层地热能的开发利用得益于地源热泵技术。地源热泵的历史可以追溯到 1912 年，瑞士 Zoelly 首次提出利用浅层地热能（地源能）作为热泵系统低温热源的概念，并申请了专利，而地源热泵真正意义的应用开始于 20 个世纪 40 年代。1946 年美国建成第一个地源热泵系统，随后特别是 1974 年后，因能源危机和环境问题日益严重，美国 Oklahoma 州立大学、Oak Ridge 国家实验室和 Louisiana 州立大学等高等院校和科研机构开始重视以低温地热能为能源的地源热泵系统研究。1998 年美国商用建筑的地源热泵空调系统已经占到空调总保有量的 19%，其中在新建筑中占 30%，并以每年 10% 的速度增长。瑞典、瑞士、奥地利、德国、挪威等国家地源热泵在家用的供暖设备中占有很大比例，他们主要利用地下土壤埋盘管的地源热泵，用于室内地板辐射供暖及提供生活热水等。浅层地热能的其他方面的利用在欧洲国家亦得到推广，如德国 2005 年采用带 9 个 200m 深的钻孔热交换器（BHE）的地源热泵系统对劳特堡—巴比斯的一火车站台供暖，该站台长 200m，总面积 600m²，供热时最大热流量达 140W/m²。

近年来，地源热泵的利用在世界上发展迅速。在 2010 年之前的 20 年内，世界地源热泵的平均年增长率一直是 20%；在 2010 ~ 2015 年，世界地源热泵的平均年增长率约为 18%[148]。以德国为例，其新增热泵单元数 2008 年约为 1998 年的 10 倍。

①美国 Cornell 大学的湖水供冷工程

Cornell 大学的湖水供冷工程是通过抽取大学附近的 Gayuga 湖底层温度较低的湖水，通过中间的热交换站换热后，为 Cornell 大学提供 7℃ 的空调冷媒水，其供冷能力达到 63306kW（图 2-47）。这个工程耗资 5800 万美元，能为 Cornell 大学节约 87% 的空调能耗，每年可以节省 2 亿多度电。2002 年该工程荣获 ASHRAE 技术奖。

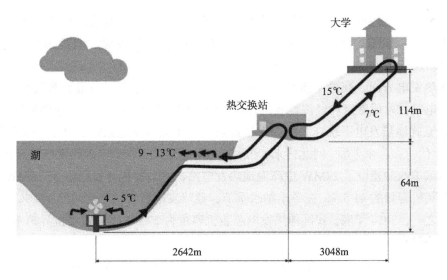

图 2-47　Cornell 大学湖水供冷工程示意图 [149]

②国内

目前，我国地源热泵产业发展水平远远落后于国际水平。根据中华人民共和国科学技术部发布的《中国地热能利用技术及应用》，中国浅层地热能应用潜力巨大，初步估算，287 个地级以上城市每年浅层地热能可利用资源量相当于 3.56 亿 t 标准煤，扣除开发消耗的电能，净节能量相当于 2.48 亿 t 标准煤，二氧化碳减排量达 6.13 亿 t。

随着国家《可再生能源法》的颁布，大力加快发展可再生能源是落实国家提出的"建设节约型社会，发展循环经济"方针的主要手段之一。1997 年，中国科学技术部和美国能源部签署政府合作协议共同开发和推广热泵技术。中国地源热泵从技术引进到大规模推广，发展了十余年的时间。近年来，国家大力支持地源热泵的发展，从资金、税收、贷款、补贴等多方位予以政府扶持，至今地源热泵技术已成为供暖制冷领域利用可再生能源实现节能、环保、供热费用低廉的主要技术手段之一。目前，中国地源热泵技术的建筑应用面积已超过 1.4 亿 m^2，全国地源热泵系统年销售额已超过 50 亿元，并以 30% 以上的速度在增长，单体地源热泵系统应用面积高达 80 万 m^2。

a. 浅层地热能利用

目前，浅层和水热型地热能供暖（制冷）技术已基本成熟。浅层地热能应用主要使用热泵技术，2004 年后年增长率超过 30%，应用范围扩展至全国，其中 80% 集中在华北和东北南部，包括北京、天津、河北、辽宁、河南、山东等地区。2015 年底全国浅层地热能供暖（制冷）面积达到 3.92 亿 m^2，全国水热型地热能供暖面积达到 1.02 亿 m^2。地热能年利用量约 2000 万 t 标准煤 [144]。

b. 地下水源热泵

在北京 2008 年奥运会的比赛场中，北京工业大学体育馆（羽毛球比赛馆）的空调制冷系统就是采用了地下水的冷水机组热泵应用方式。冷热源采用地源热泵制冷机，装机容量为 2 台制冷量为 1410kW，1 台制冷量为 1080kW 地源热泵螺杆式制冷机；冬季供暖梯级利用地热井水的能量，即根据室内热负荷通过板式换热器直接供热或由地源热泵螺杆制冷机供给，节省了能源，地热水与空调系统冷水通过板换分隔，且地热水全部回灌。

c. 地热发电

在地热发电方面，高温干蒸汽发电技术最成熟，成本最低，高温湿蒸汽次之，中低温地热发电的技术成熟度和经济性有待提高。因我国地热资源特征及其他热源发电需求，近年来全流式地热发电系统在我国取得快速发展，干热岩发电系统还处于研发阶段。20世纪70年代初在广东丰顺、河北怀来、江西宜春等地建设了中低温地热发电站。1977年，我国在西藏羊八井建设了24MW中高温地热发电站，目前装机容量已达25.15MW，占拉萨电网总装机容量的41.5%，在冬季枯水季节，地热发电量占拉萨电网的60.0%，成为其主力电网之一。2014年底，我国地热发电总装机容量为27.28MW，排名世界第18位[144]。

5. 应用要点

（1）根据已探明的资源分布情况和市场需求，因地制宜地布局地热产业

结合《地热能开发利用"十三五"规划》对全国地热产业的重大项目布局，因地制宜发展地热产业：①选择京津冀、山西（太原市）、陕西（咸阳市）、山东（东营市）、山东（菏泽市）、黑龙江（大庆市）、河南（濮阳市）建设水热型地热供暖重大项目。②在沿长江经济带地区，以重庆、上海、苏南地区城市群，武汉及周边城市群，贵阳市，银川市，梧州市，佛山市三水区为重点，整体推进浅层地热能供暖（制冷）项目建设。③在西藏地区，优选当雄县、那曲县等9个县境内的11处高温地热田近期地热发电目标区域，有序启动400MW装机容量规划或建设工作。④在东部地区，重点在河北、天津、江苏、福建、广东、江西等地积极发展中低温地热发电。⑤开展万米以浅地热资源勘查开发工作，积极在藏南、川西、滇西、福建、华北平原、长白山等资源丰富地区开展干热岩发电试验。

（2）结合各项技术特点，合理设计开发利用方案，加强对可能产生的环境影响预测及控制

①地热发电。干热岩地热能具有能量大、分布广、利用率极高、安全性好、无污染、不需尾水回灌、建发电站效能高用地省、热能稳定持续、发电可控性强、减灾减排效果好等特点，是地热能开发的重要目标。利用地热能发电，对地下热水或蒸汽的温度要求，一般都要在150℃以上；否则，将严重影响其经济性。

②水源热泵。是否具备合适的水源是水源热泵能否应用的一个关键。此外，水量和水质也是需要考虑的重点。若水量不足，将严重影响系统的良好有效运行；水质应适宜系统机组与管道等的材质，不至于产生严重的腐蚀损坏，对于地下水热源，水的硬度和矿化度也应在合理的控制范围内。在具体应用层面上，整体系统的设计应合理，以保证系统经济节能与稳定运行，最基本的是尽可能保证冬季、夏季的制热、制冷负荷量和时间的均衡。

③土壤源热泵。土壤源热泵较适合的建筑物类型为使用稳定、负荷波动小、规模中等的住宅、酒店、办公楼等，而负荷使用随机性高或负荷较大的会堂、剧院、展览馆等则不适宜。土壤源热泵系统的规模不宜过大或过小，每个系统在3000～50000m² 比较适宜[147]。系统过大因地埋管换热器水系统距离过远，输送能耗增大，水力难以平衡；过小

则相对初投资过高，系统利用率较低。

同时，值得注意的是，浅层地热能在开发利用过程中应尽量减少其对环境的不利影响。在利用水源热泵和土壤源热泵开发利用浅层地热能时，应加强对换热系统的生态环境影响的考虑，包括以海水、湖水作为冷源的水源热泵系统排水对水体环境、微生物、海洋生物等的长期影响，地下换热系统长期运行对地下温度变化、地下水的回灌、地下水位下降、水资源二次污染等问题。

2.2.7　220kV/20kV 系统

1. 基本概念

220kV/20kV 系统是指将原 220kV/110kV/10kV 电压层级改为 220kV/20kV 电压层级，取消 110kV 电压等级，从 220kV 直接降压至 20kV（图 2-48）。

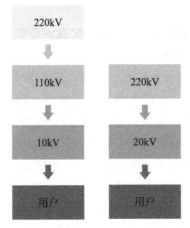

图 2-48　现有电网和 220kV/20kV 电网示意图 [153]

2. 应用意义

将 20kV 作为配电电压等级，与 10kV 相比具有以下特点：

（1）适应性强。20kV 电压等级尤其适宜于较高电力负荷密度的地区，同时该电压等级也适合远距离、低负荷密度的区域供电，具有比 10kV 更大的适应性。

（2）节约土地资源。增加单座变电站容量，有效减少变电站布点密度，大大节约土地资源。

（3）供电能力提高。线路供电能力成倍提高，供电半径和供电范围大大增加，有效缓解用电负荷快速发展和配电网供电能力不足的矛盾。

（4）降低电能损耗。节能降损效益可观，以采用相同导线输送相同功率的电能为例，20kV 线路比 10kV 线路的电能损耗可降低 75%，明显改善客户端的电压质量 [150]。

（5）节省投资。据测算，输送同等功率，20kV 供电线路的有色金属耗量可减少50%，节约建设投资约 40%。

（6）用户效益突出。大大方便客户接入，可为用电容量数百千伏安到几万千伏安的客户提供灵活、经济的接入方案，供电能力和供电可靠性得到提高，大用户效益十分突出。

3. 适用条件

（1）负荷密度达到一定水平。采用 220kV/20kV 电压层级负荷密度越高，电网建设节省成本越多。

（2）城市的土地价值比较高。新电力系统建设集约性、经济性的直接体现就是减少了变电站建设的数量，削减了变电站和高压走廊的占地规模。越是在土地价值高的地方，创造的经济价值和社会价值就越大。

（3）老旧电力系统设备不宜太多。220kV/20kV 系统的建设推广应考虑实际，在城市新建区使用，避免对原有 110kV/10kV 系统进行大面积的改造，带来巨大的改造成本，得不偿失。所以在选择新电力系统应用区域的时候，应选取那些老旧电力系统设备较少的区域，以避免上述问题。

4. 国内外应用经验

（1）国外

旧电网改造过渡需要逐步进行，同时电网扩建时需要满足新标准，可以通过双抽头变压器的应用来满足过渡期的需要。

①法国

1950 年法国电力公司将 20kV 定为中压电网的唯一标准电压，并决定逐步将全部中压电网改造为 20kV 中压电网，将 400/225/20/0.4kV 作为标准降压层次。当时配电网格局繁杂多样，各种电压等级配电网均无法形成一定的规模，为了取消其他中压电压等级，法国电力公司改造过程中采用的主要措施如下：a. 规定架空线路的过渡时间为 20 年，电缆线路的过渡时间为 30 年；b. 新建和扩建电网，其中压一律使用 20kV，新购置的设备也均为 20kV 电压等级；c. 确定一些制造厂负责 20kV 设备的研究与测试工作。为了适应过渡的需要，制造一种过渡的配电变压器，即高压侧为 20kV 或 15kV 的双抽头变压器，既可以用于 20kV 电压等级也可用于 15kV 电压等级；d. 将拆换下来的 10kV 和 15kV 配变改造为 20kV 配变，节约部分投资。

②德国

德国中低压配电网 80% 采用直埋电缆，农村有 20% 的架空集束电缆。站与站之间、厂与站之间，都可以互为备用，由简单的变电站构成复杂的网络，变电站有单台主变的，有两台主变的，也有三台主变的。中低压网络大多采用箱式变，容量从 10 kVA 到 630 kVA，全部采用负荷开关控制，可以灵活地变换运行方式。德国在 1960 年前曾将 5～6kV 配电网改造成 10kV 等级，但很快便停止了这一做法，而决定将众多城市与农村电网从 6kV、10kV、15kV 改为 20kV。实践证明，在输送相同电力情况下，20kV 线路或电缆的生产单价比 10kV 的要低 [151]。

（2）国内

我国的中压配电电压等级目前以 10kV 为主，但是在 20kV 配电电压等级实践方面也积累了一定的经验。目前，我国采用 20kV 作为中压配电电压的项目主要坐落在苏州、上海、南京、本溪，且均已成功运行多年。

对负荷密度较大，较集中的区域将 10kV 电网升压为 20kV 能够明显节约建设及运行费用。

苏州工业园区是苏州市与新加坡共同开发的新区，1993 年在园区全面采用 220kV/110kV/20kV/0.4kV 系统。随后苏州供电公司开始园区新电网建设，并于 1996 年 3 月正式投入运行，迄今已运行 13 年。总结其规划、建设、运行经验如下 [152]：

a. 目前园区一期负荷密度已达到 30MW/km^2，当负荷密度达到 30MW/km^2 时，采用 20 kV 配电在建设费用和运行费用上都要小于 10kV，两者相差 20% 左右。因此选用 20 kV 配电是合适的。

b. 采用 20kV 配电与 10kV 相比可以减少 110kV 变电站的数量，节约社会资源。目标网架采用 20kV 方案需设 110kV 变电站 17 座，而采用 10kV 方案需设 110kV 变电站 32 座。可见，采用 20kV 方案可节约用地约 41%。通过 20kV 架空线路试点工程的成功实践，降低了配网建设造价，提高了 20kV 配电电压等级对不同区域的适应性。

c. 采用 20kV 配电减少了电网线损。20kV 方案线损率比 10kV 方案降低了 75 个百分点。

d. 采用 20kV 配电不仅能很好地满足大客户供电需求，而且建设投资远小于 35kV 配电系统，运行费用与 10kV 基本相当。因此 20kV 方案不仅降低了供电公司的投资、运行成本，也降低了客户的投资、运行成本。

5. 应用要点

20kV 电源建设应满足可靠性要求，采用因地制宜的配电网接线方式，新建成改造方案应经过充分的论证评估，对于 220kV/20kV 系统的实施提出以下建议 [153]：

（1）在城市新区规划与建设中，积极推进 220kV/20kV 系统规划与运行方式的经验。

（2）在城市负荷密度大、负荷比较集中的区域可以进行 10kV 电网升压为 20kV 电网的改造。通过改造的实施，积累升压改造方面的经验，制订升压改造方面的技术范围或技术导则。

（3）在 110kV 降压变电站建设规划时，进行 10kV 与 20kV 配电网的比较，在可行的情况下，优先选用 20kV 配电网。在不得已选择 10kV 配电网时，适当考虑日后升压为 20kV 的可能性。

（4）在对供电距离长、设备陈旧的电网进行改造时，优先考虑选用 220kV/20kV 系统。

2.2.8 电动汽车充电设施

1. 基本概念

电动汽车是指以车载电源为动力，用电机驱动车轮行驶，符合道路交通、安全法规各项要求的车辆。可分为纯电动汽车、混合动力汽车、燃料电池电动汽车三种类型。

电动汽车充电设施是指为电动汽车充电的站点或充电桩。在商业电网中的电动汽车充电设施大致有三个部分：一是电压变换单元；二是计费单元；三是充电站与电动汽车的通信单元。三种不同的充电器配置，分别可以用在家庭、停车场以及路边的商业充电站。

2. 应用意义

（1）降低污染，促进低碳发展。电动汽车从本质上讲是一种零排放汽车，一般无直接排放污染物，间接的污染物主要产生于发电和电池废弃物。就电池废弃物来讲，回收技术也逐渐成熟，因此无论从直接还是间接污染来说，电动汽车均是理想的"清洁车辆"。

（2）节约能源。据测算，将原油提炼成汽、柴油并用于燃油汽车驱动时，平均能量利用率仅为14%左右。电动汽车即使使用燃烧重油发电的电厂输出的电，其能量经重油提炼、电厂热电转换等环节，在电机输出轴也可得到20%左右的能量。

（3）调节负荷峰谷差。世界各国供电系统都存在负荷平衡问题，峰谷差甚至在1∶0.5以上。利用夜间对电动汽车充电，不但有利于电动汽车的能量补充，也有利于电网的峰谷平衡，有效地降低电网高峰负荷，相应降低峰谷差。

3. 适用条件

电动汽车及充电设施技术适合绝大部分城市，尤其适合以绿色、低碳作为发展目标导向的城市与地区；也特别适合建设密度高的城市地区。可在已建成的各类停车场（包括小区、办公、娱乐等场所的停车场）、公交车站、各类交通枢纽按照一定比例配建电动汽车充电设施，以满足充电需求。

4. 国内外应用经验

电动汽车是未来发展前景广阔的一种交通工具，电动汽车充电设施为电动汽车运行提供能量补给，是发展电动汽车所必需的重要配套基础设施。目前，美国、日本、以色列、法国、英国等国家在电动汽车充电设施领域的发展处于世界领先。

（1）国外典型案例

①美国Charge Point：提供云服务，实现充电资源的优化配置。[154]

Charge Point是世界上最大的开放型电动汽车充电网络运营服务商，目前已建成并运营超过21600个充电桩，同时向电动车车主、经销商及制造商提供云服务，包括充电站定位、便捷的支付手段和充电状态远程监控等。Charge Point目前可以提供落地式、壁挂式、杆上型充电设施以满足不同情景下的客户需求。Charge Point通过开发移动终端APP来使得充电服务变得更为便捷，电动汽车驾驶者通过下载手机移动终端APP，能够基于实时数据，寻找附近可用的充电站。例如，在手机地图上看，会显示附近有多少个充电桩可供使用。通过中间数字周围的饼状图，可以判断有多少正在使用中。如果全部是绿色，表明所有充电桩均可使用。如果部分是白色，说明该站点部分充电桩已被占用，而其余则可以使用。如果全部是白色，说明该站点所有充电桩已全部被占用（图2-49）。

②瑞士ABB：通过快充技术缩短充电时间，大幅提高充电巴士的运行效率。[155]

瑞士ABB公司开发生产的多标准充电桩可兼容多个国际标准，并同时支持直流和交流充电。目前已广泛应用在丹麦、瑞典等国家的全国范围的充电网络中，安全性和充电性均得到了充分验证。该充电桩有10kW和20kW两个型号可选，15分钟内即可为一般电动汽车提供30%~80%电池电量，适用于商业中心、物流、分时租赁、单位及公寓住宅等场地（图2-50）。除此之外，ABB公司还开发了名为"闪速充电（Flash Charging）"的技术，乘员135人的电动巴士能利用行驶路线上各个车站作为充电点进行充电。车辆在停靠站台的时间，就可以通过充电点进行短暂充电，充电率达到 400kW。车辆的充电设施位于车顶上方。充电点与由激光控制的移动臂相连，能在 15s 内为汽车电池完成一次充电。这一设计的理念是，让电动巴士在一次充电后有足够动力行驶至下一个充电站。线路终点站将允许长时间的完整充电，而完整充电后汽车可行驶更长距离。值得一提的是，所有 ABB 充电装置都享有基于互联网连接的联网服务，使客户轻松将其充电机接入不同软件系统，包括后台管理系统、支付平台、智能电网系统。这样就可实现远程协助，定制故障诊断、排除和维修，远程更新和升级。这是基于开放行业接口的可靠安全连接解决方案，极具成本效益并能满足未来连接需求。

注:（地上停车场、地下停车场、路边、住宅后院、公寓楼停车场）及其 APP 应用界面

图 2-49　Charge Point 充电桩布局类型 [154]

图 2-50 ABB 公司充电桩的布局模式（超市停车场、加油站附近、公交车站）[155]

（2）国内典型案例

深圳电动车充电设施：结合不同充电情景进行充电设施的布局

深圳公共独立占地充电设施布局有三种类型（图 2-51）：a. 与公交车站、出租车公司停车站场结合紧密（站内或附近闲置用地）（以服务出租车和电动公交车为主，兼顾社会车辆服务）；b. 在交通枢纽、电网配电中心、汽车生产服务站点内部或周边空地布局；c. 在外围城区高速路口、主干道附近的闲置用地布局。目前，深圳最大规模充电运营商是普天，已有 70 多个充电站，在建 50 多个，另外有 6000 多个社会慢充桩，分布在小区、商场超市、写字楼等停车场。充电桩所在位置可以通过普天充电助手 APP 查看。充电桩的收费方式有两种：a. 微信扫码付费；b. 办理充电点卡刷卡付费。

5. 应用要点

（1）为国家发展新能源汽车的战略服务，结合各地新能源汽车的现有数量、增长预期以及产业总体发展和布局进行充电设施的配套。

（2）选择城市战略地点试点建设充电设施，然后逐步示范推广。

（3）充分考虑服务对象和充电时间，以"快充为主，快慢结合"分类布局公共充电设施；中心城区"合建为主、单建为辅"，按 5km 以下服务半径形成充电网络；非独立占地的公共充电设施，按使用者的活动热点情况就地布置，结合公共建筑停车场、社会停车场，沿街结合路灯和秒表，并注意做好标示指引等；独立占地的公共充电设施，优先布局在外围区交通便利的区域设置；在中心城区时结合交通枢纽、汽车服务站、电网配电点、加油站等设施内部或周边的零星用地进行安排。

图 2-51　深圳电动车充电设施[156]

2.3　废弃物处理

2.3.1　垃圾气力收集

1. 基本概念

垃圾气力收集是指利用负压技术，通过管道输送系统，将分散的生活垃圾输送至中央垃圾收集站，经气、固分离后压缩至密封的垃圾收集罐，最后送往垃圾处理处置场的过程（图2-52）。根据垃圾气力收集从源头到末端的过程，一般可分为6大主要组成结构：垃圾投放口、储存节及排放阀、输送管道、旋转分离器、压实机及集装箱、气体净化设施。

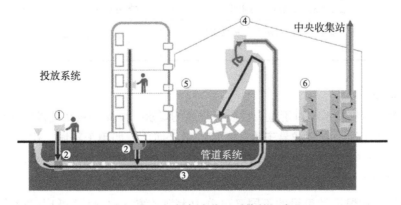

图 2-52　垃圾气力收运系统的组成

① - 投放口；② - 储存节及排放阀；③ - 输送干管；④ - 旋转分离器；⑤ - 压实机及集装箱；⑥ - 气体净化

2. 应用意义

垃圾气力收集作为一种新型垃圾收运方式，可以有效降低垃圾收运过程造成的不良影响，相比于传统的垃圾收运方式优势明显，主要包括：

（1）环境影响小，二次污染风险明显降低。由于垃圾气力收集系统是通过地下管道进行运输，收运过程全程密封、隐蔽且收运及时，可有效避免臭味散发、渗滤液漏排、垃圾堆积等对环境产生的二次污染；并且气力收集的管道、中央收集站、收集罐及处理处置设施远离人群视线，避免了对城市景观的影响，减缓邻避效应。

（2）收运效率高，不受外部因素影响。气力管道输送系统可通过设在投放口的感应设备显示垃圾的贮存状况及时调整清理次数，不受天气等外部因素影响。

（3）场地利用率高。垃圾气力收集系统的管道设置在地下，中央收集站、收集罐及处理处置设施可与其他地上空间一并建设，减少了传统收运方式垃圾箱房独立占地面积。

（4）垃圾分类充分，便于资源化利用。垃圾气力收集可通过管道在不同时间对不同类型垃圾进行收运，有利于垃圾资源化利用，且便于填埋或焚烧处置。

（5）自动化程度高，降低人工成本与人力工作。气力输送系统全自动运行，正常收运过程仅需1名工作人员通过监控系统进行监测和监控，可显著降低垃圾收集的劳动强度，优化环卫工人劳动环境。

垃圾气力收集系统与传统垃圾收集方式的优缺点比较 表2-12

内容	垃圾气力收集系统	传统垃圾收集系统
环境影响	二次污染小	二次污染大
收运效率	收运效率高，基本不受外部条件影响	收运效率低，受天气等外部条件影响
场地利用	地上空间占地较小，地下空间占地大	地上空间占据较大
垃圾分类	良好，利于资源化	较差，不利于资源化
自动化程度	自动化程度高，劳动环境良好	自动化程度低，劳动强度高且工作环境恶劣
收集对象	收集对象的属性等性质要求很高	可收集任何性质的固体废弃物
投资费用	需建设管道收集系统，一次性投资就很大	无须建设管道收集系统、一次性投资较少
管理要求	收集方式复杂，管理要求很高	收集方式简单，管理要求低
系统维护	系统复杂，管道易堵塞，系统维护困难且要求高	系统简单，维护容易

3. 适用条件

由于垃圾气力收集系统对于垃圾性质有很高的要求，因此一般在垃圾性质相似、用户环保意识高、物业统一管理或易于协调管理的地区使用，如用于新城、住宅区、办公楼、商业综合开发、交通枢纽等的生活垃圾收运，或用于大型厨房、餐饮广场的餐厨垃圾收运等。

根据收集方式、设备选型设计理念的不同，气力输送系统可分成固定式及移动式两大类，其中固定式根据垃圾量的不同又可分为大型系统、中型系统和小型系统，不同系统可以满足不同需求的垃圾收运。

（1）固定式

①大型系统，由独立式集装箱、压实机、分离器、风机等设备组成，需要配备大型固定中央收集站，厂站面积可大于 1000m²，管道最大长度 1.5km，最大日处理能力 30t。大型系统主要适用于垃圾产生量大且相对集中的新城地区、大型市政项目等。

②中型系统，与大型系统相比没有旋风分离器，通过格栅实现气固分离，厂站规模适中，面积为 500 ~ 900m²，厂站多与现有建筑地下空间合建，最大日处理能力 12t，管道最大长度 1km。中型系统适用于办公楼等中等规模建筑项目。

③小型系统没有分离器和压实机，需要配备小型厂站，管道最大长度 800m，日处理能力 5 ~ 7t。小型系统主要适用于不超过 1000 户居民或同等规模的建筑。

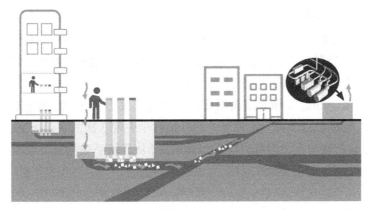

图 2-53　固定式收集系统示意图（收集至中央收集站）

（2）移动式

移动式收运系统由车载抽风、除臭和集装箱装置等设备组成，车辆移动式作业，需要交通便利且无障碍的停车用地，管道最大长度 500m，日处理能力 0.5 ~ 8t。移动式系统较适应于建筑物密度低且分布广泛，垃圾量少且垃圾密度较低的地区，也可配合固定式系统使用（图 2-54）。

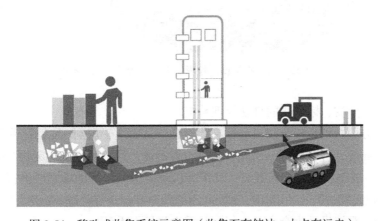

图 2-54　移动式收集系统示意图（收集至存储站，由卡车运走）

4. 国内外应用经验

（1）国外应用经验

①里斯本世博园

a. 高环境标准的城市重建规划，在综合管廊中建设垃圾气力收集管道

里斯本世博园在建设之前长期处于遗弃和衰败之中，分布有炼油场、垃圾堆场等各类污染和危险设施。借世博会的动力，当地政府划定了 340 公顷用地进行城市重建，在规划基础设施时采用了先进的综合管廊，截面尺寸为 4.05m×3.40m，容纳包括垃圾气力收集管道、供水管道、供热制冷管道、供电和光纤通信线路等，营造了良好的市容景观和环境卫生。

b. 规划时综合考虑世博会期间及后期需求，实现可持续的环境品质保障

项目服务面积为 340 公顷，其中世博会场址 70 公顷，其余为居住区、办公区、公园等，生活垃圾全部在气力收集系统收运（图 2-55）。世博会期间，参观游客总数超过 1000 万人次，平日住户与工作人员仅约 4 万人。根据垃圾空间分布与产量的浮动的预测，该地区规划建造了 3 套移动式垃圾气力输送系统和 3 个固定式垃圾收集中心，设置 2600 个投放口来连接所有住宅公寓、办公区和大型购物中心以及火车站、汽车站、地铁站、电影院和博物馆等。为满足世博会的环境卫生要求，每日执行早中晚 3 次的收运方案，收集量约 50t/日。世博会后，该系统的主要服务对象为当地居民，从环境品质与可持续吸引力角度考虑，系统保留了全部室外垃圾投放槽口继续为当地居民服务。

图 2-55 里斯本世博园垃圾气力收集管道平面分布图

c. 垃圾源头分类、标准化的自动处理系统

系统设计方面，垃圾投放槽口为标准化设计，从而便于识别；垃圾管道采用低碳钢制成，直径为 50mm，壁厚为 5mm，架设在综合管廊内。垃圾通过旋风废物分类器后分为 4 类：有机垃圾、玻璃、包装物和纸类，其中有机垃圾送至当地的堆肥厂进行处理；玻璃进行回收利用；包装物进行再生利用，不能利用的部分进行焚烧处理；纸类大部分得到回收，少量进行焚烧。系统设计为全自动运行，只需少量操作人员。

②澳大利亚—马鲁基多尔 CBD 地区 [157]

a. 规划阶段进行充分比选分析，确定垃圾气力收集的方式

马鲁基多尔 CBD 地区是澳大利亚快速发展地区之一，政府将区域的 53 公顷绿色郊区定为优先发展区，建成后将作为新的政府职能、文化以及商业办公中心区域，预计居住用户 2000 户，商业及购物空间 2.4 万 m^2。经模型预测，若采用传统的垃圾收集方式，将需要配置约 300 个垃圾箱和 200 台垃圾手推车，且垃圾车运输过程产生的噪声污染、空气污染以及增加地面交通等问题，严重影响 CBD 区域的环境和形象。若采用垃圾气力收集系统，可实现将区域的生活垃圾集中收集后，从地下将其转运到 2.5km 以外的郊区，再由垃圾车输运至填埋场进行集中处理，保障 CBD 地区良好的环境和形象。因而在马鲁基多尔 CBD 地区规划建设初期，确定引入垃圾气力收集系统（图 2-56、图 2-57）。

b. 源头分类，过程及末端严格管控臭气

在该系统中，垃圾气力收集系统源头的投放处设定了餐厨垃圾、可回收垃圾和一般生活垃圾三类垃圾投放口，方便居民快速准确地按照预设的垃圾投放口分类投放，并在中央收集站设置多个 $30m^3$ 的集装箱储存分选后的生活垃圾，进行分类处理处置。为了最大程度地减少垃圾臭气或烟尘排放对 CBD 区域的影响，管道输送系统采用直径为 400 ~ 500mm 的防腐钢管，并将垃圾中央收集站设置在 CBD 的郊区，在收集站配置有多台三相离心抽风机、垃圾旋流分流器以及处理垃圾臭气的过滤净化系统，实现 CBD 地区良好的环境品质和城市形象。

图 2-56 马鲁基多尔 CBD 地区垃圾气力收集系统运行流程图

 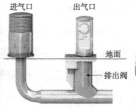 

（a）户外投放口　　　　（b）户外投放口详图　　　（c）气力管道检查井详图

图 2-57　马鲁基多尔城市 CBD 地区垃圾气力收集系统局部图

（2）国内应用经验

①天津生态城

a. 试点应用，分阶段推进的垃圾收集系统建设

中新天津生态城在规划阶段提出在传统收集方式基础上强调分类理念，并提出在几处居住区和公共场所试点应用垃圾气力系统，以后再逐步推广，以解决城市垃圾问题。根据规划建设的时序，中新天津生态城南部片区是先行建设区，该区规划设计了 4 套子系统，覆盖面积约 6km²，主要是居民区和商业区，服务人口 10 万人。每套子系统间相互独立，均包含公共管网、中央收集站及物业管网 3 大部分。

南部片区的 2 号系统于 2015 年初启用，是最早正式运营的系统，覆盖了 9 个生态城细胞单元，覆盖区域主要为居住及商用，设计服务垃圾量为 27.75t/ 日，公共管网管道最长约为 1100m。

试运行阶段，2 号系统出现了多种故障并进行了维修，主要故障为物业网堵塞、传感器故障、排放阀故障等（图 2-58）。经分析，主要原因是垃圾投放前端小区物业和居民在投放垃圾时图方便省事，随意投放尺寸较大的硬纸盒、玻璃瓶等禁止投放的垃圾，导致投放口堵塞和大量能耗。此外天津市冬季气温较低，电磁阀、传感器、排放阀等设备出现结冰等故障的频率明显增加，也会导致自动运行过程中一些点位抽吸垃圾失败。经南部片区前 4 套子系统的试点运行，形成了包括抽吸时段及单位时间抽吸次数、设备优化等本地化经验，为后续及国内类似城市建设提供借鉴。

②广州金沙片区

a. 编制环境卫生专项规划，确定收运系统、布局及投资管理模式

广州市金沙片区位于广州中心城区的西北部，主要是居住区，包括政府廉租房、限价房、商品房 3 类住房。为了使垃圾在运送过程中能完全密闭收集与运输，避免人力车等垃圾运输工具穿行于居住区，在编制的环卫专项规划中

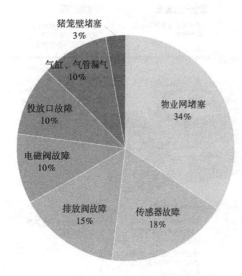

图 2-58　天津生态城垃圾气力输送 2 号故障统计 [158]

引入垃圾真空（气力）收集系统。

根据国内外垃圾气力收集系统的经验，广州市金沙片区确定中央收集站最大服务范围不超过 1.5km²，从而将金沙洲居住新城划分为 1、2、3 和 4 号区域，每个区域配置一个独立的中央收集站，用于该区的生活垃圾收运服务。垃圾收集与转运流程见图 2-59。

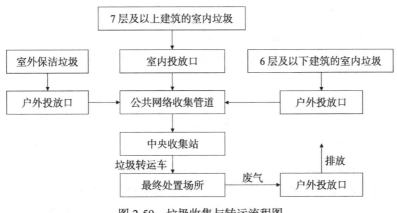

图 2-59　垃圾收集与转运流程图

该系统于 2017 年 1 月 1 日正式运行，总体效果良好，主要归因于：（a）每日运行时间限制设定，设置两个集中的时间段；（b）福利较好，不上调物业费，不增加业主负担；（c）明确注意事项：一是投放的垃圾为生活垃圾；非生活垃圾，如装修垃圾、大块石头、金属废料等切勿投放，以免损毁系统；二是投放前需进行打包。（d）节省了较多环卫工人力和车辆运输，且避免了中途容易发生垃圾滴漏和臭味污染；（e）结合机器人对管道进行普查（堵塞、破损等），保证系统更好地运作。

③上海世博园

为了突出城市让生活更美好的办博主题，上海世博园的核心区域规划建设了垃圾气力管道输送系统。该系统的主要服务范围为一轴四馆及其覆盖的相关区域，总计面积约 1.2 万 m²。规划参照历届国际博览会经验数据，预计会展期间客流量分别为平均日 9.3 万人次、高峰日 14.1 万人次、极端高峰日 18.7 万人次，按参观人员人均生活垃圾产量约为 0.2 ~ 0.3kg/（人·日）的标准，垃圾产量分别为 26t/ 日、39t/ 日、52t/ 日。世博会后，预测客流量大幅下降，参照其他类似区域，估算服务范围内的垃圾量维持在 10t/ 日。

上海世博会在结束后，垃圾气力收集系统就长期处于停运状态。主要原因包括两个方面：（a）垃圾产量预测不准确。在世博会结束后，由于利用率较低，场馆人员较少导致垃圾产量较少，未能达到 10t/ 日的预测量，系统运行不经济；（b）垃圾气力收集系统易堵塞。由于垃圾中含有一定的黏性物质，加之上海地区空气湿度较大，生活垃圾易受潮发黏，在输送过程中部分垃圾易粘附在管壁上，尤其是弯管的管壁上附着较多垃圾；垃圾中混杂有塑料袋等塑料制品，在输送过程相互摩擦作用下，易产生静电引力作用使塑料制品粘附在管壁上或者结块，导致输送速度减慢而堵塞管道；垃圾中夹有木块、棉纱等物时，也会因缠绕或横阻导致在输送过程中形成堵塞。

5. 应用要点

（1）在新建及成片片区更新时，对于有环境品质、车流量控制等要求的住宅小区、机场、中央商务区等地区，应编制环卫专项规划，研究垃圾气力收集系统的适用性、应用策略、规划布局、投资方式、管理运营策略等。如确定使用垃圾气力收集系统，宜与综合管廊一同规划建设，便于后期的管理与维护。

（2）在世博会、奥运会、大型会展区等临时性且对环境品质要求高的项目，建议使用移动式气力收集系统。周边地区有规划建设计划的，应在前期规划中与周边垃圾收集方式进行衔接统一，优先使用固定式＋移动式的垃圾收运方式，保障项目的持续利用，提高运行的经济性。

（3）固定式垃圾收集系统中，单个中央收集站的服务范围不宜超过 1.5km^2。移动式垃圾收集系统，管道最大长度不宜超过 500m。

（4）垃圾气力收集系统，应进行精细化设计。投放口应采用统一标准，易于识别；管道、阀门等设备应保证封闭性良好，避免臭气泄露；处理处置设施应布局于郊区或城市的下风向，避免臭气对城市产生影响，并结合景观手段进行隐蔽化设计。

（5）垃圾分类，最大限度地保障资源化利用。通过投放口的分类收集、中途分选系统、末端分类处理处置的方法，实现垃圾的资源化利用。

（6）建设垃圾气力收集系统时，应加强对使用者的培训与运营管理，制定完善的管理政策，以保障系统的持续正常运行。

2.3.2 垃圾焚烧发电

1. 基本概念

垃圾焚烧发电是指生活垃圾及其他可燃烧垃圾在焚烧炉的高温下进行燃烧处理，彻底破坏和完全分解垃圾中各种有害组分，实现无害化处理，同时利用焚烧过程产生的热能进行发电（图 2-60）。

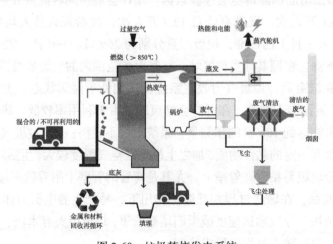

图 2-60　垃圾焚烧发电系统

目前焚烧处理的方式主要有炉排炉、流化床、回转窑和热解气化四种处理技术，其中炉排炉和流化床是比较成熟的技术（表2-13）。

主要垃圾焚烧处理方式比较 表2-13

项目	机械炉排炉	热解气化	回转窑式	硫化床式
处理能力	大型 200t/天以上	中小型 200t/天	大中型 200t/天	中小型 150t/天
技术成熟性	已成熟	已成熟	供应商有限	供应商有限
垃圾处理性	较好	一般	较好	较好
前处理要求	大件垃圾需分类破碎	无法处理大件垃圾	大件垃圾需分类破碎	需破碎至5cm以下
优点	适用大容量，燃烧稳定可靠，飞灰少、运营成本较小	适用于中、大容量，可高温安全燃烧，残灰颗粒小	适用小容量，构造简单，装置可移动性好	适用中容量、占地面小，燃烧温度较低，热传导效果好，使用寿命长，热处理效率较高
缺点	占地面积大，造价高，对炉排耐热性要求高，燃烧不及硫化床充分，系统复杂，操作要求高	炉内耐火材料易破损，连接传动装置复杂	燃烧不安全，燃烧效率低，适用年限短，平均造价较高	须预处理，飞灰产生量大，满负荷操作时间相对较低，必须掺和煤，用电率高，运营成本较高

2. 应用意义

近十年来，我国垃圾产量增长迅速，同时越来越多寸土寸金的城市正遭遇"垃圾围城"的困扰。目前，国内外垃圾处置的主要技术方法为卫生填埋、焚烧和堆肥。其中，卫生填埋应用范围较广，但占地较多且环境污染较严重；堆肥技术较为简便，一般针对有机质较多的城市生活垃圾（如餐厨垃圾），成本也较低，欧美国家应用较为成熟，但我国技术、设备均较落后，处理效果一般。在这一背景下，从垃圾填埋转向焚烧发电，成为破解"垃圾围城"难题的新出路（图2-61）。焚烧技术具有占地少、减量化效果突出、资源化效益明显、无害化彻底、周期短等优点。

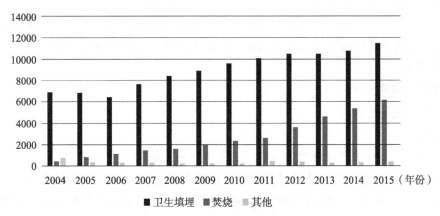

图2-61 我国生活垃圾处理技术变化趋势（单位：万t）

141

（1）占地面积小，选址难度相对较小。垃圾填埋处理占地面积大，一般处理每吨垃圾占地 $500 \sim 900m^2$，且不可持续；垃圾焚烧占地面积小，一般处理每吨垃圾占地 $60 \sim 100m^2$，可临近市区，运输距离较短。选址方面，垃圾填埋要满足规划、水文和地质条件的限制，同时要远离居民，垃圾焚烧主要考虑符合规划要求，并远离敏感区。

（2）减量化效果显著，垃圾焚烧是目前所有垃圾处理方式中减量化最有效的手段。城市垃圾尤其是生活垃圾中含有大量的可燃物质，通过垃圾焚烧技术可使垃圾减重80%和减容90%以上，大量节约填埋场占地，在土地资源日益紧张的大城市优势明显。

（3）资源化效益明显。垃圾焚烧所产生的高温烟气，其热能被转变成蒸汽，用来供热及发电或热电联产。研究发现，每吨垃圾可焚烧发电300多度，相当于每5个人产生的生活垃圾，通过焚烧发电可满足1个人的日常用电要求。

（4）无害化更为彻底。垃圾经 $800 \sim 1000℃$ 的高温焚烧处理，可以充分分解重金属元素以外的细菌、病毒等有害成分，基本不会对土壤、地表水、地下水等产生污染。目前，垃圾焚烧处理最大的争议在于二噁英等难以控制的二次污染，随着技术的升级和垃圾的合理分类，未来可将这一危害大大降低。

（5）垃圾处置周期短，操作安全性、技术可靠性较高。垃圾焚烧处理方法快捷，易操作，避免了繁杂的垃圾处理流程，缩短垃圾处置的周期，同时减少了垃圾处理厂工人与垃圾的接触从而降低健康风险。

3. 适用条件

垃圾焚烧虽然在占地、减量化、资源化、无害化、处理周期等方面具有较大的优势，但处理成本高、垃圾热值要求高、邻避效应明显等特点，结合《关于进一步加强生物质发电项目环境影响评价管理工作的通知》（环发〔2008〕82号）、《城市环境卫生设施规划规范》GB 50337—2003、《生活垃圾焚烧处理工程技术规范》CJJ 90—2002等文件标准的要求，在我国主要适用于以下地区：

（1）进炉垃圾平均低位低热值高于5000kJ/kg。

（2）城市土地资源紧缺，卫生填埋场缺乏，经济发达。

（3）在城市总体规划、土地利用规划或环境卫生专项规划中，已经落实了环境卫生用地的选址，垃圾焚烧有地可选，且满足安全距离的要求。

但在下述地区不得建设垃圾焚烧发电项目：国家及地方法规、标准、政策禁止污染类区域；环境质量不能达到要求且无有效削减措施的区域；可能造成敏感区环境保护目标无法达标的区域。

4. 国内外应用经验

（1）国外应用经验

①丹麦

a. 热电联产方式规划设计垃圾焚烧厂，实现资源能源的最大利用

丹麦从1903年使用焚烧方式处置垃圾，目前实现60%的垃圾被回收再利用，35%进行焚烧处理，只有 $4\% \sim 6\%$ 进行填埋。截止到2016年，丹麦已建成32座垃圾焚烧厂，每座年处理规模在4万t以上，总处理量约290万t。32座中有30座是热电联产的垃圾

焚烧厂，均建于市中心区，以便产出的电力直接供给居民使用，所产热能直接接入集中供热系统。

b.高标准建设、严标准排放，将对环境的影响降至最低

丹麦所有垃圾焚烧厂指标均达到了最严格的国际环境标准，得益于设计工艺的不断改进和设施的不断完善。以丹麦最大的生活垃圾焚烧发电厂 VEstforbraending 焚烧厂为例，其始建于 1931 年，随着技术的进步，一直在优化更新焚烧炉及流程工艺。VEstforbraending 对烟气处理采用了 3 道处理工艺：第一道，采用静电除尘器吸附烟气尘颗粒和大多数的重金属；第二道，通过石灰中和去除酸性气体；第三道，通过带吸湿喷射的过滤器去除有机污染物，如二噁英和呋喃以及其余重金属残留，剩余烟气通过 150m 高的烟囱排出，其余固体与稳定的污染物则集中收集并进行填埋处理。通过不断的改进，其成为丹麦第一个达到新欧盟空气污染物排放标准的垃圾焚烧工厂（表 2-14）。

欧盟排放量标准结和 I/S VEstforbraending 2005　　　　表 2-14

单位：mg/m³（干燥气体，11% 氧气，24 小时平均时间）

污染物指标	欧盟标准	I/S VEstforbraending 2005
粉尘	10	0.2
HCL	10	2
SO₂	50	7
氮氧化物	20	168
二噁英	0.10ng/Nm³TEQ	0.09ng/Nm³TEQ

c.精细化和景观化设计，降低邻避效应

由于丹麦的垃圾焚烧厂往往在市中心，因此非常重视外观的设计，其中最著名的 2 座标杆性垃圾焚烧厂为"能源之塔"和 ARC 垃圾焚烧厂（图 2-62、图 2-63）。

图 2-62　丹麦"能源之塔"　　　图 2-63　ARC（Amager Ressource Center）垃圾焚烧厂

"能源之塔"于 2013 年竣工，具有最美垃圾焚烧厂之称。设计灵感来自罗斯基勒大教堂，采用特别的多孔设计增强观赏性。电厂分为两层，内层为焚化炉提供了反应屏障，外层的镀铝为带有不规则激光切割圆孔的棕色原铝板。经过颜色处理的铝板，在白天展示出本真的棕色和金属光泽；在夜晚两层立面之间的灯光系统让燃烧塔展现出另一番韵味。

ARC 垃圾焚烧厂于 2017 年建成，将创新的垃圾处理技术和现代化建筑学完美结合在一起，打造成为哥本哈根的地标性建筑。该垃圾焚烧厂在屋顶处设计了一条长达 1500 米的雪道，分为 3 段 3 种难度，滑雪爱好者可以乘坐电梯直达不同赛道，而透明化的内部设计使得大家可以看到焚烧厂内垃圾处理情况。与此同时，建筑外侧种上绿色植被，开辟了一条步行线路，供游客们在夏天郊游，此外还有攀岩壁、儿童游乐场、咖啡厅等，成为兼具垃圾处理、市民休闲功能的城市空间。

②新加坡

a. 选址远离主城区，将对居民的影响降至最低

新加坡有 4 座垃圾焚烧厂和 1 座海上垃圾填埋场，目前正在运行的有 3 座，选址均靠近海边且远离居民区，在夏季西南风和冬季东北风时对主要城区的影响均较小（表 2-15）。原乌鲁班丹焚烧厂建设年代较早，建成时离居民有 5km，随着居民逐渐靠近到 2km 投诉严重，在运营期满后关闭。

新加坡垃圾处理设施体系构成 表 2-15

设施名称	乌鲁班丹焚烧厂	大士焚烧厂	胜诺哥焚烧厂	大士南焚烧厂	圣马高外岛垃圾填埋场
设计处理规模（t/ 日）	1100	1700	2400	3000	2000
建设规模（t/ 日）	已关闭	2760	3312	4320	6300 万 m^3
运行/建设规模折算系数	—	0.62	0.72	0.69	—
建设投资（亿元人民币）	6.5	10	28	45	30.5
竣工投产日期	1979	1986	1992	2000	1999
处理收费（元人民币）	435	385	405	385	385
发电装机（MW）	1×16	2×23	2×28	2×66	
焚化炉（台）	4	5	6	6	

b. 规模化建设，实现土地资源的集约化利用

新加坡的垃圾焚烧厂规模趋向于大型化，由上表可以看出，最小规模为 1700t/ 日，最大规模 3000t/ 日，有利于产生规模效应，带来良好的经济效益。在同样处理规模下，大型垃圾焚烧厂需要的土地资源更少。

c. 公开透明的环境监测数据，减少居民恐慌

新加坡刚推行垃圾焚烧处理方式时，二噁英以及其他一些重金属污染环境的问题同样引起了居民的担心。而且新加坡国土面积狭小，承受不起污染的风险，因此，新加坡政府高度重视这个问题，全岛四座垃圾焚化炉全部采用最新科技和设备，排放出的废气浓度是新加坡法律许可范围的 1%。其中二噁英含量少于 0.1ng/m^3，达到了欧盟二噁英排放标准。在环境监测监管方面，新加坡政府环保部门与各垃圾焚烧厂之间有联网系统，可以 24 小时实时监控废气排放量以及二噁英含量等情况，并实时向公众公布，减少了居民对垃圾焚烧的恐慌。

d. 生态化手段处理垃圾焚烧灰烬，实现废弃物处理的闭环

新加坡的垃圾焚烧可以减量 90% 的垃圾，而只剩下 10% 的垃圾灰烬。这些灰烬有两个去处：一是根据新加坡最新的科研成果，把灰烬与淤泥经过烘干颗粒化处理，转化成有用的建筑材料。二是由专业公司运送到垃圾填埋场进行封闭填埋。1999 年 4 月，新加坡政府关闭了本岛最后一个垃圾填埋场，而由岛外的实马高垃圾处理场正式取代。

（2）国内应用经验

①深圳市

a. 环卫专项规划编制具有前瞻性，但受规划人口影响

深圳环境卫生专项规划编制较早，具有一定前瞻性，是作为城市垃圾处理设施预留与选址的主要依据，但也存在预测不足、选址保障不足等特点。较早的《深圳市环境卫生设施总体规划》（1996—2010）确定了主要的垃圾处理设施，但从实际实施情况来看，受规划人口预测的影响，对深圳市垃圾生成量的增长形势预测不足，导致垃圾填埋场、垃圾焚烧发电厂等初始规划规模偏小。为应对日益增长的垃圾处理需求，垃圾焚烧这种本应是长远规划的大型基础设施成为环保应急工程，在用地空间有限的形势下，再次选址布局的余地较小，形成了"垃圾处理—区政府—市政府"的倒逼机制。

b. 升级改造使得二噁英达欧盟标准，但公开度尚不足

深圳已建成并投入运行的垃圾焚烧发电厂共有七座，主要包括南山垃圾焚烧发电厂、盐田垃圾焚烧发电厂、老虎坑焚烧发电厂、平湖垃圾焚烧发电厂一期、二期等。深圳市目前的垃圾焚烧厂，基本都按要求进行了烟气处理的升级改造，目前二噁英执行标准基本为欧盟标准，优于目前国标要求的 $1.0 Ng\ TEQ/m^3$，且老虎坑焚烧发电厂基本可达 $0.5 Ng\ TEQ/m^3$，达到欧美发达国家的标准。但垃圾焚烧电厂的废水、废气、废渣信息的公开透明性不强，也是引起周边居民担心的主要原因。

c. 逐渐加强垃圾焚烧厂的生态化设计

盐田垃圾焚烧发电厂于 2003 年投产（图 2-64），为提升城市形象、促进城市生活垃圾减量化、不断提高城市生活垃圾的无害化处理的社会意义，盐田区垃圾焚烧厂推进"去工业化"设计，建设成一个开放、透明、公园化的垃圾处理中心及垃圾分类科普教育基地。项目实施后，取得了显著的社会效益和生态效益，全国各大媒体的报道和市民参观活动，减少了周边居民对垃圾焚烧行业的误解和社会矛盾的产生，改造后的建筑外立面与盐田区山水生态景观相呼应，公共开放空间具有可达性和亲切性，提升了周边地区居民的参与度和生活品质。

5. 应用要点

（1）在编制城市总体规划、土地利用规划时，宜同步编制环境卫生专项规划，落实环境卫生用地的选址，让垃圾处理设施有地可用，安全距离应满足国家现行标准的要求。

（2）建议在土地资源紧缺、卫生填埋场缺乏、经济发达的大中城市使用垃圾焚烧技术，宜建设集中、大型的垃圾焚烧厂，实现规模效应。同时应不断优化设施与处理工艺，将垃圾焚烧厂对环境的影响降至最低，有条件时应采用国际先进排放标准。

（3）各城市应在源头做好垃圾分类，垃圾焚烧厂进炉垃圾的平均低位低热值要求高于 5000kJ/kg。

图 2-64　盐田垃圾发电厂生态化设计

（4）垃圾焚烧厂应使用隐蔽化、景观化、生态化设计，并通过网络等途径进行信息的公开，树立环境安全的形象，缓解邻避效应。

（5）垃圾焚烧发电技术可结合城市的需求，推广热电联产技术，将电能、热能供给居民。

2.3.3　餐厨垃圾资源化处理

1. 基本概念

餐厨垃圾分为餐饮垃圾和厨余垃圾两类，其中餐饮垃圾是指餐馆、饭店、单位食堂等的饮食剩余物及后厨的果蔬、肉食、油脂、面点等的加工过程废弃物，厨余垃圾是指家庭日常生活中丢弃的果蔬及食物下脚料、剩菜剩饭、瓜果皮等易腐有机垃圾。餐厨垃圾的资源化处理是指通过一定的处理方式，将餐厨垃圾中的有机物、油脂、营养元素等进行资源化利用（图 2-65）。

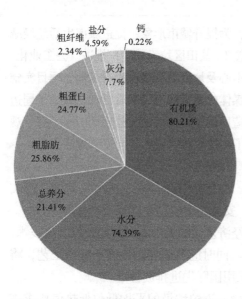

图 2-65　餐厨垃圾物质成分 [按垃圾绝干物重量（%）]

2. 应用意义

随着我国生活水平的提高和餐饮行业的高速发展，餐厨垃圾产量增长十分迅速。根据《2017—2022 年中国餐厨垃圾处理行业发展前景预测与投资战略规划分析报告》，我国自 2010 年至 2015 年餐厨垃圾几乎翻了一倍，从 2010 年的 5800 万 t 增加至 2015 年的 9110 万 t（图 2-66）。

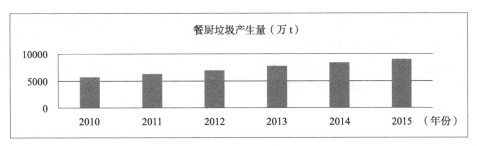

图 2-66　我国餐厨垃圾产生量年变化趋势

餐厨垃圾中有机物含量高，资源化潜力大。经折算，我国一年产出的餐厨垃圾若全部得以利用，可节约 3000 万亩玉米和 600 万 t 生物柴油，资源化特征明显，具有很大的回收利用价值，也具有重要的社会、经济、环保以及食品安全的价值，主要表现在：

（1）对资源和能源进行回收利用。餐厨垃圾中的废弃油脂可通过酯交换生产生物柴油（再生燃油），地沟油可通过酸、碱两步法、分离反应法或完全催化法等工艺制得生物油。其次，餐厨垃圾可通过厌氧消化得到沼气、氢气、乙醇或乳酸等，从而转化为电能与燃气，对厌氧消化罐中产生的残渣可进行发酵堆肥处理。另外餐厨垃圾还可通过生化处理机或饲料化技术等生产蛋白饲料添加剂或肥料。

（2）避免地沟油、泔水猪等回流餐桌。"地沟油"和"泔水猪"等非法流向，易引发口蹄疫、肠癌、胃癌、肝癌等致命疾病。因此提倡将餐厨垃圾进行资源化利用，从源头上有效杜绝"地沟油""泔水猪"等食品安全隐患现象发生，杜绝了不法分子利用餐厨垃圾生产有毒有害食品，维护广大市民"舌尖安全"，为食品安全工程提供有力支撑，具有良好经济、社会效益。

（3）经济价值。餐厨垃圾的资源化处理能规模化生产廉价的生物柴油，是可以为内燃机使用的生物燃料，按照目前的技术水平，每 600kg 泔水油可提炼近 500kg 的生物柴油。餐厨垃圾通过加工生产成优质的蛋白饲料和工业用油脂产品，蛋白饲料加入添加剂后可成为高质量的动物饲料，大大节省用作饲料的粮食，工业用油脂亦是宝贵的资源。据测算，5000 万 t 餐厨垃圾相当于 500 万 t 的优质饲料，内含的能量相当于每年 1000 万亩玉米的能量产出量，内含的蛋白质相当于每年 2000 万亩大豆的蛋白质产出量。因此餐厨垃圾的资源化利用，具有较高的经济价值。

（4）带动相关产业的兴起和发展。针对现在的餐厨垃圾资源化利用制度不完善、市场不稳定、产生巨大的安全隐患的处理现状，解决办法之一就是促进相关产业的形成，辅助其健康发展，促进技术的研发应用以及产业的发展，如餐厨垃圾回收业、餐厨垃圾处理饲料加工业以及工业用油加工业等。不仅可以节约资源并产生经济效益，还可以促进就业，带动相关产业链的形成。

3. 适用条件

目前，常见资源化处理方式有厌氧发酵、饲料化、好氧堆肥、微生物处理等，不同的餐厨垃圾资源化处理方式对收运方式、垃圾组分等要求相同，主要的适用条件有以下两方面：

（1）餐厨垃圾收运系统完善，餐厨垃圾性质相对稳定。由于餐厨垃圾含水率和有机物含量较高，极易在较短时间内腐烂发臭和滋生蚊蝇等，夏季约为4小时，冬季约为6小时。因此，为保证餐厨垃圾物料的质量，为后续资源化处理提供有利条件，需对餐厨垃圾进行及时收运，有效控制餐厨垃圾的腐败发酵。

（2）分类机制良好，餐厨垃圾纯度高、有机质含量高。据调查研究，典型餐厨垃圾组分中食物垃圾含量为89.28%，剩余为其他玻璃杯、筷子、塑料袋、易拉罐等杂质。各处理工艺对餐厨垃圾的无机杂质去除率均有较高要求，如厌氧发酵工艺要求无机杂质去除率应大于90%，方能保证后续处理的稳定运行。因此，餐厨垃圾资源化利用适用于处理分类完善、纯度高、有机质含量高的餐厨垃圾。

但不同资源化处理技术由于其特征上的差异，适用范围存在一定差异，分析如表2-16所示。

餐厨垃圾主要资源化处理技术比较　　　　　　表2-16

项目	厌氧发酵	好氧堆肥	饲料化技术	生化处理技术
资源化程度	较高	较高	高	高
技术安全性	安全	较安全	安全	较安全
无害化程度	较高	一般	高	高
减量化程度	高	一般	较高	高
技术先进性	较先进	一般	一般	较先进
技术可靠性	较可靠（在国外有一些工程实例）	可靠（在国内外有较多的工程实例）	一般可靠，存在同源性风险	可靠（在国内外有较多的工程实例）
产品质量	一般	差	一般	较好
能耗	较低	中等	中等	较高，需要大量的能耗维持生化处理所需要的热量
工程占地（万m²）（以500t/天规模计）	2.5～3.0	5.0～12.0	1.2～2.0	2.0～3.0
投资金额（万元/t）	15～35	12～35	10～25	20～30
运营成本（元/t）	45～150	80～120	200～500	300～800
产品收入（万元/t）	4～8	0～3	10～15	30～40
适用范围	垃圾分类良好、餐厨垃圾有机物含量高的地区，一般作为集中式设施应用	可在绿化良好的小区、学校、公园绿地地区进行分散式应用	审慎使用，禁止生产反刍类动物饲料或饲料添加剂	试点使用，待技术成熟后再推广

4. 国内外应用经验

（1）利用政策和经济手段，促进餐厨垃圾的资源化处理

①出台强制性或引导性政策。日本于2000年颁布的《食品再生法》明确规定对餐厨

垃圾进行资源综合回收利用，并要求餐饮业、宾馆等将餐厨垃圾进行堆肥处理。英国在废弃物白皮书《废弃物的重新利用》中，倡导对餐厨垃圾的资源化利用。

②通过征收餐厨垃圾处理费促进资源化回收利用。美国政府对垃圾处理费进行梯度征收，一定程度上促进了餐厨垃圾的资源化利用。韩国首尔市自 2011 年起选定了 8 个区开始对餐厨垃圾进行"从量制"收费试点，政府给各区提出了 3 种可选的计费方式，一是由政府统一制作餐厨垃圾袋，居民使用的垃圾袋越多付费越多；二是在各小区设置智能餐厨垃圾桶，居民在倒餐厨垃圾刷卡计费；三是电子标签方式。

③试点总结经验，再进行推广。韩国政府在 1997 ~ 2000 年间实施"减少餐厨垃圾"的试点活动，有 35 个城市参与，在试点经验总结后逐渐推广。我国于 2010 年印发了《关于组织开展城市餐厨废弃物资源化利用和无害化处理试点工作的通知》，选择一部分具备相关法律政策，并且在餐厨垃圾化循环利用、无害化处理有一定基础的城市，开展试点工作，逐步推广到全国各地，提高我国餐厨垃圾资源化处理水平。

（2）规划预测餐厨垃圾产量，采用集中与分散相结合的餐厨垃圾处理系统

以重庆为例，2014 年，重庆市政府批准实施《重庆市五大功能区域餐厨垃圾收运处理系统统筹规划建设实施方案》，明确按照"统一收运、集中处理、设施共享、运距合理"的处理原则，在都市功能核心区和都市功能拓展区规划建设 4 座餐厨垃圾处理厂、7 座餐厨垃圾中转站，服务范围为重庆市区域及璧山区；在合川区、永川区、綦江区、万州区、涪陵区、黔江区和忠县规划建设 7 个餐厨垃圾处理中心，服务周边 23 个区县（自治县，含万盛经开区）；城口县、奉节县、巫山县、巫溪县和秀山县等 5 个县（自治县），因运距远和餐厨垃圾产量小等原因，可采用简单适用技术分别建设服务本区域的餐厨垃圾处理设施。

重庆市日产餐厨垃圾约为 5700t，主要来源于主城区的餐饮业，少部分来源于居民。重庆市建立了餐厨垃圾收运、处理的联席会议制度，严格管理市区餐厨垃圾的收运及处理，并建立了信息管理系统，对所有餐厨垃圾的运输车辆进行 GPS 监控。目前主城区大概日收运处理餐厨垃圾 1300t，收运处理率在 70% 左右，计划在两年时间内达到 85%。

（3）以集中处理为主、分散处理为辅的多种餐厨垃圾资源化利用

国外餐厨垃圾的处理发展过程中，通过厌氧发酵回收沼气、通过生化处理技术开发生物能源逐渐成为主流技术，分散化的好氧堆肥逐渐减少，具有同源化风险的饲料化逐渐被禁止（表 2-17）。

国外餐厨垃圾处理技术发展特点 表 2-17

国家	技术发展路线	主要开发设备
美国	填埋→堆肥→焚烧发电	厨余粉碎机、油脂分离器、密封式容器堆肥装置
德国	填埋→堆肥→厌氧制沼气	中温 CSTR 装置、预处理设备、CHP 机组
丹麦	填埋→堆肥→厌氧制沼气	高温 CSTR 装置、搅拌装置、施肥机械
日本	填埋→饲料化→焚烧发电→厌氧制沼气发电	厨余垃圾处理机、垃圾筛分装置、燃料电池
韩国	填埋→堆肥→厌氧制沼气发电	预处理设备、分选处理机、生物反应器

我国首批 33 个餐厨垃圾资源化利用和无害化处理试点城市，主要采用了厌氧发酵的处理工艺，目前我国基本没有生化处理技术应用项目。

我国首批 33 个试点城市技术路线初步选择统计　　　　表 2-18

工艺路线	项目个数	代表项目
厌氧消化	39	重庆、昆明、武汉、太原、哈尔滨、青岛
好氧堆肥	11	北京、成都、乌鲁木齐、三亚
饲料化	8	西宁、银川、嘉兴、三亚
其他	1	鄂尔多斯（东胜）
合计	59	—

①集中式处理——重庆黑石子餐厨垃圾处理厂

重庆黑石子餐厨垃圾处理厂是我国餐厨垃圾处理规模最大的项目，黑石子餐厨垃圾处理厂采用世界领先的"厌氧消化、热电联产"工艺，对餐厨垃圾、市政污泥、粪便等进行处理，回收有机肥料、沼气、生物柴油等。截至 2017 年 4 月，累计处理餐厨垃圾 230 万 t，处理规模达 1200t/ 日，每年可产有机肥料 2.9 万 t、沼气 3360 万 m^3、生物柴油 9600t、发电 40 万度。

②分散式处理——广州厨余机项目

2012 年，广州市城管委通过招投标方式采购了小型餐厨垃圾降解设备 100 余台，分配给天河、白云、赵秀、海珠、黄埔、荔湾老六区使用，主要是高温好氧发酵厨余机。另外番禺区城管局自行采购了约 10 台低温好氧发酵厨余机。2013 年，广州市成为第三批餐厨垃圾资源化利用和无害化处理试点城市。经过一段时间的使用发现，由于高温好氧发酵厨余机能耗高、处理效果不理想，部分社区停用。不论是高温好氧发酵还是低温好氧发酵，均存在造价较高、处理量小的问题，难以满足人口密度的大型社区使用需求。

广州部分厨余机使用状况　　　　表 2-19

使用地点	中山图书馆	广州市第一幼儿园	荔湾区富力环市西苑	广州市第二幼儿园	番禺区桥街道办	天河区旭景家园
使用单位	事业单位	事业单位	住宅小区	事业单位	事业单位	住宅小区
处理对象	饭堂的厨余垃圾	饭堂厨余	居民厨余垃圾	饭堂厨余	饭堂的厨余垃圾	居民厨余垃圾
技术原理	高温好氧堆肥，无粉碎装置	高温好氧堆肥，无粉碎装置	高温好氧堆肥，无粉碎装置	高温好氧堆肥，无粉碎装置	低温好氧堆肥，无粉碎装置	低温好氧堆肥，无粉碎装置
理论日处理量	100kg	100kg	150kg	100 ~ 150kg	100kg	100kg
实际日处理量	平均 13kg 左右	平均 30kg 左右	平均 87.5kg 左右	—	平均 50kg 左右	平均 503kg 左右
理论处理时间	24h	24h	24h	24h	2 周	2 周

续表

实际处理时间	1周	1周	24h	已停用	2周	2周
耗电	5.3kW 但无独立电表，不知具体耗电	奥克林告诉幼儿园测算每天 30 度，但因无独立电表，实际情况不清楚	每个月约 2400 度	4.8kW，幼儿园告知试用第一个月电费太高而停用	每个月约 150 度	每个月约 150 度
维修情况	运行良好无维修	一次，轴承问题	维修若干次、转轴容易断裂	—	—	—

（4）与其他环境污染处理设施共建——瑞士伯尔尼餐厨垃圾处理项目

瑞士伯尔尼餐厨垃圾处理项目依托于伯尔尼污水处理厂（处理相当于约 43 万人口污水）建设，包括餐厨垃圾处理、生活污水处理及生物气体、污泥干化等几大功能，为伯尔尼及邻近 9 个社区的居民服务，是充分发挥生活污染物集中处理、资源共享和优势互补的综合处理范例。

该项目采取厌氧发酵处理产生沼气技术对餐厨垃圾进行无害化处置，并结合收集污水处理及污泥消化等过程中产生的沼气进行开发利用。不仅有效地避免臭气扩散造成的环境污染，而且解决一般污水处理厂存在的污水及污泥处理规模偏少、沼气开发利用成本过高等问题，大大提高沼气的开发利用价值。沼气经过净化和提纯等工艺后，除了为该厂的污泥干化提供热能外，还供应给公共汽车及其他工厂使用。目前，该厂生物气体供应量可以同时满足 70 辆公共汽车及 250 幢居民楼冬季取暖，一年可以产出热电联产电力 1243 万度，资源化效果突出。

（5）借力互联网，智能化收运

东江环保公司与深圳市罗湖区合作，建立全区餐厨垃圾收运解决方案，实现智能收运与沼气发电的资源化利用。前端通过餐厨收运 APP 进行智能化收运，收运量和收集率均显著提升；终端采用湿式厌氧发酵工艺，设计日处理 300t 餐厨垃圾。厌氧系统产气效率达到 2.7m³/ 日，发酵处理后每天约产生 22780 标准立方米沼气，甲烷含量可达到 65%，通过并入东江环保下坪填埋场填埋气发电项目，实现沼气发电并网。项目借力互联网，改变了传统收运模式，有效地解决了餐厨垃圾普遍存在的"收运难"的核心问题。

5. 应用要点

（1）城市应根据自身发展水平与餐厨垃圾特点，通过出台餐厨垃圾管理的相关法律政策对餐厨垃圾的资源化利用进行强制性或引导性处理，出台餐厨垃圾处理费相关规定促使餐厨垃圾的回收利用（图 2-67）。

（2）各城市应结合规划人口的预测并预留一定弹性空间，确定餐厨垃圾处理设施需求总量。通过环境卫生专项规划，确定合理的收集处理方案，并落实餐厨垃圾处理用地。

（3）餐厨垃圾处理厂宜优先采用厌氧发酵技术，有技术条件的城市可使用生化处理技术，以实现资源能源的最大化利用。

（4）餐厨垃圾可与污水处理厂等处理设施共建，节约用地空间，实现资源共享和优势互补。

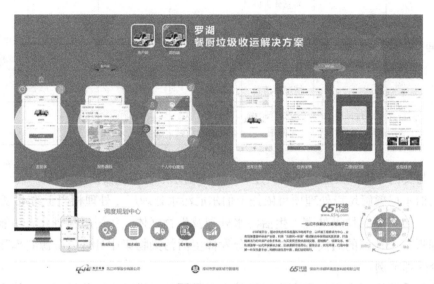

图 2-67　罗湖餐厨垃圾收运 APP 模式

2.3.4　建筑垃圾综合利用

1. 基本概念

总体上，建筑垃圾可分为建筑施工垃圾、建筑拆除垃圾和工程弃土三大类[159]。建筑施工垃圾包括建筑土建垃圾和建筑装修垃圾两大类，其中建筑土建垃圾包含砖石、混凝土碎块、砂浆等，建筑装修垃圾包含天然木材、纸类包装物等可回收类垃圾和胶粘剂、废油漆等不可回收垃圾。建筑拆除垃圾是指拆除建筑物而产生的建筑垃圾，因建筑结构的不同存在一定成分差异，包括砖块、瓦砖、混凝土块等。工程弃土主要包括新建建筑的土方开挖和城市轨道交通建设产生的弃土。

不同类型建筑垃圾特点及综合利用手段　　　　　　　　　　　　　表 2-20

建筑垃圾类别	来源	综合利用手段
建筑施工垃圾	建筑土建工程、装修工程	①建筑土建过程产生的废弃原材料，可通过合理安排施工工序、编制废弃材料的清单，实现原材料的二次利用 ②废弃砖、石、混凝土材料，经过除土、破碎、筛分等工艺，制成混凝土和砂浆用的再生粗、细骨料
建筑拆除垃圾	建筑拆除过程	①分类拣选可直接收回利用的建筑垃圾，如旧钢材、旧钢筋及其他废金属、木板、纸板、塑料等 ②按粗、细骨料进行现场粉碎、筛分后，直接用作再生混凝土、再生砖等原材料
工程弃土	开挖	工程回填、堆山造景、竖向清纳、填海造地、陆域填埋等

　　建筑垃圾综合利用，一般指对建筑拆除垃圾和建筑施工垃圾的综合利用，即运用相关技术手段从中回收有用的物质和能源。工程弃土一般可以直接利用，如作为工程回填、堆山造景、竖向清纳、填海造地、陆域填埋等，也属于广义上建筑垃圾综合利用的范畴。

2. 应用意义

　　据统计，我国建筑垃圾在 1990 ~ 2000 年期间以每年 15.4% 的比例递增，2000 ~ 2013年以每年 16.2% 的比例递增，占废弃物总量的近一半，但建筑垃圾的综合利用率总体偏低。《中国资源综合利用年度报告（2014）》指出，我国建筑垃圾产生量（不含弃土）在 2013年达到约 10 亿 t，其中建筑拆除垃圾占比 74%，建筑施工垃圾占比 26%，但该年建筑垃圾综合利用量仅 5000 万 t，其中利用于生产再生骨料等建材制品约 3000 万 t，其他用途约 2000 万 t，资源化利用率仅 5%（图 2-68）。

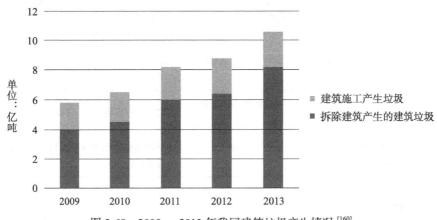

图 2-68　2009 ~ 2013 年我国建筑垃圾产生情况[160]

　　建筑垃圾堆填需占用国土空间，也存在生态环境破坏和安全隐患，因此是一种不可持续的处理方式。开展建筑垃圾综合利用，生产再生混凝土、再生钢材、砖块等产品作为原生商品混凝土、传统钢材、传统砖块的替代品，对于资源的回收再利用与资源化、国土面积的释放、污染的降低和安全隐患的减缓等方面都具有重要意义。

3. 适用条件

　　从技术应用对象来看，建筑垃圾综合利用适用于各个城市，但建筑垃圾综合利用会对城市建筑垃圾处理的政策法规、设施用地规划、运营管理、区域合作等提出一定要求，因此当建筑垃圾综合利用在经济、环境、社会等方面相对于传统堆填处理更具优势时，在该城市的适用性更强：

　　（1）土地资源有限且土地成本高，建筑垃圾产量大、稳定的城市。一般来说主要是大中城市，由于城市增量、存量建设和大量的轨道工程项目，产生较多的建筑垃圾，综合利用急迫。

　　（2）建筑垃圾综合利用机制完善，在源头减量、收运、处理处置等方面形成了覆盖技术、政策、经济管理、运营管理等配套机制，形成政府管到位、市场有活力的良好局面。

（3）建筑垃圾综合利用产业链完整，上游有成熟的综合利用技术与设备厂商、能生产出高标准的产品，下游有再生产品需求的客户。

建筑垃圾综合利用厂包括固定式和移动式两种类型，其特点及适用对象如表2-21所示。

固定式和移动式建筑垃圾综合利用厂对比　　　　　　　　　　表2-21

特点	固定式	移动式
产品特征	生产线完整，质量高，产品类型丰富	质量一般，取决于系统安排与技术水平
邻避效应	较弱，厂区一般远离居民点，加工现场二次污染一般可控，但运输过程中可能会造成污染	较强，可能离居民区较近，施工现场存在噪声、粉尘等污染
场所	一般在城郊建固定式厂房，配备完整的生产线，对运输至厂区的建筑垃圾加工生产为再生建材产品	无固定处理场所，处理设备直接旋转在项目现场，将建筑垃圾加工生产为较初级的再生建材后销售给周边的工程项目
用地条件	充裕，原材料可根据生产周期暂存，产品可根据销售情况暂存	用地条件紧张，产品在工程项目工期允许的期限内销售完毕
占地	较大，需选址并保障用地，并需预留与建成区的缓冲空间	直接在工程现场开展，不增加用地
适用对象	建筑垃圾产量、需求稳定，且具有处理处置用地供应的城市	项目现场空间和处理时间充足，具备较成熟的处理设备与处理工艺

4. 国内外应用经验

（1）建立完善的政策制度，促进建筑垃圾再生利用

国内外建筑垃圾的处理经验表明，完善的政策制度对指导和规范建筑垃圾产生、运输、处置全过程具有最关键的作用。国外城市发展建设较早，在建筑垃圾综合利用上总结出大量的政策经验，总结如表2-22所示。

国外建筑垃圾综合利用的主要政策　　　　　　　　　　表2-22

国家	法律法规	优惠政策	监管机制
德国	制定了10多个与建筑垃圾有关的法律法规政策	多层级的建筑垃圾收费价格体系：受污染收费高于未受污染的，再生建材价格低于原生建筑材料	收费控制型：在《垃圾法增补草案》中对各种建筑垃圾组分利用率作出规定，而未处理利用的建筑垃圾则征收存放费
英国	战略规划：2008年《建筑业可持续发展战略》提出2020年建筑垃圾零填埋；《工地废弃物管理计划2008》强制投资超过30万英镑的建筑垃圾再利用	财政补贴：从填埋税中拨款支持《企业资源效率和废弃物计划》，每年均0.9亿英镑	税收管控型：垃圾填埋税中规定，倾倒建筑垃圾须缴纳相当于新材料价格20%的税收

续表

国家	法律法规	优惠政策	监管机制
美国	①《固体废弃物处理法》：信息公开、报告、资源再生、再生示范、科技发展、循环标准、经济刺激与使用优先、职业保护、公民诉讼等 ②《超级基金法》中规定建筑垃圾源头排放的控制	①税收优惠：资源循环利用企业可获得低息贷款，相应减免所得税、设备销售税及财产税 ②政府采购：再生材料产品实行政府采购	①先后经历了政府主导的命令与控制方法、基于市场的经济刺激手段到政府倡导与企业自律3个阶段 ②建筑垃圾运输准入制度、处理建筑垃圾行政许可制度等
日本	20世纪60年代末始，一系列促进建筑垃圾资源化的法律、法规，通过立法规定了垃圾资源化回收方式和资源化管理	提供财政补贴贴息贷款或优惠贷款	①1974年在建筑协会中设立"建筑废弃物再利用委员会" ②全过程监管：源头强制所有垃圾进行利用或处理、运输过程实行传票制度
新加坡	战略规划：2002年推行"绿色宏图2012废物减量行动计划"	①设立循环工业园，采用低租金、长租期策略对企业进行扶持，如Sarimbun循环工业园年租金低至8.2新元/m² ②提供建筑垃圾回收回用企业创新项目研究基金 ③高额的建筑垃圾排放费：77新元/t的堆填处置费 ④高额的建筑垃圾随意倾倒罚款：对非法丢弃建筑垃圾的，最高罚款5万新元或监禁不超过12个月或两者兼施	①将建筑垃圾处置情况纳入验收指标体系，未达标的不予发放建筑使用许可证 ②将建筑垃圾循环利用纳入绿色建筑标志认证 ③新加坡建设局帮助建筑承包商合理和科学地规划拆除项目顺序 ④特许经营制度：共5家政府发放牌照的建筑垃圾处理公司，专责承担全国建筑垃圾的收集、清运、处理及综合利用

（2）合理预测建筑垃圾产生量、消纳量，开展建筑垃圾综合处理厂规划

建筑垃圾产生量的准确预测，能够为建筑垃圾进行科学管理创造基础，也是确定建筑垃圾处理厂规划的重要依据。由于我国城市间发展水平不均，全国层面尚无统一的建筑垃圾预测方法，目前有学者对我国典型工程进行统计分析，得出经验估算方法如表2-23所示。通过编制环境卫生专项规划，根据城市规划、道路交通规划、旧改规划（城市更新）等中确定的新建、拆除等面积与体积，可估算得出城市或地区的建筑垃圾产量，确定用地需求与用地布局。

不同工程类型的建筑垃圾估算方法[161]　　　　　　　表 2-23

分类	工程类型	估算公式	相应条件下垃圾系数	
可直接利用的建筑垃圾	建筑施工工程	主体施工建筑垃圾量＝施工建筑面积×单位面积产生垃圾系数	0.05t/m²	砖混结构
			0.03t/m²	混凝土结构
		基础开挖建筑垃圾量＝（开挖量－回填量）×单位面积产生垃圾系数	1.6t/m²	—

续表

分类	工程类型	估算公式	相应条件下垃圾系数	
可直接利用的建筑垃圾	道路建设工程 市政建设工程	建筑垃圾量=(开挖量-回填量) ×单位面积产生垃圾系数	1.6t/m²	—
	建材生产	建筑生产的垃圾量=建材生产总质量×单位面积产生垃圾系数	0.02t/m²	—
资源化处理后可利用的建筑垃圾	拆除工程	房屋拆除工程建筑垃圾量=拆除建筑面积×单位面积产生垃圾系数	0.8t/m²	砖木结构
			0.9t/m²	砖混结构
			1.0t/m²	混凝土结构
			0.2t/m²	钢结构
		构筑物拆除工程建筑垃圾量=拆除构筑物体积×单位体积产生垃圾系数	1.9t/m²	—
	装饰装修工程	公共建筑类装饰工程建筑垃圾量=总造价×单位造价产生垃圾系数	2.0t/万元	写字楼
			3.0t/万元	商业建筑
		居住类装饰工程建筑垃圾量=总造价×单位造价产生垃圾系数	0.1t/万元	160m²以下工程
			0.15t/万元	160m²以下工程

注：表中垃圾系数的确定来源于各类统计资料。

（3）分批建设，以试点项目带动建筑垃圾综合利用发展

①日本 Shitara Kousan 废弃物处理厂智能化分拣方法

日本东京近郊的一家废弃物处理厂 Shitara Kousan 是日本首个采用人工智能技术分拣垃圾的废弃物处理厂，共引入4个形似人手臂的智能机器人，通过传感器对传送带上的垃圾进行扫描检测，同步识别出不同材质的垃圾，从而把混在建筑垃圾里的混凝土、金属、木材、塑料等可循环再利用的垃圾挑选出来（图2-69）。通过反复训练，人工智能机器对垃圾的识别率由开始的60%提高到80%以上，一天共能处理2000t左右的垃圾。而且可以节省大量人工费，提高了工作效率，营业收入提高至引入机器人之前的3倍。

图2-69 Shitara Kousan 厂内智能化分拣现场图

②深圳市塘朗山建筑废弃物综合利用厂

2007年8月，深圳市中信华威环保建材有限公司在深圳市城管部门的大力支持下，

投入投资 1.3 亿元，分两期建设，将原有已被封场的塘朗山建筑废弃物受纳场建成建筑废弃物综合利用基地，占地面积约 6 万 m²，是深圳市首家大型建筑废弃物处理回收再利用中心（图 2-70）。该厂目前处理能力达 120 万 t/ 年。采用原料激活、物理处理、合理级配、充分搅拌、强力振压、精心养护等深加工工艺，生产出各种新型环保建材，主要包括：再生粗骨料、再生细骨料、再生混凝土、再生墙体砖、再生砂、再生仿古砖等，转化率可达 85%。

图 2-70　深圳市塘朗山建筑废弃物综合利用厂处理现场

③移动式现场处理——南方科技大学校园建设

为消纳南方科技大学建设产生的大量建筑废弃物（约 50 万 m³）并进行再生利用，深圳市住房和城乡建设局、城管局、建筑工务署及南山区政府于 2011 年初招标引入建筑废弃物综合利用企业，开展现场的建筑废弃物综合利用。通过现场移动式破碎（处理能力 120t/h，每班 8 小时可处理 960t），利用现场全自动砌块成型生产线（每班 8 小时可生产 10 万块标砖），将建筑垃圾制成再生骨料、实心砖、空心砖、彩色荷兰砖、透水砖、广场砖、植草砖、路缘石等 15 种绿色再生建材产品，全部回用于南方科技大学的建设，建筑废弃物现场资源化综合利用率达 90% 以上，大大节约了外运费用。

图 2-71　现场移动式破碎站（左）和现场全自动砌块成型生产线（右）

5. 应用要点

（1）大中城市宜编制确定地方性的建筑垃圾综合利用政策制度。《中华人民共和国固体废物污染环境防治法》《中华人民共和国循环经济促进法》等明确要求垃圾要减量化和资源化，但不同城市面对建筑垃圾的情势不同，应分别根据自身特点制定法律法规、优惠政策、监管机制、技术体系和绿色建材推广方式。

（2）编制相关地区或城市层面的顶层战略规划和环境卫生专项规划。地区或城市根据自身特点，可编制含建筑垃圾综合利用的战略规划，明确建筑垃圾减量化和综合利用的总体目标和阶段目标，以及目标实现的途径。对新建项目和旧改（更新）项目，应做好工程的竖向规划和建筑设计，采用绿色理念，从源头减少建筑垃圾的产生，鼓励使用再生建材。对拆建项目，应制定合理、科学的拆除项目顺序，以求用最好的方式实现建筑垃圾回收利用的最大化。

地区或城市应结合城市总体规划、城市轨道交通规划、旧改（更新）规划，以行政区为单位编制环境卫生专项规划，并在其中落实建筑垃圾的处理。通过预测建筑垃圾的产生量，确定建筑垃圾填埋和综合利用的量，分别制定填埋厂和综合利用厂的规模与分布。垃圾产量波动较大时，可采用移动式处理设施进行现场综合利用。

（3）加快建筑垃圾综合处理利用技术研究和示范项目研究。在总结地区或城市现有建筑垃圾综合利用技术的基础上，引进国外建筑垃圾综合利用的先进理念、技术和设备，加快发展建筑垃圾减量化技术、分选技术、资源化利用技术和产业化技术，以及研发用于建筑垃圾收集、分离筛选、破碎、输送、转运、处理、循环利用等的大型机械设备。此外，还应增加对建筑垃圾处理的研发投入，扶持创办建筑垃圾的加工企业和示范项目，发挥示范项目的带动作用，激励全面综合利用建筑垃圾工作的开展。

2.4 综合管廊

2.4.1 基本概念

综合管廊是建于城市地下，用于容纳两类及以上工程管线的构筑物及附属设施的统称[162]。即在城市道路下面建造一个市政公用隧道，将电力、通信、供水、燃气等多种市政管线集中在一体，实行"统一规划、统一建设、统一管理"，以做到地下空间的综合利用和资源的共享。

综合管廊按照埋设位置和管廊断面形式可分为干线综合管廊、支线综合管廊及缆线综合管廊（图 2-72）。干线综合管廊设置于机动车道或道路中央下方，用于容纳城市主干工程管线，采用独立分舱建设的综合管廊；支线综合管廊设置在道路两侧或单侧，用于容纳城市配给工程管线，采用单舱或双舱方式建设的综合管廊；缆线综合管廊一般设置在人行道下，采用浅埋沟道方式建设，用于容纳电力电缆和通信电缆的管廊。

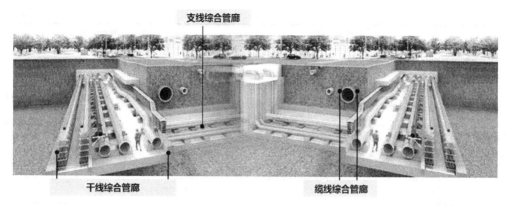

图 2-72　综合管廊分类

2.4.2　应用意义

随着我国城市的快速发展，城市面临的市政问题日益增多，传统地下管线弊端频现，如因传统管线施工不当、年久失修等原因埋下安全隐患；因历史和管理体制等方面原因导致各类地下管线单独建设、互不干涉、多头管理、权责不清，地下管网线路交错、杂乱无章；因管线与道路建设时序不同步、管道年久返修等原因导致"马路拉链"现象频频发生等。因此，传统管线的建设方式已经远远不能满足新型城市的发展要求，综合管廊作为城市管网集约化发展的新兴基础设施优势明显、意义重大。

综合管廊与传统管网的比较　　　　　　　　　　　　　　表 2-24

项目周期	传统直埋方式铺设	综合管廊方式敷设
规划	各单位独立规划设计，互不影响	统筹规划，协调难度高
	"一事一议"，缺乏长效投资机制	着重考虑管线后期运行管理，保障可持续发展
	平面错开式布置，占用城市土地	立体式布置，节约城市用地、美观，提高地下空间利用效率
建设	前期建设费用少，重复修建	一次投入、长期受益、初期建设费用高昂
	不同管线单位分期、分段修建，技术难度低	综合建设周期长、技术要求高
	建设期缺乏有效的监督管理	动态监控管线建设施工过程，保证管线建设严格按照规划审批实施
	各种管线的埋设深度不一，在施工中容易出现冲突，造成事故	信息化监控、BIM 技术、科学安全施工
运营	人工、机械排查	智能监控、自动化控制系统
	管线腐蚀泄露概率高	减少腐蚀，延长使用寿命
	翻修和维护费用高	结构坚固，降低路面的翻修费用和维修费用
	"谁拥有、谁管理"、各自为政的管理体制	集约化统筹管理，有专门的管理机构
	敷设、维修需反复挖掘道路，影响居民生活和交通	管理养护方便，可在不影响地面道路的条件下，顺利完成新增管道的敷设工作

续表

项目周期	传统直埋方式铺设	综合管廊方式敷设
运营	直埋地下，权属单位独立设定有针对性的安全措施	空间封闭，多种管线综合管理，安防措施要求高
综合改造空间	管线相互影响，可能"交叉感染"，改造难度大	不同管线独立分舱，各成系统，便于管线升级改造
	地上与地下建设不同步，管线主要铺设在浅层地下空间，改造空间小	地上+地下建设具有一致性，保证城市可持续发展
	行业垄断、市场化进程缓慢，管线企业改造意愿不高	多元化、市场化运作，PPP模式渐成主流，投资规模大，升级改造有利可图

（1）提高城市防灾能力，保障城市工程正常发挥

综合管廊具有一定的结构强度，采用综合管廊可以提高管线的防灾抗毁能力。相关统计资料显示，地震等灾害对综合管廊的损害很小。若将市政管线布置在管廊内，灾害发生后，在一定程度上减少了对水、电、通信等重要生命管线的破坏，提高了城市的安全度，避免了每年国内城市因管线事故造成巨大的资源、人力浪费和经济损失。另外，综合管廊建设避免了由于增设和维修地下管线频繁挖掘道路对交通和居民出行造成的影响和干扰。将给水、雨水、电力、通信、燃气、热力等管线纳入其中，消除了城市道路视觉污染，减少了架空线与城市用地、绿化的矛盾，杜绝了"拉链马路"重复开土动工，并极大地减少了检查井的布置，美化了城市景观，促进城市功能和城市品质的提升。

（2）有效利用地下空间，提高城市土地利用效率

在有限的道路红线宽度内，往往要同时敷设各种市政公用管线，有时要考虑隧道、地下人防设施、地下商业设施的建设，道路下方浅层的地下空间由于施工方便、敷设经济，往往是大家争相抢夺的重点。无论从城市生产、生活设施的建设需要，还是减轻城市环境、防灾压力的需要等，都迫切要求向地下空间发展。城市地下空间如能得到充分、合理的开发利用，其面积可达到城市地面面积的50%，相当于城市增加了一半的可用面积。由于综合管廊内管线布置紧凑合理，有效利用了道路下的空间，节约了城市用地，能有效缓解城市发展与我国土地资源紧张的矛盾，对提高土地利用率、扩大城市生存发展空间具有重要的意义。

（3）运营维护方便，经济效益显著

管线埋置于综合管廊内，避免了与土壤、地下水、道路结构层的酸碱物质直接接触，可延长使用寿命。此外，先进的监控系统为各种管线的综合管理提供了便利条件，能及时发现隐患，及时维护管理，增强了管线的安全性和稳定性。

综合管廊采用立体式布置方式，可以节约经济价值最大的浅层地下空间。按照综合管廊的土地利用率70%测算，相比传统直埋方式，每公里的综合管廊建设节省出的可开发地下土地面积为5000m^2，设定土地基准价为1万元，地下空间按照基准价的30%计算，综合管廊产生的增量土地效益大约为1500万[163]。

2.4.3 适用条件

根据《城市综合管廊工程技术规范》GB 50838—2015，当遇到以下条件之一时，宜采用综合管廊建设：

（1）交通运输繁忙或地下管线较多的城市主干道及配合轨道交通、地下道路、城市地下综合体等建设工程地段；

（2）城市核心区、中央商务区、地下空间高强度成片集中开发区、重要广场、主要道路的交叉口、道路与铁路或河流的交叉处、过江隧道等；

（3）道路宽度难以满足直埋敷设多种管线的路段；

（4）重要的公共空间；

（5）不宜开挖路面的路段。

2.4.4 国内外应用经验

（1）国外应用经验

①法国巴黎

世界首个综合管廊，建立了建设、管理、费用分摊等方面的法规、条例。

巴黎是综合管廊的发源地。1833年为了改善地面交通拥挤出现的道路阻塞问题，缓解交通压力，巴黎修建了世界上第一条综合管廊，在保证排水基础功能的同时，创新性地在管廊中收容了自来水、压缩空气管、通信线缆以及交通信号线缆等管线，形成了最早的综合管廊[164]。迄今为止，巴黎及其郊区综合管廊的长度已经达到2100多公里，堪称世界综合管廊第一城市。现今，法国已制定了城市建设综合管廊的长远规划，为综合管廊在全世界的推广树立了良好的榜样。

因为综合管廊的公共属性，法国对综合管廊的投融资始终遵循费用政府主导，建成出租使用，地下空间发展融公用、民用、商用于一体的综合模式。同时法律上规定，在建有综合管廊的区域，相关管线单位必须通过综合管廊埋设管线，不得再采用传统埋设方法。并着力推进各类地下管线管理机构的整合，从而在国家层面上增强了不同机构之间的协调关系，实现了综合管廊相关法律法规之间的协调统一。

②日本

制定了完善的相关法律法规，建设管理模式科学先进。

日本的综合管廊（共同沟）建设起步于1923年关东大地震后东京都的复兴事业，以试验方式设置了三处共同沟，由于建设费用分摊缺乏共识，政府补助机制不完善，加上地震后经济萧条，综合管廊并未大规模建设。

随着城市交通的快速发展，为避免经常挖掘道路影响交通，1959年日本又再度于东京都淀桥旧净水厂及新宿西口设置共同沟；1962年政府宣布禁止挖掘道路，并于1963年颁布了《关于共同沟建设的特别措施法》，此部法律解决了综合管廊建设中的资金分摊、建设技术等方面的关键问题，并且为综合管廊的运营管理提供了保障。随后日本又颁布

《共同沟实施令》《共同沟法实施细则》以及《大深度地下空间公共使用特别措施法》《关于地下街的基本方针》等一系列地下空间法律法规，奠定了综合管廊建设完善的法制基础。1991 年日本成立了专门的综合管廊管理部门，在中央建设省下设立 16 个共同管道科，对相关政策和方案制定、投资和建设监控、验收和运营监督等各方面实施精细化管理。也正是得益于这些规范化、系统化、精细化的管理，日本才成为世界上综合管廊建设速度最快、规划最完整的国家（图 2-73）。

（a） （b）

图 2-73 日本共同沟

③新加坡

设计规范详实，滨海城市综合管廊建设典范。

新加坡在市政建设方面一直坚持"先规划后建设、先地下后地上""需求未到、基础设施先行"的理念。从 20 世纪 90 年代末，新加坡首次在滨海湾开始推行地下综合管廊建设，并逐渐发展形成自己鲜明的特点和优势。

相较于其他发达国家的地下空间利用规划，新加坡对综合管廊的建设具备详细的规划设计，按照地表深度 20m 内、地下 15m 至地下 30m、地下 30m 至地下 130m 划分层次，建设不同的设施。同时，新加坡政府在地下管廊建设方面的资金投入非常巨大，斥资 500 亿美金，其综合管廊可以实现四车道通行。此外，新加坡政府还通过集中式绩效管理平台、可持续管廊内部环境技术、集中式数据库解决方案、智能监控仪表盘共同打造智慧运用平台。

（2）国内

由于建设综合管廊存在着资金、技术和统一性等多方面的难题，我国真正进行地下综合管廊建设起步较晚。近年来全国范围内综合管廊的建设工程虽已开始陆续推进，但总体来看，国内目前已建综合管廊的规模较小，不管是从长度上还是密度上，北上广等一线城市和发达国家主要城市相比都存在着较大差距（图 2-74、图 2-75）。

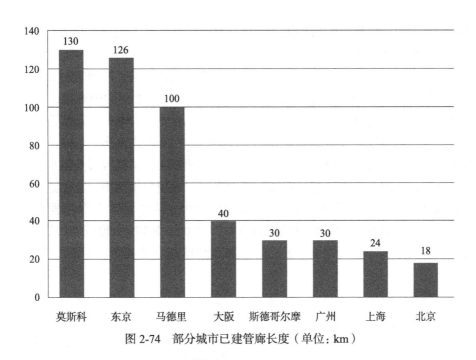

图 2-74　部分城市已建管廊长度（单位：km）

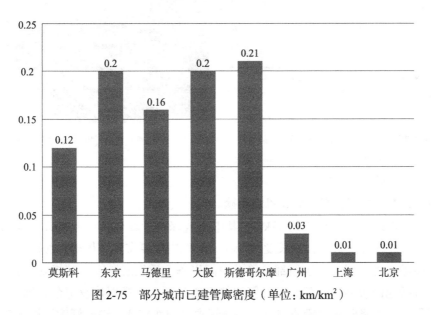

图 2-75　部分城市已建管廊密度（单位：km/km²）

①上海世博园综合管廊

系统完整、技术先进、法规完备、职能明确。

世博园综合管廊沿西环路、北环路、沂林路和南环路布置，服务于整个园区，为等截面双舱构造，收容园区的电力、通信（含有线电视）、给水和交通信号等公共设施管线（燃气管不入廊，直埋于市政道路下）。设计世博园综合管廊时充分考虑了远期规划，在道路下预留了中水回用、直饮水和垃圾收集管道的空间，以便时机成熟时实施。世博园综合管廊中相关附属工程，包括自动化监控设备、消防喷淋、风机和电动百叶窗等，增强了安全性和防范能力。该管廊是目前国内系统最完整、技术最先进、法规最完备、职能定位最明确的一条综合管廊。

上海市政府相关部门成立了专门协调综合管廊建设的机构，并制定相关管理办法和技术标准，以协调和推动综合管廊建设。2007年上海市出台了《中国2010年上海世博会园区管线综合管沟管理办法》，这是国内首部关于综合管廊问题的政府规范性文件[165]，对世博会园区综合管廊的建设维护管理、产权费用分担等做出规定。该办法规定了明晰的产权和费用分担模式，即投资主体为上海市政府确定的世博园投资建设单位，资金来源于财政拨款，入廊的管线单位分担部分建设费用，分担费用原则上不超过管线单位直接铺设管线的成本。在技术标准方面，上海市于2007年和2015年分别发布地方工程建设规范《世博会园区综合管廊建设标准》DG/TJ 08—2017—2007和《城市综合管廊维护技术规程》DG/TJ 08—2168—2015。上海世博园综合管廊断面图及示意见图2-76、图2-77。

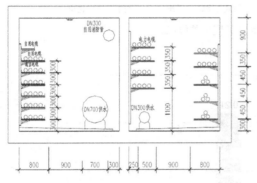

图2-76　上海世博园综合管廊断面图

图2-77　上海世博园综合管廊示意

②广州大学城综合管廊

规划建设方式合理，费用分摊机制明确。

广州大学城综合管廊全长约17km，其中干线综合管廊全长约10km，呈环状结构布局，另有5条支线综合管廊，总长度约7km。管廊内主要布置了供电、通信、有线电视、供水、供冷等5种管线，并预留部分管孔空间以备今后发展所需。其规划建设方式值得借鉴，先进行地面规划，处理好各种管线的平衡问题，再规划建设综合管廊，这样在和其他地下设施发生竖向和位置冲突时，综合管廊可调性较高。综合管廊结构施工完毕后，各专业管线再进行管线施工安装，通过进料口输送管道在沟内连接安装。管线施工完毕后，进料口成为日后维修管理的出入口，同时也是自然通风口。

广州大学城综合管廊于2005年投入使用，采用"政府建设、企业管理、管线单位租用"的运营模式，即由政府全额投资建设，造价约4000万元/km（不含廊内管线的材费用和安装），完成后作为资产注入广州大学城城投经营管理公司，管线单位通过支付入廊费和运营管理费进入综合管廊。入廊费基于管线直埋敷设成本按照管线实际敷设长度一次性收取；运营管理费依据各类管线的截面空间等比例分摊（表2-25）。

广州大学城综合管廊收费情况一览　　　　　　　　　表 2-25

管线种类	入廊收费标准		日常维护费用收费标准	
	管线直径（mm）	收费标准（元 /m）	截面空间比例（%）	金额（万元 / 年）
饮用水管线	600	562.28	12.7	31.98
供电管线	—	102.7	35.45	89.27
通信管线	—	59.01	25.4	63.96
杂用水管线	400	419.65	10.58	26.64
供热水管线	600	1394.09	15.87	39.96

2.4.5　应用要点

（1）建立健全地下空间管理体制

对于地下空间的使用必须由专门的机构来负责规划及管理。由于没有相关法规和政策的出台，在现有的市政管线建设体制下，综合管廊产权主体不明晰，各管线单位是否愿意进入综合管廊接受管理，面临艰巨的协调谈判工作。政府相关部门应成立专门协调综合管廊建设的机构或部门，并制定相关管理办法，以协调和推动综合管廊建设。

（2）组织建立管廊综合管理机构

综合管廊的建设及运营管理应由专门的机构负责。国内由于不同地区负责管廊建设及运营的主体单位不同，同一条管廊在不同时期还出现不同的管理者。现有的综合管廊建设及运营管理公司并没有统一的部门来负责，对于地方上是否建设综合管廊没有相关法律的规定。由于地下空间开发的特殊性，建设综合管廊应从规划设计到后期运营进行全局性的综合管控，这需要有专门的部门来负责，而不是临时成立一个指挥部。

（3）建立费用分摊标准

综合管廊的建设不能分期实施，所以一次性的投资对政府的财政有很大的脉冲效应。欧洲发达国家对于综合管廊建设费用由政府承担，管廊建设成功后政府以出租方式租给管线单位使用，并向管线单位收取一部分租金。日本地区综合管廊的建设资金由道路管理者与管线单位共同承担，但是对于两者承担的比例法律没有明确规定；对于后期的运营管理工作也由道路管理者与各管线单位负责并共同承担运营过程中的费用。我国现阶段的综合管廊建设大部分由政府出资建设，在管线进入综合管廊单位后尚未建立综合管廊的费用分摊标准，并且从管线单位收取的费用额度很小，综合管廊后期的运营费用大部分还是由政府承担，由于政府的财政能力有限，极大地限制了综合管廊的发展。因此，建立一种兼具公平性及合理性的费用分摊标准是推进综合管廊建设和运营的重要基础。

2.5 智慧通信

2.5.1 基本概念

如 1.2.2 节介绍，智慧通信是实现智慧城市"全面感知、可靠传送、智能处理"的核心和动力引擎，是物联网、云计算、IPv6、ICT、感知、接入技术、数据挖掘、普适计算等多种通信技术的聚合和集成。

智慧通信系统分为三个层次：底层用于感知收集数据并根据指令做出智慧响应的感知层，中间层是负责数据传输的网络层，最上层是智慧城市统一支撑平台及各类智慧应用的应用层（图 2-78）。这三个层次相对应的智慧通信基础设施分别是智慧化改造后的传统基础设施、信息网络设施和信息共享设施。智慧化改造后的传统基础设施指运用现代的信息技术对传统的基础设施进行感知层面和智能化层面的改造，改造后这些设施可以具备高度一体化、智能化的特点。信息网络设施主要由电信网、广播电视网、互联网、专用网等组成，对于城市信息化程度和竞争力的体现而言，信息网络设施是其标志之一。信息共享设施指云计算平台、信息安全服务平台及测试中心等。

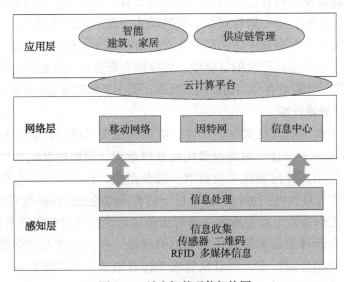

图 2-78 城市智慧通信架构图

智能通信相关的一些主要技术概念如下：

（1）物联网：基于互联网、传统电信网等信息承载体，让所有能够被独立寻址的普通物理对象实现互联互通的网络。它具有普通对象设备化、自治终端互联化和普适服务智能化 3 个重要特征。物联网的核心在于实现物与物和物与人之间的通信，最终实现在任何时间、任何地点、任何人、任何物都能方便地通信。

（2）云计算：云计算是网格计算、分布式计算、并行计算、效用计算、网络存储、虚拟化、负载均衡等传统计算机技术和网络技术发展融合的产物。它旨在通过网络把多个成本相对较低的计算实体整合成一个具有强大计算能力的完美系统，并借助 SaaS、PaaS、IaaS 等先进的商业模式把这一强大的计算能力分布到终端用户手中。云计算技术能够提供虚拟的、强大的计算、存储能力，是实现城市智慧通信的关键技术。

（3）IPv6：目前 IP 地址资源近乎枯竭。地址的不足，严重制约了互联网以及相关技术的应用和发展。相对于 IPv4 协议，IPv6 协议具有更大的地址空间、更小的路由表、增强的组播特性以及更高的安全性。IPv6 是规模部署物联网和云计算等技术的先决条件，由于中国正在进行大规模的城市建设，有许多新增的基础设施和互联网用户，对于 IP 地址资源有更加迫切的需求。

（4）感知技术：感知技术是采集、传送物体信息，并根据指令做出智慧响应的关键技术，是智慧通信的神经末梢。目前主要的感知技术有射频识别技术（RFID）、二维码、蓝牙、ZigBee、微机电系统（MEMS）、无线传感器网络（WSN）、卫星定位技术等。

（5）接入技术：智慧通信中信息节点需要接入网络，发送和接收信息。接入网技术主要分为无线接入网和有线接入网。无线接入技术主要有 GSM、CDMA 2000 1X、WCDMA、TD-SCDMA、CDMA20001x EV-DO、WLAN 等，有线接入技术主要包括 ADSL、VDSL、HFC、SDH/MSTP、PON 等。

2.5.2 应用意义

伴随着移动互联网技术的突破性进展、物联网的发展和应用、云计算技术的日趋成熟，智慧通信技术和基础设施得到快速发展，为城市智慧化发展提供了有力的支撑。智慧信息基础设施具有基础性、公共性、智能化的特点，有利于转变城市运营管理模式，提升城市管理的监测、分析、预警、决策能力和智慧化水平，提高城市管理和服务的精细化程度，满足公众对城市生活和营商环境的新需求，增强应对突发和重大事件的应对能力。

智慧通信能够为城市发展提供的功能主要有[166]：

（1）数据管理：对矢量、影像、缓存、目录、元数据、三维模型数据的管理维护、更新及发布，提供地图浏览、查询统计、定位、标注、空间分析以及三维显示等功能。

（2）运维管理：提供权限管理、服务的注册运行、维护管理运行状态，并进行监测，保障平台运行的安全和稳定。

（3）信息服务：以在线的方式提供地图、影像图、元数据、空间分析等各类标准空间信息服务，支持各应用系统的二次开发和运行。

（4）智慧应用：提供国土、市政、交通、公安、测绘、房产、规划、电信等部门空间数据一体化应用及智能化互联互通，信息交换与共享。

通过这些功能，可以实现城市的全面感测、充分整合，促进激励创新和协同运作，从而实现智慧化运行[167]：

（1）全面感测：遍布各处的传感器和智能设备组成"物联网"，对城市运行的核心系统进行测量、监控和分析。

（2）充分整合："物联网"与互联网系统完全连接和融合，将数据整合为城市核心系统的运行全图，提供智慧的基础设施。

（3）激励创新：鼓励政府、企业和个人在智慧基础设施之上进行科技和业务的创新应用，为城市提供源源不断的发展动力。

（4）协同运作：基于智慧的基础设施，城市里的各个关键系统和参与者能进行和谐高效地协作，达成城市运行的最佳状态。

此外，目前城市低碳转型和智慧提升已经成为解决城市问题、保护城市生态环境和改善城市生活质量的重要途径，更低碳、更智慧、更环保、更便捷越来越成为居民生活的基本需求。低碳生态市政目标刺激了智慧通信技术的创新发展及应用，智慧通信基础设施建设则为低碳生态市政发展铺路搭桥。

2.5.3 国内外应用经验

（1）国外应用经验

①新加坡

全面建设智慧通信基础设施，将智慧通信渗入并连接各个领域，打造"智慧国家"。

从 20 世纪 80 年代，新加坡政府就开始了在智慧通信方面的探索，先后提出了"国家电脑化计划"、"国家 IT 计划"，2006 年又提出了"智慧国家 2015"计划。智慧国家理念的核心可以用"连接、收集和理解"来概括。"连接"的目标是提供一个安全、高速、经济且具有扩展性的全国通信基础设施；"收集"则是指通过遍布全国的传感器网络获取更理想的实时数据，并对重要的传感器数据进行匿名化保护、管理以及适当进行分享；"理解"是通过收集来的数据（尤其是实时数据）建立面向公众的有效共享机制，通过对数据进行分析，以更好地预测民众的需求、提供更好的服务。此理念与智慧通信架构的三个层次相对应。为了促进该计划的发展，政府制定了四大策略：第一，建立超高速、广覆盖、智能化、安全可靠的信息通信基础设施；第二，全面提高本土信息通信企业的全球竞争力；第三，建立具有全球竞争力的信息通信人力资源；第四，强化信息通信技术的尖端、创新应用。目前，智慧通信已经深入新加坡国家发展的各个层面：出行、医疗、教育、政务等。

在网络方面，新加坡政府建设了下一代全国宽带网络（NBN），接入速率最高可达 1Gbps，便捷的高速宽带旨在为市民提供免费无线高速网络接入，在新加坡任何商圈均可免费接入 wifi，极大地方便了民众的生活。

在交通方面，新加坡交通管理部门结合智慧通信技术，例如城市快速路监控信息系统、安装传感器、红外线设备、ERP 系统、电子扫描系统、接合式电子眼等组成智能交通网络系统，结合历史交通数据和实时交通信息，对设定时段的道路进行流量监测，同时对在设定时间内的各个路段情况进行预测，预测结果准确率高达 85% 以上（图 2-79）。因此，市民就可以在出行前查看交通状况，适当避开交通拥堵的情况，同时也减少了一定量的汽车尾气排放。

在物流方面，贸易交换网（Trade Exchange）项目为贸易和物流行业提供跨领域解决方案。通过提供增值服务，促进企业对企业（B2B）的无缝贸易，对企业对政府（B2G）的交易进行补充，丰富了贸易交换网平台。

在医疗方面，新加坡开发了综合医疗信息平台，包括全国电子健康病历系统、综合临床管理系统、全科医生信息技术化、综合医院信息系统和远程医疗征求计划等。

在教育方面，新加坡教育部参与推出了新加坡未来学校计划，鼓励学校使用资讯通信技术手段，如全方位虚拟环境和教学游戏，提升学习体验。

图 2-79 新加坡智慧停车场、巴士系统显示屏

经过十年努力，"智慧国家 2015"计划的目标全部提前或超额完成，基本完成智慧国家理念的第一阶段"连接和收集"。新加坡政府于 2014 年将该计划升级为"智慧国家2025"，强调要通过数据共享等方式，尽力发挥人的主观能动性，帮助人实现更为科学的决策，最终实现理念的第二阶段"理解"。

②荷兰

智慧通信应用主要目标为节约能源、减少碳足迹，探索绿色低碳的智慧发展方式。

荷兰的阿姆斯特丹政府积极运用智慧通信技术减少城市生产生活能耗和 CO_2 排放[168]，在能源和交通等方面均有成功的应用经验，成为绿色低碳智慧发展的典范。

能源方面，阿姆斯特丹鼓励家庭安装智能电表，通过与其他家用设备相连接来记录电力和天然气的使用情况，并自动将数据发送给能源供应商。此外，各家庭通过安装能源反馈显示设备，可以方便获取能耗情况，该设备不仅支持用户自主设置能耗目标，还可根据用户能耗历史数据和现状提出个性化的节能建议。该设备还可以分别记录并显示各家用电器的能耗，实现远程操作各家用电器等，进而最大程度减少待机损耗以及不必要的能耗。该技术通过将各家庭的能耗"视觉化"，促使用户更加关注家庭生活中的能源使用情况，并随时调整其能耗行为，对有效降低碳排放量有很大的贡献。在家庭以外，阿姆斯特丹的智能大厦项目通过给大厦安装智能插座等能耗监控设备，实时记录能耗情况并整理分析能耗数据，为智能管理大厦的照明、供暖和安保提供参考和依据，实现低能耗的运行[169]。

交通方面，20 世纪末阿姆斯特丹已经采用了先进的电子信息集成技术，管理公共自行车系统。阿姆斯特丹还将交通和出行数据向公众开放，借助 Mobypark 共享停车平台，可以实时监测可用的停车位并实现提前预订，优化交通流量的同时提高出行效率。目前荷兰在欧洲倡导了 European Truck Platooning Challenge 计划，大力推进智慧通信在交通方面的应用，不断研发智慧汽车和交通系统智慧解决方案。

此外，阿姆斯特丹将政府开放数据与市民互动产生的社会媒体数据提供给数据开发者，利用开放数据开发智慧化应用方案。在此过程中，城市以用户服务和知识增值服务为导向，强调人、过程、技术、资源和服务相连接，基于开放数据、社会媒体数据和大数据，改进信息技术设施，建立基于互联网的信息基础架构，优化政府智能化管理手段、创新企业智力化服务产品，提高市民智慧化生活质量。

③韩国

利用智慧通信技术，打造绿色、数字化、无缝移动连接的生态智慧型城市。

韩国作为亚洲网络覆盖率最高的国家，早在 20 世纪初期就已经把发展以宽带为代表的信息技术提升为国家战略。2006 年韩国政府启动了以首尔为代表的智慧城市的建设，该计划被称作 U-City（Ubiquitous-City，无处不在的城市），在智慧城市建设过程中，智慧通信技术发挥了不可估量的促进作用。

韩国对 U-City 的官方定义为：在道路、桥梁、学校、医院等城市基础设施之中搭建融合信息通信技术的泛在网平台，实现可随时随地提供交通、环境、福利等各种泛在网服务的城市。韩国希望能以网络为基础，打造绿色、数字化、无缝移动连接的生态、智慧型城市，以无线传感器为基础，把韩国所有的资源数字化、网络化、可视化、智能化，从而促进韩国的经济发展和社会变革。目前已有众多城市参与 U-City 计划，包括首尔、釜山以及仁川的松岛新城等城市。

韩国 U-City 包含两种发展模式：一种是 New City+ubiquitous，即新城市建设，主要针对新城市进行智慧化建设；另一种是 Old City+ubiquitous，主要针对既有城市的特征，加入各项智慧应用元素与应用。前一种模式是主要建设模式，其实施难度远远小于后者。经过多年发展，韩国利用智慧通信技术在城市设施管理、安全、环境、交通、生活等方面均有较好的建设效果。

城市设施管理方面。利用无线传感器网络，管理人员可以随时随地掌握道路、停车场、地下管网等设施的运行状态。韩国供水系统管道漏水率国平均水平为 14.1%，首尔供水系统管道漏水率为 10%，一年可节约 40 万美元。

城市安全方面。首尔利用红外摄像机和无线传感器网络，在监测火灾时，可以突破人类视野限制。监控中心利用 GIS 可以对火灾发生地点进行定位，LCD 大屏幕可以播放火灾现场情况，视频监控系统可以实时监控火灾现场。U- 中心由传感器监测系统、集成数据分析系统、广播系统、外灯控制系统、基于位置的短信服务系统、通风控制系统等组成。当大楼遇到紧急情况时，U- 中心可以监测现场、通风系统、灯等。

城市环境方面。U- 环境系统可以自动给市民手机发送是否适宜户外运动的提示，市民还可以实时查询气象、交通等方面的信息。利用 U- 环境系统，可以根据空气可吸入颗粒物浓度，自动开启道路洒水系统，可以降低城市热岛效应。

城市交通方面。U- 交通系统包括公交信息系统、公共停车信息系统、智能交通信号控制系统、集成控制中心组成，并与 U- 家庭、U- 安全、U- 门户、U- 服务等系统互联互通。安装在公交车上的 GPS 系统可以给公交车实时定位，并计算与下一站的距离，乘客可以知道某路车预计到达时间。

城市生活方面。首尔建设有媒体街，街道两边立有许多媒体柱，媒体柱具有上网、拍照、玩电子游戏具有等娱乐功能。

（2）国内应用经验

①深圳

创新服务模式、整合资源，引领新型智慧通信发展。

深圳长期以来比较重视信息化发展，在 2011 年制定"十二五"规划时就提出加快建设智慧深圳，并制定了中长期发展规划《智慧深圳规划纲要（2011-2020 年）》。根据国家信息中心发布的《中国信息社会发展报告 2016》的测评数据，深圳市信息社会指数达到0.851，排名第一，是国内唯一处于信息社会发展中级阶段的城市。目前深圳城市智慧通信建设亮点主要包括：

国内领先的通信设施：通过政府购买服务方式，基本完成公共场所免费 Wi-Fi 覆盖。国家超级计算深圳中心（深圳云计算中心）建成并投入使用，其运算速度达到世界领先的 1271 万亿次 /s。

全市统一的集约化电子政务公共平台：面向全市各部门提供计算和存储资源服务统一的党政机关网络平台、政务信息资源共享交换平台、内网安全支撑平台、网站生成平台及短信平台等应用支撑平台，实现全市网络的互联互通，奠定业务系统建设基础。

以织网工程为引领的系列智慧应用：织网工程实行全市数据统一采集、事件统一受理和统一分拨，通过身份证号码、组织机构代码和房屋编码 3 码关联，构建起一个跨部门、跨区域和跨层级的整体性社会服务和社会治理新体系，实现政府形态完成从生产范式向服务范式的转变。织网工程在全国率先建成集人口、法人、房屋和空间地理信息于一体的城市级公共信息资源库，已有数据达 22 亿条。

推进智慧基础设施一体化建设：推进地下市政基础设施数据集成，建成全市综合管网信息库和统一管线信息平台，为市政工程审批、地下管线管理提供基础信息服务；通过集约化建设，每年节约财政资金 2 亿元。

信息资源的共享和应用创新：发布《深圳市政务信息资源共享管理办法》，规定各单位需确保数据真实和更新，并及时无条件对其他单位提供共享信息。2017 年起举办城市数据创新大赛，以城市治理为主题，通过政府、企业和公众的数据开放与融合创新，促进解决城市问题并活跃创新创业[170]。

②福建漳州

智慧通信技术助力城市市政基础设施升级，提高防灾应急保障能力。

2014 年 1 月，漳州开发区入选住房城乡建设部公布的国家智慧城市试点名单。漳州从顶层设计入手，以北斗导航技术为纽带，融合了物联传感、地理信息、云计算等新一代信息化技术，建设了北斗 CORS 基站群，构建了"政府、企业、公众"多方位的北斗导航终端应用体系，全面支撑智慧城市建设，打造了"惠民、利企、易政"的智慧通信体系。

漳州智慧通信技术在市政基础设施中的运用尤其引人关注，2014 年 10 月，国家发展改革委正式批准漳州开发区在民生关爱和地下管网安全领域开展北斗卫星导航应用示范项目。依托北斗高精度位置服务平台，漳州开发区将北斗设备与传感器相结合，形成点、线、面全方位覆盖的城市安全监测系统，以直观、科学、合理的数据信息，为应急、减灾、应用提供强大的数据支撑。比如通过地下管网实时运行监测数据和预警分析，不仅能精准地找出哪里存在管网破损，还能预见即将到来的暴雨是否会形成严重积水，甚至能对相关工程方面的调整设计方案进行评估判断。同时，系统对区内自然斜坡、人工高陡边坡、双鱼岛护岸、管廊、水库等位移、沉降的连续变化情况进行实时、直观检测，结合智能分析技术，有效提高了地质灾害预防和预判能力。

2.5.4　应用要点

（1）因地制宜，在有条件的地区先试先行

智慧通信是社会信息化发展的必然趋势，奠定这种发展必要的条件首先是信息通信基础设施达到中等发展水平及以上，具有发展需求和动力，并且要求当地政府具备一定经济实力。智慧通信技术建设完善应选择在基础设施条件较好的地区或领域先行先试，保证未来的实效，在没有条件或者条件不充分的地方应缓行。

（2）从全局层面统筹布局、共享资源

智慧通信基础设施的建设需着眼于城市全局层面进行统筹布局，综合整个城市的智慧化需求进行建设，而不能受限于一个局部和子系统。如构建统一的智慧应用平台，以免重复建设，造成不必要的浪费，或者建设不均衡。另外智慧信息基础设施的建设需考虑整个城市资源的协调分配，进行共建共享，实现信息基础设施资源的合理集约配置。

（3）建立相对完善的标准规范体系

智慧通信建设涉及数据采集、加工处理、安全管理、系统应用等多方面，各种新技术、新模式不断出现，需要一定的标准规范来规定和参考，建立相对完善的标准体系是引导城市智慧通信健康、高效发展的核心手段和技术支撑，是避免盲目和重复、降低成本、提高效益的必要条件。

（4）强化关键技术的创新和储备

智慧通信是以物联网、云计算等为核心的新一代信息技术对城市自然、经济、社会系统进行智能化改造的结果，必须依托于技术创新才能提高城市基础设施的综合利用率、信息网络承载能力以及信息的传输效率。因此在建设智慧通信的过程中要重视传感技术、宽带和无线网络升级优化技术、大数据和云计算、物联网、网络安全技术等的不断创新，形成足够的技术储备[171]。

（5）重视感知层面的规划建设

感知层是智慧通信的首要环节，只有通过感知层所采集的视频图像、温湿度，甚至是水质变化等城市运行状况的信息，才能使得互联层及应用层作出最快、最准确的智能反应。重视基础设施感知层面的规划设计，确保提供有效充足的信息，是实现城市智慧通信的基础。

3 规划篇

　　低碳生态市政基础设施是伴随低碳生态发展理念衍生而来的，随着低碳生态城市建设的推进，国家对城市市政系统建设也提出了更高的要求，近年来多次发文要求在加快城市基础设施建设完善的同时，加大绿色市政基础设施建设投入，全面落实集约、智能、绿色、低碳发展理念。目前，国内不少城市已开展低碳生态市政建设实践，积累了一定的经验，但在全国或地方层面仍缺乏专业、规范的规划导则和标准指导低碳生态市政规划编制。本章节将基于编者团队的工作经验，探讨低碳生态市政规划的编制要求、技术路径和规划标准，并辅以案例说明，以期为国内低碳生态市政规划项目提供参考。

3.1 低碳生态市政规划工作剖析

3.1.1 现行城市规划工作 [172]

1. 城乡规划分类

根据《中华人民共和国城乡规划法》，城乡规划是以促进城乡经济社会全面协调可持续发展为根本任务、促进土地科学使用为基础、促进人居环境根本改善为目的，涵盖城乡居民点的空间布局规划，包括城镇体系规划、城市规划、镇规划、乡规划和村庄规划。其中城市规划、镇规划可分为总体规划和详细规划，详细规划又可分为控制性详细规划和修建性详细规划。

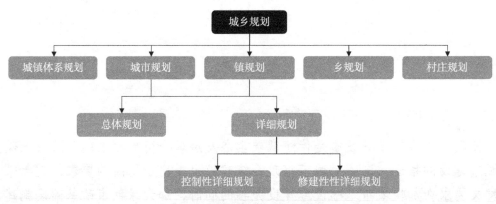

图 3-1　我国现行城乡规划体系

（1）总体规划和分区规划

总体规划是指城市人民政府依据国民经济和社会发展规划以及当地的自然环境、资源条件、历史情况、现状特点，统筹兼顾、综合部署，为确定城市的规模和发展方向，实现城市的经济和社会发展目标，合理利用城市土地，协调城市空间布局等所作的一定期限内的综合部署和具体安排。城市总体规划是城市规划编制工作的第一阶段，也是城市建设和管理的依据。

总体规划是城市政府引导和调控城乡建设的基本法定依据，是编制本级和下级专项规划、区域规划以及制定有关政策和年度计划的依据。城市总体规划的内容应当包括：城市、镇的发展布局，功能分区，用地布局，综合交通体系，禁止、限制和适宜建设的地域范围，各类专项规划等。城市总体规划的强制性内容主要包括规划区范围、规划区内建设用地规模、基础设施和公共服务设施用地、水源地和水系、基本农田和绿化用地、环境保护、自然与历史文化遗产保护以及防灾减灾等。

在城市总体规划完成后，大、中城市可根据需要编制分区规划，小城市一般不需编制分区规划。分区规划的任务是在总体规划的基础上，对城市土地利用、人口分布和公共设施、基础设施的配置做出进一步的规划安排，为详细规划和规划管理提供依据。因此，分区规划在总体规划与详细规划之间起承上启下的作用，其编制的具体要求除满足规划编制办法外，可视每个城市具体情况增加或深化。

（2）控制性详细规划和修建性详细规划

控制性详细规划是城市、镇人民政府城乡规划主管部门根据城市、镇总体规划的要求，用以控制建设用地性质、使用强度和空间环境的规划。控制性详细规划主要以对地块的使用控制和环境容量控制、建筑建造控制和城市设计引导、市政工程设施和公共服务设施的配套以及交通活动控制和环境保护规定为主要内容，并针对不同地块、不同建设项目和不同开发过程，应用指标量化、条文规定、图则标定等方式对各控制要素进行定性、定量、定位和定界的控制和引导。控制性详细规划是城乡规划主管部门做出规划行政许可、实施规划管理的依据，并指导修建性详细规划的编制。

修建性详细规划是以城市总体规划和控制性详细规划为依据，针对城市重要地块编制，用以指导各项建筑和工程设施的设计和施工的规划设计。修建性详细规划的根本任务是按照城市总体规划及控制性详细规划的指导、控制和要求，以城市中准备实施开发建设的待建地区为对象，对其中的各项物质要素（例如建筑物的用途、面积、体型、外观形象、各级道路、广场、公园绿化以及市政基础设施等）进行统一的空间布局。

（3）专项规划

专项规划是以国民经济和社会发展特定领域为对象编制的规划，是城市总体规划的若干主要方面及重点领域的展开、深化和具体化，也是政府指导该领域发展以及审批、核准重大项目，安排政府投资和财政支出预算，制定特定领域相关政策的依据。专项规划必须符合总体规划的总体要求，并与总体规划相衔接。

城市专项规划主要包括综合交通、环境保护、商业网点、医疗卫生、绿地系统、河湖水系、历史文化名城保护、地下空间、基础设施、综合防灾等。各专项规划的编制必须与城市总体规划的编制同步进行，严格按照总体规划的内容要求开展工作，各项专项规划的主要内容应纳入城市总体规划的文本、图纸和说明书，作为城市总体规划的一部分一并审核。同时，各有关行业主管部门，可以根据城市总体规划和分区规划、详细规划，单独编制有关专项规划，将城市总体规划的要求进一步细化落实。

2. 城乡规划的编审要求

根据《中华人民共和国城乡规划法》和《城市规划编制办法》中的相关规定，城市总体规划由城市人民政府组织编制，按城市等级实行分级审批；城市的控制性详细规划由城市人民政府城乡规划主管部门组织编制，经本级人民政府批准后，报本级人民代表大会常务委员会和上一级人民政府备案。具体编制和审批主体要求详见表3-1。

城乡规划的审批单位   表 3-1

规划阶段		编制单位	审批单位	备注
总体规划	直辖市的城市总体规划	直辖市政府	国务院	
	省、自治区政府所在地的城市以及国务院确定的城市总体规划	市政府	省、自治区政府审查同意后，报国务院审批	
	其他城市的总体规划	市政府	城市政府报省、自治区政府审批	
	县政府所在地的总体规划	县政府	上一级政府审批	
	其他镇的总体规划	镇政府	上一级政府审批	
	近期建设规划	城市、县、镇政府	报总体规划审批机关备案	根据城市总体规划、镇总体规划、土地利用总体规划和年度计划以及国民经济和社会发展规划制定
控制性详细规划	城市的控制性详细规划	城市政府城乡规划主管部门	经本级政府批准后，报本级人大常委会和上一级政府备案	根据城市总体规划的要求组织编制
	县政府所在地镇的控制性详细规划	县政府城乡规划主管部门	经县政府批准后，报本级人大常委会和上一级政府备案	根据镇总体规划的要求组织编制
	镇的控制性详细规划	镇政府	报上一级政府审批	根据镇总体规划的要求组织编制
修建性详细规划	重要地块的修建性详细规划	政府城乡规划主管部门和镇政府	城市、县政府城乡规划主管部门	应符合控制性详细规划
	一般地块的修建性详细规划	建设单位	城市、县政府城乡规划主管部门	依据控制性详细规划及城乡规划主管部门提出的规划条件

3.1.2 低碳生态市政规划工作定位

根据《城市规划编制办法》，在城市总体规划、分区规划和详细规划中必须包含市政工程专项规划。在城市总体规划纲要层面应提出重大基础设施的发展目标；在市域城镇体系规划层面应确定通信、能源、供水、排水、防洪、垃圾处理等重大基础设施和危险品生产储存设施的布局；在中心城区规划层面应确定电信、供水、排水、供电、燃气、供热、环卫发展目标及重大设施总体布局。城市分区规划应确定主要市政公用设施的位置、控制范围和工程干管的线路位置、管径，进行管线综合。详细规划应根据规划建设容量，确定市政工程管线位置、管径和工程设施的用地界线，进行管线综合。

随着低碳生态发展理念的深入，市政工程规划中也越来越多融入低碳生态理念，如给水工程规划中的非常规水资源利用、排水工程规划中的低影响开发、电力燃气工程中的清洁能源利用等。考虑到市政工程系统首先要保障资源能源供应安全与废弃物处理需求，应采取因地制宜、循序渐进、科学合理的形式，将低碳生态市政技术逐步引入，并与常规市政系统进行衔接融合。低碳市政基础设施与常规市政基础设施不是相互对立、非此即彼的关系，二者应在有机发展、系统更迭的过程中，向着一个更为绿色、智慧的城市支撑体系进化（图3-2）。目前在法定规划体系中，尚无低碳生态市政专项规划这一规划类型，低碳生态市政规划常以非法定规划或专题研究的形式开展。此外，为确保一些重大低碳生态市政设施建设的科学性与合理性，在系统的低碳生态市政专项规划之外，还会对低影响开发、综合管廊、天然气分布式能源、区域供冷等开展专门的规划研究，以更加专业、合理地指导低碳生态市政设施建设。

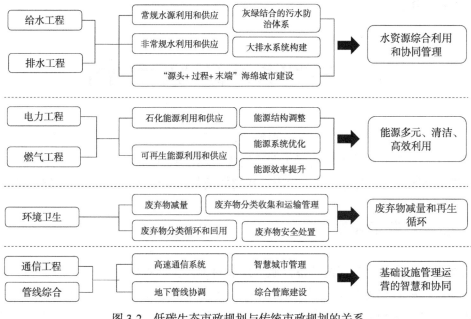

图 3-2　低碳生态市政规划与传统市政规划的关系

3.1.3　低碳生态市政规划工作要求

低碳生态市政规划的编制目的主要有两点：一是提升完善常规市政系统，通过集成应用先进技术，支撑和服务城市新的发展需求；二是引导规范新技术发展，通过示范应用新技术，为技术推广应用积累实践经验。总体而言，低碳生态市政规划工作应满足以下要求：

1. 合理开展低碳生态市政技术应用示范

先进技术应用是低碳生态市政规划建设的重要内容之一，但是不能盲目堆砌各种新兴技术，避免因技术的不成熟和不适宜，影响设施的运行效率，造成城市建设和投资的浪费。因此，在低碳生态市政规划中必须包含技术适宜性分析，以合理引导先进技术试点示范。

2.务实解决问题、支撑和服务城市发展

低碳生态市政规划的重要目的之一是通过应用先进技术，进一步完善常规市政系统，提高市政系统的运行效率，更好地支撑和服务城市发展。因此，低碳生态市政规划应在务实解决现存问题的同时，研究如何进一步增强城市资源能源供应保障，如何安全、环保地处理处置各类废弃物，如何提升城市市政设施的运行效率，并将解决方案落实到低碳生态市政设施规划布局上。

3.对接常规市政系统、推进工程项目落地实施

低碳生态市政规划不是新增一套市政系统，而是在常规市政系统的基础上植入低碳生态市政技术和设施。为保障整体市政系统的稳定运行，需要将低碳生态市政设施与常规市政系统作充分融合衔接。在规划内容和深度要求上，低碳生态市政规划应与同层次的常规市政工程规划基本一致，落实到设施布局、管线布设、指标管控等，以具备较强的实施性和操作性。

3.2 低碳生态市政规划编制指引

不同层次规划项目的编制内容和深度要求不同，相应低碳生态市政规划的编制内容也有所差异。本章节将基于不同层次和不同类型规划项目的特点，结合编者团队在全国多个城市的实践经验，对各类低碳生态市政规划编制内容和成果形式予以阐述和说明。

3.2.1 总体规划层次编制要点

总体规划是对一定时期内城市性质、发展目标、发展规模、土地利用、空间布局以及各项建设的综合部署和实施措施，包括市域城镇体系规划和中心城区规划两个层次。在市政基础设施规划方面，市域城镇体系规划应原则性确定通信、能源、供水、排水、防洪、垃圾处理等重大基础设施的布局，中心城区规划应确定通信、供水、排水、供电、燃气、供热、环卫等市政设施发展目标及重大设施总体布局。

根据城市总体规划的深度要求，该层次低碳生态市政规划应基于城市资源能源条件与发展定位，提出低碳生态市政发展策略与指标目标；结合常规市政规划，确定重大低碳生态市政设施的规划规模和系统布局；提出低碳生态市政建设重点方向，以及关键性低碳生态市政技术的发展要求。总体规划层面的低碳生态市政规划，可以专题研究或专项规划的形式开展，研究成果纳入总体规划的文本、说明书和图集中。

1.基础条件与现状问题分析

总体规划基础资料汇编中应包含以下内容：

（1）地理环境分析：地理位置，经纬度、气候区；地形地貌；工程地质；水文条件，江河分布、流量、流速、流向、水位（常年水位、最高水位）、水质、地下水储量和可开

采量、地下水水质、水位、湖泊和水库的容量以及洪水淹没范围。

（2）自然气象分析：风象，盛行风向、风向频率、风速（平均风速、最大风速）、静风频率；气温，年和月平均温度、最高和最低气温、昼夜平均温差；降雨，降雨量、暴雨及降雨强度；日照，年太阳能辐射量、日照时数、太阳高度与日照方位的关系。

（3）生态环境质量分析：生态环境、水环境、大气环境、声环境及固体废弃物处理的总体状况与主要问题。

（4）市政基础设施情况：供水、排水、电力、通信、燃气、供热、环卫等市政基础设施的建设情况及主要问题。

2. 低碳生态市政规划策略

在市域城乡统筹发展战略研究中，基于城市发展定位，结合重大基础设施建设和生态环境保护要求，提出低碳生态市政的发展策略。在推动城乡一体化建设的基础上，差异化地确定城市和乡村低碳生态市政基础设施的建设重点。

3. 低碳生态市政规划目标与指标

在"市政基础设施建设目标"部分，增加低碳生态市政如非常规水资源利用、清洁能源利用、废弃物资源化利用、综合管廊建设等方面的目标。从资源能源利用、生态环境保护以及基础设施建设方面，提炼表征和反映低碳生态市政的指标，纳入城市总体规划指标体系中。在总指标体系中，低碳生态市政指标不宜太多，选取 4 ~ 5 项最能体现本地低碳生态市政建设要求的指标，合理制定目标值。在后续低碳生态市政规划章节，可进一步补充、增加其他相关低碳生态市政指标。

4. 低碳生态市政设施布局规划

在市域和中心城区市政基础设施规划中，增加低碳生态市政设施规划规模和布局内容，该部分内容可纳入常规市政设施规划方案中，如在给水工程规划中增加非常规水资源利用内容，在环卫工程规划中增加固体废弃物资源化处理内容；也可以单独成章，与其他常规市政设施规划并列设置，如增加清洁能源利用规划、综合管廊规划等章节。

5. 低碳生态市政设施建设计划

在近期建设计划中，从资源保障和基础设施提升角度，提出重大低碳生态市政基础设施的建设计划。一些低碳生态市政设施建设具有试点和示范意义，以验证效果、树立标杆为目的，还应合理确定近期重点建设区域和试点项目。

6. 低碳生态市政规划制图要求

在总体规划图集中，应包括重大低碳生态市政基础设施规划布局图，可汇总于一张图纸表达，也可分散在给水、排水、电力、通信、燃气、供热、环卫等单个市政专业中，与传统市政基础设施规划布局一起表达（图 3-3）。

3.2.2 分区规划层次编制要点

城市分区规划是在城市总体规划的基础上，对局部地区的土地利用、人口分布、公共设施、城市基础设施的配置等所作的进一步安排。在分区规划层面，需确定主

图 3-3 深圳国际低碳城能源设施规划汇总图

要市政基础设施的位置、控制范围和工程干管的线路位置、管径，进行管线综合。因此，该层次低碳生态市政规划要求与城市总体规划层次基本一致，但深度要求有所提高。

（1）低碳生态市政发展策略应更加具体。在片区资源能源条件和发展诉求分析的基础上，对接各单项市政专项规划，确定低碳生态市政技术的具体应用模式。技术应用模式是比发展策略更为具体的应用表达，譬如发展策略可以表述为"积极开展太阳能利用"，应用模式则应明确是开展太阳能光热利用还是光伏发电，光伏发电是发展集中式光伏电站还是建设分布式光伏设施等，这样才能有效指导下层次详细规划的编制和引导工程项目建设。

（2）低碳生态市政目标指标应更具特色。在分区规划层面，片区的城市特征更为鲜明，低碳生态市政建设目标和指标体系也可进一步突出本地特色，如非常规水资源利用率细化为再生水利用率或雨水资源利用率，清洁能源利用率由太阳能光热利用或生物质能利用等更体现区域资源特点的指标表征。

（3）低碳生态市政设施规划方案应更详细。在确定低碳生态市政设施规模与场站布局的基础上，增加主干管道布设方案，并且需要与常规市政系统作充分衔接融合，如污水再生利用、雨水利用与常规供水工程的衔接，天然气分布式能源与区域电网的融合等。

3.2.3 详细规划层次编制要点

1. 控制性详细规划

在控制性详细规划层面，除落实城市总体规划、分区规划确定的低碳生态市政设施用地外，还应基于片区（地块）详细规划方案，确定低碳生态市政设施规模及管线布设方案，并明确低碳生态市政技术应用或设施建设的具体管控要求，将其纳入到地块图则中，予以定量控制或定性引导。

（1）确定适用低碳生态市政技术或设施。基于用地性质、规模及建筑类型，确定适用低碳生态市政技术或设施，对于天然气分布式能源、区域供冷、水源热泵、垃圾气力收集等新兴复杂技术，可同步开展项目可行性研究、论证技术应用或设施建设的技术经济可行性。

（2）确定低碳生态市政设施规模及建设形式。基于用地和建筑规划方案，预测确定低碳生态市政设施规模，明确设施建设形式是独立占地还是建筑附设，若独立占地应在片区详细规划方案中确定用地，若为建筑附设则明确占用建筑面积及功能兼容要求。

（3）设施管线布设规划。基于设施场站及用地布局方案，确定工程管线位置、管径，衔接常规市政工程管线方案，进行管线综合，并确定地下空间开发利用具体要求。

（4）确定低碳生态市政技术应用管控要求。以定量和定性相结合的形式，将是否应用低碳生态市政技术、设施建设规模、建设形式、管线敷设要求等内容，纳入到条文规定和图则标定中，并明确为控制性要求或引导性指引。

在控制性详细规划层面，低碳生态市政基础设施规划宜按单项技术或分专业出图，例如可单独绘制再生水利用规划图、雨水资源利用规划图、海水利用规划图，或汇总表达为非常规水资源利用图；可单独绘制太阳能利用规划图、风能利用规划图、水源热泵应用规划图，或可集中表达为清洁能源（可再生能源）利用规划图。对于天然气分布式能源、区域供冷、冰蓄冷等可联合应用的技术，应在图中清楚表达是联合应用或单项应用。若设施管线布设方案复杂或单项技术应用的规划元素较多，如低影响开发包括多项设施规划，则可采用一项技术一张图的模式，以清晰展示各项技术或设施的规划方案。参见图3-4。

2. 修建性详细规划

在修建性详细规划层面，除确定低碳生态市政设施用地、规模和管线布设外，还应明确市政工程和建筑方案的衔接模式。

（1）建设条件分析及综合技术经济论证。针对上层次规划确定的低碳生态市政技术，开展综合性技术经济论证，明确各项技术的建设条件和经济可行性。

（2）基于建筑方案的技术应用和设施规划。在明确低碳生态市政设施规模及布局方案的基础上，结合建筑方案和总平面图，提出设施的具体建设方案，如通过建筑日照分析，确定光伏建筑一体化项目的光伏电板最佳铺设位置和倾角；结合地块竖向设计、建筑、道路、铺装和绿地等空间布局制定详细的海绵设施规划设计方案，并与场地内的排水管网规划衔接。

（3）管线规划设计和管线综合。编制地块内部低碳生态市政设施管线规划设计方案和管线综合，以及与外围低碳生态或常规市政系统主干管线的衔接方案。

（4）工程量估算和投资效益分析。对各项低碳生态市政设施的造价和投资效益作初步估算，明确工程建设成本与效益。

在修建性详细规划层面，为清晰指导各项建筑和工程设施的设计、施工，建议采用一项技术一张图的模式，每张图包含设施规模、布局、管线设计及文字说明等内容。

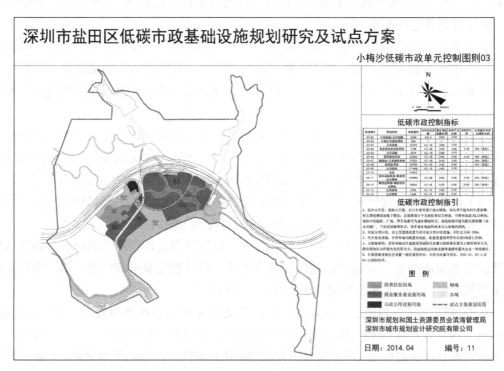

图 3-4 深圳小梅沙低碳市政单元控制图则

3.2.4 市政专项规划层次编制要点

1. 综合性市政专项规划

综合性市政专项规划，即包含给水、排水、电力、通信、燃气、供热、环卫、消防、防灾等多专业的市政设施规划，不同层次规划的侧重点不同。在城市总体层面的市政专项规划，应重点明确全市（县）的市政设施布局；分区层面的市政专项规划，应统筹区内外的市政设施，开展系统规划；片区层面的市政专项规划，应具体指导市政基础设施的工程建设。总体来看，市政专项规划可以划分为总体规划和详细规划两个层次，编制内容和深度要求基本与上述"总体规划层次编制要点"和"详细规划层次编制要点"一致，在此不再赘述。

本小节着重从工作组织角度阐述如何在综合性市政专项规划层面开展低碳市政专项规划编制。其技术路线如图 3-5 所示，首先应对常规市政工程建设情况作系统分析，识别现状问题和提升需求；在此基础上，依据问题和目标双导向，提出低碳生态市政基础设施的规划策略，并和相关专项规划作充分对接，以合理制定规划方案，并提出具体的建设计划和管控要求。

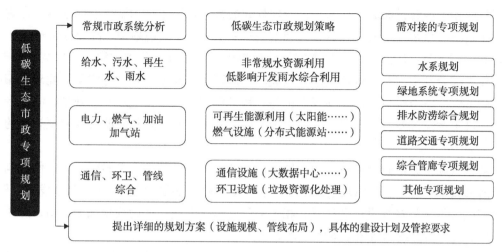

图 3-5　低碳生态市政专项规划编制技术路线

以《深圳国际低碳城市政专项规划》项目为例，其研究框架和主要内容如下：

（1）综述。明确项目背景、规划层次、规划范围和规划内容，梳理规划区基本情况。

（2）目标与策略。基于上层次相关规划要求及本地发展诉求，制定低碳生态市政规划的总体目标和规划策略。

（3）现状市政系统和相关规划。分析能源系统、水系统、废弃物管理、智慧城市、综合管廊等市政基础设施现状建设情况和相关规划编制情况，评估现状市政基础设施的支撑能力、提升需求和改善措施。

（4）低碳生态市政先进技术适宜性分析。对能源系统、水系统、废弃物管理、智慧城市、综合管廊等涉及的先进技术进行逐一适宜性分析，结合本地实际情况制定技术应用策略。

（5）能源系统综合规划。制定规划目标和策略，构建综合能源系统供应系统框架，分类预测能源需求量，编制可再生能源利用规划、生物质能利用规划、天然气分布式能源和区域供冷规划、电力电网规划、燃气系统规划、清洁能源汽车供能规划，预测能源系统减碳效益。

（6）水系统综合规划。制定规划目标和策略，构建水资源综合利用及管理规划框架，开展需水量和污水量预测，编制给水系统规划、再生水系统规划、污水系统规划、低影响开发规划、雨水系统规划，分析非常规水资源利用的节水效益。

（7）废弃物管理系统规划。制定规划目标和策略，构建废弃物管理系统框架，预测废弃物产生量，编制资源分类回收及收运系统规划、生活垃圾处理规划、餐厨垃圾及污泥资源化规划、建筑废弃物综合利用规划、危险废弃物处理处置规划。

（8）通信基础设施规划。预测通信业务需求，编制通信工程规划。

（9）综合管廊规划。分析综合管廊线路影响因素，确定入廊管线，制定综合管廊布局方案。

2.单专业市政专项规划

单专业市政专项规划，即给水专项规划、排水专项规划、电力专项规划等分专业市政专项规划，现均有规范的编制要求。目前，一些单专业市政专项规划中已纳入低碳生态规划的相关内容，如城市给水工程专项规划通常包含再生水、雨水、海水等非常规水源利用目标、供水工程规划、建设项目等内容；在环卫专项规划中，除包含常规的生活垃圾收集点、垃圾转运站、垃圾填埋场等设施规划外，垃圾分类收集、垃圾焚烧发电、建筑垃圾综合利用、餐厨垃圾处理等垃圾减量循环工程规划也越来越常见。此外，编制专门的低碳生态市政单专业专项规划也是一种常见模式，如再生水专项规划、海水专项规划、可再生能源专项规划等，各项专项规划编制深度应达到相应的市政专项规划的编制要求。

随着低碳生态市政设施技术的发展应用，其规划编制要求也在不断完善。低影响开发（海绵城市）和综合管廊是近几年国内重点关注和大力推广的低碳生态市政发展主题，为规范相关设施的规划设计和建设，相关部门已出台全国层面的规划编制指引，并要求各地根据实际情况编制适用于本地的规划指引。

以低影响开发（海绵城市）为例，住房城乡建设部在2014年10月出台《海绵城市建设技术指南——低影响开发雨水系统构建（试行）》，2016年3月又发布了《海绵城市专项规划编制暂行规定》，明确海绵城市专项规划的主要任务是：研究提出需要保护的自然生态空间格局，明确雨水年径流总量控制率等目标并进行分解，确定海绵城市近期建设的重点。海绵城市专项规划编制内容见表3-2。

海绵城市专项规划编制内容　　　　　　　　　　　　　　　　表3-2

序号	编制内容
1	综合评价海绵城市建设条件。分析城市区位、自然地理、经济社会现状和降雨、土壤、地下水、下垫面、排水系统、城市开发前的水文状况等基本特征，识别城市水资源、水环境、水生态、水安全等方面存在的问题
2	确定海绵城市建设目标和具体指标。确定海绵城市建设目标（主要为雨水年径流总量控制率），明确近、远期要达到海绵城市要求的面积和比例，参照住房城乡建设部发布的《海绵城市建设绩效评价与考核办法（试行）》，提出海绵城市建设的指标体系
3	提出海绵城市建设的总体思路。依据海绵城市建设目标，针对现状问题，因地制宜确定海绵城市建设的实施路径。老城区以问题为导向，重点解决城市内涝、雨水收集利用、黑臭水体治理等问题；城市新区、各类园区、成片开发区以目标为导向，优先保护自然生态本底，合理控制开发强度
4	提出海绵城市建设分区指引。识别山、水、林、田、湖等生态本底条件，提出海绵城市的自然生态空间格局，明确保护与修复要求；针对现状问题，划定海绵城市建设分区，提出建设指引
5	落实海绵城市建设管控要求。根据雨水径流量和径流污染控制的要求，将雨水年径流总量控制率目标进行分解。超大城市、特大城市和大城市要分解到排水分区；中等城市和小城市要分解到控制性详细规划单元，并提出管控要求
6	提出规划措施和相关专项规划衔接的建议。针对内涝积水、水体黑臭、河湖水系生态功能受损等问题，按照源头减排、过程控制、系统治理的原则，制定积水点治理、截污纳管、合流制污水溢流污染控制和河湖水系生态修复等措施，并提出与城市道路、排水防涝、绿地、水系统等相关规划相衔接的建议

序号	编制内容
7	明确近期建设重点。明确近期海绵城市建设重点区域，提出分期建设要求
8	提出规划保障措施和实施建议
9	海绵城市专项规划图纸一般包括：①现状图（包括高程、坡度、下垫面、地质、土壤、地下水、绿地、水系、排水系统等要素）。②海绵城市自然生态空间格局图。③海绵城市建设分区图。④海绵城市建设管控图（雨水年径流总量控制率等管控指标的分解）。⑤海绵城市相关涉水基础设施布局图（城市排水防涝、合流制污水溢流污染控制、雨水调蓄等设施）。⑥海绵城市分期建设规划图

为规范和指导城市地下综合管廊工程规划编制，住房城乡建设部于 2015 年 5 月印发《城市地下综合管廊工程规划编制指引》，明确地下综合管廊规划编制要求见表 3-3。

城市地下综合管廊规划编制内容 表 3-3

序号	编制内容
1	规划可行性分析。根据城市经济、人口、用地、地下空间、管线、地质、气象、水文等情况，分析管廊建设的必要性和可行性
2	规划目标和规模。明确规划总目标和规模、分期建设目标和建设规模
3	建设区域。敷设两类及以上管线的区域可划为管廊建设区域。高强度开发和管线密集地区应划为管廊建设区域。主要是：①城市中心区、商业中心、城市地下空间高强度成片集中开发区、重要广场，高铁、机场、港口等重大基础设施所在区域。②交通流量大、地下管线密集的城市主要道路以及景观道路。③配合轨道交通、地下道路、城市地下综合体等建设工程地段和其他不宜开挖路面的路段等
4	系统布局。根据城市功能分区、空间布局、土地使用、开发建设等，结合道路布局，确定管廊的系统布局和类型等
5	管线入廊分析。根据管廊建设区域内有关道路、给水、排水、电力、通信、广电、燃气、供热等工程规划和新（改、扩）建计划，以及轨道交通、人防建设规划等，确定入廊管线，分析项目同步实施的可行性，确定管线入廊的时序
6	管廊断面选型。根据入廊管线种类及规模、建设方式、预留空间等，确定管廊分舱、断面形式及控制尺寸
7	三维控制线划定。管廊三维控制线应明确管廊的规划平面位置和竖向规划控制要求，引导管廊工程设计
8	重要节点控制。明确管廊与道路、轨道交通、地下通道、人防工程及其他设施之间的间距控制要求
9	配套设施。合理确定控制中心、变电所、投料口、通风口、人员出入口等配套设施规模、用地和建设标准，并与周边环境相协调
10	附属设施。明确消防、通风、供电、照明、监控和报警、排水、标识等相关附属设施的配置原则和要求
11	安全防灾。明确综合管廊抗震、防火、防洪等安全防灾的原则、标准和基本措施
12	建设时序。根据城市发展需要，合理安排管廊建设的年份、位置、长度等
13	投资估算。测算规划期内的管廊建设资金规模
14	保障措施。提出组织、政策、资金、技术、管理等措施和建议
15	图纸应包括：管廊建设区域范围图、管廊建设区域现状图、管廊系统规划图、管廊分期建设规划图、管线入廊时序图、管廊断面示意图、三维控制线划定图、重要节点竖向控制图和三维示意图、配套设施用地图、附属设施示意图

3.3 低碳生态市政规划路径

3.3.1 现状问题识别

低碳生态市政规划是在常规市政规划的基础上，为减少城市资源消耗、提高能源利用效率和强化物质循环回用，促进城市健康可持续发展而衍生出的一类规划。为合理制定规划目标和发展策略，首先应分析常规市政工程建设情况，剖析城市在资源能源利用、废弃物处理等方面存在的问题，与低碳生态城市发展目标之间的差距，以解决现存问题、支撑未来需求为基本路线，来确定低碳生态市政发展策略与规划方案。

1. 常规市政工程规划建设情况分析

给水工程：分析水资源供给和城市用水量之间的供需平衡问题，城市水源、供水厂及供水管线建设情况，常规给水工程现存问题，如是否存在水源短缺、水质污染？供水设施是否满足用水需求？管网建设覆盖情况如何？

排水工程：分析现状排水体制、排水分区、污水处理厂及污水管线建设情况、雨水管网及其他排水防涝设施建设情况等，明确常规排水工程现存问题，如因雨污混流、排水管网建设滞后、污水收集处理率低导致的水环境污染，因雨水管网标准偏低、排水（防涝）设施能力不够导致的城市内涝问题等。

电力工程：分析城市供电电源、城市电网布局框架、重要电力设施和走廊建设布局情况等，明确常规电力工程现存问题，如城市用电的安全性和稳定性、长距离输电的能源损耗、传统火电的大气污染物排放等。

通信工程：分析邮政、电信、移动通信、广播、电视等各类通信设施和通信线路建设情况，明确常规通信工程现存问题，如设施建设与城市发展不匹配、管线重复建设问题等。

燃气工程：分析城市燃气气源、各种供气设施的规模和容量、燃气管网建设情况，明确常规燃气工程现存问题，如天然气气源是否充足有保障？供气设施规模和燃气管线建设是否满足城市用气需求？

热力工程：分析城市热源、集中供热设施及供热管线建设现状，明确常规热力工程现存问题，如热源规模是否满足城市用热需求？是否因管线建设滞后导致集中供热覆盖率偏低？集中供热的能耗是否偏高？

环卫工程：明确垃圾填埋场、垃圾焚烧发电厂、垃圾转运站等主要环境卫生设施的数量、规模及布局情况，分析常规环卫工程现存问题，如垃圾清运设施能力是否足够？垃圾处理设施是否难以落地？是否能实现 100% 垃圾无害化处理？生活垃圾资源化处理、工业固体废弃物综合利用水平是否偏低？城市污泥、危险废弃物、工程弃土等废弃物处理设施是否在环卫系统中进行考虑？

管线综合：明确各类工程管线布局、敷设方式、管线敷设的排列顺序和位置，相邻工程管线的水平间距、交叉工程管线的垂直间距等，分析工程管线敷设的现存问题。

对比常规市政工程规划方案，评估规划实施情况，分析方案偏离或工程建设滞缓原因，如难以落实用地或建设资金短缺等。

2. 低碳生态市政设施规划建设情况分析

（1）水资源综合利用工程

再生水利用工程：明确再生水厂数量、规模（设计规模、实际运行规模）、布局情况，再生水管线敷设情况，以及再生水回用途径（农业灌溉、工业用水、城市杂用水、河道生态补水等）及供水量等，计算污水再生利用率、再生水替代常规水资源利用率等指标，分析城市再生水利用总体发展水平。若有建设分散式小型再生水利用设施或建筑中水工程项目，也应纳入再生水设施现状分析内容中。

雨水利用工程：明确山区水库、建成区各类雨水收集和贮存工程的数量、规模和布局情况，计算雨水收集利用量及占常规供水量比例，分析城市雨水资源利用总体发展水平。

海水利用工程：包括海水直接利用和海水淡化利用，明确海水利用方式、利用对象（工业用水、码头冲洗用水、建筑冲厕等）、利用规模，以及现存何种问题等。

分质供水工程：明确城市是否建设分质供水工程，已建分质供水工程的实施效果等。

（2）生态排水和污水处理工程

低影响开发（海绵城市）：依据新建项目、更新（旧改）项目建设情况，参考海绵城市年径流总量控制率等指标的达标情况，分析城市低影响开发总体实施状况。

初期雨水管理：分析城市初期雨水管理的总体情况，采用了何种工程技术及实施效果等。

污水生态处理：明确污水生态处理项目的位置、规模、处理工艺、实施效果，以及在运行管理方面存在何种问题等。

（3）能源清洁高效利用工程

清洁能源利用工程：分析太阳能、风能、地热能等可再生能源的利用模式、工程规模、替代传统能源供应量以及设施的运行稳定性等；分析电动汽车充电设施的建设模式（充电站、充电桩）、数量和布局，是否满足电动汽车的充电需求等。

高效能源利用工程：分析天然气分布式能源、区域供冷、冰蓄冷、220kV/20kV系统等各类高效能源利用工程的建设规模、实施效果，如能源综合利用效率、节能量，以及运行管理问题等，总结设施建设和运行管理经验。

（4）废弃物减量循环工程

垃圾气力收集工程：分析垃圾分类模式、气力收集工程规模（垃圾投放口数量、管道敷设长度、收集能力等），设施运行管理与维护问题等，判断设施推广的可行性。

建筑垃圾综合利用工程：分析固定式建筑垃圾综合利用厂的处理能力、占地面积、资源化产物及其利用情况与经济效益等；分析移动式建筑垃圾处理一体化设施的应用情况，建筑垃圾处理规模、资源化产品及其利用情况等。

餐厨垃圾资源化处理工程：分析大型餐厨垃圾处理厂的处理能力、占地面积、资源化产物与经济效益等；分析小型餐厨垃圾处理设施的处理规模、空间布局及实际运行效果等，判断是否具备进一步推广的可行性；了解是否有家庭型餐厨垃圾处理设备的应用。

垃圾焚烧发电厂：包括垃圾焚烧发电厂的数量、处理能力、占地面积及年产电量等，分析是否满足城市生活垃圾的处理需求，以及公众对垃圾焚烧发电厂的态度。

（5）智慧通信工程

分析各类智慧通信设施的空间布局、占地面积、通信能力等，判断智慧通信设施服务范围的覆盖面，以及对于智慧城市发展的支撑能力。

（6）综合管廊工程

分析综合管廊的建设规模（长度）、类型（干线综合管廊、支线综合管廊、缆线管廊）、空间布局及入廊管线情况，总结综合管廊的建设模式（道路新建、改造，轨道交通建设，市政干管建设，市政旧管改造等），以及现状运营维护状况等。

（7）规划方案落实情况

若已编制低碳生态市政专项规划，应评估规划方案实施情况，分析低碳生态市政设施建设进展、在实际应用中存在的困难，如资金问题、管理问题等。

3. 问题识别与需求分析

通过常规市政工程和低碳生态市政设施的建设情况分析，识别现状市政系统运行管理存在的问题，包括常规市政工程的处理能力和运行效率问题、低碳生态市政设施的实际运行效果等，结合城市发展趋势、未来规模以及对市政基础设施的建设需求等，分析低碳生态市政设施对于构建健康、可持续市政系统的必要性和可行性，以及后续推进低碳生态市政设施建设与管理工作的重点，为后续制定低碳生态市政发展策略和规划方案奠定基础。

（1）水资源综合利用。当存在城市缺水问题或长距离输水需求时，应优先考虑本地非常规水资源的开发利用，积极挖掘污水再生利用、雨水收集利用及海水综合利用的潜力，通过替代常规水源供水，缓减用水紧张问题。

（2）生态排水管理。生态排水管理适用于各个地区，特别是存在内涝和面源污染问题的城市尤其应大力推广，应在传统排水和污水处理设施建设的基础上，结合初期雨水管理、面源污染治理、城市内涝防治等需求，合理布局生态排水设施，建设灰绿结合、生态高效的排水系统。

（3）能源清洁高效利用。在能源需求量大且稳定的高密度建设区、工业园区及大型楼宇建筑中，应积极探索天然气分布式能源、区域供冷、冰蓄冷等高效能源设施的应用可行性，减少长距离输电、供热（冷）的能源损耗，缩小电网峰谷差、平衡电力负荷，提高能源利用效率。若城市空气污染严重，应积极利用太阳能、风能、地热能、天然气等清洁能源替代传统燃煤发电、供热，减少火电供能的大气污染物排放。当集中供热工程、天然气管道近期难以实现全面覆盖时，可考虑利用太阳能、地热能等可再生能源实施分布式供能。

（4）废弃物减量循环。在保障垃圾100%无害化处理处置的前提下，加大垃圾资源化处理设施的建设力度。特别是在土地资源紧张的大型都市，应尽可能通过垃圾减量化、资源化、循环化，减少最终填埋的垃圾量。为促进垃圾资源化处理设施的高效运行，应同时做好前端的垃圾分类收集，保障建筑垃圾、餐厨垃圾、一般生活垃圾的分类处理。

（5）智慧通信。对于大型和超大型城市，应在常规通信设施建设的基础上，加快布局智慧通信设施，为智慧城市发展建设提供技术支撑。

（6）综合管廊。在城市高密度建设区或重要地段，因地下管线新建、改造、维修导致道路频繁开挖，影响市容市貌和城市交通时，应结合地下空间开发、旧城改造、道路新建（改造）、地下主要管线改造等，研究建设综合管廊的可行性和适宜时机。

4. 现状调研资料收集

调查工作主要针对当地常规市政工程与低碳生态市政设施规划建设情况，并同步收集与之相关的基础资料，如自然气候条件、水文及水资源条件、能源消费结构、可再生能源利用潜力等，以支撑后续规划工作的开展。

收集的资料分为重要（核心）资料和辅助性资料。重要（核心）资料是开展低碳生态市政基础设施规划的必备资料，辅助性资料在一定程度上可以丰富规划内容和成果表达，资料收集清单如表3-4所示。收集相关规划成果文件时应明确该规划的编制年限、规划范围、规划阶段（初稿、终稿或送审稿）以及需要的文件格式（Word、PDF、JPG或者CAD、GIS等），以方便后期分析。

低碳生态市政基础设施规划现状调研资料收集清单　　　　　　表3-4

序号	分类	名录	资料要点	负责部门
1◎	气候条件	气温	年均气温、最高气温、最低气温、气温日变化、气温月变化、气温年变化等	气象部门
2◎		降水	多年平均降水量、年最大/最小降水量、日最大/最小降水量、降水时空分布等	气象部门
3◎		风	风力大小、风向、风速等	气象部门
4◎		日照	年均日照时数、月日照时数变化、年太阳能辐射量等	气象部门
5◎	地形地质条件	地形图	比例尺视规划范围而定	国土资源部门
6		地下水分布图		国土资源部门
7		漏斗区、沉降区分布图		国土资源部门
8		地质灾害分区图		国土资源部门
9◎		现状及规划用地特征分类	主要分5类：已建保留、已建拟更新、已批在建、已批未建、未批未建	
10		土壤类型分布情况	如果为回填土，说明回填类型、分布范围、回填深度	农业局
11◎	水文水质条件	现状水系分布情况	河流：径流量、含沙量、有无汛期、有无结冰期、水能资源是否丰富、补给类型（地下水、雨水、冰川融水、冰雪融水等） 湖泊：径流量、水位（面积）变化情况、含沙量、含盐量、有无汛期、有无结冰期、补给类型等 水库：流域面积、总库容、设计洪水位等	水利部门
12		水环境质量情况（环境质量报告书）	河流、湖泊、水库等地表水环境质量，地下水环境质量，海水质量	环保部门
13		城市内涝情况统计	内涝次数、日期、当日降雨量、淹水位置、深度、时间、范围、现场图片、灾害损失情况、原因分析	水务部门

续表

序号	分类	名录	资料要点	负责部门
14 ◎	给水工程	城市供水规划	水源、给水厂、供水管线现状建设情况；城市水源供水保障率、水质达标率、管网漏损率等	规划部门
15 ◎		再生水利用规划	再生水厂、再生水管线建设情况，污水再生回用途径与回用量，建筑中水系统建设情况等	规划部门
16 ◎		雨水利用规划	雨水利用工程建设情况	规划部门
17 ◎		海水利用规划	海水利用工程建设情况	规划部门
18 ◎		城市水资源综合规划		规划部门
19 ◎		供水基础设施普查	管线普查数据及报告	住房城乡建设部门
20 ◎	排水工程	城市排水（雨水）防涝规划	排水体制、排水分区、雨水管网、泵站及其他排水设施建设情况	规划部门
21 ◎		城市污水系统规划	污水厂、污水管网及分散式污水处理设施建设情况，污水收集处理率、污水处理出水水质等	规划部门
22 ◎		海绵城市规划	水安全、水环境、低影响开发等相关内容	规划部门 水务部门
23 ◎		排水基础设施普查	管线普查数据及报告	住房城乡建设部门
24 ◎	能源工程	城市电力专项规划	电源、电网及重要电力设施、走廊建设情况	规划部门 电力部门
25 ◎		城市燃气专项规划	燃气气源、各种供气设施、燃气管网建设情况	规划部门 燃气公司
26 ◎		城市供热专项规划	城市热源、集中供热设施及供热管线建设	规划部门 热力公司
27 ◎		可再生能源规划	太阳能、风能、水能、地热能、生物质能、潮汐能等可再生能源开发利用情况	规划部门 发改部门
28 ◎		能源基础设施普查	管线普查数据及报告	住房城乡建设部门
29 ◎		重点能源工程情况	天然气分布式能源、区域供冷等重点能源工程建设和运营情况	电力公司 住房城乡建设部门
30 ◎	环卫工程	城市环卫专项规划	垃圾产生量、无害化处理量、资源化处理量；垃圾填埋场、垃圾焚烧发电厂、建筑垃圾处理厂、餐厨垃圾处理厂、危险废弃物处理厂等重点环卫设施建设情况	规划部门 城管部门
31 ◎		垃圾资源化处理工程	建筑垃圾移动处理、小型餐厨垃圾处理设施等其他垃圾资源化处理工程建设情况	城管部门 住房城乡建设部门
32 ◎		环卫基础设施普查		住房城乡建设部门

序号	分类	名录	资料要点	负责部门
33 ◎	通信工程	城市通信专项规划	通信基站、通信线路建设情况	规划部门
34 ◎		智慧通信设施建设情况		通信公司住房城乡建设部门
35 ◎		通信基础设施普查	最好有管线普查数据及报告	住房城乡建设部门
36	综合管廊	城市综合管廊规划	综合管廊空间分布、长度、入廊管线等	规划部门
37		综合管廊建设情况	实际建设和运营、管理情况	住房城乡建设部门
38 ◎	其他相关规划	城市总体规划		规划部门
39 ◎		控制性详细规划		
40		城市水系规划		
41		城市节水规划		
42		城市绿地系统专项规划		
43 ◎		城市道路交通专项规划		
44 ◎		规划区改造规划或计划		
45 ◎		近期建设规划		
46 ◎		五年发展规划		
47 ◎	其他相关资料	地方城市规划标准		规划部门
48 ◎		社会经济五年发展计划		发改部门
49 ◎		相关部门规划、计划		相关部门
50 ◎		国家、地方相关政策		相关部门
51 ◎		统计年鉴	近5年	统计部门

注：◎为重要/核心资料，其他为辅助性资料。

3.3.2 目标和策略

1. 低碳生态市政规划目标

低碳生态市政基础设施是低碳生态发展理念衍生而来的，是通过对市政基础设施的结构改良以及低碳生态市政技术的应用，进一步减少城市资源消耗，促进能源高效利用，以及强化物质循环回用。因此，在现阶段开展低碳生态市政规划主要有两方面目的：一是"提质"，即从容量、品质、结构等方面提升完善市政系统，更好地支撑和服务于城市运转；二是"示范"，即应用示范先进技术，积累实践经验、促进技术推广。总结来看，编制低碳生态市政规划的目标主要体现在以下几方面：

（1）资源保障。快速城镇化导致城市人口迅速集聚，很多大型城市存在水资源和能源紧缺的问题，一方面是资源能源总量紧张，一方面是供水和供能基础设施的建设滞后。低碳生态市政设施的建设，首先应以强化资源保障为目标，通过非常规水资源和可再生能源的开发利用，推动相关技术的应用、完善、成熟，调整城市资源能源供应体系的结构，最终突破城市发展的资源瓶颈，实现城市可持续发展。

（2）能源高效。市政系统的供电、供气、供热是城市温室气体排放的主要来源，通过应用能源高效利用技术，加强能源生产和传输过程的节能减排，对于推动城市低碳化转型具有重要意义。因此，在强化市政设施保障能源供应的基础上，推动能源供应的高效化、低碳化，是低碳生态市政设施应用的又一目标。

（3）环境保护。生态环境破坏是当前大小城市都面临的普遍问题，为恢复青山绿水蓝天的城市环境，除严格控制源头污染物排放，还应强化各种末端处理能力，如实施污水深度处理，提高污水厂出水水质；开展清洁能源利用，降低大气污染物排放量；实施废弃物循环利用，减少垃圾填埋占地等。因此，低碳生态市政规划建设应以环境保护为重要目标，着力于改善城市环境质量。

（4）管理高效。相比常规市政系统，低碳生态市政系统的先进性还体现在设施管理维护的高效化。通过各种自动化、智能化技术的植入，实现资源、能源的配置最优，以及设施运行效率的最大化。通过地下综合管廊建设，实现各类市政管线的高效维护管理，避免频繁开挖道路、影响城市交通和市容市貌。因此，低碳生态市政设施建设不应仅仅追求先进技术的应用，还应重视设施的实际运行和管理维护。

2. 低碳生态市政规划指标体系

目前，低碳生态市政规划专门的指标体系研究不多，但现有低碳生态城市指标体系研究都包含有低碳市政、绿色市政等相关指标，可作为构建低碳生态市政指标体系的参考。梳理国内宏观尺度、总体规划层面的几个影响力较大的低碳生态城市指标体系（表3-5），其中所涉及的低碳生态市政指标主要集中在资源节约、污染治理、能源高效等方面。

低碳生态城市指标体系中低碳生态市政指标选项　　　　　　　　表3-5

序号	指标体系	低碳生态市政指标
1	中国低碳生态城市指标体系	资源节约指标——再生水利用率 环境友好指标——生活垃圾资源化利用率
2	深圳低碳生态城市指标体系	调整能源结构——非化石能源占一次能源消费比重 城市环境与自然环境协调——建成区透水性地面面积比例 绿色市政——非常规水资源替代率、生活垃圾资源化利用率 建设示范——太阳能光热应用建筑面积、LED绿色照明普及率、垃圾焚烧发电量
3	中新天津生态城建设指标体系	基础设施——垃圾回收利用率 经济发展持续——可再生能源使用率、非传统水资源利用率
4	无锡太湖新城低碳生态规划指标体系	区域能源规划——可再生能源比例、区域供冷供热覆盖率 水资源循环利用——新建项目非传统水资源利用率 垃圾分类收集——生活垃圾分类收集率

序号	指标体系	低碳生态市政指标
5	广深港光明门户区低碳指标体系	低碳能源——电力系统能耗削减率、220kV/20kV 配电网络覆盖率、太阳能光电利用率、太阳能光热设备屋顶覆盖率 低冲击开发——综合径流系数、人行道停车场广场透水铺装地面比例、绿化屋顶覆盖比例、城市公共绿地下凹式建设比例 资源循环——非常规水资源利用率、垃圾回收利用率、再生水利用率、雨洪资源利用率、生态垃圾分类收集设施覆盖率、建筑废弃物资源化利用率
6	重庆市绿色低碳生态城区评价指标体系	能源与建筑——能源综合利用率、可再生能源利用率 资源与环境——非传统水资源利用率、场地综合径流系数、生活垃圾分类收集率、垃圾回收再利用率、城区生活垃圾无害化处理率、城区生活污水集中处理率
7	低碳生态小城镇建设指标体系	资源综合利用率——农作物秸秆综合利用率、规模化畜禽养殖场粪便综合利用率 能源利用效率——清洁能源普及率、可再生能源应用率、沼气普及率、太阳能热水器应用普及率、农村生活用能中新能源所占比例、燃气普及率 市政管网普及率——集中供热普及率、太阳能路灯及 LED 路灯应用普及率 污染治理能力——生活垃圾分类收集率、生活垃圾无害化处理率、生活垃圾处理率、污水处理厂集中处理率、污水处理率

上述指标体系均为宏观尺度、总体规划层面的低碳生态城市指标体系，此外，也有学者对中微观尺度、控制性详细规划层面的低碳生态城市指标体系进行研究分析，该研究选择唐山湾生态城、万年长兴国际生态城、苏州独墅湖科教创新区、无锡太湖国际科技生态园区、北京未来科技城和正定新城的控制性详细规划作为案例，对规划提出的指标项进行统计分析，其中不乏低碳生态市政相关指标，如表 3-6 所示[173]。

低碳生态城市控制性详细规划案例中低碳生态市政指标选项　　　　表 3-6

类型	指标	唐山湾生态城	万年长兴国际生态城	苏州独墅湖科教创新区	无锡太湖国际科技生态园区	北京未来科技城	正定新城
土地利用	硬质地面透水面积比例			√		√	
能源利用	光伏发电面积	√		√			
	地热能利用			√			
	可再生能源比重	√				√	√
	采暖能耗中可再生能源供给比重		√				
	生活热水中可再生能源供给比重		√				
	用电需求中可再生能源供给比重		√				

续表

类型	指标	唐山湾生态城	万年长兴国际生态城	苏州独墅湖科教创新区	无锡太湖国际科技生态园区	北京未来科技城	正定新城
水资源利用	雨水利用占总用水量比例			√			
	中水回用占总用水量比例			√			
	中水供给量		√				
	雨水回用绿化天数保证率		√				
	可渗透面积占用地面积比例		√				
	供水管网漏损率				√		
	生活污水处理率				√		
固废利用	建筑垃圾再利用率				√		
	生活垃圾分类收集率	√	√				
	生活垃圾资源化利用率						√
	生活垃圾无害化处理率（填埋比重）				√		
	固体废弃物综合利用率				√		

从现有相关研究可以看出，因规划空间尺度和指标管控目的的不同，低碳生态市政指标也可划分为总体规划和详细规划两个层次。总体规划层次以方向引导为主，详细规划层次以管控落实为主。基于指标计算数据的可获取性，总体规划和详细规划层次的低碳生态市政指标有所差异，但也有不少指标适用于两个层次，总结共性指标和差异性指标如表 3-7、表 3-8 所示。

总体规划和详细规划层面共性指标 表 3-7

类别	序号	指标	指标解释	计算方法
水资源综合利用	1	非常规水资源利用率	非常规水资源是指区别于传统意义上的地表水、地下水的（常规）水资源，主要有雨水、再生水（经过再生处理的污水和废水）、海水、空中水、矿井水、苦咸水等。非常规水资源利用率指非常规水资源利用量占总用水量的比例	非常规水资源利用率（%）= 非常规水资源利用量（万 m³）/ 城市用水总量（万 m³）×100%

续表

类别	序号	指标	指标解释	计算方法
水资源综合利用	2	再生水利用率	指污水再生利用量占污水处理总量的比例	再生水利用率（%）=再生水利用量（万 m³）/ 污水处理量（万 m³）×100%
	3	雨水资源利用率	指雨水收集并用于道路浇洒、园林绿地灌溉、市政杂用、工农业生产等的雨水总量（按年计算，不包括汇入景观、水体的雨水量和自然渗透的雨水量）占城市总用水量的比例	雨水资源利用率（%）=雨水资源替代自来水量（万 m³）/ 城市总用水量（万 m³）×100%
	4	年径流总量控制率	指通过自然和人工强化的渗透、集蓄、利用、蒸发、蒸腾等方式，场地内累计全年得到控制的雨量占全年总降雨量的比例	根据实际情况，在地块雨水排放口、关键管网节点安装观测计量装置及雨量监测装置，连续（不少于一年、监测频率不低于 15min/ 次）进行监测；结合气象部门提供的降雨数据、相关设计图纸、现场勘测情况、设施规模及衔接关系等进行分析，必要时通过模型模拟分析计算
能源清洁高效利用	5	可再生能源利用率	指太阳能、风能、水能、地热能、海洋能等可再生能源消费量（折算为标准煤）占一次能源消费总量（折算为标准煤）的比例	可再生能源利用率（%）=可再生能源消费量（万 tce）/ 城市一次能源消费总量（万 tce）×100%
	6	太阳能利用建筑面积	指有利用太阳能供电或供热的建筑面积	依据太阳能光伏发电供电范围或太阳能热利用供热范围确定。
	7	光伏发电装机容量	指光伏发电机组额定功率的总和，是表征电力生产能力的主要指标之一	—
	8	风电装机容量	指风力发电机组额定功率的总和，是表征电力生产能力的主要指标之一	—
	9	地热能利用建筑面积	指开展地热能利用的建筑面积	依据地热能供热范围确定
	10	220kV/20kV 配电网络覆盖率	指 220kV/20kV 系统服务范围占城市电网总服务范围的比例	220kV/20kV 配电网络覆盖率（%）=220kV/20kV 系统服务面积（km²）/ 城市电网系统服务面积（km²）×100%
	11	居民天然气气化率	指已经安装和使用天然气的用户占总用户的比率	居民天然气气化率（%）=安装和使用天然气的用户（万户）/ 城市居民总户数（万户）×100%
	12	集中供热普及率	指集中供热在城市居民中的普及率	集中供热普及率（%）=集中供热服务面积（公顷）/ 城市建成区面积（公顷）×100%
	13	太阳能路灯 /LED 路灯应用普及率	指太阳能路灯 /LED 路灯占城市道路路灯的比例	太阳能路灯 /LED 路灯应用普及率（%）=太阳能路灯或 LED 路灯数量（盏）/ 城市道路路灯总数（盏）×100%

续表

类别	序号	指标	指标解释	计算方法
能源清洁高效利用	14	电动汽车充电设施配建比例	指电动汽车充电设施配建的停车位占停车场总停车位的比例	电动汽车充电设施配建比例（%）=安装有电动汽车充电设施的停车数量（个）/停车场总停车位数量（个）×100%
废弃物减量循环	15	生活垃圾分类收集率	指垃圾分类收集的质量与生活垃圾产生总量的比值	生活垃圾分类收集率（%）=垃圾分类收集的质量（万t）/生活垃圾产生总量（万t）×100%
	16	生活垃圾资源化利用率	指实施资源化处理的生活垃圾质量与生活垃圾产生总量的比值	生活垃圾资源化利用率（%）=实施资源化处理的生活垃圾质量（万t）/生活垃圾产生总量（万t）×100%
	17	生活垃圾无害化处理率	指实施无害化处理的生活垃圾质量与生活垃圾产生总量的比值	生活垃圾无害化处理率（%）=实施无害化处理的生活垃圾质量（万t）/生活垃圾产生总量（万t）×100%
	18	建筑垃圾综合利用率	指实施资源化处理和综合利用的建筑垃圾质量占建筑垃圾产生总量的比例	建筑垃圾综合利用率（%）=实施综合利用的建筑垃圾质量（万t）/建筑垃圾产生总量（万t）×100%
	19	餐厨垃圾资源化利用率	指实施资源化处理的餐厨垃圾质量占餐厨垃圾产生总量的比例	餐厨垃圾资源化利用率（%）=实施资源化处理的餐厨垃圾质量（万t）/餐厨垃圾产生总量（万t）×100%
	20	垃圾焚烧发电处理率	指生活垃圾实施焚烧处理的质量占生活垃圾产生总量的比例	垃圾焚烧发电处理率（%）=实施焚烧处理的生活垃圾质量（万t）/生活垃圾产生总量（万t）×100%
智慧通信	21	光纤到户覆盖比例	指使用光纤通信的用户数量占城市用户总数量的比例	光纤到户覆盖比例（%）=使用光纤通信的用户数量（万户）/城市用户总数（万户）×100%
综合管廊	22	综合管廊长度	指地下综合管廊的建设长度	——

总体规划和详细规划层面差异性指标　　　　　　　　　　表 3-8

规划层次	序号	指标	指标解释	说明
总体规划	1	海水淡化工程规模	指海水生产淡水的工程设施，一般以淡水生产规模计算	通常在总体规划层面确定大型工程设施规模和场站布局，详细规划层面布局供水管线
	2	建成区透水性地面面积比例	指建成区内透水性地面（径流系数小于0.60的地面）所占比重	——
	3	非化石能源占一次能源消费比重	指可再生能源、核能等非化石能源消费量占一次能源消费总量的比例	非化石能源消费量、一次能源消费量等能耗指标在片区尺度较难获得统计数据
	4	清洁能源利用率	指清洁消费量占一次能源消费总量的比例	清洁能源消费量、一次能源消费量等能耗指标在片区尺度较难获得统计数据

规划层次	序号	指标	指标解释	说明
总体规划	5	天然气分布式能源装机容量	指天然气分布式能源系统额定功率的总和	通常在总体规划层面确定大型工程设施规模和场站布局
详细规划	1	海水淡化利用规模	规划区内利用海水淡化工程供水的规模	—
	2	综合径流系数	指一定汇水面积内总径流量（mm）与降水量（mm）的比值	—
	3	人行道停车场广场透水铺装地面比例	指人行道、停车场、广场具有渗透功能铺装面积占除机动车道以外全部铺装面积的比例	—
	4	绿化屋顶覆盖比例	指进行屋顶绿化具有雨水蓄滞净化功能的屋顶面积占全部屋顶面积的比例	—
	5	绿地下沉比例	指包括简易式生物滞留设施（使用时必须考虑土壤下渗性能等因素）、复杂生物滞留设施等，低于场地的绿地面积占全部绿地面积的比例	—
	6	不透水下垫面径流控制率	指受控制的硬化下垫面（产生的径流雨水流入生物滞留设施等海绵设施的）面积占硬化下垫面总面积的比例	—
	7	太阳能光热设备屋顶覆盖率	指太阳能集热器投影面积占屋顶总面积的比例	—
	8	太阳能利用建筑面积比例	指利用太阳能供电、供热的建筑面积占规划区总建筑面积的比例	—
	9	区域供冷供热覆盖率	指实施集中供冷供热的建筑面积占规划区总建筑面积的比例	—
	10	冰蓄冷覆盖建筑面积	指使用冰蓄冷系统供能的建筑面积	—
	11	垃圾气力收集覆盖面积	指使用垃圾气力收集系统分类输送生活垃圾的建筑面积	—

上述指标都能定量计算，但现阶段指标目标多以引导性为主。在指标目标设定时，需结合低碳生态城市的建设要求，也应考虑技术应用和设施建设的可行性，即目标的可达性。在总体规划层面，可依据地方发展政策、用地规划方案和用户使用意愿评估，综合确定各项指标目标，以引导低碳生态市政技术推广应用。在详细规划层面，需基于片区用地功能、建筑规划方案，结合适用低碳生态市政技术的建设条件，合理确定低碳生态市政指标目标，并将重点指标纳入规划图则，以推动低碳生态市政设施建设落实。

3. 低碳生态市政规划策略

低碳生态市政规划策略研究是为后续的规划方案明确方向、奠定基础。一方面，应以解决现存问题为基本出发点，形成问题导向的规划策略。另一方面，应充分考虑未来发展趋势，基于低碳生态发展目标，最大程度地引导低碳生态发展转型，提高城市发展质量。区别于常规市政系统成熟的规划体系和编制方法，低碳生态市政规划存在灵活性、多样性的特点。不同地区有不同的适用技术，不同目标下有不同的发展路径，因此低碳生态市政规划策略的制定不能一概而论，但总体应把握以下原则：

（1）因地制宜。当前，低碳生态市政技术百花齐放，尽管技术应用日趋成熟，部分技术也已进入商用和市场化阶段，但由于技术应用条件的限制和实施管理要求较高，在不同地区的应用效果存在较大差异。低碳生态市政规划首先应强调因地制宜，应充分考虑现状条件的适用性和可行性，在诸多低碳生态市政技术中选择最适合在本地应用的技术，避免脱离实际、刻板堆砌技术。

（2）系统构建。虽然以低碳生态市政技术应用为出发点，但低碳生态市政规划不应仅仅是单项技术或设施的规划，而应强调各项技术的整合，与常规市政系统的融合，以及从"零散试点"到"全局规划"的演进，构建常规与低碳，以及水—能源—废弃物—智慧通信—综合管廊等多系统整合的低碳生态市政规划体系。

（3）突出重点。在有常规市政系统基础保障的前提下，低碳生态市政规划应着眼于解决突出问题，针对重点片区开展详细规划设计。如在水资源短缺城市，应突出非常规水资源利用；在高密度城市中心区，应突出"电—热—冷"能源高效利用；在土地资源紧张的都市区，应重视废弃物的减量循环处理。特别是重点片区的详细规划，应着眼于关键技术的应用和实际效益的提升，积极打造以低碳生态市政基础设施为特色的试点示范区。

（4）分步实施。目前，低碳生态市政基础设施的系统研究和空间规划尚处于起步阶段，一些低碳生态市政技术的实施效果还有待经验论证。特别是一些初始投资规模大、运行管理复杂的低碳生态市政工程，不宜一开始就作全面铺开式规划建设，应结合现有工作基础，有计划、有步骤地开展规划设计，重大项目先行试点，待积累成熟经验后再全面推广。

3.3.3 技术适宜性比选 [15]

目前，低碳生态市政技术发展水平不一，一些技术已经应用较为成熟，如污水再生利用，在我国缺水城市、特别是严重缺水城市得到积极推广；一些技术尚处于实践摸索阶段，如区域供冷，在我国少数城市开展了小尺度应用，目前尚无成熟经验。此外，在不同资源能源条件和城市发展环境下，同一低碳市政技术的应用效果也可能存在较大差异，包括节能减排效益、建设及运行维护成本等。因此，编制低碳生态市政规划，首先应确定低碳生态市政技术的适用性，基于城市的资源环境条件、城市发展需求与经济水平，因地制宜地选择适用于本地的低碳生态技术。

1. 基于本地资源条件

非常规水资源和清洁可再生能源等的利用应用需具备一定的资源能源条件。非常规水资源利用首先需具备较容易获取的污水、雨水、海水等非常规水源，一般而言现状拥有或有条件建设再生水厂、雨水贮存设施、海水利用工程的地区可开展非常规水资源利用。清洁可再生能源利用，包括天然气、太阳能、风能、地热能、生物质能等能源利用，其中天然气的资源条件不仅指本地产气能力，也包括通过远距离输气工程实现的供气能力，即具备稳定的气源条件；生物质能包括生活垃圾、林木薪柴、作物秸秆、禽畜粪便等的能源化利用，一般需具备一定的规模条件，以保障设施运行的能源效率和经济效益；太阳能、风能、地热能等可再生能源，不同地区的资源禀赋差异较大、能源开发利用效益也有所差异。下面，对太阳能、风能、地热能的地区分布差异及开发利用条件予以具体说明。

（1）太阳能利用

太阳能资源的分布在很大程度上决定了一个地区是否适合利用太阳能。中国太阳能资源分布有如下特点：太阳能的高、低值中心都处在北纬22°～35°一带，高值中心在青藏高原，低值中心在四川盆地；西部年辐射总量高于东部，且除西藏、新疆外，基本上北部高于南部；因南方多数地区云雾雨多，在北纬30°～40°地区，太阳能随纬度增加而增长，与一般的太阳能随纬度变化的规律相反。全国各地太阳年辐射总量达3350～8370MJ·m^{-2}·a^{-1}，太阳年辐射平均值为5860MJ·m^{-2}·a^{-1}。按太阳能年辐射总量的大小，中国大致划分为五类地区[174]（表3-9）。

中国太阳能资源及其分布状况 表3-9

区域划分	一类地区	二类地区	三类地区	四类地区	五类地区
年总辐射量（MJ·m^{-2}·a^{-1}）	6700～8370	5860～6700	5020～5860	4190～5020	3350～4190
日照时间（h·a^{-1}）	3200～3300	3000～3200	2200～3000	1400～2200	1000～1400
地域	青藏高原、甘肃北部、宁夏北部和新疆南部等地	河北西北部、山西北部、内蒙古南部、宁夏南部、甘肃中部和青海东部等地	山东、河南、河北东南部、山西南部、吉林、辽宁、云南、山西北部、广东南部、福建南部、江苏北部和安徽北部等地	长江中下游、福建、浙江和广东部分地区	四川、贵州两省
特点	太阳能资源最丰富的地区	太阳能资源较丰富区	太阳能资源中等区，面积较大，具有利用太阳能的良好条件	春夏多阴雨，秋冬季太阳能资源中等	太阳能资源最少的地区，仍有一定利用价值

在明确地区的太阳能资源条件后，如何判断是否适宜开展太阳能利用？建议参考《太阳能资源评估方法》GB/T 37526—2019 中的太阳能资源丰富程度和稳定程度分级标准。该评估方法将全国太阳能资源丰富程度划分为 4 级（表 3-10），太阳能资源稳定程度划分为 4 级（表 3-11）。太阳能资源达到丰富程度且属于较稳定水平时，可鼓励开展太阳能光伏发电和光热利用；当太阳能资源丰富但不稳定时，宜和其他可再生能源技术联合应用，如太阳能和空气能联合应用供应热水等。

太阳能资源丰富程度（年水平面总辐照量 GHR）等级　　　　　　　表 3-10

等级名称	分级阈值 / （MJ/m³）	分级阈值 / （kW·h/m³）	等级符号
最丰富	GHR ≥ 6300	GHR ≥ 1750	A
很丰富	5040 ≤ GHR < 6300	1400 ≤ GHR < 1750	B
丰富	3780 ≤ GHR < 5040	1050 ≤ GHR < 1400	C
一般	GHR < 3780	GHR < 1050	D

太阳能资源稳定程度（水平面总辐射稳定度 GHRS）等级　　　　　　表 3-11

等级名称	分级阈值	等级符号
很稳定	GHRS ≥ 0.47	A
稳定	0.36 ≤ GHRS < 0.47	B
一般	0.28 ≤ GHR < 0.36	C
欠稳定	GHRS < 0.28	D

注：GHRS 表示水平面总辐射稳定度，计算 GHRS 时，首先计算代表年各月平均日水平面总辐照量，然后求最小值与最大值之比。

除上述通过资料收集方法获取地区太阳能资源数据外，在一些小尺度的详细规划或城市设计工作中，还可采用光照模拟软件对建筑物实际接收的太阳能辐射量作精准分析，进而判断是否适宜应用太阳能技术，以及确定适宜铺设太阳能电板的位置和角度等。

ArcGIS 软件也具备太阳辐射分析功能，可以根据特定区域的纬度，考虑大气和灰尘散射、地物遮挡、海拔等因素，对一定时间段内的太阳辐射量进行分析。分析时需要输入光栅数字高程模型（DEM），并设置相关参数，包括：①纬度（latitude）：分析区域的纬度值；②天空大小（sky_size）：分析时将天空划分的数量，取默认值 200×200；③时间设置（time_configuration）：对全年进行分析；④天数间隔（day_interval）：分析计算时日期的间隔天数，取默认值 14（天）；⑤小时间隔（hour_interval）：分析计算时一天内的间隔小时数，数值越小越精确，取默认值 0.5（小时）；⑥坡度坡向：主要是对建筑屋顶进行分析，设置为 FLAT_SURFACE，即按平面进行分析，而不是根据 DEM 中计算；⑦计算方向数（calculation_directions）、天顶角划分数（zenith_divisions）和方位角划分数（azimuth_divisions）：均取默认值 32、8、8；⑧散射模型类型（type of diffuse radiation model）：ArcGIS 提供了两种类型的模型 UNIFORM_SKY 和 STANDARD_OVERCAST_SKY，对两种模型均进行分析模拟；⑨散射比例（diffuse_proportion）：取默认值 0.3（对应于一般的晴天）；⑩透射率（transmittivity）：为透过大气的辐射比例，取默认值 0.5（对应于一般的晴天）。

（2）风能利用

根据中国气象局于 2004 ~ 2006 年组织完成的第三次全国风能资源调查，利用全国 2000 多个气象台站近 30 年的观测资料，对原有的计算结果进行修正和重新计算，调查结果显示：在全国范围内仅有较少数几个地带风速相当于 6 m/s 以上，其中内陆地区大约仅占全国总面积的 1/100，主要分布在长江到南澳岛之间的东南沿海及其岛屿（表 3-12、表 3-13）。

中国风能资源区划情况[129]　　　　　　　　　　　　　　　　表 3-12

区域划分		主要包括地域	主要特点或优劣势条件
风能资源丰富区 I	北部风能资源丰富带	主要指"三北"地区，甘肃北部地区、新疆哈密地区、内蒙古锡林郭勒盟和北部西端、内蒙古阴山至大兴安岭以北、黑龙江南部和吉林西部等地区	1. 我国最大的成片风能资源丰富带，多为戈壁沙漠及草原、不占农田 2. 地形平坦，交通条件和施工的地质条件好，目前适用于建设大规模开发的主要地区 3. 有较稳定的盛行风向，风切变指数大，破坏性风速小 4. 电网基础比较弱离电力负荷中心比较远，多极端天气，能施工的周期比较短（5~10月）
	沿海风能资源丰富带	主要包括山东半岛、辽东半岛、东南沿海以及岛屿、南海诸岛、台湾海峡、海南西部等地区	1. 风向稳定，少极端低温天气、施工周期长 2. 电网基础设施好，离负荷中心也近 3. 可供开发利用的面积非常有限，地形比较复杂，对生态环境也有一定的影响，多台风灾害天气影响
风能资源较丰富区 II		离岸 20~50km 的东南沿海内陆、海南东部、台湾东部、渤海沿岸、内蒙古南部、河西走廊及附近、新疆北部、青藏高原内陆等地区	1. 属沿海向内陆扩展地区，风速下降快，分布区域限于沿海岸线内路上比较狭长的带状范围 2. 北部风能资源丰富带向南扩展地域风速减缓趋势慢，大概有 200km 的缓冲地带 3. 青藏高原，海拔高、人口少、空气稀薄，对风电开发技术要求高 4. 随着技术的提高、电网等基础设施完善，逐渐成为风电开发的良好场所
风能资源可利用区 III		大兴安岭山地、辽河流域、福建沿岸（离岸 50~100 km）、两广沿海和苏北、黄河长江中下游、两湖和江西、西北部分地区及青藏东南部、川西南以及云贵北部等地区	1. 该区域所占面积范围大，但风能资源可开发面积比较小 2. 风能资源质量低，在某些特殊地形地区风能资源才比较丰富 3. 适合小规模分散式和离网风电开发
风能资源贫乏区 IV		四川盆地、甘肃南部、陕西、湖北和湖南西部、云贵南部、岭南山地、雅鲁藏布江河谷、塔里木盆地以及昌都等地区	大多是四周受到高山环抱，空气难以侵入，风速很小风资源质量很低，风能资源开发利用的潜力不大

中国风能资源分区标准[175]   表 3-13

中国风能分区及占全国面积的百分比指标	丰富区（1类）	较丰富区（2类）	可利用区（3类）	贫乏区
年有效风能密度（W/m²）	> 200	200 ~ 150	150 ~ 50	< 50
年≥3m/s 累计小时数（h）	> 5000	5000 ~ 4000	4000 ~ 2000	< 2000
年≥6m/s 累计小时数（h）	> 2200	2200 ~ 1500	1500 ~ 350	< 350
占全国面积的百分比（%）	8	18	50	24

    风能利用包括建设大型风电场和安装小型风力发电装置两种类型。大型风电场建设对于风力资源的要求较高，《风电场风能资源评估方法》GB/T 18710—2002 基于风功率密度确定了建设风电场、开展并网风力发电的适宜性（表 3-14），当 50m 高度风功率密度低于 300W/m²、年平均风速低于 6.4m/s 时，不适宜建设大型风机并网发电。小型风力发电装置对于风力资源的要求相对较低，如风光互补路灯，一般启动风速达到 1.5m/s 即可，经济风速达到 2m/s 为宜。在城市地区，因建筑密度较高，一般难以形成大型风廊道，风能的开发利用应经资源评估论证后再明确是否采用风力发电技术，以及确定适宜的布置空间。

风功率密度等级表   表 3-14

风功率密度等级	10m 高度		30m 高度		50m 高度		应用于并网风力发电
	风功率密度（W/m²）	年平均风速参考值（m/s）	风功率密度（W/m²）	年平均风速参考值（m/s）	风功率密度（W/m²）	年平均风速参考值（m/s）	
1	< 100	4.4	< 160	5.1	< 200	5.6	
2	100 ~ 150	5.1	160 ~ 240	5.9	200 ~ 300	6.4	
3	150 ~ 200	5.6	240 ~ 320	6.5	300 ~ 400	7.0	较好
4	200 ~ 250	6.0	320 ~ 400	7.0	400 ~ 500	7.5	好
5	250 ~ 300	6.4	400 ~ 480	7.4	500 ~ 600	8.0	很好
6	300 ~ 400	7.0	480 ~ 640	8.2	600 ~ 800	8.8	很好
7	400 ~ 1000	9.4	640 ~ 1600	11.0	800 ~ 2000	11.9	很好

（3）地热能利用

    地热能系指储存于地球内部的能量，一方面来源于地球深处的高温熔融体，一方面来源于放射性元素（U、TU、40K）的衰变。按其属性地热能可分为 4 种类型：①水热型，即地球浅处（地下 100 ~ 4500m）所见的热水或水热蒸汽；②地压地热能，即某些大型沉积盆地（或含油气）盆地深处（3 ~ 6km）存在着高温高压流体，其中还有大量甲烷气体；③干热岩地热能，需要人工注水的办法才能将其地热能取出；④岩浆热能，即储存在高温（700 ~ 1200℃）熔融岩体中的巨大热能，但如何开发利用目前仍处于探索阶段。在上述4 类地热资源中，只有第一类水热资源在中国已得到很好的开发利用。

中国地热资源按其属性可分为三种类型：①高温（＞150℃）对流型地热资源，这类资源主要分布在西藏、腾冲现代火山区及台湾，前二者属地中海地热带中的东延部分，而台湾位居环太平洋地热带中；②中温（90～150℃）、低温（＜90℃）对流型地热资源，主要分布在沿海一带如广东、福建、海南等省区；③中低温传导型地热资源，这类资源分布在中新生代大中型沉积盆地如华北、松辽、四川、鄂尔多斯等。

地热能的利用可分为地热发电和直接利用两大类，而对于不同温度的地热流体可能利用的范围如下：①200～400℃，直接发电及综合利用；②150～200℃，双循环发电、制冷、工业干燥、工业热加工；③100～150℃，双循环发电、供暖、制冷、工业干燥、脱水加工、回收盐类；④50～100℃，供暖、温室、家庭用热水、工业干燥；⑤20～50℃，沐浴、水产养殖、饲养牲畜、土壤加温、脱水加工。[176]

在市政系统领域，地热能利用多指浅层地热能利用。浅层地热能是地热资源的一部分，是指地表以下一定深度范围内，温度低于25℃，在当前经济条件下具备开发利用价值的地热能。浅层地热能的资源条件具备以下特点：①浅层地热能分布广泛。地球的浅表层广泛存在着一个恒温带，该土层中温度相对恒定，可利用其特性进行地热能的开发并循环使用。②浅层地热能储量巨大。据测算，我国地下近百米深度内的土层和地下水每年可采集的地热能量是我国目前发电装机容量的几千倍。

浅层地热能利用的换热系统包括地下水换热系统、地表水换热系统和地埋管换热系统。水源热泵换热系统（包括地下水换热系统和地表水换热系统）应考虑水源的可获取性，其中地下水换热系统受地下水回灌技术的影响，目前在较多地区（除地质结构特殊地区外）受到限制，如国内苏锡常地区于2005年12月31日前全面实现禁止开采地下水。地表水换热系统虽然不受回灌技术制约，但该种换热系统的利用受水温、水质、流量和水位动态变化等因素的影响，通常要求水源系统具备水量充足、温度适宜、水质合格、供水稳定等条件。这里重点强调水质合格条件，因为一般利用江河、海洋作为地表水热源时，不难满足水量、温度和供水稳定性等要求，但是一些江河含沙量高、海洋含盐度高，可能对水源热泵系统机组、管道和阀门材质造成损坏，不利于系统的长期稳定运行，此时应慎重考虑水源热泵系统的应用。地埋管换热系统虽然在换热效率及费用等方面不占优势，但这种换热系统可应用区域广，适应性强，不存在特别棘手的技术问题；此外，这种换热形式还可与地下结构物相结合（结合建筑物桩基、地下室、地铁车站或隧道区间进行布设）。所以，地埋管地源热泵系统因其节能、环保，受地质条件影响较小及应用前景广泛，被公认为最具有发展潜力的地源热泵技术。一般来说，我国夏热冬冷地区，在能实现冬季取热和夏季放热平衡的条件下，都适宜利用浅层地热能。

2.基于城市发展需求

低碳生态市政技术的应用须基于城市发展需求，即针对城市在资源能源供应、废弃物处理方面、智慧市政管理等方面的问题或风险对症下药，以务实的态度决定是否采用低碳生态市政技术，而不是一味地追求示范效益。

（1）在水资源综合利用方面主要考虑水资源使用需求

缺水城市应积极发展非常规水资源利用，而在水资源相对丰富的地区，应对再生水等非常规水资源的用户需求作充分调研，分析用水需求及水质要求，判断开展非常规水资源利用的必要性和可行性，避免再生水系统、雨水收集利用系统等因供水成本、维护管理等问题导致设施闲置。2015 年 4 月，国务院正式发布《水污染防治行动计划》，明确提出"以缺水及水污染严重地区城市为重点，完善再生水利用设施，工业生产、城市绿化、道路清扫、车辆冲洗、建筑施工以及生态景观等用水，要优先使用再生水。推进高速公路服务区污水处理和利用。自 2018 年起，单体建筑面积超过 2 万 m² 的新建公共建筑，北京市 2 万 m²、天津市 5 万 m²、河北省 10 万 m² 以上集中新建的保障性住房，应安装建筑中水设施。积极推动其他新建住房安装建筑中水设施。到 2020 年，缺水城市再生水利用率达到 20% 以上，京津冀区域达到 30% 以上。在沿海地区电力、化工、石化等行业，推行直接利用海水作为循环冷却等工业用水。在有条件的城市，加快推进淡化海水作为生活用水补充水源"。

（2）在生态排水管理方面主要考虑水文和水质改善需求

在快速城镇化进程中，大量硬质地面的出现导致城市原有水文循环受损，各地出现不同程度的内涝问题。在加强城市排水基础设施建设的同时，低影响开发理念也迅速融入各类城市新区建设和旧改项目中。理论上而言，除地质灾害易发区、特殊污染源地区等区域外，各类城市开发建设项目都应积极推进低影响开发建设，特别是当前在城市建设过程中已出现内涝等水文问题的地区，应结合城市排水防涝工程，加快建设实施各类低影响开发设施。2015 年 10 月，国务院办公厅发布关于推进海绵城市建设的指导意见，要求通过海绵城市建设，综合采取"渗、滞、蓄、净、用、排"等措施，最大限度地减少城市开发建设对生态环境的影响，将 70% 的降雨就地消纳和利用。到 2020 年，城市建成区 20% 以上的面积达到目标要求；到 2030 年，城市建成区 80% 以上的面积达到目标要求。要求统筹推进新老城区海绵城市建设。从 2015 年起，全国各城市新区、各类园区、成片开发区要全面落实海绵城市建设要求。老城区要结合城镇棚户区和城乡危房改造、老旧小区有机更新等，以解决城市内涝、雨水收集利用、黑臭水体治理为突破口，推进区域整体治理，逐步实现小雨不积水、大雨不内涝、水体不黑臭、热岛有缓解。

由于城市排水和污水处理设施建设滞后，大量生活污水未经处理直接排入江河湖泊，我国水质污染问题非常突出。2015 年 4 月《水污染防治行动计划》印发，提出到 2020 年我国地级以上城市建成区黑臭水体均控制在 10% 以内；到 2030 年城市建成区黑臭水体总体得到消除。2015 年 8 月住房城乡建设部和环境保护部联合印发《城市黑臭水体整治工作指南》，启动全国黑臭水体整治工作。该指南提出"控源为本，截污优先""科学诊断，重在修复""建管并重，强化维护""综合实施，协同推进"的四条原则，要求以"控源截污"为核心，通过"查、改、修、分、蓄、净、管"等措施实现黑臭水体治理目标。其中，"蓄"就是在系统中设置针对初期雨水、雨污混接水的截、贮等措施，减少直接排放对水体的影响。"净"就是采取就地应急处理措施，为初期雨水、雨污混接水排放水体前，再上一道锁。因此，对于存在水体污染特别是黑臭水体的城市，应在加强传统排水系统建设完善和排水管道修理改造的同时，重视初期雨水管理、生态污水处理、低影响开发等生态排水和污水处理设施的建设。

（3）在能源清洁高效利用方面主要考虑城市空气环境质量改善和能源安全高效供给需求

目前空气污染成为我国突出的环境问题，北方地区冬季因燃煤采暖导致的大气污染问题尤为突出。因此，发展清洁能源利用是当前治理和改善空气环境的重要途径之一。清洁能源包括核能和水电、风电、太阳能、生物能（沼气）、地热能（地源和水源）、潮汐能等可再生能源。其中，核电、水电、风电等清洁电力工程在我国已得到较好发展，未来在城市地区应进一步加强太阳能、地热能的开发利用，特别是太阳能、地热能替代燃煤用于冬季取暖。根据我国《可再生能源发展"十三五"规划》，要求全面推进分布式光伏和"光伏+"综合利用工程，大力推进太阳能热利用的多元化发展，包括太阳能供暖、制冷技术发展，太阳能热水、采暖、制冷系统的规模化利用，以及太阳能与其他能源的互补应用等；要求加快地热能开发利用，加强地热能开发利用规划与城市总体规划的衔接，将地热供暖纳入城镇基础设施建设，在实施区域集中供暖且地热资源丰富的京津冀鲁豫及毗邻地区，在严格控制地下水资源过度开采的前提下，大力推动中深层地热供暖重大项目建设。

此外，大型城市高密度建设区对于能源的安全高效供给要求进一步提高，以天然气分布式能源、区域供冷等为代表的先进能源供应技术逐步发展起来。这些技术的应用，需要切实考虑用户的能源需求和设施的运行效率。如天然气分布式能源，以冷热电三联供方式实现能源的梯级利用，要求综合能源利用效率达到70%以上。该技术以供热（冷）为主要任务，电力生产遵循以热（冷）定电的原则，为保证能源系统能够全年高效、稳定运行，要求用户常年有稳定的电、热（冷）负荷需求。当用户夏季用冷需求高、冬季用热需求低（我国南方地区），或者冬季用热需求高、夏季用冷需求低时（我国北方地区），应基于用能方案预测和模拟分析天然气分布式能源系统的运行效率，进而确定系统建设的技术经济可行性。同样，区域供冷系统的建设，也需要基于用户的供能需求，做详细的技术经济模拟预测，以保证高密度建设区高效安全的能源供应。

（4）在废弃物减量循环方面主要考虑垃圾资源化处理需求和不同处理模式的选择

随着人口的增长和人们生活水平的大幅提升，城市生活垃圾产生量激增，"垃圾围城"问题日益严峻，特别是在土地资源紧张的大型城市，提高垃圾处理能力、减少垃圾填埋占地成为迫在眉睫的问题。一方面，要通过分类收集对城市生活垃圾进行源头分拣，回收有用物质；一方面，通过垃圾焚烧发电、餐厨垃圾处理、建筑垃圾综合利用等对各类垃圾进行分类处理，最大程度地实现资源化再利用，减少最终填埋产物。垃圾分类收集和资源化处理对于全国各地城市都是适用的，需要考虑的是要选择何种适用的处理模式。对于生活垃圾产量不高的小型城市可和相邻县（市）共建一座垃圾焚烧发电厂，提高设施的运行效率。餐厨垃圾资源化、能源化利用有蛋白饲料添加剂、肥料、生物柴油、沼气、氢气等多种产物，可结合当地关联产业的发展情况确定餐厨垃圾处理模式，以及根据餐厨垃圾的收集情况确定建设大型餐厨垃圾处理厂或是设置分散式小型餐厨垃圾处理站。建筑垃圾综合利用，可建设集中式建筑垃圾处理厂或利用一体化移动式处理设备在城市更新片区就地实施建筑垃圾资源化利用，具体采用何种建设模式，应依据城市建筑垃圾类型、产生量以及资源化产品需求等综合确定。

3.基于技术应用成本

与传统市政设施相比，目前一些低碳生态市政技术的应用成本还较高。在选择适用技术时，应充分考虑城市或地区的经济水平，对于现阶段应用成熟，且投资、运行成本较低的技术可大力推广；而现阶段应用尚无成熟经验，且投资、运行成本较高的技术应慎重考虑，对于城市发展确有重要意义的先进技术，可先小范围试点，积累运营、管理经验后再确定技术的推广方案。下面介绍部分低碳生态市政技术的应用成本情况。

（1）水资源综合利用技术

①再生水利用

再生水利用设施分为集中式再生水厂和分散式再生水设施。集中式再生水厂以城市污水处理厂尾水为水源，生产成本包括深度处理设施及厂外管网成本。不同处理工艺和出水水质的生产成本不同，以深圳市为例，现状再生水厂单位经营成本为 0.5 ~ 0.9 元 /m^3，单位总成本为 0.7 ~ 1.55 元 /m^3。分散式再生水设施的生产成本差异较大，1.0 ~ 3.0 元 /m^3 不等。国内主要城市再生水价格如表 3-15 所示。

国内主要城市再生水价格（单位：元 /m^3） 表 3-15

城市	自来水价				再生水价			污水处理费
	居民	工业	其他	特种	居民	工业	景观	
北京	3.7	5.6	5.4	41.5	1.0	1.0	1.3	0.9
天津	3.4	6.2	6.2	20.6	1.1	1.3	1.5	0.8
西安	2.9	3.45	3.85	17.0	1.17	1.17	1.17	0.8
青岛	2.5	3.5 ~ 7.2			1.0	1.0	0.6	0.7 ~ 0.9
石家庄	2.6	3.7	3.5	24.7	1.0	1.0	1.0	0.6 ~ 0.7
无锡	2.57	2.87		3.37	0.9	0.9	0.9	1.1
苏州	2.7	3	3.3	4	1.3	1.3	1.3	1.17

②低影响开发

低影响开发增量成本约在总工程成本的 2% ~ 3% 左右（以单位面积建筑成本约为 2000 元计），低影响开发设施成本分摊到地块的增量成本约为 50 ~ 150 元 /m^2（按常用容积率计算，约为 20 ~ 60 元 /m^2 建筑面积）。

深圳市城市规划设计研究院编著的《海绵城市建设规划与管理》一书中，根据国内 40 多项低影响开发工程的投资，整理各类低影响开发设施单价如表 3-16 所示。

低影响开发设施单价 表 3-16

雨水处理设施	单位造价估算（元 / 单位）
绿色屋顶（m^2）	100 ~ 300（简易式）
	400 ~ 900

雨水处理设施	单位造价估算（元/单位）
渗透铺装（m²）	50 ~ 400
下沉式绿地（m²）	40 ~ 80
雨水花园（m²）	400 ~ 1000
干塘（m³）	200 ~ 400
湿塘、人工水体（m³）	400 ~ 800
人工湿地（m²）	500 ~ 800
转输性植被浅沟（m）	20 ~ 50
过滤净化性植被浅沟（m）	100 ~ 300
缓冲带（m）	100 ~ 250
初期雨水弃流（容积法）（m³）	400 ~ 600
贮存池（m³）	800 ~ 1200
清水池（m³）	800 ~ 1200
土壤渗滤池（m²）	800 ~ 1200

③海水综合利用

海水直接利用工程投资低且运行费用低，单位成本为 0.15 ~ 0.25 元/m^3。这一价格远低于淡水成本，售价也远低于工业水价格，经济性非常优越。但海水淡化利用的成本较高，尤其是规模较小时，成本非常高，海水淡化厂常用的 MSF、RO 法在不同规模情况下成本如表 3-17 所示。因此，现阶段利用海水淡化替代常规供水的经济性较差。

海水淡化常见处理工艺成本　　　　　　　　　　表 3-17

常见方法	原水	工厂规模（m³/d）	成本（元/m³）
多级闪蒸法 MSF	海水	23000 ~ 528000	4.2 ~ 14.0
反渗透法 RO	苦咸水	< 20	45.0 ~ 103.2
		20 ~ 1200	6.2 ~ 10.6
		40000 ~ 46000	2.1 ~ 4.3
	海水	< 100	12.0 ~ 150.0
		250 ~ 1000	10.0 ~ 31.4
		1000 ~ 4800	5.6 ~ 13.8
		15000 ~ 60000	3.8 ~ 13.0
		100000 ~ 320000	3.6 ~ 5.3

（2）能源清洁高效利用技术

①天然气分布式能源

天然气分布式能源的经济性与市场环境（天然气价、电价、设备价格等）、政策引导、用户负荷及系统设计有关。目前国内主要设备依赖进口，设备成本高、天然气价格偏高、上网电价偏低，市场环境不如欧美、日本等国家。在应用环境的负荷并非大量且长期稳定的情况下，较难完全依赖市场实现合理期限内的成本回收，一般需要一定的政策补贴助力。因此，虽然天然气分布式能源的成功案例表明其具有良好的发展前景，但其节能性和经济性并非绝对，需要通过成本效益评估判断项目建设的经济可行性。

以深圳国际低碳城天然气分布式能源经济分析为例，在无财政补贴时，项目静态回收期为 20 年左右。若借鉴上海市补贴方案，按照能源站装机容量给予 2000 元 /kW 补贴，回收期可缩短至 15 年左右。若借鉴重庆江北区的补贴方案，按初装费 127 元 /m² 补贴，回收期可缩短至 13 年左右。

深圳国际低碳城天然气分布式能源经济分析   表 3-18

技术指标	单位	燃气轮机方案	燃气内燃机方案
总装机规模	MW	55	54
能源利用效率	%	70.9	72.3
无补贴情况回收期	年	17.2	20.15
按 2000 元 /kW 装机补贴回收期	年	14.6	17.7
按初装费 127 元 /m² 补贴回收期	年	12.9	15.5

②区域供冷

区域供冷初始投资较大，商业运行管理模式复杂，实现工程建设的经济性，依赖于合理的系统设计、高效的管理运营以及用户的积极参与等多种因素。若系统设计与运营管理不当，则可能导致冷价偏高、不被用户接受，因系统运行效率不高而导致投资亏损。为避免出现短期内初始投资无法产生效益而带来投资风险等问题，区域供冷项目应进行严格的技术经济性研究，以较为谨慎的规模开展应用。

以香港启德新区区域供冷项目为例，该项目为启德发展区的公共及私人非住宅项目提供服务，总空调楼面面积约为 173 万 m²。据了解，该项目在确保冷价不高于用户采用独立水冷中央空调冷价的情况下，若要于 30 年的设备服役年限内实现成本回收，需实现区域内 58% 以上的用户同意订购区域供冷。

③冰蓄冷

冰蓄冷技术目前在国内已应用较为成熟，通过利用峰谷电价差、节省电费，系统设备投资成本在短期内可实现回收。以华南国际工业原料城（深圳）有限公司 5 号广场动态冰蓄冷系统为例，总建筑面积近 31 万 m²，采用动态冰蓄冷空调综合初始投资比常规中央空调系统多 1010.5 万元，年节省电费 265 万元，静态回收期为 3.8 年。深圳京基 100 大厦冰蓄冷项目，裙楼每年节省电费 140 万元，京基大厦办公楼每年节省电费 180 万元，较常规中央空调节省电费 23% 左右，不包括土建建筑成本，4 ~ 5 年可回收初始多投入的成本。

④可再生能源利用

随着可再生能源技术的进步及应用规模的扩大，可再生能源发电的成本逐步降低。风电设备和光伏组件价格近五年分别下降了约 20% 和 60%。南美、非洲和中东一些国家的风电、光伏项目招标电价和传统化石能源发电相比已具备竞争力，美国风电长期购电协议价格已与化石能源发电达到同等水平，德国新增的新能源电力已经基本实现与传统能源平价。

据相关资料，当前我国光伏发电单位装机成本为 8 ~ 10 元 /W，分布式并网光伏发电成本电价为 0.8 ~ 0.9 元 / 度，国家对分布式光伏发电实施全电量补贴政策，补贴价格为 0.42 元 / 度，补贴通过可再生能源发展基金予以支付，并通过电网企业转付给分布式光伏发电项目单位，补贴政策期限原则上是 20 年。对比国内大部分城市的现行电价，发展分布式光伏发电项目具有经济可行性。

风电的投资成本主要来自于项目建设成本和运行维护费用。以 1.5MW、70m 高度的风机为例，若计划投资期回收期为 10 年，平均发电成本为 2.43 元 / 度；若计划投资回收期为 20 年，平均发电成本为 1.29 元 / 度（表 3-19）。相比国内大部分城市的现行电价，应用成本相对较高。

1.5MW 风力发电机发电成本表 　　　　　　　　　　　　　　　　表 3-19

成本项	数值
投资成本	
风电机组的出厂价格	980 万元
基础建设、安装、融资成本	294 万元
总投资成本	1274 万元
年成本	
运行维护费	39.2 万元
投资回收期内融资费用（p=6%）	
10 年期（折旧率 =13.59%）	173.4 万元
20 年期（折旧率 =8.72%）	111.1 万元
实际年发电量	120 万 kW·h
平均发电成本	
计划投资回收期为 10 年	2.43 元 /（kW·h）
计划投资回收期为 20 年	1.29 元 /（kW·h）

地热能利用包括水源热泵、土壤源热泵等多种类型。水源热泵又分为江水源热泵、海水源热泵、地下水源热泵、污水源热泵等。相对传统直燃机或燃煤供热系统，水源热泵具有明显的经济效益，土壤源热泵虽然初始投资相对较高，但运行费用比传统供热制冷系统低，仍具有较好的经济可行性。多种供冷（热）系统的初始投资和运行成本费用如表 3-20 和表 3-21 所示。[177]

多种供冷（热）系统 1 万 m² 初始投资比较　　　表 3-20

空调类型	总投资（万元）			功能
	热（冷）源设备	其他费用	合计	
污水源热泵系统	100	80	180	采暖＋制冷＋生活热水
地下水源热泵系统	80	110	190	采暖＋制冷＋生活热水
热网＋水冷机组	70	150	220	采暖＋制冷
土壤源热泵	80	260	340	采暖＋制冷＋生活热水
直燃机	120	130	250	采暖＋制冷
燃煤＋水冷机组	160	100	260	采暖＋制冷

多种供冷（热）系统 1 万 m² 运行费用比较　　　表 3-21

空调类型	采暖费按 150 天计算（万元）	备注
污水源热泵系统	20	电费按 0.8 元/度
地下水源热泵系统	22	电费按 0.8 元/度
土壤源热泵	24	电费按 0.8 元/度
直燃机	32	燃气单价 2.1 元/度
热网	29	电费按 0.8 元/度
燃煤	36	电费按 0.8 元/度

⑤电动汽车充电设施

据专家测算，在不计算土地购置费的情况下，充电站成本主要有基础设施成本、配电设施成本、运营成本。其中，基础设施成本包括充电机、电池维护设备、充电站监控及安全监控设备成本等；充电站配电设施一般包括 2 台变压器、1 台配电柜、1 公里 0.4kV 电缆、2 公里 10kV 电缆、容量 700kVA 以上的有源滤波装，充电站配电成本相对固定，在 192 万元左右；充电站的运营成本包括员工费用、站内设备消耗费用等，配电设施维护成本一般为配电成本的 3% 左右，大约每年 6 万元。充电站的成本回收则与电池的续航能力有很大关系，随着电池续航能力的增强，充电站成本的回收期缩短。[178]

有业内人士测算，一个普通充电桩成本为 1 ~ 3 万元，一个快速充电桩成本为 10 ~ 20 万元。现有充电桩日用频次大概能达到 3 ~ 4 次，好的点能达到 8 次。总的来说，日用频次达到 5 次才能保证 5 年内收回成本。[179] 以北京华贸充电站为例，每个直流桩利用次数为 8 次/天，充电服务费为 0.8 元/度、充电量约 20 度/次，1 个直流桩的年充电服务费总计大约 4.7 万元，按照每个直流桩 20 万元的投入计算，收回成本的时间将近 5 年。[180]

（3）废弃物减量循环技术

相对垃圾填埋而言，目前各类垃圾资源化处理技术的运营成本都较高，技术应用存在经济压力，大多数需要政府给予一定财政补贴。

垃圾气力收集系统，虽然相对普通垃圾分类设施具有高效、卫生的优势，但是需要敷设地埋式输送管道，且垃圾输送过程需消耗大量能源，系统投资建设成本和运营成本均较高，投资造价约为 100 元 /m² 建筑面积，运营成本为 0.3 ~ 0.5 元 /m² 建筑面积，因此目前国内已建成并在运营的垃圾气力收集系统寥寥。2010 年上海世博会运用了垃圾气力收集输送技术，虽然成功解决了客流拥挤环境下的垃圾输送问题，但其单位处理成本也高达 298 元 /t，因此世博会后该系统即停止了运行。

垃圾焚烧发电技术已较为成熟，目前焚烧垃圾的处理成本约为 150 ~ 200 元 /t。按平均每吨垃圾产电 280 度，燃煤火电上网标杆电价 0.40 元 / 度计算，上网电价收入仅为 112 元 /t。因此，目前国家对于垃圾焚烧发电项目给予经济扶持，包括：①价格扶持，垃圾焚烧发电执行当地火电标杆电价 +0.25 元 / 度补贴的标准，发电项目自投产之日起，15 年内享受补贴电价；②税收优惠，从 2001 年 1 月 1 日至今我国对垃圾发电试行增值税即征即退的优惠政策。此外，垃圾焚烧厂还会征收垃圾处理费，各地从 80 ~ 150 元不等。对于垃圾焚烧发电厂来说，一般仅依靠电价收入就能基本实现收支平衡，政府给予的垃圾处理费补贴，则成为企业利润。

建筑垃圾综合利用的收益主要来自资源化产品。为推进建筑垃圾资源化产业的发展，国家及各地相继发布鼓励扶持政策。河南省通过以奖代补、贷款贴息等方式，鼓励社会资本参与建筑垃圾资源化利用设施建设，享受当地招商引资优惠政策，促进建筑垃圾资源化利用设施建设和再生产品应用。广州市印发《建筑废弃物综合利用财政补贴资金管理试行办法》，安排专项资金支持建筑废弃物的综合利用生产活动：建筑废弃物处置补贴资金按再生建材产品中建筑废弃物的实际利用量予以补贴，补贴标准为每吨 2 元；生产用地补贴资金对符合补贴条件企业的厂区用地，结合企业的生产规模予以补贴，补贴标准按 3 元 /m² 执行。

餐厨垃圾资源化处理技术种类多样，有热解、物理干燥、微生物生化、制取生物柴油以及厌氧消化技术等，不同技术的处理成本和产品收益不同。以深圳市餐厨垃圾处理厂运行情况为例，目前企业的处理成本约为 300 ~ 400 元 /t，政府按 200 元 /t 给予企业补贴，企业则从中对非机关事业单位食堂等餐饮单位给予 30 元 /t 补贴。虽然除政府补贴外，能通过销售处理产物，如蛋白饲料、生物柴油，再获取一些收益，但企业仍表示运营困难，希望政府补贴提升至 340 ~ 350 元 /t。小型餐厨垃圾处理站的处理成本主要包括电费和人工费，不同地区的成本差异较大，以深圳为例，日处理量 5t 的餐厨垃圾一体化处理设施的年运营费用约为 50 万元，包括电费 30 万元、人工费 20 万元（2 ~ 3 人）。

（4）综合管廊

目前国内综合管廊造价约在 6000 ~ 10000 万元 /km，是直埋敷设管线的 4 ~ 6 倍；建成后每年日常运营管理费用约为建设费用的 0.3%，约 10 ~ 20 万元 /（km·年），若考虑设备损耗和更换的费用，后期维护费用约 80 万元 /（km·年）。因此，相对于管线直埋，综合管廊的建设投资巨大，管理成本也较高，需要综合考虑政府财政能力和管理制度来开展综合管廊的规划建设。

3.3.4 需求分析与预测

为保证城市资源能源供应与废弃物处理的安全，低碳市政规划必须以常规市政规划为基础，并与常规市政规划作充分衔接。因此，通常不改变常规给水、排水、供气、供热、供电、通信、环卫设施规划的需求预测方法。

1. 非常规水资源利用

用水量预测。总用水量由城市用水量和其他用水量组成，其中城市用水量为规划期内由城市给水系统统一供给的居民生活用水、工业用水、公共用水和城市杂用水等用水量的总和；其他用水量主要包括河湖生态环境用水和农业用水等。总体规划层次的城市用水量预测一般采用分类用地面积指标法，并采用综合指标法如建设用地综合用水量指标、单位人口综合用水量指标等进行校核；详细规划层次的城市用水量预测一般采用建筑面积指标法，并采用分类用地面积指标法进行校核。国家及地方性的城市规划标准中对用水量预测方法和相关用水量指标都给予了明确规定，详细内容可查看相关城市规划标准。

非常规水资源利用量预测首先应确定供水潜力，以及替代常规用水类型，并判断非常规水资源水质是否满足用水要求，在此基础上再对其利用量进行分析预测，一般宜按照以下步骤开展：

（1）非常规水资源开发潜力分析。对再生水资源、雨洪资源及海水资源的开发潜力进行分析，判断非常规水源的供水能力。在详细规划层面，还应从工程可实施性角度确定是否有条件开展非常规水资源供应。

（2）非常规水资源利用类型分析。基于常规用水类别确定可采用非常规水资源替代的用水部分，如工业用水（冷却水、锅炉水等）、城市杂用水（绿化浇洒、道路冲洗、消防、空调和冲厕等）、景观用水以及河道生态补水等，并明确各类用水的水质要求。然后确定非常规水资源利用方案，如优先利用再生水供应工业用水（冷却水、锅炉水等）、河道生态补水，利用雨水资源回用于绿化浇洒、景观用水等。

（3）非常规水资源利用量预测。首先，分别计算可采用非常规水资源替代的工业用水、城市杂用水、景观用水、河道生态补水、码头冲洗用水等用水量。其次，确定非常规水资源替代率，如某小区内的绿化浇洒用水全部利用收集的雨水，则雨水资源替代率为100%，该部分雨水资源利用量等于绿化浇洒用水量。又如某片区利用再生水补给河道生态用水，且河道最低生态用水量在可供应再生水水量范围内，则该部分再生水利用量等于河道生态用水量；若超出再生水供水能力，则按实际可供应再生水量计算。

2. 清洁高效能源利用

（1）太阳能利用[181]

太阳能利用，包括光伏发电和光热利用。目前，光伏发电在城市电力生产供应中的比例还很小，主要受限于光伏发电的空间要求。随着光伏产业发展和相关技术的进步，城市地区利用建筑屋顶和侧墙建设的分布式光伏项目越来越多，部分还实现并网供电。下面介绍太阳能利用量的计算方法，可从两个角度计算：

①生产量角度，一般用于光伏发电项目，即发电量等于用电量。计算公式包括以下

两种：

公式 1（基于光伏组件面积）：$L = Q \times S \times \eta_1 \times \eta$，$\eta_1 = \dfrac{W}{S \times 1000} \times 100\%$

式中：L——光伏电站年发电量；Q——倾斜面年总辐射量；S——光伏组件的面积；η_1——光伏组件的转化效率；η——光伏电站系统的总效率；W——光伏电站装机容量；1000——标准辐照度 1000W/m²。

公式 2（基于光伏电站装机容量）：$L = W \times H \times \eta$，$H = \dfrac{Q}{1000}$

式中：L——光伏电站年发电量；W——光伏电站装机容量；H——峰值小时数；Q——倾斜面年总辐射量；1000——标准辐照度 1000W/m²。

其中，倾斜面上的年总辐射量 Q 受水平面总辐射量、光伏方阵安装方式、项目场址的经纬度等多项因素影响。光伏方阵安装方式包括固定式、固定可调式、水平单轴跟踪、斜单轴跟踪、双轴跟踪等，与最佳倾角的固定式安装相比，水平单轴跟踪的辐射量提升了 17%～30%，双轴跟踪的辐射量提升了 35%～43%。此外，一般来说，相同的水平面总辐射量，纬度较高地区的发电量更大。且在高纬度地区，不同的季节使用不同的安装倾角，可明显提高发电量，而在低纬度地区，不同的季节使用不同的安装倾角，发电量几乎不会发生变化[182]。

光伏电站系统效率 η 受光伏组件、直流线损、逆变器效率、变压器效率等多种因素影响。地面光伏电站的系统效率一般在 75%～85% 之间，一般取 80%；屋顶光伏电站的系统效率根据电压等级、业主维护水平等差异较大，其中低压并网系统效率较大，一般能达到80%～85%，高压并网线损较大，一般在 75%～80% 之间。

以北京市某项目为例，多年平均的年日照小时数为 2778.7h，多年平均的年总辐射量为 1400.6kWh/m²（可从北京气象局获得）；一个 1MWp 的采用 37° 固定倾角的分布式光伏项目，年峰值小时数为 1629h（需通过专业软件计算获得），首年满发小时数 = 1629h×80%（系统效率）= 1303.2h，首年发电量 = 1000kW×1303.3h =130.3 万 kWh。考虑到 10 年衰减 10%，25 年衰减 20%，25 年平均的年发电量约为 115.7 万 kWh。

②消费量角度，一般用于光热利用项目，即根据用热需求确定所需敷设的太阳能集热器面积。

直接系统集热器总面积可根据用户的每日用水量和用水温度确定，按下式计算：

$$A_c = \frac{Q_w C_w (t_{end} - t_i) f}{J_T \eta_{cd} (1 - \eta_L)}$$

式中：A_c——直接系统集热器总面积（m²）；Q_w——日均用水量（kg）；C_w——水的定压比热容 [kJ/（Kg·℃）]；t_{end}——贮水箱内水的设计温度，（℃）；t_i——水的初始温度（℃）；J_T——当地集热器采光面上的年平均日太阳能辐射量（kJ/m²）；f——太阳能保证率（%），根据系统使用期内的太阳辐照、系统经济性及用户要求等因素综合考虑后确定，宜为 30%～80%；η_{cd}——集热器的年平均集热效率，根据经验取值宜为 0.25～0.50，具体取值应根据集热器产品的实际测试结果而定；η_L——贮水箱和管路的热损失率，根据经验取值宜为 0.20 ~ 0.30。

间接系统集热器总面积可按下式计算：

$$A_{IN} = A_c \cdot (1 + \frac{F_R U_L \cdot A_c}{U_{hr} \cdot A_{hr}})$$

式中：A_{IN}——间接系统集热器总面积（m^2）；$F_R U_L$——集热器总热损系数 [W/（$m^2 \cdot \text{℃}$）]，对平板型集热器，$F_R U_L$ 宜取 4 ~ 6W/（$m^2 \cdot \text{℃}$），对真空管集热器，$F_R U_L$ 宜取 1 ~ 2W/（$m^2 \cdot \text{℃}$），具体数值应根据集热器产品的实际测试结果而定；U_{hx}——换热器传热系数 [W/（$m^2 \cdot \text{℃}$）]；A_{hx}——换热器换热面积（m^2）。

按某三口之家的热水需求为 60L/d 计算，将水由 20℃加热到 70℃，水的比热容为 4.2[kJ/（kg·℃）]，太阳能保证率取 60%，集热器采光面上的年平均太阳能辐射量（可用软件模拟得到）假定为 1000kWh/m^2，即年平均日太阳能辐射量为 9863kJ/m^2，集热器的年平均集热效率取 0.40，贮水箱和管路的热损失率定为 0.25，计算直接系统集热器总面积为 2.56m^2。

（2）风能利用

风力发电量的计算方法较为复杂，需要考虑风电场风能资源、空气密度、叶片污染折减、风电机组可利用率、功率曲线折减、气候影响停机等多种影响因素。在不需要精准测算的情况下，可采用简单公式粗略估算风力发电量或风机装机容量需求。计算公式如下：

$$Q_{风} = W_{风} \times h_{有效}$$

式中：Q——风力发电量；W——风机装机容量；h——风机有效发电小时数，一般为 2000 ~ 3000h/年。

以某风力发电路灯为例，假定路灯功率为 250W，每天照明时间长度为 12h，则路灯照明电力需求为 3kWh。假定风机年平均日有效发电小时数为 6.8h（由气象部门统计数据估算），计算风机装机容量需求为 450W。

（3）其他

地热能利用、天然气分布式能源、区域供冷等其他清洁高效能源利用，通常是和建筑用能结合，一般需先对建筑冷（热）需求进行预测评估，再根据不同设备系统的技术参数，计算应配置的能源设施装机容量。在总体规划层面，一般基于用地规划和容积率指标，对建筑用能需求作简单预测，初步确定清洁高效能源利用的总体目标。在详细规划层面，应结合详细的建筑方案，参考《城市供热规划规范》GB/T 51074—2015、《民用建筑供暖通风与空气调节设计规范》GB 50736—2012 等相关规范标准，对建筑冷、热、电需求作模拟评估，进而确定地源热泵、天然气分布式能源、区域供冷等能源系统的合理建设规模。必要时，可针对规划能源项目同步开展可行性研究，将可研结论纳入规划报告，增强规划方案的科学性和可行性。

3. 废弃物资源化处理

废弃物资源化处理设施规模预测，需从废弃物产生量和可收集量两方面考虑，一方面保障废弃物处理能力，一方面避免设施规模建设过大，出现废弃物处理量不够的问题。

（1）废弃物产生量预测

生活垃圾，一般基于人均生活垃圾产生量预测。人口应考虑统计人口和实际管理人口的差别，在获取数据可信的前提下，尽可能按实际管理人口计算。人均生活垃圾产生量一般取 1.0 ~ 1.5kg/ 日·人，也可参考本地近十年人均生活垃圾产生量数据，确定更为精确的指标值。需要说明的是，此处生活垃圾包含了餐厨垃圾，若对餐厨垃圾进行专门收集处理，人均生活垃圾产生量指标值应相应下调。

餐厨垃圾，基于人均餐厨垃圾产生量预测。据统计，2015 年全国人均餐厨垃圾产生量为 0.18kg/（日·人），但不同城市人均餐厨垃圾产生量差异较大。因此，对指标值可设置修正系数，经济发达城市、旅游城市、沿海城市修正系数取 1.05 ~ 1.10，经济发达的旅游城市、经济发达的沿海城市修正系数取 1.10 ~ 1.15。此外，也可通过本地实际调研确定人均餐厨垃圾产生量指标值。

建筑垃圾，一般基于建筑面积和单位面积建筑垃圾产生量预测。拆除工程建筑面积按照房产证或拆迁许可证等证载面积计算，单位面积建筑垃圾产生量可采用以下标准：①民用房屋建筑按照每平方米 1.3t 计算；有旧物利用的，在考虑综合因素后按结构类型确定为，砖木结构每平方米 0.8t，砖混结构每平方米 0.9t，钢筋混凝土结构每平方米 1t，钢结构每平方米 0.2t；②工业厂房和跨度 9m 以上的仓储类房屋按结构类型确定为钢结构每平方米 0.2t，其他按同类结构民用房屋建筑单位面积垃圾量的 40% ~ 60%。新建工程建筑面积按照规划建筑面积或施工图中的建筑面积计算，单位面积建筑垃圾产生量可采用以下标准：①砖混结构按每平方米 0.05t，②钢筋混凝土结构每平方米 0.03t。新建工程垃圾还包括基础施工产生的弃土，依据基础开挖量和回填量计算弃土体积，再乘以单位体积弃土量，一般按 1.6t/m³ 计算，即得到基础弃土量。同样计算道路、管沟建设工程和绿化建设工程的弃土量。

（2）废弃物可收集量

垃圾焚烧发电厂、餐厨垃圾处理厂、建筑垃圾处理厂的规划建设都应充分考虑垃圾的实际可收集量，以确保设施处于高效的运行工况。

在城市地区，生活垃圾的收集基本实现 100% 覆盖；在城镇地区，可能存在垃圾随意倾倒、露天焚烧的问题，但这部分的垃圾量总体不大，且通过强化垃圾收集和清运管理，可以逐步杜绝。

餐厨垃圾的收集是推动餐厨垃圾资源化处理的关键，由于居民生活垃圾分类收集未普及，酒店餐饮垃圾收集系统不健全，餐厨垃圾收集量远远低于产生量，大量餐厨垃圾流向地沟油产商，危害人体健康。因此，在建设餐厨垃圾处理厂的同时，应建立完善的餐厨垃圾收运系统，明确可收集量和实际处理量，进而合理安排餐厨垃圾处理厂的建设规模。

建筑垃圾处理包括移动式和固定式两类。随着移动式建筑垃圾处理设备的推广，越来越多的建筑垃圾实现就地消纳和资源化再利用，运至固定式建筑垃圾处理厂的垃圾量相应减少。因此，建筑垃圾处理厂的规划建设，应充分考虑移动式设备的需求分担，在保障建筑垃圾处理需求的基础上，尽可能避免厂房、设备建设规模过大，尽量缩减占地面积，提高土地资源利用效益。

3.3.5　设施规划布局

低碳生态市政设施的规划布局应基于设施建设规模、规划区用地方案以及与常规市政系统的衔接要求等综合确定，需要与用地规划、市政专项规划等作充分沟通协调，以合理确定各类设施的布局方案和占地面积。

1. 非常规水资源利用设施

（1）再生水利用

再生水利用设施包括集中式再生水厂、分散式建筑中水系统以及再生水管网。

集中式再生水厂，一般与污水处理厂统筹建设。在污水处理厂内预留再生水厂用地面积，或在污水处理厂外就近新建再生水厂，增加污水深度处理设施，满足再生水回用的水质要求。

分散式建筑中水系统，即收集单个或某几个建筑物的污水进行深度处理回用。分散式再生水设施不独立占地，根据处理工艺确定占地面积，可采用地上式（工业用地内）或地下式（商业服务用地或公共管理与服务设施用地内）建设模式。

再生水管网，包括再生水主干管和再生水支管，根据再生水回用用途规划布置再生水管网。再生水主干管敷设于市政道路西侧或北侧的人行道或绿化带下，或敷设于综合管廊内，一般采用单侧布置。在道路交叉处、公园或大面积绿地接管处等应敷设预埋管，方便再生水管接入，尽量减少今后接管造成破路现象。

（2）雨水综合利用

雨水利用设施包括水库、低影响开发设施、引水管线等。

水库，一般建在山沟、河谷地区或在河流的狭口处建造拦河坝形成人工湖泊，坝址应建在等高线密集的河流峡谷处使坝身较短（可以降低施工量），同时还应避开断层、喀什特地貌区等，依等高线高程定坝高，依水平距离定坝长，尽量少淹没农田。在无条件新建水库的情况下，可对现有水库地形条件作评估分析，判断是否可开展扩容改造。

低影响开发设施适用于除危险边坡治理、地质灾害治理、桥梁、隧道、轨道交通、电力通讯管线、燃气管线、综合管廊、过街天桥、照明工程、零星修缮、应急工程之外的所有新建、改建、扩建的建设项目，宜根据低影响开发设施特点与地区建设要求，选择适宜的设施或设施组合，达到低影响开发目标。低影响开发除包括绿色屋顶、下沉式绿地、雨水花园、透水铺装、旱溪、植草沟、植被缓冲带、人工湿地等"滞、渗、蓄、净、用、排"设施外，也包括分散式的小型雨水调蓄设施，如雨水收集罐、模块式雨水调蓄设施、下沉式雨水调蓄广场和地面水体景观等，其中雨水调蓄池一般建设于地下，可利用公共建筑的地下室或公园绿地和公共广场的地下空间，容积根据雨水回用需求确定，收集的雨水回用于道路清扫、绿化浇洒和景观用水等。

引水管线，山区雨洪利用的重要设施。通过引水管道的建设，能够将优质的雨洪资源引到周边的水库或需水用户进行储蓄或利用。引水管道进水口位置要合理，进口轮廓平顺，流速较小，尽可能减小水头损失。进水口须设置闸门，以便在事故时紧急关闭，截断水流，避免事故扩大，也为引水系统的检修创造条件。对于无压引水式电站，引用流量的大小也由进口闸门控制。

（3）海水利用

海水利用设施包括海水取水工程、海水排放口、海水淡化厂等。

海水取水工程，海水取水方式有多种，大致可分为海滩井取水、深海取水、浅海取水三大类。海滩井取水水质最好，深海取水其次，浅海取水水质相对较差。除水质外，取水工程还应考虑海水腐蚀对取水构筑物的寿命影响，取水井建设对海岸自然生态环境的影响，以及取水工程的占地面积、造价投资等，进而合理确定海水取水方式[183]。

海水排水设施，应重点考虑浓盐水和温排水等对周围海域的环境影响。根据《蒸馏法海水淡化工程设计规范》HY/T 115—2008 和《火力发电厂海水淡化工程设计规范》GB/T 50619—2010，浓盐水排放优先考虑综合利用，如作为附近盐厂的制盐用水，当直接排至海域时，应满足排放海域的环保要求。排水口位置应远离原料海水的取水口，并选择有利于浓盐水向外海输送转移的位置。此外，不应建在海洋特别保护区、海洋自然保护区、重要渔业水域、海洋风景名胜区及其他需要特殊保护的珍稀物种、珊瑚礁、红树林、沿海湿地、海草床等重要海洋生态环境区域[184]。

海水淡化厂。在空间布局上应优先选取工业园区，远离城市居民区，以降低对居民日常生活带来的影响与不便。若工业园区内有浓盐水需求企业，则可将淡化过程产生的浓盐水输送到该企业进行化学元素的综合提取利用。此外，海水淡化厂占地规模较大，如日本冲绳海水淡化厂生产水量 4 万 m^3/ 日，占地面积 1.2 公顷，选址周边的应配套完善的基础设施，以满足工业生产充足的供电、供水、供热需求。同时，还应考虑海水取水、排水对周边海域的生态环境影响。

2. 生态排水和污水处理设施

（1）低影响开发

低影响开发设施包括绿化屋顶、雨水花园（植生滞留槽）、植被草沟、下沉式绿地、透水铺装、雨水湿塘等多种形式，适用于各类开发模式和多种用地条件，但低影响开发设施的布局也需要结合规划区的地形地貌、水文地质及土地利用等条件，并依据各项低影响开发设施的特点采取不同的应用策略。如在以水源涵养和保护为主的地区，重点布局入渗型和净化型低影响开发设施；在开发强度高的城市地区，充分挖掘可利用的空间布局绿色屋顶、下沉式绿地、雨水花园等滞流型设施；在竖向控制上，应尽量保障周边硬化地面的径流能够汇入低影响开发设施中，增大不透水下垫面的雨水径流控制率；在河湖水体周边布局植被缓冲带、雨水湿地等净化型设施。低影响开发设施的布局要点可参见《海绵城市建设技术指南——低影响开发雨水系统构建（试行）》和《海绵城市建设规划与管理》一书。

219

（2）初期雨水管理

初期雨水管理一是"集中处理"，建设雨水调蓄池将污染严重的初期雨水导入调蓄池，雨停后再将调蓄池中的雨水通过截流管送入污水处理厂，蓄水池大多建于地下，可结合绿地、广场等公共空间建设，将初期雨水处理后回用于绿地浇洒和路面冲洗等。二是"分散过程处理"，利用下沉式绿地、雨水花园、植被草沟、滞留塘等低影响开发设施的净化功能，对路面、屋顶的雨水进行净化处理，这类低影响开发设施一般布局于道路两侧和建筑雨落管附近。三是"末端处理"，在河湖水体周边布局植被缓冲带、雨水湿地等生态型处理设施，对直排的地表径流作末端净化处理。

（3）污水生态处理

污水生态处理设施包括生态塘、人工湿地等，一般占地面积较大，需要根据污水处理需求计算占地面积后，根据用地空间确定是否适宜建设应用。

3. 清洁高效能源利用设施

（1）天然气分布式能源

天然气分布式能源系统按规模可分为区域型和用户型。区域型系统面向一定区域范围内的若干建筑或建筑群，如工业园区、CBD地区，需独立占地，建设用地指标需根据天然气分布式能源的应用模式，基于专题研究定量分析确定。区域型天然气分布式能源站建设应靠近用户，但需考虑站点运营对周边环境的影响。用户型系统主要服务某单一建筑，如机场、大中型医院、大型交通枢纽等，强调有常年稳定的电、冷（热）负荷需求，设施一般附设于建筑楼宇内，如地下室。

（2）区域供冷

区域供冷适用于建设密度高、负荷集中的区域，但住宅比例一般不宜超过30%，以保障高效的系统管理。区域供冷站宜设置于负荷中心，可附设于建筑内，供冷半径建议不大于1.5km。在供冷半径范围内，选择合适的选址布局设施，应避免冷却塔等噪声源对周边环境影响。区域供冷系统规划建设，应充分考虑弹性，结合城市分期建设规划，确定设施和管网的分期建设方案，近远期结合，尽量减少设备空置或低效运行的情况。

（3）冰蓄冷

冰蓄冷系统在峰谷电价差较大的地区具备应用经济性，技术应用依托于制冷项目，可与单体建筑中央空调结合使用，也可与区域供冷系统结合使用。系统建设需占用一定的空间，要求建筑物中具有可利用的消防水池或建设蓄水池的空间，一般附建于建筑地下室。

（4）可再生能源利用

太阳能光伏发电，分为集中式和分布式两种模式。集中式光伏电站，一般位于荒漠、荒山、盐碱地地区，能充分利用相对稳定的太阳能资源，且建设用地条件充足，对周边环境的光污染影响也较小。分布式光伏发电，主要以建筑一体化形式，利用建筑屋顶和外墙布设光伏电板，就近解决用户的用电问题，也可将光伏电池同时作为建筑材料，以有效减少光伏电站的占地面积。太阳能光热利用，同样基于建筑物表面，通常是将集热器布置在屋顶或阳台外立面。具体而言，按建筑类型划分，居住建筑宜以太阳能集热为主，光伏发电为辅；公共建筑、工业厂房宜以光伏发电为主，太阳能集热为辅。

风力发电，分为大型风电场和小型风电装置。大型风电场目前主要分布在风能资源丰富的三北、东南沿海及其岛屿，以及东部近海地区等，其布局主要依据可开发风能资源条件确定。小型风电装置（如道路两侧的风电路灯）和少数的大型风机（如旅游度假区的景观性风机）可在城市建设区布局，其布局相关要素除评估具备适宜的风力资源条件外，主要考虑风电机噪声对周边环境的影响，一般要求距离居住区 300m 之外。

地热能利用。浅层地热能利用具有广泛的适用性，地源热泵的应用方式从应用的建筑物对象可分为家用和商用两大类，从输送冷热量方式可分为集中系统、分散系统和混合系统。不论是何种利用模式，都需要一定的机房占地面积和地下埋管空间，一般设置于项目建设用地内。

（5）220kV/20kV 系统

采用 220kV/20kV 电压层级负荷密度越高，电网建设节省成本越多，因此 220kV/20kV 系统建设要求负荷密度达到一定的水平。相关研究通过经济性评估，认为电力负荷密度达到 1 万 kW/km^2 以上时，电网建设采用 220kV/20kV 系统具有较高的经济性。此外，220kV/20kV 系统的建设推广应考虑实际，避免对原有 110kV/10 kV 系统有大面积的改造，导致设备改造成本较高。因此，一般建议在集中新建区建设 220kV/20kV 电力系统。

（6）电动汽车充电设施

根据充电方式的不同，电动汽车充电设施分为充电站和充电桩两种。充电站以公交车、出租车、私家车为服务对象，一般布局于交通流密集区、高速公路沿线，可独立占地建设，也可与加油加气站合建。充电桩以私家车、单位公车等为服务对象，占地面积小，可灵活布置，一般布局于停车场、住宅区等。

4. 废弃物处理处置设施

（1）垃圾气力收集系统

垃圾气力管道输送系统具备高效、卫生的特点，但也存在一次性投资大、对系统的维护和管理要求高的问题。目前而言，还不具备在国内全面推广的可行性，但可在高档小区、别墅群、中央商务区写字楼、机场等开展试点应用。

大型系统，由独立式集装箱、压实机、分离器、风机等设备组成，需要配备大型固定中央收集站，厂站需独立占地，面积可大于 1000m^2，管道最大长度 1.5km，最大日处理能力 30t。中型系统，没有旋风分离器，通过格栅实现气固分离，厂站规模适中，面积为 500 ~ 900m^2，厂站多与现有建筑地下空间合建，最大日处理能力 12t，管道最大长度 1km。小型系统没有分离器和压实机，需要配备小型厂站，管道最大长度 800m，日处理能力 5 ~ 7t，主要适用于不超过 1000 户居民或同等规模的建筑[185]。

（2）废弃物处理设施

垃圾减量循环是解决城市垃圾围城困境、减少垃圾填埋占地、避免环境污染破坏的有效措施。但由于垃圾储存和处理过程中会排放废气、废水、噪声等环境污染物，导致公众对这些废弃物处理设施产生排斥和规避心理，城市范围内废弃物处理设施建设存在选址困难。

对于集中式的大型废弃物处理设施，可以环境园的形式集中布局，实现垃圾分拣—分类处理—资源化利用一站式处理。若单独建设，垃圾焚烧发电厂应合理确定与周边居民设施的环境防护距离。建筑垃圾综合利用设施可就近在余泥渣土受纳场内、填海区内就近布局，也可在大规模的城市更新片区，引入一体化建筑垃圾综合利用设备，现场对建筑废弃物进行资源化处理和综合利用。餐厨垃圾处理厂布局应考虑餐厨垃圾收集、运输的便利性，也可以在餐饮业较为集中的街区、居住小区内设置餐厨垃圾资源化处理站，实施就地资源化处理，建设形式可采用建筑附设，或与垃圾转运站合建等。

5. 地下综合管廊

2015年，住房城乡建设部接连印发《城市地下综合管廊工程规划编制指引》和《城市综合管廊工程技术规范》GB 50838—2015，对综合管廊的建设布局给予明确指导。

依据《城市地下综合管廊工程规划编制指引》，敷设两类及以上管线的区域可划为管廊建设区域。高强度开发和管线密集地区应划为管廊建设区域。主要是：①城市中心区、商业中心、城市地下空间高强度成片集中开发区、重要广场，高铁、机场、港口等重大基础设施所在区域；②交通流量大、地下管线密集的城市主要道路以及景观道路；③配合轨道交通、地下道路、城市地下综合体等建设工程地段和其他不宜开挖路面的路段等。

依据《城市综合管廊工程技术规范》GB 50838—2015，当遇到下列情况之一时，宜采用综合管廊：①交通运输繁忙或地下管线较多的城市主干道以及配合轨道交通、地下道路、城市地下综合体等建设工程地段；②城市核心区、中央商务区、地下空间高强度成片集中开发区、重要广场、主要道路的交叉口、道路与铁路或河流的交叉处、过江隧道等；③道路宽度难以满足直埋敷设多种管线的路段；④重要的共同空间；⑤不宜开挖路面的路段。

6. 智慧通信

智慧通信设施的规划布局，强调系统建设，应构建市（县）级、组团级、园区（小区级）等多级公共数据中心（含云计算数据中心）架构，形成以处理能力强、存储容量大、安全可靠、适度分散、布局合理的数据环境，以适应综合应用服务。管线布设方面，强调光纤到户，实现100%高速网络全覆盖，为智慧城市管理奠定通信基础。

3.3.6 效益评估

1. 经济效益评估

低碳生态市政设施的直接经济效益主要表现为节约水资源、能源和土地资源：

（1）节约水资源效益主要来自非常规水资源利用，通过替代常规供水，减少自来水水费，计算公式如下。需要说明的是，再生水回用于生态补水，若不是替代自来水供水，则不具备节水经济效益。

节水经济效益（万元）＝非常规水资源替代自来水量（万 m^3）× 本地自来水价格（元 $/m^3$）

雨水收集利用后每年可减少向市政管网排放雨水量，减轻市政管网的压力，也减少市政管网的维护费用。目前城市每立方米水的管网运行费用为 0.08 元。

通过低影响开发模式，能够增加城市的透水地面比例，削减雨峰，延迟峰值出现的时间，减少场地的外排水量，间接提高雨水管网的设计重现期，降低城市内涝灾害的风险，保障人民群众生命财产安全。

（2）节约能源效益主要来自清洁高效能源利用，如利用可再生能源替代常规供电、供气，利用天然气分布式能源、区域供冷等高效能源设施节约用能量，以及垃圾焚烧发电、餐厨垃圾产生沼气、生物柴油等替代常规供能等。此外，在一些缺水城市，通过非常规水资源利用减少长距离输水的供水能耗，且再生水利用和雨水利用的供水电耗比常规供水电耗更低，也具有一定的节能效益。冰蓄冷系统虽然不直接节约用电量，但通过电价差也可以实现较高的经济效益。

节电经济效益（万元）＝替代或减少的常规供电量（万度）× 本地电价（万元 / 万度）

节气经济效益（万元）＝替代或减少的常规供气量（万 m^3）× 本地天然气价格（万元 / 万 m^3）

能源产物经济效益（万元）＝生物沼气、生物柴油等产生量（m^3，t…）× 单位经济价值（元 /m^3，元 /t…）

（3）节约土地资源效益主要来自废弃物资源化处理，如通过垃圾焚烧发电、建筑废弃物综合利用、餐厨垃圾资源化处理减少了最终垃圾填埋产物，减少了填埋场用地。此外，220kV/20kV 系统相对传统的电网系统也具有节省占地的效益。

节地经济效益（万元）＝节约用地面积（m^2）× 本地土地资源价值（万元 /m^2）

2. 环境效益评估

低碳生态市政设施的环境效益即环境质量的改善，如再生水补水对河流生态环境的改善，低影响开发对城市水文条件的改善，清洁高效能源利用减少大气污染物的排放，废弃物减量循环减少垃圾填埋的环境污染等，这部分环境效益改善难以完全量化评估，可以采用定性和定量相结合的形式，其中定量评估内容包括：

（1）低影响开发水文条件改善效益。通过分析规划前后的场地下垫面条件、低影响开发设施滞蓄能力等，计算综合雨量径流系数、年径流总量控制率等指标变化情况。

低影响开发设施的建设，能够在一定程度上增加城市绿化率，从而在局部调节城市小气候，改善物理环境，降低热岛效应。据相关研究结论，透水铺装路面的近地温度比普通混凝土路面低 0.3℃左右，近地表相对湿度大 1.12% 左右。

（2）由节约能耗减少的二氧化碳排放。包括零碳能源利用和高效能源利用两种情况：

①零碳能源利用碳减排效益。以太阳能、风能、地热能为代表的零碳能源利用，计算常规供电、供热方案下的能源消耗和相应碳排放量即可，计算公式如下：

碳减排效益（tCO_2）＝零碳能源利用替代的常规能源消耗量（燃煤、天然气、电能，折算为标准煤，tce）× 相应能源的碳排放因子（tCO_2/tce）

②高效能源利用碳减排效益。以天然气分布式能源、区域供冷、220kV/20kV 系统为代表的高效能源利用技术，相比常规供能模式节约能源消耗，从而具备碳减排效益，计算公式如下。当非常规水资源利用的电耗低于常规供水能耗时，也具备减排效益。

碳减排效益（tCO_2）＝相对常规供能模式减少的能源消耗量（燃煤、天然气、电能，

折算为标准煤，tce）× 相应能源的碳排放因子（tCO_2/tce）

（3）清洁高效能源利用减排大气污染物。计算在采用常规供能方式，供应等量或减量的能源时消耗传统燃煤排放的大气污染物量，以 SO_2 减排为例，计算公式如下：

减排大气污染物量（SO_2）= 替代或减少的常规供能量（万 tce，万 kWh……）× 大气污染物排放因子（SO_2，kg/ 万 tce，kg/ 万 kWh……）

需要说明的是电动汽车充电设施是辅助电动汽车运行，本身不具备节能减排效益，一般将利用电能替代汽油（柴油）的减排效益纳入电动汽车的效益评估。

（4）废弃物资源化利用减排温室气体。建筑垃圾综合利用处理过程复杂、资源化产物种类多样，环境效益分析难以量化评估，因此废弃物处理主要评估垃圾焚烧发电和餐厨垃圾处理的碳减排效益。以垃圾焚烧发电为例，垃圾焚烧过程本身消耗能源并排放二氧化碳，但同时产生电能替代常规供电并减少了垃圾填埋量，两者比较仍具备减排效益。

碳减排效益（tCO_2）= 减少填埋的废弃物数量（m^3）× 单位废弃物填埋碳排放量（tCO_2/m^3）+ 废弃物资源化产物替代常规能源消耗量（折算为标准煤，tce）× 相应能源消耗碳排放（tCO_2/tce）—废弃物处理过程能源消耗量（折算为标准煤，tce）× 相应能源消耗碳排放（tCO_2/tce）

3. 社会效益评估

低碳生态市政设施建设的社会效益主要包括提升城市环境品质、提高民众综合素质和促进先进技术发展等。

（1）提升城市环境品质

如低影响开发通过设置绿色屋顶、雨水花园、植草沟、人工湿地等设施，丰富了场地及河湖水系的景观，提升了人们居住和生活的环境品质，为市民休闲提供了更多的活动空间。通过建设综合管廊，避免因改造维护市政管线多次开挖道路，不仅保障了道路通行能力，也维护了良好的城市形象风貌。

（2）提高社会整体素质

通过开展污水再生利用，建设光伏建筑、布置小型风电设施，推行垃圾分类收集和餐厨垃圾资源化处理等，向市民展示低碳生态市政设施的资源环境效益，有利于普及低碳生态发展理念，提高民众的节水节能和资源循环意识，以及改观民众对垃圾焚烧发电厂等邻避型设施的看法，提高社会整体素质。

（3）促进先进技术发展

低碳生态市政设施建设为先进市政技术的发展提供应用经验，发现实践问题，为技术改良和升级提供研究基础。同时，各类基础设施工程的建设也有利于助推相关产业的发展，通过提高技术研发资金投入，进一步降低单位生产成本，进而促进先进技术的健康可持续发展。

4. 减碳效益评估案例

本节以《深圳市盐田区低碳市政基础设施规划研究及试点方案》项目的碳减排效益评估为例，对低碳生态市政设施碳减排评估方法进行具体说明。

碳减排效益评估的基本方法是："常规方案碳排放量"减去"低碳方案碳排放量"。"低碳方案"即是规划的低碳生态市政设施方案，"常规方案"即未实施规划、应用常规市政设施的方案。

（1）水系统碳减排评估

水系统的低碳生态市政技术包括：再生水利用、雨洪利用及低影响开发。由于低影响开发减少城市内涝的间接环境效益难以量化评估，仅对再生水利用和雨洪利用替代常规水资源的碳减排效益进行评估。

①再生水利用

规划预测再生水利用规模约 22934m³/ 日，其中城市杂用水 7539m³/ 日、工业用水 1755m³/ 日、潜在大用户杂用水 3240m³/ 日、河道生态补水 10400m³/ 日。城市杂用水、工业用水、潜在大用户杂用水替代常规供水，河道生态补水对应常规方案是"零补水"。因此，具备减碳效益的是前三项。

根据深圳市统计年鉴，全市平均供水电耗约 3500 度 / 万 m³，再生水生产电耗约 0.136 度 /m³。因此，利用再生水作为城市杂用水、工业用水替代常规供水，可节电约 2140 度 / 万 m³。根据规划方案，利用再生水替代常规供水约 457.5 万 m³/ 年，则年可节约用电 97.9 万度 / 年。根据国家公布的统计数据，2013 年南方电网碳排放因子为 0.9223 tCO_2/MWh。以该排放因子计算，再生水利用碳减排效益为 902.9 tCO_2/ 年。

②雨洪利用

规划收集优质山洪水资源，替代传统水资源供给城市杂用水，测算年利用量约为 54.7 万 m³/ 年。开展雨洪利用，需要新建截洪沟、引水管道等工程，但其输水能耗要低于深圳长距离输水工程，且一些优质山洪水资源可直接用于城市杂用，省去传统供水的自来水净化工序，因此本地雨洪利用具有节能减碳效益。

根据深圳市统计年鉴，全市平均供水电耗约 3500 度 / 万 m³。本地雨洪利用的供水能耗难以准确计算，在此粗略假定为常规供水的 1/3（减少输水与净水能耗）。因此，利用雨洪资源替代常规供水可节约电耗约 2300 度 / 万 m³，规划方案年节约电耗 12.58 万度 / 年。按 2013 年南方电网碳排放因子计算，雨洪利用碳减排效益为 116.0 tCO_2/ 年。

（2）能源系统碳减排评估

能源系统的低碳市政技术包括可再生能源利用、区域供冷、冰蓄冷及电动汽车充电设施，因冰蓄冷和电动汽车充电设施不具备直接减碳效益，仅对可再生能源利用与区域供冷的减碳效益进行评估。

①太阳能光热利用

规划在居住小区安装太阳能集热器，通过对城市更新区域的用地及热水需求预测，估算可安装太阳能集热板面积约 10.41 万 m²。

1m² 的太阳能集热器能供应热水约 50L，将 50L 热水由 20℃加热到 70℃需要消耗热量约 10500kJ，则 10.41 万 m² 的太阳能集热板每天可替代其他能源供应热量 1093 百万 kJ，年供应热量 398.9 百万 MJ。

常规热水器包括燃气热水器和电热水器：①按燃气热水器计算，提供 398.9 百万 MJ

热量需要消耗天然气 1024.6 万 m^3，排放 2.25 万 tCO_2/ 年；②按电热水器计算，提供 398.9 百万 MJ 热量需消耗电能 1.11 亿 kWh，采用 2013 年南方电网碳排放因子，排放二氧化碳 10.15 万 t/ 年。太阳能光热利用不排放二氧化碳，因此通过安装太阳能热水器可减排二氧化碳 2.25 ～ 10.15 万 tCO_2/ 年。

②太阳能光伏建筑

规划在新建建筑屋顶及有条件的侧墙面安装太阳能光伏电板，为建筑提供空调、照明等用电。规划新增太阳能光伏电板面积 8 万 m^2，总装机容量达到 4000kW。

目前建筑并网系统平均有效年利用时间约为 1192h，考虑光伏幕墙的有效利用时间相对更低，假定全区建筑光伏系统年有效利用时间为 1100h，计算 4000kW 的光伏系统年发电量为 440 万度。按 2013 年南方电网碳排放因子 0.9223 tCO_2/MWh 计算，可减少二氧化碳排放约 4058 tCO_2/ 年。

③风光互补路灯

规划沿深盐路、海滨栈道及小梅沙盐梅路建设风光电一体化路灯，道路总长 7.8km，按间距 40m 布灯、双边布灯计算，共设置 390 盏风光互补路灯。按 80W 功率 LED 路灯，照明时间 12h/ 天计算，全年路灯需消耗电量 13.7 万度。假定在连续阴雨天气下，全年仍有 1/5 的时间需要电网供电，则风光互补路灯可减少电网供电 10.96 万度。按 2013 年南方电网碳排放因子 0.9223 tCO_2/MWh 计算，可减少二氧化碳排放约 101.1 tCO_2/ 年。

④区域供冷

规划在小梅沙片区实施区域供冷，根据不同建筑类型进行能耗模拟，得到总冷负荷为 29510kW，按供冷时间 6 个月计算，年消耗冷能 6374.2 万度。COP 值取 3.2，则年消耗电量 1992 万度。实施区域供冷，通常可减少能耗 10% 左右，因此相对单体建筑供冷，可减少电耗 221 万度。按 2013 年南方电网碳排放因子 0.9223 tCO_2/MWh 计算，可减少二氧化碳排放约 2038 tCO_2/ 年。

（3）环卫系统碳减排评估

环卫系统的低碳市政技术包括垃圾分类收集、垃圾焚烧发电、餐厨垃圾资源化处理。垃圾分类收集、回收有用垃圾，可减少垃圾处理量，但回收的垃圾量难以估算，仅对垃圾焚烧发电和餐厨垃圾资源化处理的碳减排效益进行评估。

①垃圾焚烧发电

盐田区现建有 1 座垃圾焚烧发电厂，日处理生活垃圾 450t，年发电量 5000 万度。盐田焚烧发电厂除包含本区生活垃圾外，还接纳罗湖区的生活垃圾。

相关研究表明，生活垃圾如果填埋，处理每吨垃圾理论产生 100 ～ 150m^3 填埋气体，其中 50% 为甲烷，按照填埋场氧化率系数 0.5 计算，垃圾填埋产生温室气体约 0.54 tCO_2/t 垃圾，垃圾焚烧处理产生温室气体约 0.56 tCO_2/t 垃圾。此外，盐田区垃圾焚烧厂每吨垃圾产电量约 304 度，按 2013 年南方电网碳排放因子 0.9223 tCO_2/MWh 计算，每吨垃圾焚烧可替代燃煤发电碳排放 0.28 tCO_2/t 垃圾。综合三项因素，垃圾焚烧发电可实现碳减排 0.26 tCO_2/t 垃圾。按盐田垃圾焚烧厂日处理生活垃圾 450t 计算，年可减排 4.27 tCO_2/ 年。

②餐厨垃圾处理

规划对餐厨垃圾进行资源化处理，产物为生物柴油和饲料添加剂。与垃圾焚烧发电一样，由于减少了填埋温室气体排放，因此具有减碳效益。根据目前餐厨垃圾处理设备运行情况，1t 餐厨垃圾处理约耗电 22 度。餐厨垃圾填埋处理的温室气体排放量鲜有研究，在此与生活垃圾填埋一致取 0.54 tCO_2/t 垃圾。

规划新建 1 座餐厨垃圾处理站，总处理规模达到 70t/ 天，则餐厨垃圾处理年耗电量56.2 万度，按 2013 年南方电网碳排放因子 0.9223tCO_2/MWh 计算，由消耗电力间接产生的碳排放为 518 tCO_2/ 年；计算若实施填埋处理，垃圾填埋气中温室气体排放量为 13797 tCO_2/ 年。综合两项因素，全区餐厨垃圾处理可实现碳减排约 1.3 万 tCO_2/ 年。

（4）碳减排评估总结

综合上述分析，预计规划方案可实现碳减排 8.53 ～ 16.43 万 tCO_2/ 年（表 3-22）。

低碳市政设施碳减排评估 表 3-22

类别	序号	低碳技术 / 设施	规模	碳减排量（万 tCO_2/ 年）
水系统	1	再生水利用	替代常规水资源 457 万 m³/ 年	0.09
	2	雨洪利用	替代常规水资源 54.7 万 m³/ 年	0.01
能源系统	3	太阳能光热利用	太阳能集热板 10.41 万 m²	2.25 ～ 10.15
	4	太阳能光伏建筑	总装机容量 4000kW	0.40
	5	风光互补路灯	390 盏	0.01
	6	区域供冷	冷负荷 14580kW	0.20
环卫系统	7	垃圾焚烧发电	处理规模 450t/ 日	4.27
	8	餐厨垃圾处理	处理规模 70t/ 日	1.30
合计				8.53 ～ 16.43

3.4 低碳市政规划标准与规范

由于低碳生态市政技术在不同城市和地区的应用存在较大差异，我国目前尚无全国层面统一的低碳生态市政规划标准，但在现有低碳生态城市规划指引和指标体系研究中，对低碳生态市政规划提出了相关编制要求，本节将对国际、国家层面及广东省、深圳市低碳生态市政相关规划标准作总结梳理，为国内低碳生态市政规划编制提供参考。

3.4.1 国际低碳（生态）标准

1.联合国可持续发展指标

自 1992 年联合国环境与发展大会以来，如何度量可持续发展程度即建立可持续发展目标指标体系受到日益关注,并逐渐建立了可持续发展指标体系(表3-23)。2015年9月,世界各国领导人在一次具有历史意义的联合国峰会上通过了2030年可持续发展议程,该议程涵盖17个可持续发展目标,于2016年1月1日正式生效。其中对于清洁饮水、经济适用的清洁能源、产业、创新和基础设施、可持续城市和社区4大方面的目标需要依托低碳生态市政设施的建设来实现。联合国可持续发展指标旨在指导全球的可持续发展,需要全球各国家及城市一同实现,可作为国家、城市或城区建立低碳生态目标的参考。

联合国可持续发展指标中与低碳市政相关内容 表 3-23

目标	具体目标
1.清洁饮水和卫生设施	到2030年,大幅增加全球废物回收和安全再利用
	到2030年,所有行业大幅提高用水效率,确保可持续取用和供应淡水,以解决缺水问题,大幅减少缺水人数
	到2030年,在各级进行水资源综合管理
	到2030年,扩大向发展中国家提供的国际合作和能力建设支持,帮助它们开展与水和卫生有关的活动和方案,包括雨水采集、海水淡化、提高用水效率、废水处理、水回收和再利用技术
2.经济适用的清洁能源	到2030年,大幅增加可再生能源在全球能源结构中的比例
	到2030年,加强国际合作,促进获取清洁能源的研究和技术,包括可再生能源、能效,以及先进和更清洁的化石燃料技术,并促进对能源基础设施和清洁能源技术的投资
	到2030年,增建基础设施并进行技术升级,以便根据发展中国家,特别是最不发达国家、小岛屿发展中国家和内陆发展中国家各自的支持方案,为所有人提供可持续的现代能源服务
3.产业、创新和基础设施	到2030年,所有国家根据自身能力采取行动,升级基础设施,改进工业以提升其可持续性,提高资源使用效率,更多采用清洁和环保技术及产业流程
4.可持续城市和社区	到2030年,减少城市的人均负面环境影响,包括特别关注空气质量,以及城市废物管理等
	到2020年,大幅增加采取和实施综合政策和计划以构建包容、资源使用效率高、减缓和适应气候变化、具有抵御灾害能力的城市和人类住区数量,并根据《2015—2030年仙台减少灾害风险框架》在各级建立和实施全面的灾害风险管理

2.LEED 标准

LEED(Leadership in Energy and Environmental Design)是一个评价绿色建筑的工具,由美国绿色建筑协会建立,目前已成为美国部分州和一些国家的强制标准。LEED评价标准更新较为频繁,先后经历了1998年V1.0、2000年V2.0、2003年V2.1、2005年V2.2、2009年V3.0、2013年V4.0,目前最新版本为LEED V4.0。

LEED标准主要对新建建筑、既有建筑、室内装修、住宅建筑和社区开发等5类项目进行评价,不同类型项目的标准有所区别,经筛选与低碳生态市政相关的标准如表3-24所示。

LEED 标准中与低碳生态市政相关内容　　　　　　表 3-24

得分项	LEED BD+C	LEED O+M	LEED ID+C	LEED HOMES	LEED ND
选址与交通	绿色车辆；	—	—	—	湿地与水体保护
可持续性现场	雨水管理	雨水管理	—	雨水管理	建筑节能 建筑节水 景观节水 雨水管理 太阳能利用 现场可再生能源供给 区域供热与制冷 基础设施节能 废水管理 基础设施循环利用 固体废弃物管理
节水	室外用水减量； 室内用水减量； 冷却塔用水量	室外用水减量； 室内用水减量； 冷却塔用水量	室内用水减量	水资源消耗总量； 室外用水总量； 室内用水总量	—
环境	能源效率优化； 可再生能源使用； 绿色电力和碳补偿； 可回收物存储和收集	能源效率优化； 绿色电力和碳补偿	可再生能源使用； 绿色电力和碳补偿	主动式太阳能设计； 满足太阳能利用的建筑朝向； 新能源利用	—
材料和资源	建筑废弃物管理	固体废弃物管理	可回收物的储存与收集； 建筑垃圾管理与规划	建筑垃圾管理	—

3.4.2　全国性低碳（生态）城市标准

1.《城市生态建设环境绩效评估导则（试行）》

该导则由住房城乡建设部于 2015 年 11 月印发，可以作为城市规划建设中对环境效益重视的引导，也适用于绿色生态城区的环境绩效考核评估（表 3-25）。

《城市生态建设环境绩效评估导则（试行）》中与低碳生态市政相关内容　　　　表 3-25

主要环境影响评估方向	主要评估方面		推荐性评估指标
L 土地利用	2	土地生态修复	L10：城市生活垃圾回收利用率
W 水资源保护	4	污水处理	W5：污水集中处理率 W6：工业废水处理率
A 局地气象和大气质量	7	能源利用与节能减排	A5：能源综合评价指标

2.《绿色城市评价指标》(第二次征求意见稿)

2015年12月由国家标准化管理委员会启动,于2016年8~10月完成了第一次意见征集,并于2017年5~6月进行第二次意见征求。本书就第二次征求意见稿进行介绍(表3-26)。

该评价指标包括一、二、三级指标,其中一级指标为绿色生产、绿色生活、环境质量3个,权重分别为0.35、0.30和0.35;二级指标12个,每个二级指标采用"必选+可选"方式设置;共有65个三级指标。

该评价指标将"绿色"作为城市建设的一套标杆和参照系,宏观上可作为城市绿色发展政策制定的工具,微观上可作为城市规划的抓手。

《绿色城市评价指标》(第二次征求意见稿)中与低碳生态市政相关内容　　　　表3-26

一级指标	二级指标	指标类型	三级指标	备注
绿色生产	资源利用	必选	可再生能源消费比重(+)	
			单位GDP能耗(—)	
			单位GDP水耗(—)	
			工业用水重复利用率(+)	
			工业固体废弃物综合利用率(+)	
		可选	单位GDP能耗下降率目标完成率(+)	四选二
			单位GDP二氧化碳排放量(—)	
			建筑废物综合利用率(+)	
			非常规水资源利用率(+)	
	污染控制	可选	单位GDP工业固体废物产生量(—)	二选一
			危险废物处置(+)	
绿色生活	绿色市政	必选	生活污水集中处理率(+)	
			供水管网漏损率(—)	
			生活垃圾无害化处理率(+)	
			生活垃圾清运率(+)	
		可选	生活垃圾分类设施覆盖率(+)	四选二
			餐厨垃圾资源化利用率(+)	
			雨污分流管网覆盖率(+)	
			年径流量控制率(+)	
	绿色交通	必选	清洁能源公共车辆比例(+)	
		可选	公共事业新能源车辆比例(+)	

3.《国家园林城市系列标准》

由住房城乡建设部于2016年10月印发,包括国家园林城市标准、国家生态园林城市标准、国家园林县城标准、国家园林城镇标准、相关指标解释5部分。该标准是各市、县、镇在申报国家级或省级园林类称号的主要评价标准,也可作为各市、县、镇在政策制定、规划管理方面的指导性文件。表 3-27 摘取国家生态园林城市标准中与低碳生态市政相关内容予以介绍。

指标	考核要求	备注
城市管网水检验项目合格率（%）	100%	
城市污水处理	①城市污水应收集全收集 ②城市污水处理率≥95% ③城市污水处理污泥达标处置率100% ④城市污水处理厂进水 COD 浓度≥200mg/L 或比上年提高 10% 以上	②为否决项
城市垃圾处理	①城市生活垃圾无害化处理率达到100% ②生活垃圾填埋场全部达到 I 级标准，焚烧厂全部达到 2A 级标准 ③生活垃圾回收利用率≥35% ④建筑垃圾和餐厨垃圾回收利用体系基本建立	①为否决项
城市地下管线和综合管廊建设管理	①地下管线等城建基础设施档案健全 ②建成地下管线综合管理信息平台 ③遵照相关要求开展城市综合管廊规划建设及运营维护工作，并考核达标	
城市再生水利用率（%）	≥30%	
北方采暖地区住宅供热计量收费比例 (%)	≥40%	

4. 中国绿色建筑评价标准

《绿色建筑评价标准》GB/T 50378—2014 指标体系由"节地与室外环境""节能与能源利用""节水与水资源利用""节材与材料资源利用""室内环境质量""施工管理""运营管理" 7 类指标组成。每类指标均包括控制项和评分项，评价指标体系还统一设置加分项（"提高与创新"），控制项总共 30 项目（必须满足），评分项和加分项合计 108 项，最高可获得 110 分。该标准是我国民用建筑绿色评价的主要标准，可为建筑单体的低碳化设计甚至区域的低碳设计提供参考。如表 3-28 所示。

类型	控制项	评分项
节地与室外环境	4.1.3 场地内不应有排放超标的污染源	4.2.13 充分利用场地空间合理设置绿色雨水基础设施，对大于 10hm² 的场地进行雨水专项规划设计 4.2.14 合理规划地表与屋面雨水径流，对场地雨水实施外排总量控制
节能与能源利用	5.1.1 建筑设计应符合国家现行有关建筑节能设计标准中强制性条文的规定	5.2.14 合理采用蓄冷蓄热系统 5.2.15 合理利用余热废热解决建筑的蒸汽、供暖或生活热水需求 5.2.16 根据当地气候和自然资源条件，合理利用可再生能源

续表

类型	控制项	评分项
节水与水资源利用	6.1.1 应制定水资源利用方案,统筹利用各种水资源	6.2.10 合理使用非传统水源 6.2.11 冷却水使用非传统水源 6.2.12 结合雨水利用设施进行景观水体设计,景观水体利用雨水的补水量大于其水体蒸发量的 60%,且采用生态水处理技术保障水体水质
节材与材料资源利用		7.2.12 采用可再利用材料和可再循环材料 7.2.13 使用以废弃物为原料生产的建筑材料

3.4.3 广东省和深圳市低碳生态市政标准

1.《广东省绿色生态城区规划建设指引(试行)》

为落实《广东省人民政府和住房和城乡建设部关于共建低碳生态城市建设示范省合作框架协议》的有关部署和要求,指导广东省绿色生态城区的规划建设工作,实现绿色生态规划编制和实施管理的标准化、规范化,2014 年 11 月广东省住房和城乡建设厅印发《广东省绿色生态城区规划建设指引(试行)》(后称《指引》)。

《指引》包括环境保护、土地利用、空间环境、绿色交通、能源综合利用、水资源保护利用、废弃物管理等七大部分,其中能源综合利用、水资源保护利用与废弃物管理属于低碳生态市政规划范畴(表 3-29)。

本指引可作为广东省生态城区建设的重要技术、规划控制指标,是广东省规划管理部门作为绿色生态城区规划建设工作组织的指导性文件,也可为其他省市提供参考。

《广东省绿色生态城区规划建设指引(试行)》中与低碳生态市政相关指引　　　表 3-29

能源综合利用	水资源保护利用	废弃物管理
6.2 优化能源结构 6.2.1 积极发展可再生能源 　6.2.1.1 根据本地的地理位置和气候条件,因地制宜开发风能、太阳能、水能、地热能、潮汐能等可再生能源。 　6.2.1.2 在资源丰富、用地条件允许、经济及技术可行的区域,鼓励规模化发展可再生能源。 　6.2.1.3 无规模化发展条件的区域,可灵活采用分散和小规模形式,结合建筑、道路等开展可再生能源利用。 6.2.2 优化发展石化能源	7.2 水资源管理 7.2.1 优化水资源配置 　7.2.1.1 对于负荷较高、人口较密集片区,或对上层次规划进行重要调整的片区,应进行给水设施支撑能力分析,以确保水资源的合理调配和充足供应。 7.2.2 加强用水管理 　7.2.2.1 合理利用水资源,及时更换老化管网,工业区应提高内部水循环利用率,商业、配套设施用地应强制推行节水器具,已建区逐步淘汰高耗水器具	8.2 废弃物减量化 8.2.1 广泛推广垃圾分类收集 　8.2.1.2 废弃物分类收集的类别应根据本地区所产生废弃物的组成和废弃物处理设施的类型,并结合居民的意见综合确定,实施废弃物分类收集的地区也必须同时实施分类运输和分类处理。 　8.2.1.3 分类收集设施的间距应满足:步行街等人流活动频繁路段:10~25m,商业街、金融业街道:25~50m,一般道路设置间隔:50~100m。 8.2.2 加强场地竖向规划

能源综合利用	水资源保护利用	废弃物管理
6.3 提升用能效率 6.3.1 试点示范建设分布式能源 　6.3.1.2 根据能源供应及负荷条件，在条件适宜的区域，鼓励示范建设区域型和楼宇型分布式能源站，结合区域供冷等技术进行能源集中供应，提高能源利用效率。 6.3.2 试点示范建设区域供冷	7.3 城市水资源循环利用 7.3.1 积极推广再生水利用 　7.3.1.1 推进再生水厂与再生水管网的规划与建设，积极推广再生水利用。 　7.3.1.2 再生水优先用于工业用水、环境用水以及绿化浇洒、道路冲洗等城市杂用水，示范用于空调冷却水、冲厕用水。 7.3.2 加强雨洪资源收集回用 7.3.3 海水利用	8.3 废弃物再利用 8.3.1 提倡建设再生资源回收站 　8.3.1.2 再生资源回收站主要为居住用地、商业用地和政府社团用地等三类用地提供生活性再生资源收集服务，宜按 400～1000m 的服务半径或 2～3 万的服务人口设置。在区域中心、商业综合区和居住综合区可按 400～600m 的服务半径设置；旧城区可按 500～700m 的服务半径配置。在单一机构区、景观资源相邻地区的低密度居住区可按 700～1000m 的服务半径设置。 8.3.2 建筑垃圾综合利用
6.4 建设绿色能源基础设施 6.4.1 弹性推进加气站建设 6.4.2 配套建设电动汽车充电设施 　6.4.2.1 充电桩：在政府部门办公场所停车场、大型社会停车场、小区停车场、公用建筑停车场等建设充电桩，配建可按车位的 15%～20% 的比例进行控制。 　6.4.2.2 社会充电站：城市主干道按每二十 km 一对设置，城区服务半径控制在 1～2km；可考虑与路边变电站合建。 　6.4.2.3 公交充电站：结合公交系统规划，公交车站场 0.5km 范围内设置一个公交充电站，可考虑与公交车站场合建。公交车停车场每个停车位配建一个充电桩，集中配置配电设施。 6.4.3 因地制宜建设绿色照明设施 6.4.4 示范建设市政综合管沟	7.4 城市水文修复 7.4.1 推广和应用低冲击开发技术 7.4.2 各类用地低冲击开发指引 7.4.3 设置初雨调蓄处理设施及滞洪区 　7.4.3.1 有用地条件的雨水入河口分散设置初期雨水调蓄处理设施，不进行大涵管输送，处理后就地排入水体。初期雨水按汇流时间 30min 左右进行收集设计。 　7.4.3.2 倡导"软性防洪"，根据地形和周边用地功能，通过湿地、河滩、水生植物区等形式建设蓄滞洪区，削减洪峰，体现其综合生态功能	8.4 废弃物再循环 8.4.1 加强生物质能利用 8.4.2 发展废弃物资源化企业 8.4.3 建立回馈补偿机制 　8.4.3.1 在垃圾填埋场或焚烧厂等垃圾处理处置设施周边配套建设居民生活中必需的文体休闲类回馈设施，如篮球场、网球场、游泳池、图书馆、健身房、儿童游乐场等，免费或半免费对周边市民开放

2.《深圳市绿色城市规划设计导则》

《深圳市绿色城市规划设计导则》（后称《导则》）是在国家、广东省以及深圳市的有关规范及标准的基础上，参照国内外绿色城市建设的同类技术措施与评估体系，并结合深圳市城市发展的目标要求和实际情况制定。《导则》在"市政工程"部分的条目主要包括给水规划、流域管理和排水规划、绿色能源规划、废弃物与资源再利用四部分。

本导则是对深圳市在绿色城市规划设计的指导性文件，也可作为其他城市编制绿色城市规划设计的参考（表 3-30）。

《深圳市绿色城市规划设计导则》中与低碳市政相关指引 表3-30

导则条文	说明
给水工程	
【非常规水资源使用】多渠道开源，因地制宜地利用雨水、再生水、海水和微咸水等非常规水资源。 1）落实《深圳市城市总体规划（2010—2020）》中新扩建水库目标； 2）再生水利用以工业用水、河道补水、市政杂用为主要对象（不计入替代率）。 3）各类用地的非常规水资源使用优先顺序推荐：工业用地，雨水、再生水、海水（沿海地区）；生态用地，雨水、再生水；市政杂用，雨水、再生水；居住区及其他，雨水。 4）除再生水外，规划全市雨水、海水、微咸水等非常规水资源利用量与城市总用水量之和的比率不小于5%。再生水回用率的具体目标见【再生水回用】相关内容。 ……	非常规水资源包括雨水、再生水、海水等。由于本导则6.1.3条有专门关于再生水回用率的指标，因此本指标仅针对雨水、海水和微咸水提出替代比例。 虽然雨洪利用、流域合作水资源开发利用、污水再生利用、海水和微咸水利用都应该是全市多渠道开辟水资源的方式，但各种策略的轻重缓急应有所区别。由于雨洪利用属收集天然降水和洪水，能够提供自然优质的原水，是环境友好的水资源拓展方式，根据深圳及其区域的资源优势，深圳雨洪利用的主要措施包括新扩建水库，修复河湖生态，全面提高储水能力；通过入渗补给、收集回用等方式加强城区雨洪利用，以补充地下水及用于景观、绿化、杂用等。海水和微咸水利用以预留用地、储备淡化技术、推广直接利用为近期目标
流域管理和排水规划	
【雨水综合利用】推广低冲击开发模式，因地制宜开展雨水综合利用规划。 1）低冲击开发（Low Impact Development（简称LID））是指通过分散的、小规模的源头控制机制和设计技术，来达到对暴雨所产生的径流和污染的控制，从而使开发区域尽量接近于开发前的自然水文循环状态。 2）雨水利用分为收集利用、雨水入渗、调蓄排放三种方式，雨水综合利用可以是以上三种模式之一，也可以是几种模式的组合，达到回用与渗透相结合、利用与污染控制相结合、利用与景观、改善生态环境相结合等目的。 3）雨水综合利用应积极倡导低冲击开发模式，利用目标为设计重现期下，建设前后外排雨水设计流量不大于开发建设前后水平或综合径流系数小于规定值。 4）雨水综合利用应符合相关规范。如无特殊规定，雨水工程的设计重现期宜取为两年。 5）雨水综合利用分类要点：略	通过进行低冲击开发模式的雨洪利用，有效地降低洪峰流量，延缓洪峰时间，更可以增加透水地面，减少热岛效应，增加水资源量，并有效控制面源污染
绿色能源规划	
【可再生能源利用】结合深圳气候和自然资源条件，充分利用太阳能、风能、生物质能等可再生能源，可再生能源的使用量占全市总能耗的比例宜大于5%。 1）鼓励将难以回收利用、热值高于4.0MJ/kg的废弃物采用焚烧方式处理，焚烧产生的热能用于发电或供热。 2）发展分布式小型太阳能发电或风光互补发电装置，并尽量结合建筑和市政设施进行建设。	在经济技术适宜的条件下充分利用可再生能源。通过利用可再生能源，至少贡献5%的节能率。 1.积极推进垃圾焚烧发电，转废为能源。鼓励将难以回收利用、热值高于4.0MJ/kg的废弃物采用焚烧方式处理，焚烧产生的热能用于发电或供热。由于焚烧厂选址难度大，深圳宜建设日处理千吨级垃圾的垃圾焚烧电厂为主。

导则条文	说明
绿色能源规划	3）结合建筑或市政基础设施建设分布式小型太阳能发电装置，拥有较好光伏与风力互补性的区域可采用风光互补型发电系统	2. 结合建筑或市政基础设施建设分布式小型太阳能发电装置，拥有较好光伏与风力互补性的区域可采用风光互补型发电系统。鼓励道路与园林景观设施与可再生能源相结合，如太阳能庭院灯、风光互补路灯和太阳能景观灯等。加强建筑与太阳能一体化设计，包括太阳能电池板、太阳能热水器等。加强建筑与风能一体化设计，利用小型风力发电系统提供电力。（宾馆和办公楼经济效益最高，居住和别墅次之。） 3. 在地域开阔、有条件发展风电的区域，鼓励发展景观性的风电。 4. 对电压等级和电压质量高的市政公共设施不适宜采用可再生能源发电。污水厂、给水厂等公共设施所需电压等级（kW级）以及电压质量高，可再生能源发电不适宜用于此类公共设施
废弃物与资源再利用	【废弃物分类收集】对最终排放的废弃物应实施源头分类收集，废弃物的分类收集率应不低于50%。 【废弃物无害化处理】对最终排放的废弃物应实施彻底的无害化处理，无害化处理率达到100%，以避免破坏城市生态环境。 ……	废弃物分类收集的类别应根据本地区所产生废弃物的组成和废弃物处理设施的类型并结合居民的意见综合确定，实施废弃物分类收集的地区也必须同时实施分类运输和分类处理。 通过焚烧、热解或填埋等方法，将最终必须排放的废弃物转化为物化性质十分稳定的灰渣或将其纳入一个人工构筑的封闭系统之中，避免其对外部环境造成污染。无害化处理是废弃物管理的最后一道防线，失去这道防线，城市的生态环境将遭受严重破坏

3.《深圳市绿色住区规划设计导则》

《深圳市绿色住区规划设计导则》适用于深圳市新建、改建和扩建的绿色住区规划设计及其管理活动，也可作为其他城市的参考。本导则中与绿色/低碳市政规划设计相关的内容如表3-31所示。

《深圳市绿色住区规划设计导则》中与低碳市政相关指引　　　　　　　表3-31

8 能源

8.4 可再生能源

8.4.1 充分利用可再生能源。风能、太阳能等可再生能源的使用量占建筑总能耗的比例宜大于5%。

8.4.2 具备太阳能集热条件的新建12层及12层以下居住建筑，应为全体住户配置太阳能热水系统。

8.4.3 有条件时，可采用太阳能发电系统。拥有较好光伏与风力互补性的住区可采用风光互补型发电系统。

8.4.4 住区道路及景观照明宜采用太阳能照明系统，室内和地下室宜利用自然光调控设施进行自然采光照明，改善照明效果。

9 水资源

9.1 一般规定

9.1.2 建筑面积不超过2万 m² 的高层住宅与建筑面积不超过4万 m² 的住区，非传统水源利用率不宜低于5%。

9.1.3 建筑面积超过 2 万 m² 的高层住宅与建筑面积超过 4 万 m² 的住区，非传统水源利用率不宜低于 10%。

9.1.4 建筑面积超过 4 万 m² 的高层住宅与建筑面积超过 2 万 m² 的住区，应考虑雨水利用。

9.2 给水规划

9.2.1 在方案设计阶段应制定水系统设计方案，统筹、综合利用各种水资源。

9.2.3 绿化用水、道路冲洗等非饮用水宜采用非传统水源。

9.3 雨水规划

9.3.1 雨水利用应采用雨水入渗系统、收集回用系统、调蓄排放系统之一或其组合。

9.3.2 合理规划住区地表与屋面雨水径流途径，降低地表径流，滞流截污，采用多种渗透措施增加雨水渗透量，减少径流污染。建筑密度小于等于 25% 的住区，其综合径流系数不宜高于 0.50；建筑密度大于 25% 并小于等于 40% 的住区，其综合径流系数不宜高于 0.55；建筑密度大于 40% 的住区，其综合径流系数不宜高于 0.60。

9.3.3 建造屋顶花园，降低屋顶暴雨径流系统（略）。

9.3.4 合理设计下凹式绿地，降低地面暴雨径流系统（略）。

9.3.5 合理设计渗透性路面，降低场地暴雨径流系统（略）。

9.3.6 大型屋面的公共建筑或设有人工水体的项目，屋面雨水宜收集回用。

9.3.7 回用雨水用途应根据收集量、回用量、随时间变化规律及卫生要求等因素综合考虑确定。

9.3.8 为削减城市洪峰或要求场地的雨水迅速排干，宜采用调蓄排放系统。

9.4 污水规划

9.4.1 建筑面积超过 2 万 m² 的高层住宅与建筑面积超过 4 万 m² 的住区，若周边无再生水厂，应按照规划配套建设中水利用设施。中水设施必须与主体工程同时设计、同时施工、同时使用。中水设施的规模应充分考虑项目分期开发的特点。

10 材料资源

10.1 旧建筑再利用

10.1.1 应充分利用尚可使用的旧建筑并保留其建筑主体结构和内部设备。

10.1.2 对建筑进行改造时，不应大规模整体拆建。如需拆建，对拆除后的废弃物应进行资源化处理

3.5 低碳生态市政设施规划实例

3.5.1 项目背景

深圳国际低碳城位于深圳东北部、坪地街道内，东北与惠阳交界，西北与东莞相邻，东南与坑梓相连，西南与龙岗中心城毗邻，是深圳经济特区通往惠州、河源、梅州等地的交通要道，总面积 53.14km²（图 3-6）。

2011 年 12 月，在国家发展改革委的支持下，深圳与荷兰举办了中荷（欧）低碳城专家研讨会。2012 年 5 月，中欧城镇化伙伴关系高层会议宣言建议，将深圳国际低碳城列为中欧可持续城镇化合作旗舰项目。与此同时，这一项目也获得国家层面的支持，被列为国家财政部节能减排政策综合示范项目。作为中欧可持续城镇化合作伙伴旗舰项目，以及国家财政部与发展改革委节能减排财政政策的重点支持项目，国际低碳城必将进行高标准、高起点的精品化建设，探索充足、安全、节能、高效的市政系统建设模式，成为中国低碳发展的战略高地。同时，低碳城代表未来城市发展的方向，其建设客观要求

拓展视野，应用各项市政先进技术，节约能源、节约用地、保障供应，走低影响开发、建设与生态和谐发展之路。

国际低碳城定位为"四区一高地"，即：气候友好城市先行区、低碳产业发展集聚区、低碳生活模式引领区、国际低碳合作示范区、国家低碳发展的综合试验区。规划至 2020 年，城市建设用地规模 24.46km²，占规划区总用地面积的 45.80%；就业人口规模约为 20 万人，常住人口规模约为 30 万人，管理服务人口约 42 万人。

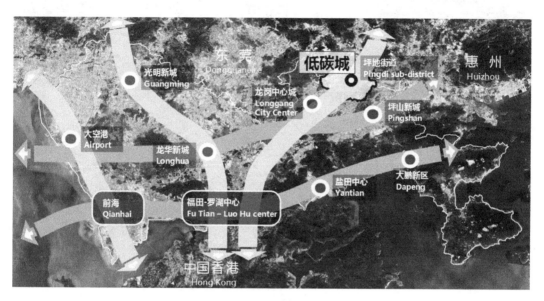

图 3-6 深圳国际低碳城区位图

3.5.2 规划层次和范围

低碳城空间规划分为三个层次，53km² 层面为总体规划，主要是搭建框架，提出系统性的全局空间规划指引；拓展区 5km² 层面为投融资规划，主要是确定实施路径、落实详细设计方案；启动区 1km² 层面为详细蓝图规划，主要是先行先试，制定具体的行动计划。

低碳城市政规划对应于空间规划，同样也有三个层次的规划内容，在 53km² 层面，主要的工作内容包括四个方面：低碳城能源系统综合规划、丁山河综合整治详细规划、市政先进技术适用性及策略研究、低碳城生态诊断及生态适宜性评价；在 5km² 层面主要的工作内容是拓展区市政设施及管网详细规划、市政工程建设指引专题研究以及水安全数字模型评估和管理方案；在 1km² 层面主要的工作内容是市政工程建设时序及行动计划专题研究以及低冲击雨水综合利用示范区规划（图 3-7）。

本书主要摘取市政先进技术适用性及策略研究、能源系统综合规划、水资源综合利用及管理规划、废弃物管理系统规划、综合管廊规划等研究的主要成果，以及传统市政工程和非传统市政工程整合提升的相关内容予以介绍。

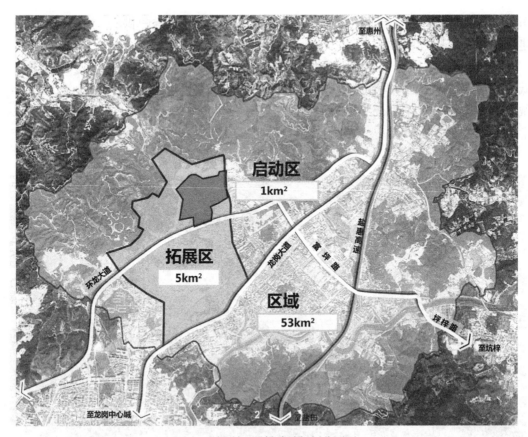

图 3-7 深圳国际低碳城规划范围图

3.5.3 规划策略

1. 策略一：选择适宜本地条件的先进市政技术，基于总体目标和发展策略进行落实

低碳先进技术的研发已成为国际热门方向，但并非所有的技术都适合在国际低碳城应用，应通过研究进行筛选，确保其可靠、灵活、低成本、可复制。规划中建立了综合评价指标体系，考虑区位、资源禀赋、技术成熟度、本地需求、经济可行性、政策可行性等因素，判断先进市政技术在低碳城的应用适宜程度，避免脱离实际应用而刻板地堆砌技术（图 3-8）。市政基础设施是为人和城市服务的，技术的选择应重视人的使用和体验，以人的需求为出发点，提供最大限度的便捷和舒适。技术的选择应与后期的实施操作相结合，综合考量投入和效益，兼顾示范价值和成本最优。根据以上原则，筛选适用的先进市政技术，形成综合的应用策略，并在详细规划中进行落实。

2. 策略二：以开源、节流、增效为原则开展能源规划

在能源供应侧挖潜，基于本地的资源条件，最大限度地利用可再生能源，实现多样化的能源供应，保障能源安全；在能源消费侧降耗，采用先进的绿色建筑节能技术，从根本上降低建筑能源消耗；在能源利用侧增效，采用先进的能源利用与转换技术，实现区域能源的梯级利用，在经济技术可行的基础上最大化能源利用效率。

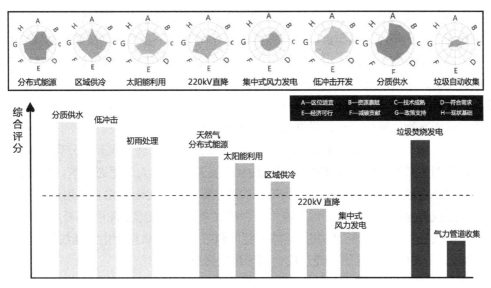

图 3-8　低碳城先进技术适宜性分析图

建立低碳城能源体系的集成框架，应用太阳能和风能等可再生能源利用、生物质能利用、天然气分布式能源、冰蓄冷、清洁能源汽车等技术，大幅度地提高了清洁能源的比例，并以传统电网为保障，确保系统的安全可靠（图 3-9）。规划确定了宏观层面的大型设施布局，制定了弹性的天然气分布式能源推广计划，在启动区先行先试，探索南方地区冷热电三联供技术的利用方式，在拓展区预留用地和管位，根据示范结果进行两套方案的选择，在低碳城则依托区域性的垃圾焚烧发电装置，实现能源供应和废弃物处理的双重效益。预测规划情景的人均二氧化碳和碳排放强度均低于深圳市的平均目标值。

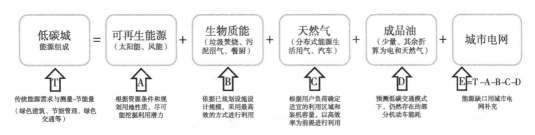

图 3-9　低碳城综合能源供应系统构成图

3. 策略三：建立复合的微循环结构，就地利用和消纳，减少对现有系统和环境的影响

微冲击 + 微绿地：尽可能不改变雨水径流形态，强调源头存储和下渗，设计分散的小型公园和立体绿地。雨水流径设计应综合考虑 LID 设施、管网、道路、绿地和水体。增量用地中，低影响开发雨水综合利用设施与主体工程同时规划、同时设计、同时建设；更新发展潜力用地中，随更新改造项目一并建设；重点保留用地以公共开放空间（市政道路、公共绿地、公园、广场）为主，逐步加入低影响开发设施，也可根据需要（如为了减轻地块洪涝压力或雨水管网排水压力等）单独新建。

微能源＋智能微网：在负荷中心就近实现能源供应，耗能与产能结合，天然气能源与生物质能结合，城市电网与低碳城智能微电网互相支撑，实现低碳城能源的安全供应。充分考虑需求侧节能潜力，大力推广绿色建筑和被动式节能技术，减少能源消耗；在经济可行的前提下，最大限度利用太阳能及风能；在大小、性质、强度和曲线适宜的负荷中心建设天然气分布式能源站，与区域供冷联合利用；重点推进东部环保电厂及沼气发电厂建设，在实施废弃物处理的同时，提供电力及余热资源。

微降解＋微利用：倡导"正本清源"，初雨水就地生态处理，废弃物分类资源化，废物和废水通过源头减量、再生利用和有机循环，支持稳定的人工生态系统。结合管网设置调蓄和生态处理设施，控制 7mm 径流量，对初雨水进行就地净化和利用；结合现状污水处理厂建设再生水厂，回用于低品质工业、市政杂用、绿地浇洒和生态补水；为废弃物社区交换提供场所，倡导旧厂房和建筑的更新再利用；餐厨垃圾用于生物柴油和肥料制备；生活垃圾用于发电和制冷制热；建筑废物用于再生建材。

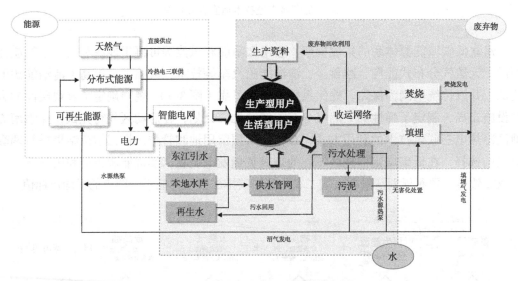

图 3-10　低碳城市政系统循环耦合图

4. 策略四：提供全流域、全过程的综合水问题解决方案

国际低碳城现状与深圳全市一样，面临着比较复杂的水问题，如绝大部分水资源依赖境外引水、主要河道水环境恶化、地面大量硬化导致洪涝风险增加、水体与城市生活割裂，缺少亲水景观的设计等。本次规划系统梳理了城市水资源供应、处理和循环的要素与模式，将低冲击开发的理念贯穿始终，通过污水循环再生、雨水综合利用、多级生态净化和渗透等手段，改善水文循环条件，重建城市与水的平衡，营造充足、清洁、自然的水系统。规划还针对低碳城拓展区最重要的景观和生活轴带——丁山河制定了综合整治的详细方案，包括防洪安全、水质提升、水量补充和景观营造，融合了滨水空间、两岸用地、市政工程和流域管理，塑造多样、自然、优美、活力的水岸风貌，进一步提升环境品质和开发价值，将丁山河打造为展现生态之美、示范低碳技术的城市形象名片。

3.5.4　低碳市政先进技术适宜性分析

规划针对先进市政技术的适宜性分析考虑了以下原则：

（1）技术可靠，供应充足，保障度高。低碳城定位高端、产业集聚，对市政系统的保障性要求加高，对先进技术的选择，首先必须要求技术的成熟和可靠，提高市政基础设施整体的可靠性，从而确保满足快速增长需求，避免环境风险。

（2）基于本地资源禀赋的选择。先进技术的选择和应用，必须要能够契合规划区的生态本底、资源禀赋、设施现状等要素，符合技术的特点和要求，反对刻板地堆砌技术，从而最大限度地发挥先进技术的效益。

（3）重视人的需求和体验。低碳城未来将成为宜居宜业的标杆性低碳绿色发展综合示范区和未来新城，是特区一体化的新增长极。先进技术的选择，必须要重视人的需求和体验，以提供更好的服务，支撑更长远的发展为终极目标。

（4）综合考量投入和效益。深圳国际低碳城作为中欧可持续城镇化合作旗舰项目，已成为国际瞩目的气候应对国际合作项目，未来低碳城内将集成世界先进的低碳技术、人才和标准，建成全球标杆性低碳发展综合示范区。因此，市政先进技术的应用，需要兼顾示范价值和成本最优，既要形成一定的示范效应，同时成本也应当控制在一定范围之内，以便有一定的推广价值。

（5）系统灵活，适应非常规的规划手段。规划区作为低碳发展综合示范区，在未来的规划中，将会应用不同于传统的低碳城市规划技术和方法，同时，现状已建有一套传统市政基础设施，因此，低碳市政系统的构建，必须要求系统灵活，能够适应非常规的规划手段。

在此基础上，初步筛选出水资源综合供应、水质和流域管理、废物分类和处理、智慧城市管理、低碳能源系统等五大系统16项技术，采用层次分析法建立综合评价指标体系，考虑区位适宜、资源禀赋、技术成熟、本地需求、经济可行、减碳贡献、政策支持和现状基础等八项指标，判断先进市政技术在低碳城的应用适宜程度，避免脱离实际应用而刻板地堆砌技术（表3-32）。经综合评估，确定各市政先进技术在低碳城的适用性分析结论如下：

（1）适用于低碳城的市政先进技术有：分质供水技术、低冲击开发雨水综合利用技术、太阳能利用、冰蓄冷技术、垃圾焚烧发电技术、220kV/20kV直降技术、电动汽车应用技术。

（2）只在低碳城做示范建设的市政先进技术有：污泥沼气发电技术、风能利用、天然气分布式能源、区域供冷、智慧城区技术、共同沟技术。

（3）不适用的市政先进技术有：污水源热泵、地下水源热泵、垃圾气力管道技术。

低碳城先进市政技术适用性汇总表 表 3-32

序号	技术名称	低碳城应用分析
1	分质供水	深圳国际低碳城定位高端，产业集聚，示范性强，再生水利用空间巨大，大面积推广使用再生水即可缓解城市供水需求矛盾，又能节约水资源，体现低碳生态和循环经济的可持续发展理念，社会效益明显，符合国际低碳城高端定位。因此，深圳国际低碳城适合使用再生水并应积极的予以推广
2	低冲击开发雨水综合利用	低影响开发模式适用于低碳城，具体应用视不同区域采取不同的策略。就低影响雨水综合利用所要达到的整体目标而言，规划区的低影响开发要处理好（生态保护区）山区与城市的关系，以及城市与河流的关系；从不同区域的开发建设类型出发，重点保留用地、更新发展潜力用地、增量用地的低影响开发策略各不相同。低碳城的低影响开发建设应综合应用多种技术，形成具有示范作用的低冲击开发建设区域
3	太阳能利用	规划区太阳能资源较为丰富，可开展太阳能利用项目建设，但不适合大规模集中式开发，应结合多层或低层工业厂房、公共建筑屋顶或市政基础建设分布式小型光伏发电装置或风光互补发电装置，并结合居住小区以及工厂宿舍，采用太阳能集热器，开展太阳能光热利用
4	冰蓄冷	低碳城未来将实行优惠的峰谷电价机制，同时启动区已明确使用区域供冷技术，因此，冰蓄冷技术适合在低碳城应用。冰蓄冷技术通常与区域供冷系统结合，其效率会更高，更具有推广价值，建议在低碳城区域供冷技术应用区域配套使用冰蓄冷系统
5	垃圾焚烧发电	垃圾焚烧发电技术适用于低碳城，可结合区域冷热电三联供等技术开展垃圾焚烧发电的技术应用
6	220kV/20kV 直降	根据规划区的特点以及 220kV/20kV 系统的特征，在低碳城范围内电力负荷达到 30 万 kW 的集中新建区域建设 220kV/20kV 电力系统有助于形成更加安全的电网、提高供电可靠性，更能体现低碳的城市建设理念
7	电动汽车	作为"宜居宜业的低碳绿色发展综合示范区"，国际低碳城应积极发展纯电动汽车等清洁能源汽车，结合城市更新，推进电动汽车充电设施建设，搭建绿色交通发展平台，促进低碳交通发展
8	污泥沼气发电	建议以横岭污水处理厂污泥开展污泥沼气发电技术试点应用，以横岭污水处理厂现状日处理能力 60 万 t/d 计算，日均湿污泥总产量约 11400m³（含水率 99%），产生沼气 114000m³，发电 171000kWh，同时大减少需要最终处置的污泥量
9	风能利用	规划区不适合建设大、中型的风电项目，但可结合规划区风廊道，布置示范性风光电一体化路灯或结合公共建筑安装示范性小型的风力发电装置。如跟建筑结合，则应根据建筑密度及高度、风能资源情况等因素，当建筑之间的水平距离大于邻近建筑高度的 3 倍以上时，结合建筑屋顶安装示范性小型的风力发电装置
10	天然气分布式能源	天然气分布式能源在节能减碳上有着不可替代的优势，低碳城也具备一定的发展条件，但也因燃气市场、设备成本、国家支持政策、冷热电负荷匹配情况、系统实际运行效率、经济性等因素的影响而存在一定风险。因此，建议在低碳城核心启动区内建立天然气分布式能源试点工程。在该试点工程运行若干周期后进行评价和总结，判断天然气分布式能源在当前条件下的经济性和推广价值，再行确定天然气分布式能源在低碳城全区域的发展方案
11	区域供冷	建议首先在启动区内开展区域供冷技术应用，再视具体情况逐步推广到启动区外其他适宜区域，主要适用于低碳城新建地区或城市更新地区，其建设应满足以下要求：毛容积率大于 2.0 或净容积率大于 4.0，建筑总规模在 50 万 m² 以上，冷负荷基本稳定，年供冷时间在 6 个月以上，同时居住用地的比例不宜过高

序号	技术名称	低碳城应用分析
12	智慧城区	智慧城市是一个系统工程，强调城市级的统一顶层设计和整合管理制度安排，因此，低碳城智慧城区不可能孤立的建设，只能是全市智慧城市的一个有机组成部分。低碳城应结合自身实际条件，抓住机遇，在力所能及的范围内积极进行智慧城区建设。首先，应设全覆盖的、满足智慧城市要求的信息基础设施。其次，应该积极引入智慧产业。再次，应该争取市级云计算中心落户低碳城。此外，在智慧政务、智慧医疗、智慧教育、智慧交通、智慧环保、智慧市政、智慧社区等方面，也可以做一些先行先试的工作，为全市智慧城市建设探索有益经验
13	综合管廊	共同沟初期投资较大，因此在低碳城不宜大规模或全覆盖建设共同沟，应重点考虑结合主干市政道路或高压电力以及集中供冷供热的规划通道建设共同沟。纳入管线主要包括给水、再生水、电力电缆、通信光（电）缆以及供冷供热管等
14	污水源热泵	工程实践一般认为：每万 t/ 日污水量可供约 10 万 m^2 建筑面积污水源热泵空调系统的应用，以此估算，污水源热泵在低碳城的应用建筑面积不超过 600 万 m^2。考虑到横岭污水处理厂污水水温与环境温差较小，不建议在低碳城应用污水源热泵技术
15	地下水源热泵	据相关地质和地下水勘测资料，规划区主要含水层为中、上石炭系壶天群灰岩、大理岩，断层和岩溶很发育，分布有熔岩塌陷易发区，同时地下水抽取后难以全部回灌，大规模应用地下水源热泵对低碳城地下水资源存在较大影响，甚至存在污染地下水水质的风险。此外，应用地下水源热泵需要大量抽水井和回灌井，经估算，在低碳城应用地下水源热泵技术至少需掘井 35 口，以每口井占用地面积20m^2 计算，用地面积达 700m^2，同时各井之间尚需留有足够的间隔距离，占用了低碳城宝贵的土地资源。因此，不建议在低碳城应用地下水源热泵技术
16	垃圾气力管道	垃圾气力输送投资相对较大，收集的垃圾量相对较小，垃圾气力输送系统实际垃圾转运能力低于传统的垃圾收运方式。我国目前居民的生活习惯也限制了垃圾气力输送系统的使用，在防臭气散发、管道清洗、管道内空气流通方面都需要深入研究。因此，不建议在低碳城应用垃圾气力输送技术，仍应采用传统的垃圾收运方式

3.5.5　能源系统综合规划

以节能减排为导向，以先进的能源技术为抓手，最大限度地挖潜可再生能源、提高能效、优化能源结构，致力打造国际低碳城安全、高效、低碳的能源供应系统。

（1）节流：通过绿色建筑标准、需求侧节能和绿色交通降低能耗。

（2）开源：在经济可行的前提下，最大限度利用可再生能源和生物质能。

（3）清洁：大力发展清洁能源汽车，提高清洁能源利用比例。

（4）增效：推动天然气分布式能源冷热电三联供的试点应用。

（5）安全：以城市电网为保障，以智能微电网为依托，确保能源安全供应。

规划注重各能源技术之间的耦合、集成、互补和优化配置，构建以城市电网为基本保障，以低碳城智能微电网为依托，以可再生能源为优先，以天然气分布式三联供为特色的低碳能源供应系统（图 3-11）。

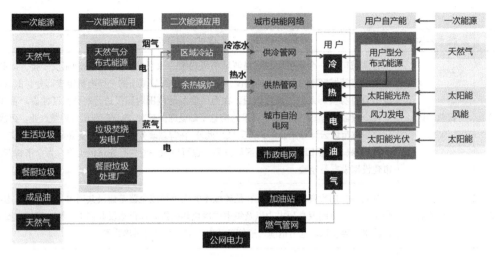

图 3-11 低碳城综合能源供应系统流程图

（1）可再生能源利用规划

光伏发电。结合多层或低层工业厂房或公共建筑安装光伏发电装置，须与屋顶绿化相协调，本次规划光伏发电在工业厂房屋顶覆盖率为 40%，公共建筑屋顶覆盖率为 30%。按屋顶的 85% 实用面积考虑，约可利用屋顶面积为 2157260m²，发电 19.6 万 kW。

太阳能集热。根据《深圳市绿色建筑设计导则》，规划区太阳能集热利用主要在 12 层及以下居住、公寓和宿舍屋顶安装太阳能集热器。由于太阳能集热受天气因素影响较大，宜与空气源热泵相结合使用，以保证持续供热。此外，位于天然气分布式能源站供热区域内的热用户应优先考虑分布式能源供热（图 3-12）。

风能利用。考虑建筑布局及高度、风能资源情况等因素，当某栋建筑与周边建筑的间距大于它们之间最高建筑的 3 倍以上时，可在建筑屋顶安装小型的风力发电装置。或者结合风廊道，在新建或要改造的主、次干道上安装风光电一体化路灯，包括外环快速路、环龙大道、坪西中路、兴华路、中心路、环城南路、翠丽路、横坪公路和富华路（图 3-13）。启动区范围内，在丁山河路、汇桥路、清河路、塘桥东路布置示范性风光电一体化路灯以及结合地块 08-01-02、地块 05-01、地块 05-03、地块 04-05、地块 04-06 的高层建筑屋顶安装示范性小型的风力发电装置。

（2）生物质能利用规划

根据生物质能可利用条件分析，低碳城范围内有条件进行规划利用的生物质能主要包括生活垃圾和餐厨垃圾。

生活垃圾焚烧发电设施。规划建设东部环保电厂，设计处理规模 5000t/ 日，服务整个深圳东部地区，占地面积约 27.0 公顷，发电规模 110MW，年发电量 7.5 亿度，初步确定东部环保电厂的建设场址为国际低碳城南侧的上坑塘地带（图 3-14）。此外，低碳城拟在东部环保电厂所在的地区建设深圳国际低碳城节能环保产业园，届时，东部环保电厂的余热可就地利用，为节能环保产业园内的工业及商业用户供热供冷，实现能源的梯级利用，提高环保电厂的能源利用效率。

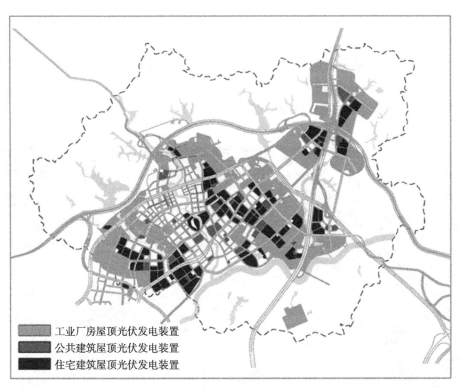

图 3-12 低碳城太阳能利用设施布局图

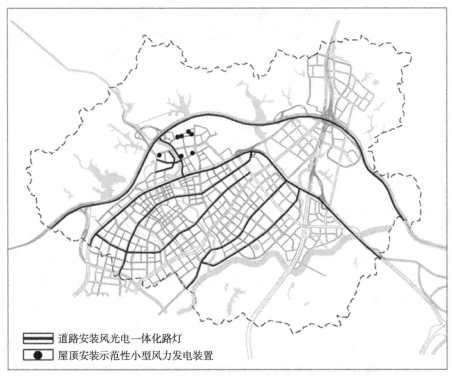

图 3-13 低碳城风能利用设施布局图

餐厨垃圾综合利用设施。规划建设东部生物质能综合利用厂，设计处理规模 500t/ 日，服务整个龙岗区，占地面积约 5 公顷，预计年回收生物柴油 3650t，年产沼气 1100 万 m³，年发电量 2000 万度，初步确定东部生物质综合利用厂的建设场址为国际低碳城西侧的新生地带。该场址紧临中心城垃圾焚烧厂和市医疗垃圾焚烧处理中心，生物质能综合利用厂建成后所产生的沼气可输往这些设施进行发电上网。

图 3-14　低碳城生物质能利用设施布局选址

（3）天然气分布式能源及区域供冷规划

天然气分布式能源及区域供冷设施秉承以下规划原则及策略：

①高效用能、负荷匹配：由于低碳城所处地区为电力盈余地区，因此，建设分布式能源系统应以高效利用，节能减碳为目的，不应全覆盖，应选择冷热电负荷匹配的区域建设，住宅不宜纳入能源站区域供冷范围。

②试点先行，适时发展：鉴于目前天然气分布式能源在全国尚属试点研究阶段，缺乏规范指导及成功经验，因此应以试点先行，累积经验，为政府制定相关政策提供依据。结合低碳城建设时序，选择启动区作为试点区域。并应结合启动区能源站的试点经验确定其他能源站的发展模式。

③减少能耗，就地消纳：能源站应与区域供冷（包括冰蓄冷系统）及供热站共址，并紧邻用户，就地生产、就地使用。

④远近结合，分期建设：能源系统站的建设必须结合供能区域的建设时序及规模，分期建设、分批投入，避免造成设施闲置、管网低载运行的风险。

　　根据以上原则，规划在低碳城选择三个天然气分布式能源站供能区域，每个供能区分别建立一座能源站（图 3-15）。其中 1 号能源站为启动区试点项目，2 号能源站、3 号能源站作为天然气分布式能源系统进一步发展的潜力区域。参照启动区试点项目进行设施及管网规划，为潜力区域的分布式能源系统发展做好空间上的充分准备。

图 3-15　低碳城能源站供电区域示意图

　　依据对各分布式能源系统冷热电负荷的匹配计算，进行各分布式能源站发电设施、区域供冷设施、区域供热设施、冰蓄冷设施等的选型及运行方案优化，确定 3 座能源站规模如表 3-33 所示。

低碳城能源站规划方案　　　　　　　　　　　　　　　　　　表 3-33

	1 号能源站	2 号能源站	3 号能源站
发电装机规模（MW）	54	36.5	48.5
年供电量（MWh）	93298	63748	53086
年供冷量（MWh）	142834	111761	141832
年供冷量（MWh）	142834	111761	141832
占地面积（m²）	10000	8000	10000
备注	试点站	预留用地	预留用地

本规划结合低碳城土地利用总体布局方案对三座能源站进行选址并落实用地，其中 2 号能源站、3 号能源站用地为规划预留，届时根据启动区的试点经验确定 2 号、3 号能源站建设与否。该预留用地可兼容其他工业用地。

规划管网主要为供能区域内的用户输送空调冷冻水和生活热水，冷冻水参数为 2.5 ~ 12.5℃，热水供水参数为 60℃。供冷供热管道以直埋敷设为主，管道主要敷设在道路绿化带中；启动区在管道路由紧缺地段结合综合管廊敷设（图 3-16、图 3-17）。

由于天然气分布式能源系统技术复杂，影响因素众多，其高效节能需要冷热电负荷的高度匹配，因此分布式能源供能规模及供冷供热管网的管径需要在下层次规划或在项目实施阶段进一步深化研究后确定。本规划结合土地利用布局规划及冷热用户分布，为 2 号、3 号分布式能源系统预留 6m 宽的绿化带作为供冷供热管廊。

（4）电力电网规划

自治智能电网的组成包括：公共智能电网、自治智能电网单元、可再生能源。

基本组网方案：在低碳城 53km² 内建设公共智能电网，并在低碳城内供电要求较高的区域划分出了 3 个片区，设置了 3 座分布式能源站，在每个分布式能源站供能片区内，以分布式能源站为主供电源，结合各种可再生能源一起向片区内的用户供电，总装机容量为 13.23 万 kW。同时将各类可再生能源发电接入电网。

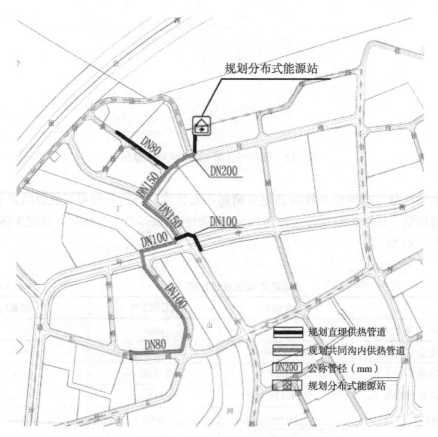

图 3-16　低碳城启动区 1 号能源站供冷管网路由图

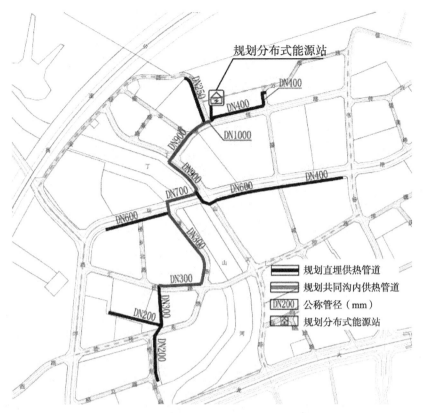

图 3-17　低碳城启动区 1 号能源站供热管网路由图

　　网络的组成及电源接入方式。110kV 及以上等级电网,按照公网的组网方式进行规划。10kV 及以下电压等级网络为配电网,分布式能源站以 10kV 电压等级接入自治智能电网单元,配网单元在公共用户连接点(ppc)处与公共配网联络,可再生能源以更低的电压等级直接向用户的低功率电力设备供电,不接入 10kV 配电网。电力用户则从自治智能电网单元的 10kV 网络上获取电力。

　　运行方式。在考虑了自治智能电网单元可能的故障容量后,公共智能电网提供相对充裕的供电容量,特别是在自治智能电网单元内的分布式能源停运的条件下仍然能够对区内的用户供电。

　　由于东部环保电厂接线尚无明确方案,本次按照其 110kV 电压等级上网来规划电力设施,同时为保证规划区用电,电力设施按最不利情况规划,因此,本次按照无分布式能源供电情况下的负荷规模规划供电设施。在不考虑分布式能源供电情况下,市电负荷预测为 65.7 万 kW。此外,考虑充电汽车的充电站负荷 0.28 万 kW,总负荷为 65.98 万 kW。规划新增 2 座 110kV 变电站,并为保证规划区供电可靠,规划预留 1 座 110kV 变电站。具体见图 3-18。

　　本次落实《深圳市电力管网详细规划修编》在规划区规划的高压走廊和高压电缆通道,并新增 110kV 浩然—110kV 坪中—110kV 山塘尾高压电缆通道。规划区高压走廊主要分布在北部山区,东北部走廊宽度为 50 ~ 290m。

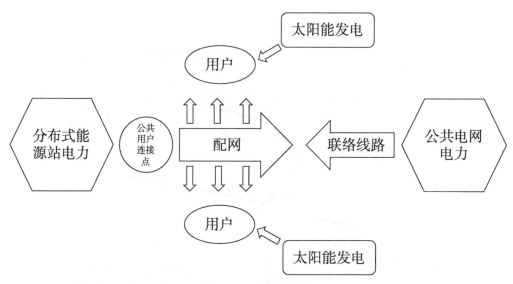

图 3-18　低碳城自治智能电网单元结构图

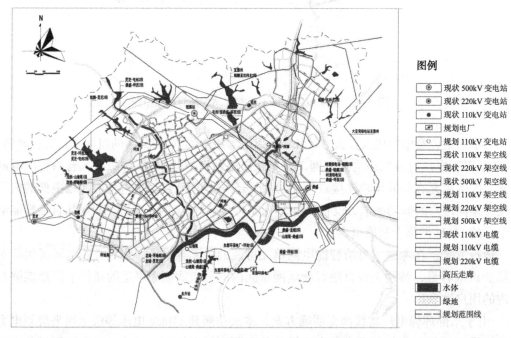

图 3-19　低碳城电力工程规划图

（5）燃气系统规划

规划燃气气源为天然气，居民及商业天然气由区域调压站供应，区内分布式能源站天然气由次高压管道直供。

本规划在《深圳市燃气系统布局规划（2006—2020 年）》及《深圳市龙岗燃气专项规划（2008—2020 年）》规划坪地区域调压站的基础上，另行选址新增 1 座规划区域调压站（规划区域调压站 1 号），以保障本区用气供应。规划期末，本区用气由规划区域调压站 1

号及规划坪地区域调压站联合供应。

规划区域调压站 1 号，供气规模 1.8 万标准 m³/h，占地 1515m²。规划坪地区域调压站，与规划抢险信息中心合建，占地 3254m²。分布式能源站用气根据用气需求自建专用调压站，作为能源站附属设施，专用调压站规模根据能源站用气确定。

规划保留现状液化石油气瓶装供应站 1 座，迁建液化石油气瓶装供应站 3 座。

（6）清洁能源汽车供能规划

规划基于天然气汽车和电动汽车的用能需求预测，确定加气站和充电设施的规模需求（图 3-20）。规划通过现有加油站增设、新增站合建的方式来满足货运车辆的加油加气需求，根据测算，国际低碳城需要新增 5 个加油加气合建站即可满足需求。充电设施分为公共充电站、公交专用充电站和充电桩，本次规划布局 6 个公共充电站，从点、线、面三个层次满足国际低碳城电动汽车应急充电的需求。

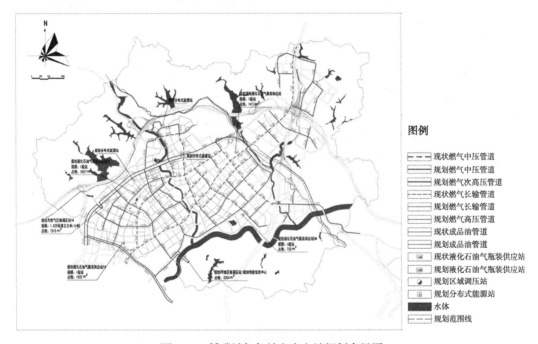

图 3-20　低碳城加气站和充电站规划布局图

规划加气站按照服务半径（宜为 1 ~ 2km），结合现有及规划的加油站布局合并建设，不独立建设，加气部分为撬装式 LNG 加气设施。新增加油（气）站空间布局为：在北部的盐龙大道沿线增设 3 个加油（气）站，在南部的丁山河河口附近、低碳城的东南部各增设一个加油（气）站，满足国际低碳城主要交通干道沿线及缺口区域的机动车加油加气需求，完善空间布局。

规划分面、线、点三个层次进行充电设施布局。在面上布置 1 个公共充电站（国际低碳城可建设用地面积为 23km²），在线上配套两对，分别为龙岗大道一对，横坪公路（盐龙大道）一对，在点上为低碳城会展中心配套 1 个公共充电站，共布局 6 个公共充电站；可结合加油站、停车场、公共设施、变电站合建，不需要独立占地。

3.5.6 水资源综合利用和管理规划

水资源综合利用和管理主要是从合理配置水资源，保障水资源充足供应；使用再生水资源，提高水资源的再生利用；挖潜优质雨洪资源，蓄滞城区雨水；改善配水系统，提倡节约用水等四个方面进行深入研究。旨在为国际低碳城提供优质、持续的城市水源。

（1）给水系统规划

规划区保留现状坪地水厂 14 万 m³/d 的供水规模及水源不变；新建年丰水厂，2020 年规划规模为 10 万 m³/d，2030 年按 20 万 m³/d 控制用地规模，控制用地为 6.61hm²。规划年丰水厂由东部供水工程、松子坑水库提供水源，新建 1050m 的 DN1400 东部供水工程—年丰水厂原水管道及 6200m 的 DN1400 的松子坑水库—年丰水厂原水管道为年丰水厂提供原水。

充分利用现状管道，结合《深圳市龙岗给水管网规划》，确定供水主干管道管径为 DN600 ～ DN1200，沿其他道路规划 DN200 ～ DN500 给水管与周边市政给水管相接，相互连接成环，保证供水安全。

（2）再生水系统规划

按照绿地浇洒用水 80% 使用再生水、工业用水 30% 使用再生水、新建公共建筑冲厕用水 20% 使用再生水（考虑公众的接受程度，先试点后推广使用）的比例，预测规划区工业及城市杂用再生水需求量约为 4.86 万 m³/ 日。

在规划区东南侧规划建设横岭再生水厂，总规划规模为 40 万 m³/ 日，用于工业及城市杂用的处理规模为 4 ～ 6 万 m³/ 日，用于河道生态补水的处理规模为 34 ～ 36 万 m³/ 日（图 3-21）。

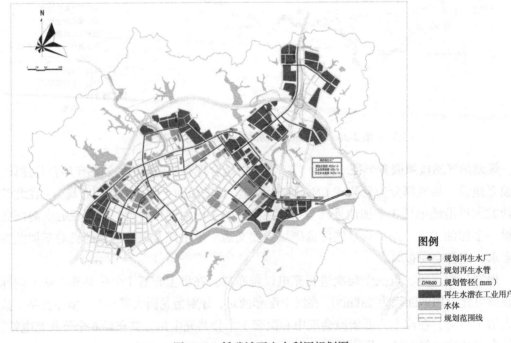

图 3-21　低碳城再生水利用规划图

图例

⬤ 规划再生水厂
━━ 规划再生水管
DN600 规划管径（mm）
▨ 再生水潜在工业用户
▨ 水体
┄┄ 规划范围线

规划区现状无再生水管道，沿规划区道路敷设约 50km 的再生水管道，管径为 DN200 ~ DN1000，围绕工业用地和其他可使用再生水用地，形成环状供水，为规划区低品质用水提供再生水。对于条件成熟的小区，规划试点建设分散的再生水回用设施。为方便用户使用再生水，可建设部分支管至用户门口，方便用户使用。

（3）低影响开发模式规划

规划年径流总量控制率不低于 70%。即全年被控制的径流量（入渗、蒸发、滞留）占全年降雨总量的比例不低于 70%。污染物控制（以 SS 计）率不低于 42%。

生态保护区以雨水的收集、滞留为主。生态保护区主要位于远离城市建设区的山区，雨水水质优良，主要为涵养水源、保持水土的作用。规划对区内的水库及山塘进行适当挖潜，增加储水能力，并疏浚泄洪道，适当建设库外引水渠，增加水库集水面积。完善山体截洪沟系统，减小汛期山区雨水对城市建设区的冲击。

在城市建设区进行雨水的源头、分散控制，削减部分雨水径流量和污染物；在雨水排入河湖水体之前进行过程控制和末端的生态处理，达到改善雨水水质，削减面源污染的效果，保障河湖水质不受污染。

（4）雨水系统规划

根据规划区地形特点，充分利用现状管道，沿规划区内部道路规划 d600 ~ d1500 的雨水管道，收集规划区雨水分别排入丁山河、黄沙河及龙岗河（图 3-22）。

沿万维路规划敷设 B1.0×1.0 的山体截洪沟，截流山体雨洪排入丁山河，减少山体雨洪对城区的冲刷造成丁山河水体污染。

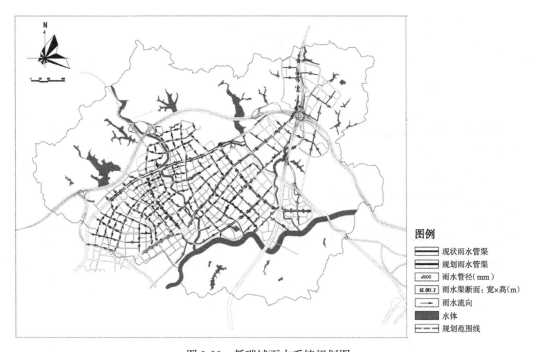

图 3-22　低碳城雨水系统规划图

3.5.7 废弃物分类和处理规划

废弃物分类和处理研究中提出构建低碳环保、全密闭、无污染的生活垃圾收运系统；发展垃圾焚烧发电技术，实现能源回收利用；开展餐厨垃圾物质和能源综合利用和促进减量化、资源化，彻底实现无害化处理等4大策略对国际低碳城内垃圾进行全方位、减量化处理。

（1）资源分类回收及收运系统规划

规划建设生活垃圾转运站17座，保留现状10座生活垃圾转运站，并对其进行设备更新和升级改造；新建7座小型压缩式生活垃圾转运站，每座转运能力为60t/d，服务半径约1.0km，每座转运站建筑面积为600m²（含绿化隔离带面积），与相邻建筑间距不小于10m。

（2）生活垃圾处理规划

规划新建深圳市东部环保电厂，设计处理能力5000t/d，占地面积约27ha，建成投产后低碳城生活垃圾可全部运往东部环保电厂焚烧处理，可以满足低碳城生活垃圾无害化处理的要求。

东部环保电厂对于焚烧烟气等二次污染物的控制必须有最为严格的标准控制要求，可参照欧盟焚烧导则中污染物浓度控制标准执行。

（3）餐厨垃圾及污泥资源化规划

规划建设东部生物质能综合利用厂，设计处理规模500t/日，服务整个龙岗区，占地面积约5公顷，预计年回收生物柴油3650t，年产沼气1100万m³，年发电量2000万度。餐厨垃圾厌氧沼渣可作为低碳城园林绿地和农业用地肥料回用。

基于国际低碳城的土地利用方案，结合周边地区现有环卫设施的分布情况，初步确定东部生物质综合利用厂的建设场址为国际低碳城西侧的新生地带。该场址紧临中心城垃圾焚烧厂和市医疗垃圾焚烧处理中心，生物质能综合利用厂建成后所产生的沼气可输往这些设施进行发电上网。

（4）建筑废弃物综合利用规划

规划保留坪地建筑废弃物综合利用厂，以满足坪地建筑废弃物综合利用的需求，视实际情况扩大综合利用厂规模。坪地建筑废弃物综合利用厂占地面积约3.5ha，设计处理能力为60万m³/a。

（5）危险废弃物处理处置规划

规划低碳城产生的医疗废物可运往市医疗废物处置中心处置，工业危险废物可运往市工业危险废物焚烧厂或东江环保龙岗处理基地处置。列入国家危险废物名录或者根据国家规定的危险废物鉴别标准和鉴别方法认定的具有危险特性的废物，必须按国家有关规定应统一交由有资质的单位予以安全处置，不得擅自倾倒、堆放，严禁混入生活垃圾收运和处理系统（图3-23）。

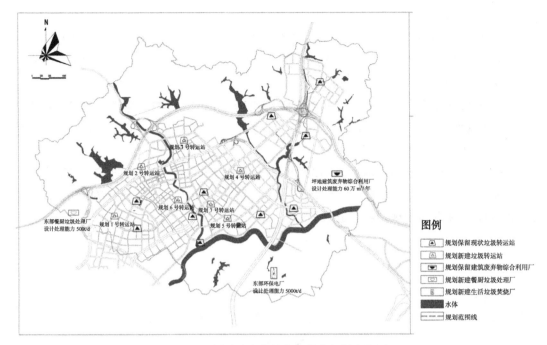

图 3-23　低碳城废弃物管理综合规划方案图

3.5.8　综合管廊规划

综合管廊规划遵循以下原则：

（1）规模适宜原则。考虑综合管廊初期投资较大，因此在低碳城不宜大规模或全覆盖建设综合管廊，应重点考虑结合主干市政道路建设综合管廊。

（2）服务核心区域原则。为了实现综合管廊效益的最大化，综合管廊应尽量设置在低碳城核心高密度区，重点服务低碳城核心区域。

（3）经济性原则。本次规划应注重经济性，综合管廊重点结合新建道路、供冷供热管、电缆隧道、城市轨道以及其他地下空间进行建设将大大节约成本，并尽量采用明挖方式施工。

（4）安全性原则。综合管廊应尽量沿市政干管通道进行建设，以保障低碳城市政干管系统安全。

（5）近远期结合原则。综合管廊线路布置应充分考虑近期可行，并为远期预留足够发展空间。

考虑雨、污水管道以重力流排放为主，管径一般比较大，如果纳入综合管廊，将大大增加综合管廊的埋深与横断面尺寸，工程造价骤增，且雨污水管道开挖的频率较低，因此，建议雨污水管道不纳入综合管廊。此外，由于国内对燃气管线进入综合管廊有安全方面的担忧，本次规划不考虑燃气管线纳入综合管廊。

国际低碳城内共规划 3 条综合管廊，其中一条"§形"综合管廊位于启动区的 $1km^2$ 范围内，长 1020m；另两条呈"T 字形"布局，总长 3860m，位于外环大道和环城西路上（图 3-24）。

（1）启动区 1km² 范围内，"§形"综合管廊长度为 1020m，沿胜佳路—丁山河路—环坪路—清河路—汇侨路，纳入的管线种类有供冷管道、热水管道、电力、通信、给水、再生水和预留管道。

（2）拓展区东西向沿外环大道的综合管廊长度为 1892m，纳入管线有 110kV 电力电缆、10kV 电力电缆、通信次干通道 27 孔、给水管 2×DN600、再生水 DN600 和预留管道 DN300。外环大道为现状道路。

（3）拓展区南北向沿环城西路的综合管廊长度为 1968m，纳入管线有 110kV 电力电缆、10kV 电力电缆、通信次干通道 27 孔、给水管 2×DN400、再生水 DN600 和预留管道 DN300。环城西路为规划新建道路。

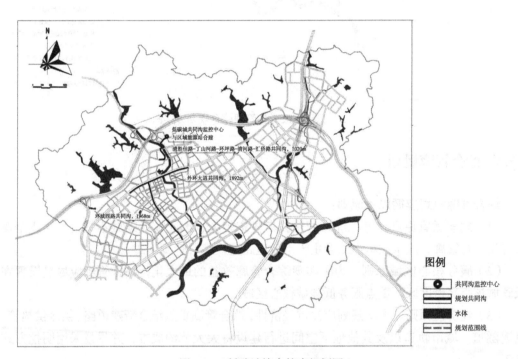

图 3-24　低碳城综合管廊规划图

4 管理篇

　　低碳生态市政基础设施的规划与建设过程是在传统市政基础设施中融入新的理念、新的技术、新的措施的过程；传统市政基础设施的规划与建设技术和管理体系已经相当完善，在惯性思维的作用下，新型市政基础设施的应用和推广面临一系列的非技术问题，需通过加强管理以推动低碳生态理念的实践。

　　本篇章主要从组织管理、规划管理、建设管理、建设运营模式、激励机制五个部分展开。首先是加强低碳生态市政基础设施规划建设的组织管理，明确各项工作的实施组织架构与职能分工，建立相应的工作平台，并通过绩效考评促使责任分工的落实；其次，基于现有的城乡规划法律法规体系，将低碳生态市政基础设施相关要求融入规划编制、审批和实施之中，通过加强规划管理引领低碳生态市政基础设施的系统谋划和具体落地；最后，由于低碳生态市政基础设施既可作为独立项目进行建设，也可属于相关项目的附属设施，因此在遵守项目基本建设管理程序的基础上，要在相关项目的关键管控节点中落实低碳生态要求；此外，市政基础设施具有前期投资大、运行时间长、社会影响大等特点，且低碳生态市政基础设施在一定程度上增加了项目成本，为此，笔者梳理了国内外城市基础设施建设运营模式发展现状，重点对政府与社会资本合作模式（PPP）进行分析，并借鉴国内外相关经验，探索低碳生态市政基础设施激励政策。

4.1　组织管理

低碳生态市政基础设施主要涉及水资源综合管理、能源清洁高效利用、废弃物减量循环等方面，分属水利、能源、环境卫生等行业，在城市人民政府的管理体制中一般由不同主管部门负责管理。由于上述方面具有比较明显的行业跨度，各自形成系统，各系统之间相对独立，因此，笔者结合我国行政管理体制，探讨低碳生态市政基础设施规划建设责任主体，并分别从水资源综合管理、能源清洁高效利用、废弃物减量循环等方面叙述低碳生态市政基础设施的组织架构和职能分工。在此基础上，结合现已开展的最严格水资源管理、节水型城市建设、绿色建筑评价、循环经济发展评价和海绵城市建设等与低碳生态市政基础设施建设相关的工作，探索低碳生态市政基础设施建设管理的工作推动机制和绩效考评方法。

4.1.1　责任主体

城市人民政府是低碳生态市政基础设施规划建设的责任主体，低碳生态市政基础设施规划建设的组织管理，首先要求城市人民政府切实履行职责，科学编制规划、拓展资金渠道、加大监管力度、优化建设环境；将涉及民生和城市安全的城市管网、供水、节水、排水防涝、污水垃圾处理等重点项目纳入城市人民政府考核体系；对质量评价不合格、发生重大事故的政府负责人进行约谈，限期整改，依法追究相关责任。

城市人民政府下设的相关部门是低碳生态市政基础设施规划建设的主管部门，要按照职能分工，加强协调配合，统筹推进低碳生态市政基础设施的规划落实与项目建设。一般而言，规划部门要会同有关行业主管部门加强对低碳生态市政基础设施建设的规划编制和管理，住房城乡建设部门或相应的行业主管部门要加强对低碳生态市政基础设施建设的监督指导和评估考核；发展改革、财政等部门要会同有关部门研究制定低碳生态市政基础设施建设投融资、财政等支持政策。

水资源综合管理、能源清洁高效利用、废弃物减量循环是节能减排、生态建设和实现可持续发展的重要抓手，国家已经出台一系列的政策法规加以推动，部分地区也成立了相关的市级统筹平台进行落实，如水资源综合管理可通过节约用水、海绵城市等管理机构进行落实；清洁能源高效利用可通过应对气候变化及节能减排方面的管理机构进行落实；废弃物减量循环可通过发展循环经济方面的管理机构进行落实。

4.1.2　组织架构

低碳市政体系下的水资源综合管理包括污水再生回用、低影响开发雨水综合利用及海水淡化利用等非常规水资源利用、给水系统的节水节能等方面。水资源综合利用的组织管理架构要求以提高水资源综合利用效率、保障城市用水安全、提升水生态环境质量、实现可持续发展为目标，在城市人民政府的领导下，由城市水务主管部门牵头，建立部门协调与联动平台，完善与规划、住房城乡建设、城管、发展改革、财政、质监等部门的协调联动、密切配合机制，促进相关技术的应用和推广（图 4-1）。

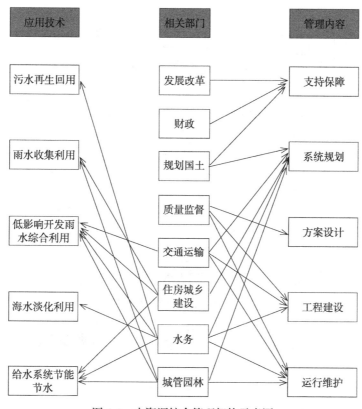

图 4-1　水资源综合管理架构示意图

能源清洁高效利用包括两个方面的内容，一是清洁能源的利用，包括太阳能、风能、生物能、水能、地热能等可再生能源和非再生能源中的低污染化石能源（如天然气等）以及利用清洁能源技术处理过的化石能源；二是能源的高效利用，即通过改进能源的分布方式和传输方式，提高能源的综合利用效率，低碳生态市政基础设施涉及的能源清洁高效利用重点关注能源传输过程的节能技术，包括天然气分布式能源、区域供冷、220kV/20kV 系统、冰蓄冷及冷气热三联供等方面（图 4-2）。一般来说，发展和改革部门是能源主管部门，在城市人民政府的领导下，统筹能源生产、运输、利用相关环节，增加能源供应，改善能源结构，保障能源安全，保护环境，实现经济社会的可持续发展。

废弃物减量循环技术包括先进的垃圾分类收集技术和废弃物资源化处理与综合利用技术，垃圾气力收集是先进的垃圾分类收集技术的代表，废弃物资源化利用包括垃圾焚烧发电、建筑垃圾综合利用、餐厨垃圾资源化处理等（图 4-3）。废弃物减量循环技术针对建筑小区产生的生活垃圾、城市公共空间产生的垃圾以及建筑工地产生的建筑垃圾，城市管理部门是城市垃圾收集处理的主管部门，建设部门承担推进建筑节能减排责任，废弃物减量循环技术需要在城市管理和建设管理部门的主导下，做好相关部门的协调统筹。

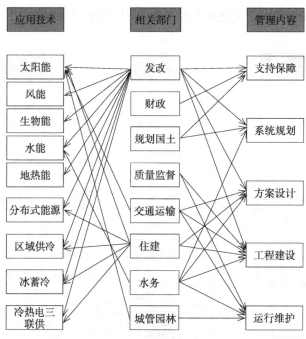

图 4-2　能源清洁高效利用组织架构

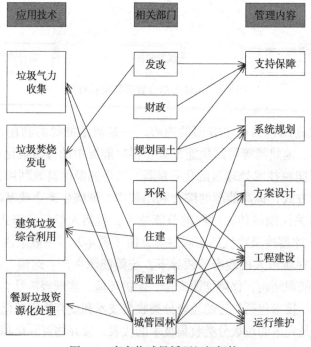

图 4-3　废弃物减量循环组织架构

4.1.3 职能分工

城市人民政府是低碳市政基础设施规划建设的责任主体，城市人民政府下设的职能部门根据其职责分工承担相应的管理职责。由于各地政府职能部门分工有所不同，因此，需要因地制宜确定其低碳生态市政基础设施规划建设组织管理中的职能分工。现参考深圳市的情况给出部门分工相关建议。

（1）发展改革部门

①贯彻执行国家、省、市有关国民经济和社会发展的法律、法规和政策，承担统筹协调国民经济和社会发展责任，应将水资源综合管理、能源清洁高效利用、废弃物减量循环纳入国民经济和社会发展战略、中长期规划和年度计划。

②负责统筹产业发展政策与产业规划，组织拟订综合性产业政策、产业发展导向目录和外商投资产业指导目录，统筹创新型城市建设和自主创新能力建设，规划培育高技术产业重大项目，应将低碳生态市政基础设施相关的水资源综合管理、能源清洁高效利用、废弃物减量循环相关产业纳入优先发展目录。

③负责组织拟订全社会固定资产投资中长期规划，研究提出政府建设资金的年度总规模和项目投资计划，经批准后组织实施综合协调推进重大项目建设，应做好低碳生态市政基础设施建设项目的立项审批、建设协调工作，为建设项目中与低碳生态市政基础设施相关的经费提供合理保障。

④负责拟订能源发展的规划和政策，将可再生能源、能源高效利用等方面的技术和设施纳入相关规划，经批准后组织实施；统筹循环经济和节能减排工作，组织拟订并协调实施节能减排政策、措施，建立生态补偿机制，推进经济社会与资源、环境的协调发展。

（2）财政部门

①会同相关部门，制定激励低碳生态市政基础设施建设发展的财政政策。

②积极拓宽投资渠道，强化投入机制；负责筹措和拨付政府投资低碳生态市政基础设施建设项目的资金。

③负责低碳生态市政基础设施建设项目 PPP 运作模式研究。做好 PPP 项目建设投资、收益等财务收支预测，落实政府购买服务付费方案。

④负责低碳生态市政基础设施建设项目投融资机制研究，包括财政补贴制度、资金筹措情况、长效投入机制及资金来源、奖励机制等。

⑤会同其他相关部门考核 PPP 公司低碳生态市政基础设施运营、管理和维护，依据考核结果，核发政府购买服务资金。

（3）国土部门

①负责将低影响开发雨水综合利用、中水回用、太阳能利用等低碳生态市政基础建设要求纳入相关土地审批和出让环节。

②保障单独占地的低碳生态市政基础设施建设项目的土地需求。

（4）规划部门

①会同相关部门编制综合性或单专业的低碳生态市政基础设施专项规划或专题研究。

②负责将低碳生态市政基础设施规模、布局和建设要求纳入总体规划、详细规划及相关专项规划。

③负责低碳生态市政基础设施建设项目的规划设计审查工作，将低影响开发雨水综合利用、中水回用、太阳能利用等适用于建筑小区的低碳生态基础设施建设要求落实到开发地块的规划建设管控过程中。

（5）水务（水利）部门

①负责组织编制水务发展规划及水资源、防洪排涝、农田水利、供水、排水、节水、水土保持、污水处理及回用、中水利用、海水利用、海绵城市等专业规划，将雨水、再生水、海水等非常规水资源纳入城市供水体系，提出利用目标和设施布局。

②负责节约用水工作，组织制定节约用水政策及有关标准，对节水技术的使用情况进行行业管理，指导和推动节水型城市建设工作。

③负责编制雨水收集利用、低影响开发雨水综合管理、再生水和海水回用相关技术标准和政策文件，采取奖励措施促进非常规水资源利用。

④负责水资源保护工作。组织水功能区的划分，并监督实施；监测河道、水库的水量，检测其水质，核定其水域纳污能力，提出限制排污总量的意见，并协助做好水源保护工作。

（6）建设部门

①负责编制建筑节能、建设科技等方面的发展规划和年度计划，指导行业内项目落实低碳生态市政基础设施的建设和管理。

②承担推进建筑节能减排责任，负责建筑废弃物减排与综合利用管理；负责建设行业科技发展工作；组织制定建设新科技推广、应用政策；负责建筑标准化工作；管理建筑节能专项资金、墙体材料改革基金和发展散装水泥基金、综合管廊专项基金。

③负责组织协调、监督管理燃气项目建设，落实能源清洁高效利用项目。

④负责工程的施工许可管理和建设工程竣工验收备案管理；负责对工程质量监督、施工安全监督和工程质量检测机构进行业务指导和监督管理，将雨水收集利用、分布式太阳能利用等低碳生态市政基础设施建设纳入开工许可、竣工验收等建设管控环节。

⑤承担物业管理的指导和监督管理工作，落实垃圾分类收集和定点运输。

（7）城市管理（园林）部门

①负责组织编制园林绿化、环境卫生、林业、景观灯光、城市市容综合管理方面的专业规划、中长期发展规划和年度计划。

②在公园绿地建设项目中，落实雨水收集利用、太阳能照明、垃圾再生利用等低碳生态市政基础设施的建设要求。

③负责园林绿化、环境卫生的行业管理，督促做好垃圾分类收集和废弃物循环利用。

④组织开展垃圾分类收集和废弃物减量循环利用方面的宣教工作。

（8）交通部门

①组织拟订近期交通建设规划及年度实施计划，编制相关技术规程，在道路交通设施中开展低影响开发雨水利用、太阳能照明等低碳生态市政基础设施建设。

②督促做好交通运输工程建设过程中建筑垃圾的收集、运输和处理，实现废弃物减量循环利用。

（9）环保部门

①承担落实污染减排目标的责任，组织编制并监督实施污染物排放总量控制计划，实施污染减排考核。

②参与废弃物减量循环利用相关专项规划的编制，对于垃圾焚烧发电厂、餐厨垃圾资源化利用厂、垃圾填埋场等设施布局合理性提出意见。

③加强对低碳生态市政基础设施建设中具体建设项目或相关规划环境影响报告书（或规划的环境影响篇章、说明）的组织审查。

4.1.4　工作机制

推进低碳生态市政基础设施建设，需要在做好组织架构与职能分工的基础上，充分利用现有的节约用水、海绵城市建设、节能减排、发展循环经济等现有工作平台，结合城市特点，建立任务分解、联席会议、信息报送、项目协调工作机制，将具体工作落到实处。

1.制定任务分解表

依托各专项工作平台，逐年制定相应的低碳生态市政基础设施建设计划，将本年度的规划编制、标准制定、机制建立、建设项目推进、重点区域推进等各项任务分配到各成员单位，并明确完成时限。各单位根据任务分解表的任务清单，结合本单位职责分工，制定具体的工作方案和计划，将每一项工作和每个项目分解落实到责任人。各成员单位协力推动、共同推进低碳生态市政基础设施建设任务。各领导小组或其下属办公机构负责对各单位落实任务分解表的情况进行跟踪检查，分阶段对各单位履行职责和工作完成情况进行考核。

例如，深圳市在创建节水型城市过程中，根据创建节水型城市的要求，制订了任务分解表，分为基本条件任务分解表、考核指标任务分解表两部分，共 25 项工作任务，明确了各项工作任务的责任单位和工作进度要求，具体如表 4-1、表 4-2 所示。

深圳市创建节水型城市基本条件任务分解表　　　　　　表 4-1

序号	指标	责任单位
1	法规制度健全	水务局、法制办
2	城市节水管理机构健全	水务局、区政府、编制办
3	重视节水投入	发展改革委、财政局、水务局
4	建立节水统计报表制度	统计局、环保局、发展改革委、财政局、水务局
5	广泛开展节水宣传	区政府、宣传部、教育局、水务局、环保局、领导小组成员单位、市属新闻媒体
6	全面开展创建活动	区政府、有关责任单位、领导小组办公室、领导小组

深圳市创建节水型城市考核指标任务分解表　　　　表 4-2

分类	序号	指标	责任单位
基础管理指标	1	城市节水规划	水务局、规划局
	2	地下水管理	水务局
	3	节水"三同时"制度	法制办、水务局、发展改革委、规划局、建设局、国土局、工务署、供水企业
	4	计划用水与定额管理	水务局
技术考核指标	5	价格管理	水务局、物价局
	6	万元地方生产总值取水量低于全国平均值的 50% 或年降低率≥5%	贸工局、发展改革委、规划局、国土局、国资委、统计局、水务局
	7	万元工业增加值取水量低于全国平均值的 50% 或年降低率≥5%	贸工局、发展改革委、规划局、国土局、统计局、水务局
	8	工业取水量指标满足《取水定额》GB/T 18916 定额系列标准	贸工局、发展改革委、规划局、国土局、统计局、水务局
	9	工业用水重复利用率≥75%	贸工局、发展改革委、规划局、国土局、统计局、水务局
	10	节水型企业（单位）覆盖率≥15%	贸工局、发展改革委、财政局、新闻媒体
	11	城市供水管网漏损率低于《城市供水管网漏损控制及评定标准》CJJ 92—2002 规定的修正值指标	水务局、国资委、区政府
	12	城市居民生活用水量不高于《城市居民生活用水量标准》GB/T 50331—2002 的指标	水务局、宣传部、规划局、建设局、国土局、工务署
	13	节水器具普及率达 100%	水务局、规划局、建设局、工务署、质监局、工商局
	14	城市再生水利用率≥20%	水务局、发展改革委、规划局、环保局、建设局、国土局、城管局、财政局、物价局、统计局
	15	城市污水处理率≥80%	水务局、发展改革委、国土局、规划局、建设局
	16	工业废水排放达标率达 100%	环保局、贸工局
鼓励性指标	17	居民用水实行阶梯水价	物价局、水务局、供水企业
	18	非常规水资源替代率≥5%	水务局、发展改革委、贸工局、国土局、规划局、建设局
	19	节水专项资金投入占财政支出的比例≥1‰	财政局、发展改革委、水务局

2. 联席会议制度

为充分协调相关单位，统筹推动工作，应建立联席会议制度，定期召开全体会议和工作会议。

例如，深圳市政府建立深圳新能源产业发展联席会议制度，负责新能源产业发展协调工作、新能源企业认定、享受优惠政策条件的审定及新能源产业发展专项资金的管理等。联席会议由市发展改革委、科工贸信委、财政委等3个部门组成，根据议题可邀请其他部门参加联席会议。联席会议的日常工作由深圳新兴高技术产业发展领导小组办公室承担。

各单位需指定落实一名联络员，定期参与工作会议，沟通和交流各部门及各区低碳生态市政基础设施建设的工作进度与动态。

3. 信息报送制度

为及时了解和掌握下级各辖区的低碳生态市政基础设施建设推进情况，可建立工作报送制度。下级各辖区政府定时（每月、每季、半年）向相应的市级牵头部门报送低碳生态市政基础设施建设推进情况；同时在每年年底前，编制下一年度低碳生态市政基础设施项目建设计划，包括各辖区各年度低碳生态市政基础设施建设项目数量、建设内容、建设规模、所处区域、建设周期、投融资方式等内容，报市级牵头部门备案。

市级牵头部门可根据城市推进情况，定期编制工作简报，向各部门通报，以便及时总结全市低碳生态市政基础设施建设工作经验教训，反映低碳生态市政基础设施建设的进展与问题，促进各相关部门和机构共同协作努力提升。也可将工作简报向社会发布，向公众传播低碳生态市政基础设施建设的理念与成效。

4. 重大项目协调督查机制

低碳生态市政基础设施建设项目投资大、范围广、涉及部门多、建设周期较长，需要做好各方面的协调，以推进项目建设的顺利进行；另一方面，由于低碳生态市政基础设施大部分为政府投资项目或存在政府投资成分，建设质量和进度对社会的影响较大，因此要在正常建设基本程序管理要求的基础上，建立重大项目稽查制度，确保项目实施质量。

目前，我国大多数城市已经成立专门机构负责重大建设项目的协调和稽查。比如，深圳市发展改革委下设重大项目协调处，负责汇总、编制重大项目中长期规划和年度计划，组织拟订并实施重大项目储备、培育及扶持的政策措施，组织协调有关重大项目立项，协调推进重大项目建设；另设市重大项目稽查办公室，负责组织开展对重大建设项目的稽察和日常监督工作，跟踪检查相关行业和各区贯彻执行国家、省、市投资政策和规定的情况，开展项目后评价工作，组织开展对中央投资项目实施情况的监督和检查，研究提出规范项目和资金管理的意见和建议，对稽察和监督检查中发现的问题，按国家、省、市有关规定提出处理意见。合肥市设立市重点工程建设管理局，主要负责政府投资的项目建设过程的组织、管理和监督工作，包括参与政府投资项目的施工、监理单位的招投标工作；负责政府投资项目的建设过程中的现场管理协调、工程质量、安全生产、技术档案管理、按项目进度拨付经费、编制工程决算、竣工报告、参与工程项目竣工验收等工作。

4.1.5　绩效考评

低碳生态市政基础设施涉及水资源管理、节能减排、清洁能源利用、循环发展等方面，绩效考评可结合现有的《最严格水资源管理制度考核办法》《节水型城市考核标准》《绿色建筑评价标准》《循环经济发展评价指标体系》《海绵城市建设绩效考核》和《生态文明建设目标评价考核》等要求开展专项考核；同时，将低碳生态市政基础设施建设发展指标完成情况纳入市、区经济社会发展综合评价体系，作为政府绩效考核、领导干部综合考核评价和企业负责人业绩考核的重要内容，实行问责制和"一票否决"制。

1. 纳入现有专项考核体系

（1）纳入最严格水资源管理制度考核

最严格水资源管理制度考核内容包括最严格水资源管理制度目标完成、制度建设和措施落实情况。其中，各省、自治区、直辖市实行最严格水资源管理制度主要目标包括用水总量控制目标、用水效率控制目标、重要江河湖泊水功能区水质达标率控制目标；制度建设和措施落实情况包括用水总量控制、用水效率控制、水功能区限制纳污、水资源管理责任和考核等制度建设及相应措施落实情况。各省、自治区、直辖市人民政府应根据本办法，结合当地实际，制定本行政区域内实行最严格水资源管理制度考核办法，对各城市开展相应考核（表4-3 ~ 表4-5）。

各省、自治区、直辖市用水总量控制目标（单位：亿 m³）　　　　　表4-3

地区	2015 年	2020 年	2030 年
北京	40	46.58	51.56
天津	27.5	38	42.2
河北	217.8	221	246
山西	76.4	93	99
内蒙古	199	211.57	236.25
辽宁	158	160.6	164.58
吉林	141.55	165.49	178.35
黑龙江	353	353.34	370.05
上海	122.07	129.35	133.52
江苏	508	524.15	527.68
浙江	229.49	244.4	254.67
安徽	273.45	270.84	276.75
福建	215	223	233
江西	250	260	264.63
山东	250.6	276.59	301.84
河南	260	282.15	302.78
湖北	315.51	365.91	368.91
湖南	344	359.75	359.77
广东	457.61	456.04	450.18
广西	304	309	314
海南	49.4	50.3	56

续表

地区	2015 年	2020 年	2030 年
重庆	94.06	97.13	105.58
四川	273.14	321.64	339.43
贵州	117.35	134.39	143.33
云南	184.88	214.63	226.82
西藏	35.79	36.89	39.77
陕西	102	112.92	125.51
甘肃	124.8	114.15	125.63
青海	37	37.95	47.54
宁夏	73	73.27	87.93
新疆	515.6	515.97	526.74
全国	6350	6700	7000

各省、自治区、直辖市用水效率控制目标　　　　表 4-4

地区	2015 年	
	万元工业增加值用水量比 2010 年下降	农田灌溉水有效利用系数
北京	25%	0.71
天津	25%	0.664
河北	27%	0.667
山西	27%	0.524
内蒙古	27%	0.501
辽宁	27%	0.587
吉林	30%	0.55
黑龙江	35%	0.588
上海	30%	0.734
江苏	30%	0.58
浙江	27%	0.581
安徽	35%	0.515
福建	35%	0.53
江西	35%	0.477
山东	25%	0.63
河南	35%	0.6
湖北	35%	0.496
湖南	35%	0.49
广东	30%	0.474
广西	33%	0.45

续表

地区	2015 年	
	万元工业增加值用水量比 2010 年下降	农田灌溉水有效利用系数
海南	35%	0.562
重庆	33%	0.478
四川	33%	0.45
贵州	35%	0.446
云南	30%	0.445
西藏	30%	0.414
陕西	25%	0.55
甘肃	30%	0.54
青海	25%	0.489
宁夏	27%	0.48
新疆	25%	0.52
全国	30%	0.53

注：各省、自治区、直辖市 2015 年后的用水效率控制目标，综合考虑国家产业政策、区域发展布局和物价等因素，结合国民经济和社会发展五年规划另行制定。

各省、自治区、直辖市重要江河湖泊水功能区水质达标率控制目标　　　表 4-5

地区	2015 年	2020 年	2030 年
北京	50%	77%	95%
天津	27%	61%	95%
河北	55%	75%	95%
山西	53%	73%	95%
内蒙古	52%	71%	95%
辽宁	50%	78%	95%
吉林	41%	69%	95%
黑龙江	38%	70%	95%
上海	53%	78%	95%
江苏	62%	82%	95%
浙江	62%	78%	95%
安徽	71%	80%	95%
福建	81%	86%	95%
江西	88%	91%	95%
山东	59%	78%	95%
河南	56%	75%	95%
湖北	78%	85%	95%

地区	2015 年	2020 年	2030 年
湖南	85%	91%	95%
广东	68%	83%	95%
广西	86%	90%	95%
海南	89%	95%	95%
重庆	78%	85%	95%
四川	77%	83%	95%
贵州	77%	85%	95%
云南	75%	87%	95%
西藏	90%	95%	95%
陕西	69%	82%	95%
甘肃	65%	82%	95%
青海	74%	88%	95%
宁夏	62%	79%	95%
新疆	85%	90%	95%
全国	60%	80%	95%

（2）纳入节水型城市考核

节水型城市考核标准适用于节水型城市的申报、考核和复查，包括基本条件、基础管理指标、技术考核指标、鼓励性指标四个部分，其中基本条件共六条，是节水型城市所应具备的必备条件，如有任何一条不符合要求，不得申报节水型城市。具体考核指标及评分标准如表 4-6 所示。

节水型城市考核标准　　　　　　　　　表 4-6

分类	序号	指标	考核内容（指标标准）	评分标准	分数
基础管理指标	1	城市节水规划	有经政府或上级政府主管部门批准的城市节水中长期规划，节水规划包括非传统水资源利用内容	有城市节水中长期规划，得 4 分	8
				节水中长期规划中有非传统水资源利用规划，得 4 分	
	2	地下水管理	地下水必须实行有计划的开采；公共供水服务范围内凡满足供水需要的，不得新增自备井供水。有逐步关闭公共供水范围内自备井的计划	地下水实行计划开采，得 2 分	8
				自备井审批、验收等手续齐全，2 分	
				公共供水服务范围内逐渐关闭自备井，得 2 分	
				有逐步关闭自备井的计划，得 2 分	

分类	序号	指标	考核内容（指标标准）	评分标准	分数
基础管理指标	3	节水"三同时"制度	新建、改建、扩建工程项目，节水设施必须与主体工程同时设计、同时施工、同时投产使用	有市有关部门联合下发的对新建、改建、扩建工程项目节水设施"三同时"管理的文件，得4分	8
				查最近两年资料，有市有关部门节水设施项目审核、竣工验收资料得4分	
	4	计划用水与定额管理	在建立科学合理用水定额的基础上，非居民用水实行定额计划用水管理，超定额计划累进加价	非居民用水全面实行定额计划用水管理，得3分	8
				有当地主要工业行业和公共用水定额标准，得3分	
				实行超定额计划累进加价，得2分	
	5	价格管理	取用地表水和地下水，均应征收水资源费、污水处理费；污水处理费征收标准足以补偿运行成本，并建立良性运行机制；有政府关于再生水价格的指导意见或再生水价格标准，并应用	依据最近两年的资料全面征收水资源费3分，未全面征收扣2分	8
				依据最近两年的资料全面征收污水处理费的，得3分；未全面征收扣2分；收费标准不足以补偿运行成本的，扣1分	
				有再生水价格指导意见或再生水价格标准并应用，得2分	
技术考核指标	6	万元地方生产总值取水量（立方米/万元）	低于全国平均值50%或年降低率≥5%	依据最近两年的资料。低于标准的不得分	6
	7	万元工业增加值取水量（立方米/万元）	低于全国平均值50%或年降低率≥5%	依据最近两年的资料。低于标准的不得分	5
	8	工业取水量指标	按《取水定额》GB/T 18916定额系列标准： 《取水定额 第1部分:火力发电》GB/T 18916.1—2012 《取水定额 第2部分:钢铁联合产业》GB/T 18916.2—2012 《取水定额 第3部分:石油炼制》GB/T 18916.3—2012 《取水定额 第4部分:纺织染整产品》GB/T 18916.4—2012 《取水定额 第5部分:造纸产品》GB/T 18916.5—2012 《取水定额 第6部分:啤酒制造》GB/T 18916.6—2012 《取水定额 第7部分:酒精制造》GB/T 18916.7—2014 等	查看最近连续两年资料，每种指标超过10%扣1分，本项指标分数扣完为止	5

分类	序号	指标	考核内容（指标标准）	评分标准	分数
技术考核指标	9	工业用水重复利用率	≥75%	查看最近连续两年资料，每低5%扣1分	5
	10	节水型企业（单位）覆盖率	≥15%	查看上一年资料。达到5%得1分；达到10%得2分；达到15%以上得3分	3
	11	城市供水管网漏损率	低于《城市供水管网漏损控制及评定标准》CJJ 92—2002 的指标	查看最近连续两年资料，达到标准6分，每降低1%加2分，降低2%以上加4分。高于标准不得分	10
	12	城市居民生活用水量(升/人.日)	不高于《城市居民生活用水量标准》GB/T 50331—2002 的指标	超过《城市居民生活用水量标准》GB/T 50331—2002 的不得分	5
	13	节水器具普及率	100%	以现场抽查为评分依据：1.使用淘汰的用水器具不得分。2.节水器具普及率，每低3%扣1分，本项指标分数扣完为止	6
	14	城市再生水利用率	≥20%	查看最近连续两年资料，每低2%，扣1分，本项指标分数扣完为止	5
	15	城市污水处理率	直辖市、省会城市、计划单列市≥80%、地级市≥60%、县级市≥50%	查看最近连续两年资料，每低5%扣1分，本项指标分数扣完为止	5
	16	工业废水排放达标率	100%	查看最近连续两年资料，每低1%扣1分，本项指标分数扣完为止	5
鼓励性指标	17	居民用水实行阶梯水价	有按不同梯次制定的不同用水价格	查看物价主管部门的批准文件和实际执行的资料	2
	18	非常规水资源替代率	≥5%	查看相关工程的竣工报告及有关数据	2
	19	节水专项资金投入占财政支出的比例	≥1‰	查看财政部门或节水管理部门的年度报告	2

（3）纳入循环经济发展评价指标体系

为贯彻落实《循环经济促进法》和《关于加快推进生态文明建设的意见》的要求，科学评价循环经济发展状况，推动实施循环发展引领行动，国家发展改革委会同有关部门完善了循环经济发展评价指标体系，并印发《循环经济发展评价指标体系》（2017版）。指标体系从体例上分为综合指标、专项指标和参考指标。综合指标包括"主要资源产出率"和"主要废弃物循环利用率"，主要从资源利用水平和资源循环水平方面进行考虑。专项指标包括11个具体指标，主要分为资源产出效率指标、资源循环利用（综合利用）指标和资源循环产业指标。参考指标主要是废弃物末端处理处置指标，主要用于描述工业固体废物、工业废水、城市垃圾和污染物的最终排放量。参考指标不作为评价指标。

在专项指标的选择上，资源产出效率指标主要从能源资源、水资源、建设用地等方面进行考察，包括：能源产出率、水资源产出率和建设用地产出率。

资源循环利用指标的选择，兼顾了农业、工业、城市生产生活等，在农业方面，重点从大宗废弃物方面进行考察，包括农作物秸秆综合利用率；在工业方面，重点从工业固体废物处理和水循环利用方面进行考察，包括一般工业固体废物综合利用率和规模以上工业企业重复用水率等指标；在城市指标方面，重点从再生资源回收、城市典型废弃物处理、城市污水资源化等方面进行考察，包括主要再生资源回收率、城市餐厨废弃物资源化处理率、城市建筑垃圾资源化处理率、城市再生水利用率等指标。资源循环产业指标，主要是从产业规模方面进行考察，包括资源循环利用产业总产值指标。

循环经济发展评价指标体系（2017版）

表 4-7

分类	综合指标	单位
综合指标	主要资源产出率	元/t
	主要废弃物循环利用率	%
专项指标	能源产出率	万元/t标准煤
	水资源产出率	元/t
	建设用地产出率	万元/公顷
	农作物秸秆综合利用率	%
	一般工业固体废物综合利用率	%
	规模以上工业企业重复用水率	%
	主要再生资源回收率	%
	城市餐厨废弃物资源化处理率	%
	城市建筑垃圾资源化处理率	%
	城市再生水利用率	%
	资源循环利用产业总产值	亿元
参考指标	工业固体废物处置率	亿t
	工业废水排放量	亿t
	城镇生活垃圾填埋处理量	亿t
	重点污染物排放量（分别计算）	万t

（4）纳入海绵城市建设绩效考核

根据《住房城乡建设部办公厅关于印发海绵城市建设绩效评价与考核办法（试行）的通知》，海绵城市建设绩效评价与考核指标分为水生态、水环境、水资源、水安全、制度建设及执行情况、显示度六个方面，具体指标、要求和方法见表4-8。其中，雨水资源利用率、污水再生利用率、管网漏损率是水资源综合利用考核目标。

海绵城市建设绩效评价与考核指标   表 4-8

类别	项	指标	要求	方法	性质
一、水生态	1	年径流总量控制率	当地降雨形成的径流总量，达到《海绵城市建设技术指南》规定的年径流总量控制要求。在低于年径流总量控制率所对应的降雨量时，海绵城市建设区域不得出现雨水外排现象	根据实际情况，在地块雨水排放口、关键管网节点安装观测计量装置及雨量监测装置，连续（不少于一年、监测频率不低于 15min/ 次）进行监测；结合气象部门提供的降雨数据、相关设计图纸、现场勘测情况、设施规模及衔接关系等进行分析，必要时通过模型模拟分析计算	定量（约束性）
	2	生态岸线恢复	在不影响防洪安全的前提下，对城市河湖水系岸线、加装盖板的天然河渠等进行生态修复，达到蓝线控制要求，恢复其生态功能	查看相关设计图纸、规划，现场检查等	定量（约束性）
	3	地下水位	年均地下水潜水位保持稳定，或下降趋势得到明显遏制，平均降幅低于历史同期。年均降雨量超过 1000mm 的地区不评价此项指标	查看地下水潜水水位监测数据	定量（约束性，分类指导）
	4	城市热岛效应	热岛强度得到缓解。海绵城市建设区域夏季（按 6～9 月）日平均气温不高于同期其他区域的日均气温，或与同区域历史同期（扣除自然气温变化影响）相比呈现下降趋势	查阅气象资料，可通过红外遥感监测评价	定量（鼓励性）
二、水环境	5	水环境质量	不得出现黑臭现象。海绵城市建设区域内的河湖水系水质不低于《地表水环境质量标准》Ⅳ类标准，且优于海绵城市建设前的水质。当城市内河水系存在上游来水时，下游断面主要指标不得低于来水指标	委托具有计量认证资质的检测机构开展水质检测	定量（约束性）
			地下水监测点位水质不低于《地下水质量标准》Ⅲ类标准，或不劣于海绵城市建设前	委托具有计量认证资质的检测机构开展水质检测	定量（鼓励性）
	6	城市面源污染控制	雨水径流污染、合流制管渠溢流污染得到有效控制。1. 雨水管网不得有污水直接排入水体；2. 非降雨时段，合流制管渠不得有污水直排水体；3. 雨水直排或合流制管渠溢流进入城市内水系的，应采取生态治理后入河，确保海绵城市建设区域内的河湖水系水质不低于地表Ⅳ类	查看管网排放口，辅助以必要的流量监测手段，并委托具有计量认证资质的检测机构开展水质检测	定量（约束性）

续表

类别	项	指标	要求	方法	性质
三、水资源	7	污水再生利用率	人均水资源量低于500m³和城区内水体水环境质量低于Ⅳ类标准的城市，污水再生利用率不低于20%。再生水包括污水经处理后，通过管道及输配设施、水车等输送用于市政杂用、工业农业、园林绿地灌溉等用水，以及经过人工湿地、生态处理等方式，主要指标达到或优于地表Ⅳ类要求的污水厂尾水	统计污水处理厂（再生水厂、中水站等）的污水再生利用量和污水处理量	定量（约束性，分类指导）
	8	雨水资源利用率	雨水收集并用于道路浇洒、园林绿地灌溉、市政杂用、工农业生产、冷却等的雨水总量（按年计算，不包括汇入景观、水体的雨水量和自然渗透的雨水量），与年均降雨量（折算成毫米数）的比值；或雨水利用量替代的自来水比例等。达到各地根据实际确定的目标	查看相应计量装置、计量统计数据和计算报告等	定量（约束性，分类指导）
	9	管网漏损控制	供水管网漏损率不高于12%	查看相关统计数据	定量（鼓励性）
四、水安全	10	城市暴雨内涝灾害防治	历史积水点彻底消除或明显减少，或者在同等降雨条件下积水程度显著减轻。城市内涝得到有效防范，达到《室外排水设计规范》规定的标准	查看降雨记录、监测记录等，必要时通过模型辅助判断	定量（约束性）
	11	饮用水安全	饮用水水源地水质达到国家标准要求：以地表水为水源的，一级保护区水质达到《地表水环境质量标准》Ⅱ类标准和饮用水源补充、特定项目的要求，二级保护区水质达到《地表水环境质量标准》Ⅲ类标准和饮用水源补充、特定项目的要求。以地下水为水源的，水质达到《地下水质量标准》Ⅲ类标准的要求。自来水厂出厂水、管网水和龙头水达到《生活饮用水卫生标准》的要求	查看水源地水质检测报告和自来水厂出厂水、管网水、龙头水水质检测报告。检测报告须由有资质的检测单位出具	定量（鼓励性）

续表

类别	项	指标	要求	方法	性质
五、制度建设及执行情况	12	规划建设管控制度	建立海绵城市建设的规划（土地出让、两证一书）、建设（施工图审查、竣工验收等）方面的管理制度和机制	查看出台的城市控详规、相关法规、政策文件等	定性（约束性）
	13	蓝线、绿线划定与保护	在城市规划中划定蓝线、绿线并制定相应管理规定	查看当地相关城市规划及出台的法规、政策文件	定性（约束性）
	14	技术规范与标准建设	制定较为健全、规范的技术文件，能够保障当地海绵城市建设的顺利实施	查看地方出台的海绵城市工程技术、设计施工相关标准、技术规范、图集、导则、指南等	定性（约束性）
	15	投融资机制建设	制定海绵城市建设投融资、PPP管理方面的制度机制	查看出台的政策文件等	定性（约束性）
	16	绩效考核与奖励机制	1. 对于吸引社会资本参与的海绵城市建设项目，须建立按效果付费的绩效考评机制，与海绵城市建设成效相关的奖励机制等； 2. 对于政府投资建设、运行、维护的海绵城市建设项目，须建立与海绵城市建设成效相关的责任落实与考核机制等	查看出台的政策文件等	定性（约束性）
	17	产业化	制定促进相关企业发展的优惠政策等	查看出台的政策文件、研发与产业基地建设等情况	定性（鼓励性）
六、显示度	18	连片示范效应	60%以上的海绵城市建设区域达到海绵城市建设要求，形成整体效应	查看规划设计文件、相关工程的竣工验收资料。现场查看	定性（约束性）

（5）纳入生态文明建设目标评价考核

低碳生态市政基础设施建设是生态文明建设的重要组成部分。2016年12月，中共中央办公厅、国务院办公厅印发了《生态文明建设目标评价考核办法》；国家发展改革委、国家统计局、环境保护部、中央组织部制定了《绿色发展指标体系》和《生态文明建设考核目标体系》，作为生态文明建设评价考核的依据。《绿色发展指标体系》包括资源利用、环境治理、环境质量、生态保护、增长质量、绿色生活、公众满意程度等七个一级指标和能源消费总量、非化石能源占一次能源消费比重等56个二级指标；《生态文明建设考核目标体系》包括资源利用、生态环境保护、年度评价结果、公众满意度、生态环境事件等五类共23项目标。各省、自治区、直辖市党委和政府参照上述办法，结合本地区实际，制定针对下一级党委和政府的生态文明建设目标评价考核办法。《北京市绿色发展指标体系》包括资源利用、环境治理、环境质量、生态保护、增长质量、绿色生活、公众满意程度等七个一级指标和非化石能源占一次能源消费比重、一般工业固体废物综合利用率、危险废物处置利用率、垃圾分类制度覆盖范围等39个二级指标;《北京市生态文明建设考核目标体系》分为资源利用、生态环境保护、年度评价结果、公众满意度、生态环境事件等五类,包括非化石能源占一次能源消费比重、垃圾分类制度覆盖范围等20项具体目标。低碳生态市政基础设施涉及的清洁能源高效利用、废弃物减量循环可纳入生态文明建设目标评价考核体系。具体见表4-9、表4-10。

北京市绿色发展指标体系   表4-9

一级指标	序号	二级指标	计量单位
一、资源利用	1	能源消费总量	万t标准煤
	2	单位地区生产总值能源消耗降低	%
	3	单位地区生产总值二氧化碳排放降低	%
	4	非化石能源占一次能源消费比重	%
	5	用水总量	万m³
	6	单位地区生产总值用水量下降	%
	7	单位工业增加值用水量降低率	%
	8	耕地保有量	万亩
	9	城乡建设用地规模	km²
	10	单位地区生产总值建设用地面积降低率	%
	11	一般工业固体废物综合利用率	%
二、环境治理	12	化学需氧量排放总量减少	%
	13	氨氮排放总量减少	%
	14	二氧化硫排放总量减少	%
	15	氮氧化物排放总量减少	%
	16	危险废物处置利用率	%
	17	垃圾分类制度覆盖范围	%
	18	污水处理率	%
	19	环境污染治理投资占地区生产总值比重	%
三、环境质量	20	清洁空气行动计划完成情况	分
	21	地表水环境质量目标完成情况	分
	22	单位耕地面积化肥使用量	kg/公顷
	23	单位耕地面积农药使用量	kg/公顷
四、生态保护	24	森林覆盖率	%
	25	森林蓄积量	万m³
	26	城市绿化覆盖率	%
	27	湿地保护率	%
	28	陆域自然保护区面积	万公顷
	29	新增水土流失治理面积	千公顷

续表

一级指标	序号	二级指标	计量单位
五、增长质量	30	居民人均可支配收入	元/人
	31	第三产业增加值占地区生产总值比重	%
	32	高端产业功能区劳均产出率	万元/人
	33	战略性新兴产业增加值占地区生产总值比重	%
	34	研究与试验发展经费支出占地区生产总值比重	%
六、绿色生活	35	公共机构人均能耗降低率	%
	36	居民生活能耗中清洁能源的比重	%
	37	城镇绿色建筑面积占新建建筑比重	%
	38	公园绿地500米服务半径覆盖率	%
七、公众满意程度	39	公众对生态环境质量满意程度	%

北京市生态文明建设考核目标体系　　　　　　　　表4-10

目标类别	目标类分值	序号	子目标名称
一、资源利用	30	1	单位地区生产总值用水量下降
		2	用水总量
		3	城乡建设用地规模
		4	单位地区生产总值建设用地面积降低率
		5	耕地保有量
		6	单位地区生产总值能源消耗降低
		7	单位地区生产总值二氧化碳排放降低
		8	非化石能源占一次能源消费比重
		9	能源消费总量
二、生态环境保护	40	10	清洁空气行动计划完成情况
		11	地表水环境质量目标完成情况
		12	化学需氧量排放总量减少
		13	氨氮排放总量减少
		14	氮氧化物排放总量减少
		15	森林覆盖率
		16	森林蓄积量
		17	垃圾分类制度覆盖范围
三、年度评价结果	20	18	各区生态文明建设年度评价的综合情况
四、公众满意程度	10	19	居民对本区生态文明建设、生态环境改善的满意程度
五、生态环境事件	扣分项	20	各区重特大突发环境事件、造成恶劣社会影响的其他环境污染责任事件、严重生态破坏责任事件的发生情况以及生态保护红线区域面积减少等情况

2. 纳入政府年度实绩考核

在政府实绩考核目标体系中，增加低碳生态市政基础设施建设指标，制定相应的考核办法，根据年度工作任务分解表，对相关部门进行考核（表4-11）。

水资源综合利用、能源清洁高效利用、废弃物减量循环可分别由节约用水领导小组办公室、节能减排领导小组办公室、发展循环经济领导小组办公室组织确定年度考核任务、开展具体考核工作，并将考核结果汇总到政府绩效考核归口管理部门，作为各区、各部门考核成绩的一部分。

政府实绩考核指标（示例）　　　　表4-11

序号	类别	指标	说明
1	一、水资源综合利用	雨水资源利用率	收集利用的雨水资源量占城市用水总量的百分比
2		污水再生利用率	再生水利用量占城市用水总量的百分百比
3		海水资源利用率	海水淡化利用量占城市用水总量的百分百比
4		节水器具普及率	安装节水器具的用户用水总量占城市用水总量的百分比
5		管网漏损率	管网渗漏量占供水总量的百分比
6		相关设施投资完成比例	水资源综合利用设施投资完成金额占年度计划的百分比
7	二、能源清洁高效利用	清洁能源占一次能源消费比重	太阳能、风能、潮汐能等清洁能源占一次能源消费总量的百分比
8		分布式能源使用占比	分布式能源供应系统供应的能源消费占能源消费总量的百分比
9		先进节能技术应用占比	采用区域供冷、冰蓄冷、冷热电三联供等技术消费的能源占能源消费总量的百分比
10		相关设施投资完成比例	能源清洁高效利用设施投资完成金额占年度计划的百分比
11	三、废弃物减量循环	垃圾分类覆盖范围	实行垃圾分类的范围占区域面积的百分比
12		垃圾密闭传输技术覆盖率	采用集装箱或气力垃圾回收系统的范围占区域面积的百分比
13		一般工业固体废物综合利用率	综合利用的工业固体废弃物占总量的百分比
14		危险废物处置利用率	得到处置的危险废弃物占总量的百分比
15		建筑垃圾综合利用率	综合利用的建筑垃圾占总量的百分比
16		餐厨垃圾回收利用率	回收利用的餐厨垃圾占总量的百分比
17		相关设施投资完成比例	废弃物减量循环设施投资完成金额占年度计划的百分比

4.2 规划管理

4.2.1 城乡规划法律法规体系

根据《中华人民共和国立法法》规定，城乡规划法规体系的等级层次应包括法律、行政法规、地方性法规、自治条例和单行条例、规章（部门规章、地方政府规章）等，以构成完整的法规体系。

《城乡规划法》是我国城乡规划法律法规体系中的主干法和基本法，对各级城乡规划法规与规章的制定具有不容违背的规范性和约束性。除作为主干法的《城乡规划法》外，还有大量与城市规划相关的行政法规、规章、地方性法规和章程，这些法律法规共同组成我国城市规划的法律法规体系。我国的城乡规划法律法规体系在中央与地方两个层级上，分别沿横向和纵向展开。在中央层级上，《中华人民共和国土地管理法》（1986年）、《中华人民共和国文物保护法》（1982年）、《中华人民共和国行政许可法》（2003年）、《中华人民共和国行政复议法》（1999年）、《中华人民共和国行政诉讼法》（1989年）、《城市绿化条例》（1992年）、《基本农田保护条例》（1998年）、《历史文化名城名镇名村保护条例》（2008年）等均与《城乡规划法》有所涉及，可以看作是《城乡规划法》在横向上的联系和延伸。

在纵向上，《城乡规划法》也逐步建立起相应的法规、规章以及技术规范体系。如《城市规划编制办法》（2005年）、《村镇规划编制办法（试行）》（2000年）等。此外，为城市规划编制与管理的规范化提供依据，国家相关部门制定了一系列国家标准和行业标准作为技术标准和规范，也可看作《城市规划法》在纵向上的延伸。如作为国家标准的《城市用地分类与规划建设用地标准》GB 50137—2011，作为行业标准的有《城市规划制图标准》CJJ/T 97—2003、《城市道路设计规范》CJJ 37—1990等。

在全国性法律法规体系的基础上，有地方立法权的地方组织也建立了相应的法律、法规体系。例如，深圳市就颁布了作为地方性法规的《深圳市规划条例》（2001年）、《深圳经济特区规划土地监察条例》（2005年）、《深圳地下空间开发利用暂行办法》（2008年）等规章，《深圳市城市规划标准与准则（条文）》（2014年）等标准。

我国城乡规划法律法规（不含省、自治区、直辖市和较大市的地方性法规、地方政府规章）构成的法律体系框架如表4-12所示。

我国城乡规划主要法律法规　　　　　　　　　　　　　表4-12

类别	名称
法律	《中华人民共和国城乡规划法》
行政法规	《村庄和集镇规划建设管理条例》
	《风景名胜区条例》

续表

类别		名称
行政法规		《历史文化名城名镇名村条例》
部门规章与规范性文件	城乡规划编制与审批	《城市规划编制办法》
		《省域城镇体系规划编制审批办法》
		《城市总体规划实施评估办法（试行）》
		《城市总体规划审查工作原则》
		《城市、镇总体规划编制审批办法》
		《城市、镇控制详细规划编制审批办法》
		《历史文化名城保护规划编制要求》
		《城市绿化规划建设指标的规定》
		《城市综合交通体系规划编制导则》
		《村镇规划编制办法（试行）》
		《城市规划强制性内容暂行规定》
	城乡规划实施管理与监督检查	《建设项目选址规划管理办法》
		《城市国有土地使用权出让转让规划管理办法》
		《开发区规划管理办法》
		《城市地下空间开发利用管理规定》
		《城市抗震防灾规划管理规定》
		《近期建设规划工作暂行办法》
		《城市绿线管理办法》
		《城市紫线管理办法》
		《城市黄线管理办法》
		《城市蓝线管理办法》
		《建制镇规划建设管理办法》
		《市政公用设施抗灾设防管理规定》
		《停车场建设和管理暂行规定》
		《城建监察规定》
	城市规划行业管理	《城市规划编制单位资质管理规定》
		《注册城市规划执业资格制度暂行规定》

4.2.2 规划编制管理

1. 规划编制组织

低碳生态理念应纳入国民经济和社会发展规划及行业发展规划，并从国民经济和行业发展的高度明确其发展目标和发展方向。国民经济和社会发展规划是国家和地方政府对一定时期内国民经济的主要活动、科学技术、教育事业和社会发展所作的规划和安排，是指导经济和社会发展的纲领性文件，一般由国务院和地方人民政府组织编制。行业发展规划是国家和地方行业主管部门在国民经济和社会发展规划的指导下，针对各行业制定的一种战略性、前瞻性、导向性的公共政策。低碳生态市政基础设施主要涉及资源能源、废弃物处理、环境污染治理等相关行业，主要由发改能源部门、水资源主管部门、经济主管部门、城市管理部门、环境保护主管部门等相关部门根据各自实际情况负责编制。

为落实低碳生态发展理念，实现低碳生态发展目标，需在国民经济和社会发展规划、行业发展规划的指引下，编制低碳生态市政基础设施专项规划，作为城市规划体系的组成部分，指导具体设施建设和技术应用。具体的编制责任部门可由城市规划主管部门牵头，相关部门配合，也可由相关专业主管部门牵头。规划编制过程中，牵头单位应组织相关单位沟通落实具体内容，并将规划成果充分征求相关部门、专家和社会公众的意见，修改完善后报同级人民政府批准；并报相应的工作领导小组办公室备案。

2. 规划编制的内容

低碳生态市政基础设施规划内容一般包括现状问题识别、目标和策略、技术适宜性比选、需求分析与预测、设施规划布局、效益评估等方面：

（1）现状问题识别：分析常规市政工程和低碳生态市政工程建设情况，根据城市发展需求和低碳生态市政发展要求，识别存在问题，分析低碳生态市政基础设施建设需求。

（2）目标和策略：确定低碳生态市政基础设施规划目标和指标体系，提出规划策略。

（3）技术适宜性比选：综合考虑本地资源条件、城市发展需求和应用成本等因素，确定适宜的低碳生态技术。

（4）需求预测与分析：根据城市总体规划发展目标和水平，分别针对非常规水资源利用、可再生能源利用、高效能源利用、废弃物资源化处理等方面进行需求预测与分析，确定相应的基础设施规模。

（5）设施规划布局：结合城市用地规划布局，确定各类低碳生态市政基础设施的布局，落实建设用地。

（6）效益评估：对低碳生态市政基础设施的社会效益、环境效益、经济效益进行评估。

低碳生态市政基础设施规划编制指引和规划路径见本书第3章。

4.2.3　规划审批管理

城市规划的审批管理，是指在城市规划编制完成后，城市规划编制组织单位按照法定程序向法定的规划审批机关提出规划报批申请，由法定的审批机关按照程序审核并批准城市规划的行政管理工作。

根据《中华人民共和国城乡规划法》第二十一条的规定，我国城市规划的审批主体是国务院和省、自治区、直辖市和其他城市规划行政主管部门。按照法定的审批权限，城市的专项规划一般是纳入城市总体规划一并报批。由于专项规划与城市总体规划关系密切，单独编制的专项规划一般由当地的城市规划行政主管部门会同专业主管部门，根据城市总体规划要求进行编制，报城市人民政府审批。

4.2.4 规划实施管理

城市规划实施管理，是指按照法定程序编制和批准的城市规划，依据国家和各级政府颁布的城市规划管理有关法规和具体规定，采用法制的、社会的、经济的、行政的和科学的管理方法，对城市的各项用地和建设活动进行统一的安排和控制，引导和调节城市的各项建设事业有计划、有秩序的协调发展，保证城市规划实施。形象地讲，就是通过有效手段安排当前的各项建设活动，把城市规划设想落实在土地上，使其具体化并成为现实。

城市规划实施管理的具体对象主要是各项当前建设用地和建设工程。每一项用地和工程都要经过立项审批、规划审查、征询意见、协调平衡、审查批准、办理手续及批后管理等一系列的程序和具体运作。其关键的环节和重要标志是核发"一书两证"，即建设项目选址意见书和建设用地规划许可证、建设工程规划许可证。城市规划实施管理就是面对着城市规划区内大量的建设用地和建设工程，按照有关法律法规和城市规划要求进行具体操作。

城市规划实施管理是一项综合性、复杂性、系统性、实践性、科学性很强的技术行政管理工作，直接关系着城市规划目标能否顺利实施。城市规划实施管理遵循合法性、合理性、程序化、公开化等原则，通过行政管理、财政支持、法律保障、社会监督等机制得到落实[172]。

低碳生态市政基础设施的规划建设处于起步阶段，工作基础和经验积累较薄弱，应当通过专门的规划和研究，支撑将相关成果纳入现行城乡规划体系，进一步丰富城乡规划的编制理念和内容，切实落实到城市规划建设过程中。

4.3 建设管理

低碳生态市政基础设施既涉及相对独立的项目，如再生水厂、海水淡化厂、分布式能源供应场站、垃圾焚烧发电厂等，又涉及纳入地块建设的附属设施，如雨水收集利用设施、分布式太阳能利用设施、垃圾气力收集系统等。因此，低碳市政基础设施的建设管理应根据不同情况采取相应的方式。对于单独建设的项目，一般可按照项目基本建设管理程序进行分类管理；对于附属设施项目，应在主体项目基本建设程序中提出相应要求并进行严格审查。

4.3.1 独立项目建设管理

1. 项目基本建设管理程序

基本建设程序是指建设项目从酝酿、评估、决策、设计、施工到竣工验收、投入使用整个建设过程中，各项工作必须遵守的先后次序。这个先后次序是国内外项目建设实践的经验总结，反映了建设工作所固有的客观自然规律和经济规律，是建设项目科学决策和顺利进行的重要保证。我国在 1951 年 3 月由中财委颁布了《基本建设工作程序暂行办法》，规定所有建设项目都必须按照基本建设程序管理规定进行。此后，随着项目管理实践经验的积累，我国项目建设程序管理制度得到了不断发展和完善。到目前，总体上包括三个阶段的管理程序：

一是项目前期工作阶段。项目单位需要组织编制项目建议书、进行可行性研究、开展勘察设计和施工前期准备等工作。政府主管部门依法对项目基本建设程序执行情况进行审查。其中：对政府投资项目，主要进行项目立项审查批复、可研审查批复、初步设计及概算审查批复、项目选址及规划许可、项目用地预审及批准、项目环境影响评价审批、项目节能评估和审查、施工许可证或者开工报告批复等；对企业投资项目，主要进行项目核准（或备案）审查、项目资金申请报告审查、项目选址及规划许可、项目用地预审及批准、环境影响评价审批、项目节能评估和审查、施工许可或者开工报告批复等。

二是项目建设实施阶段。项目单位要按照项目前期审核批复内容及要求，依法组织项目建设实施，并加强工程质量和安全管理。政府主管部门加强项目建设实施全过程监管，大力推行项目法人责任制、招标投标制、工程监理制、合同管理制等。

三是项目竣工投产阶段。项目单位依法组织项目竣工验收并加强项目运营管理。政府主管部门进行项目竣工验收备案管理、积极推行政府投资项目后评价制度。

按照现行的项目基本建设程序管理规定，项目基本建设程序管理可分为两类：一类是政府投资项目的基本建设程序管理；一类是企事业单位投资项目的基本建设程序管理。两类项目基本建设程序基本一致，但政府主管部门管理的重点和具体要求有所区别。

2. 政府投资项目基本建设程序管理

属于政府投资的项目包括：（1）各级政府使用政府性资金对项目进行直接投资或资本金注入的项目；（2）各级政府使用政府性资金对项目进行投资补助或贴息的项目，并且补助或贴息资金占总投资的比例超过 50% 的项目。

（1）项目前期工作阶段

①项目立项批复：项目单位编制项目建议书，对项目建设的必要性、拟建地点、拟建规模、投资估算、资金筹措以及经济效益和社会效益进行初步分析，并附相关文件资料向发展改革部门申请立项批复。各级发展改革部门按权限审查，对符合要求的做出立项批复。需要注意的是：根据项目的不同特点和实际情况，项目审批部门可以简化项目立项批复程序，对项目建议书和可行性研究报告进行合并审批。

②项目可研批复：项目建议书批准后，项目单位应委托相应资质的工程咨询机构编制可行性研究报告，并附相关文件资料向发展改革部门申请可研批复。各级发展改革部门按权限审查，对符合要求的做出可研批复。经批准的可研报告是确定建设项目、进行初步设计的依据。

③项目初设批复：可行性研究报告经批准后，项目单位应当选择具有相应资质的设计单位，依照批准的可行性研究报告进行初步设计，并附相关文件资料向各行业建设行政主管部门申请初设批复。各级建设行政主管部门会同发展改革部门、相关行业主管部门

按权限审查，对符合要求的做出初设批复。需要注意的是：项目初设审查包括初步设计概算审查，各级发展改革部门在初步设计审查中的重点就是负责项目概算审查。同时，按照国家《政府投资条例》（征求意见稿），概算总投资超过可行性研究报告审定的估算总投资百分之十的，或者建设单位、建设性质、建设地点、建设规模、工艺技术方案发生重大变更的，应当按规定报原可行性研究报告审批部门批准。

④项目选址与规划许可手续：按照《中华人民共和国城乡规划法》、《国务院办公厅关于加强和改进城乡规划工作的通知》（国办发〔2000〕25号）等规定，由市、县人民政府城市规划行政主管部门核发。

⑤项目用地批准手续：根据国土资源部令第27号《建设项目用地预审管理办法》，需人民政府或有批准权的人民政府发展和改革等部门审批的建设项目，项目用地预审手续由该人民政府的国土资源管理部门受理。同时，建设项目还应依法取得国有土地使用证书（或国有土地划拨决定书或有权机关批准的建设用地批准文件）。

⑥项目环评批复手续：按照《中华人民共和国环境影响评价法》（2003年9月1日）、《建设项目环境保护管理条例》等规定，由各级环保部门受理。

⑦项目节能评估和审查手续：按照《中华人民共和国节约能源法》、《国务院关于加强节能工作的决定》规定，由各级发展改革部门受理。

⑧项目施工许可手续：按照《中华人民共和国建筑法》，由项目所在地市、县人民政府城乡规划建设部门受理。

（2）项目建设实施阶段

为加强项目建设实施管理，我国在投资建设过程中积极引入市场竞争机制，大力推行项目法人责任制、招标投标制、工程监理制、合同管理制等。其中：

①项目法人责任制：按照国家发展改革委《关于实行建设项目法人责任制的暂行规定》，国有单位经营性基本建设大中型项目在项目建议书被批准后应及时组建项目法人。项目法人对项目的策划、筹资、建设、经营、偿债和资产的保值增值，实行全过程负责。由于政府投资的项目大多数都不是经营性项目，特别是社会事业项目，所以多数项目并不需要新组建项目法人，通常都由项目建设单位履行项目法人的相关职责。

②招标投标制：主要是指工程建设项目按照公布的条件，通过公开、公平的竞争，以招标投标方式确定勘察、设计、施工、监理等单位和提供材料、设备的厂商。按照《中华人民共和国招标投标法》等规定，建设项目招投标应向发展改革部门提出招投标事项核准申请，按照发展改革部门核准要求由项目单位自行组织或委托代理机构组织项目招标投标活动。

③工程监理制：根据《中华人民共和国建筑法》、《中华人民共和国行政许可法》、《建设工程质量管理条例》，实行监理的建设工程，由建设单位依法委托具有相应资质条件的工程监理企业实施管理，建设单位与其委托的工程监理单位应当订立书面委托监理合同。

④合同管理制：建设工程合同包括工程勘察、设计、施工等合同。进行合同管理就是指建设单位应与勘察、设计、施工、工程监理等单位依法签订合同，通过合同规范双方的权利和义务。

（3）项目竣工投产阶段

①工程竣工验收：按照建设部关于《房屋建筑和市政基础设施工程竣工验收备案管理办法》，项目竣工验收由项目建设单位组织勘察、设计、施工、工程监理等单位进行，同时应将上述单位签署的质量合格文件及验收人员签署的竣工验收原始文件，以及规划、环保、消防等部门出具的认可或证明文件向工程所在地县级以上地方人民政府建设主管部门备案。

②项目后评价管理：为加强和改进政府投资项目的管理，提高政府投资决策水平和投资效益，国家积极推行项目后评价制度。各级发展和改革部门可根据政府投资项目实际情况，选择部分项目开展后评价工作。在项目建设完成并投入使用或运营一定时间后，对照项目可行性研究报告及审批文件的主要内容，与项目建成后所达到的实际效果进行对比分析，找出差距及原因，总结经验教训，提出相应对策建议，以不断提高投资决策水平和投资效益。根据需要，也可以针对项目建设的某一问题进行专题评价。

3. 企事业单位投资的项目基本建设程序管理

除去政府投资的项目就是企事业单位投资的项目。企事业单位投资的项目也可申请政府性资金，但政府性资金安排方式必须是投资补助或贴息，并且资金额度不在政府投资项目规定范围之内。企事业单位投资的项目在项目建设实施阶段和项目竣工投产阶段的管理规定与政府投资项目基本一致，在项目前期工作阶段的基本建设程序管理有所区别，具体如下：

（1）项目核准：项目建设单位委托具备工程咨询资格的机构编制项目核准申请报告，并附相关文件资料向发展改革部门提出项目核准申请。各级发展改革部门按权限审查，对符合要求的做出项目核准批复。

（2）项目资金申请报告：如果企事业单位投资的项目需要申请政府性资金补助或贴息，那么项目单位应向发展改革部门提出项目资金申请报告。项目资金申请报告应当包括项目单位的基本情况、建设项目的基本情况、申请资金的主要原因、有关建设资金的落实情况等内容。为简化资金申报程序，如果项目核准部门和政府性资金安排部门为同一个部门，那么项目单位在申请项目核准时，可一并提出项目资金申请。

（3）企事业单位投资的项目也需要履行项目选址与规划许可手续、项目用地批准手续、项目环评批复手续、项目节能评估和审查手续、项目施工许可手续等，相关要求与政府投资项目一致。

4.3.2 附属项目建设管理

作为附属项目的低碳生态市政基础设施，除其主体项目按照基本建设管理程序进行管理外，还应在主体项目建设过程中明确附属低碳生态市政基础设施建设要求。具体如下：

1. 土地出让和招拍挂阶段

根据国土资源部《招标拍卖挂牌出让国有土地使用权规定》，商业、旅游、娱乐和商品住宅用地等各类经营性用地，必须以招标、拍卖或者挂牌方式出让。规划国土部门应根据已审批的近期建设规划年度实施计划，制定招拍挂出让用地条件，出具规划选址许可、建设用地方案图和规划许可相关文件，明确土地的位置、面积、用途和规划设计要求。

在招拍挂地块的预申报过程中，规划国土部门应在规划设计要求中说明是否需开展低碳生态市政基础设施建设。对于适宜开展低碳生态市政建设的用地，应在土地出让公告或合同中增加低碳生态市政建设的出让条件及控制要求。

对于其他不参与招拍挂出让的土地，同样应由规划国土部门明确是否需开展低碳生态市政建设，并写入土地出让协议。

2. 项目规划选址阶段

建设项目规划选址许可是指规划国土部门依据城市规划并结合建设项目申请要求，依法提出规划选址意见，包括建设项目名称、用地位置、用地性质、用地暂定规模、用地暂定范围和其他相关要求。对于符合行政许可条件的建设项目，依法核发《建设项目选址意见书》。取得《建设项目选址意见书》后，申请人方可申请办理建设用地预审报告书、项目建议书批复或建设项目可研报告批准文件及环评报告书批准文件等。

在项目规划选址阶段，应根据地块位置、现状情况、发展定位和相关规划研究等因素，将是否开展低碳生态市政建设作为审核要点的一项，写入《建设项目选址意见书》。

3. 用地规划许可阶段

建设用地规划许可是城市规划和城市设计成果在城市空间中落实的最核心控制程序，在进行行政许可时，应将法定图则、详细蓝图和城市设计的主要控制要点在《建设用地规划许可证》及其附属文件中予以充分表达。

在用地规划许可阶段，按用地性质和资源条件告知低碳生态市政的控制指标及设计指引，并落实相应的低碳生态市政技术，纳入《建设用地规划许可证》及附属文件。

4. 工程规划许可阶段

建设工程规划许可包括核发《建筑工程桩基础提前开工证明书》和核发新建、改建、扩建建设工程《建设工程规划许可证》。其中核发《建设工程规划许可证》是建筑设计管理的最后环节，设计单位提交的施工图设计文件经审图机构审查通过后，规划国土部门负责对其进行规划核准，经复核符合《建设用地规划许可证》及方案设计、初步设计审批意见要求的，予以核发《建设工程规划许可证》。

建设单位在取得《建设用地规划许可证》后，在方案设计和施工图设计中均应增加低碳生态市政专篇，根据低碳生态市政控制指标和设计指引要求进行设计，审图单位按国家及地方制定的相关规范专章审查低碳生态市政设施，并明确其是否达到规划要求。

5. 项目竣工验收审查阶段

建设工程竣工后，建设单位应向规划国土部门申请规划验收。验收的目的是为了检查竣工的建设工程是否符合规划要求。建设工程经验收合格的，由规划主管部门核发《建设工程规划验收合格证》，未经验收或验收不合格的，不予发放《规划验收合格证》，不得投入使用。

在规划验收阶段，申请人提交的资料应包含低碳生态市政相关图纸，规划国土部门验收时应将是否符合低碳生态市政相关施工图设计图纸作为工程规划验收的内容之一，能够符合的，方能核发验收合格证。

4.4 建设运营模式

4.4.1 国内外城市基础设施建设运营模式发展概况 [186]

在西方发达国家，城市基础设施的融资、建设和管理基本上采用是混合型的管理体制，即国有与私有并存。20世纪70年代末之前，是西方发达国家城市基础设施的国有化时期，多数国家对城市基础设施进行了国有化改革。到70年代，西方发达国家国有化达到高峰，各国基础设施投融资占全国投融资的比重不断提高。80年代初，两次石油危机使许多国家经济停滞不前，财政赤字剧增，社会各界急切地要求政府缩小庞大的行政管理部门，特别强调在具有自然垄断性的基础设施产业中重视运用市场竞争，提高企业的经营效率。80年代后期，西方发达国家在基础设施建设项目融资方面，经济及法律手段开始日趋成熟，基础设施筹资运作比较规范、政策透明度较高、政府对项目融资（尤其是BOT投资）模式管理相对完善；另外，在基础设施项目的融资上，发达国家开始有多元化的参与主体，从而使得基础设施项目融资的整体结构更加合理，融资的风险得到有效的分散。90年代以来，美英等发达国家对电信、电力、交通运输、煤气和自来水供应等基础设施产业实行了重大政府监管的体制改革，广泛采用了项目融资方式，项目融资方式逐渐成熟、完善，具体而言，主要有BOT、TOT、ABS、PPP等模式。

自20世纪70年代末80年代初英国的基础设施运营改革开始，世界范围内不同国家在不同时期采取了各类手段进行改革，形成了具有不同特色的基础设施运营模式。英美模式主要为政府通过将收益性项目与基础设施运营项目捆绑的方式，利用收益性项目为城市基础设施运营企业提供收益来源，形成了一套管理基础设施运营的体系，其特点为：第一、使竞争无处不在；第二、制定详细的短期合同；第三、建立一套监督控制机构，以使合同的内容得以执行。法国模式是依托于市镇当局和私营大企业两者所形成的二元机制，主要采取专营管理模式、合营管理模式和私营管理模式等三种形式 [187]，并以私人管理为主。

我国城市基础设施建设运营模式在改革开放之前主要采用计划经济体制下财政主导型融资方式，随着基础设施建设需求的不断加大，仅靠政府的财力已不可能独自负担耗资巨大的基础设施建设项目，也无力继续维持庞大的政策性亏损补贴支出，财政融资逐渐成为一种僵化的模式，越来越不适应基础设施建设融资的客观规律和经济发展的要求 [188]。随着改革开放进程，我国城市基础设施建设运营模式也进行了一系列的改革：20世纪80年代中期到90年代初期属于起步阶段，主要以举债机制为重点，引进外资，扩大投资规模，但政府作为单一的投资主体、国有企业垄断经营的格局并未改变，民营资金参与投资和经营的范围还相当小，随着城市建设步伐的加快，城市交通基础设施资金短缺的问题变得比较尖锐 [189]；90年代中期进入第二个阶段，主要特点是以土地批租为主，大规模的发掘资源性资金，虽然由于经验不足，具体操作上还显得不够成熟，但是我国政府大胆尝试打破了城市基础设施建设的传统思路，发展了基础设施建设民营化运作的新思路；90 年代后期至今，我国的城市基础设施运营模式改革进入了以资产运作为重点、用民营化方式吸引各方投资的第三个阶段。这期间，我国的建设资金来源逐渐趋于稳定，主要有以下方式：政府财政投入、各项市政设施的规定收费、土地批租、银行信贷、发行建设债券、证券市场融资、专营权转让和国内外直接投资等[190]。在过去的十多年来，民营化为我国城市基础设施建设注入了源源不断的活力，实现了城市基础设施多元融资的格局，一定程度的打破了政府垄断，由此降低了管理成本，进一步完善了法人治理结构，但从我国城市基础设施运营现状和城市定位以及城市发展对基础设施运营模式进一步改革的需求和市场化、民营化发展对政府监管等方面的改进来看，我国基础设施运营的发展还有较长的路要走。

4.4.2　常见的城市基础设施建设运营模式

1.BOT 模式

BOT 是英文 Build — Operate — Transfer 的缩写，通常直译为"建设—经营—转让"。BOT 实质上是基础设施投资、建设和经营的一种方式，以政府和私人机构之间达成协议为前提，由政府向私人机构颁布特许，允许其在一定时期内筹集资金建设某一基础设施并管理和经营该设施及其相应的产品与服务，具体流程见图 4-4。

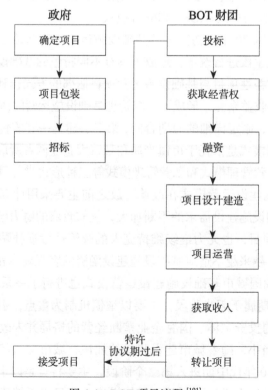

图 4-4　BOT 项目流程[191]

BOT 具有市场机制和政府干预相结合的混合经济的特色[192]。一方面，BOT 能够保持市场机制发挥作用。BOT 项目的大部分经济行为都在市场上进行，政府以招标方式确定项目公司的做法本身也包含了竞争机制。作为可靠的市场主体的私人机构是 BOT 模式的行为主体，在特许期内对所建工程项目具有完备的产权。这样，承担 BOT 项目的私人机构在 BOT 项目的实施过程中的行为完全符合经济人假设。另一方面，BOT 为政府干预提供了有效的途径，这就是和私人机构达成的有关 BOT 的协议。尽管 BOT 协议的执行全部由项目公司负责，但政府自始至终都拥有对该项目的控制权。在立项、招标、谈判三个阶段，政府的意愿起着决定性的作用。在履约阶段，政府又具有监督检查的权力，项目经营中价格的制订也受到政府的约束，政府还可以通过通用的 BOT 法来约束 BOT 项目公司的行为。

2.TOT 模式

TOT 是英文 Transfer-Operate-Transfer 的缩写，即移交—经营—移交。TOT 方式是国际上较为流行的一种项目融资方式，通常是指政府部门或国有企业将建设好的项目的一定期限的产权或经营权，有偿转让给投资人，由其进行运营管理；投资人在约定的期限内通过经营收回全部投资并得到合理的回报，双方合约期满之后，投资人再将该项目交还政府部门或原企业的一种融资方式。这种融资方式由政府先建成项目再转交投资商经营，可以有效避免 BOT 模式中存在于工程施工过程中的各种风险，其优势显而易见，适用于较广的范围。其运作结构如图 4-5 所示。

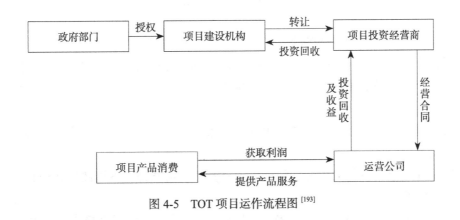

图 4-5　TOT 项目运作流程图[193]

和其他融资方式相比，TOT 项目融资方式有其独特的优势，这些优势主要体现在：

①与 BOT 项目融资方式相比，省去了建设环节，使项目经营者免去了建设阶段风险，使项目接手后就有收益。另一方面，由于项目收益已步入正常运转阶段，使得项目经营者通过把经营收益权向金融机构提供质押担保方式再融资，变得相对便捷。

②与向银行和其他金融机构借款融资方式比较，出资者直接参与项目经营，由于利益驱动，其经营风险自然会控制在其所能承受的范围内。

③与合资、合作融资方式比较，其经营主体一般只有一个，合同期内经营风险和经营利益全部由经营者承担，这样，在企业内部决策效率和内部指挥协调工作相对容易开展。

④与融资租赁方式比较，省去了设备采购和建设安装环节，其采购设备调试风险和建设安装风险已由项目所有者承担。合同约定的标的交付后，经营者即可进入正常经营阶段，获取经营收益。

⑤与其他土地开发权作为补偿方式比较，省去了建设环节风险和政策不确定性因素风险，其运作方式对项目所有者和经营者都有益处。

3.ABS 模式

ABS（Asset-Backed-Security）模式，即资产证券化，是以项目所属的资产为支撑的证券化融资方式，即以项目所拥有的资产为基础，以项目资产可以带来的预期收益为保证，通过在资本市场发行债券来募集资金的一种项目融资方式。其运作结构如图 4-6 所示。

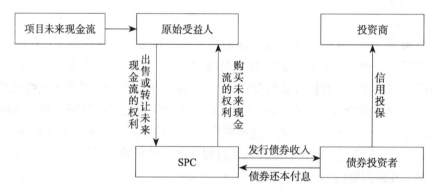

图 4-6　ABS 项目运作流程图

ABS 融资作为一种独具特色的筹资方式，其作用主要体现在：

①项目筹资者仅以项目资产承担有限责任，可以避免筹资者的其他资产受到追索；

②通过在国际证券市场上发行债券筹资，不但可以降低筹资成本，而且可以大规模地筹集资金；

③由于国际证券市场发行的债券由众多的投资者购买，因此可分散、转移筹资者和投资者的风险；

④国际证券市场发行的债券，到期以项目资产收益偿还，本国政府和项目融资公司不承担任何债务；

⑤由于有项目资产的未来收益作为固定回报，投资者可不直接参与工程的建设与经营。

4. 土地经营融资模式 [194]

该模式是指政府通过盘活"土地"这块国有资产大蛋糕来筹措资金，即经营土地。有效经营土地的条件是建立完善土地开发经营管理机制。

首先，市、县人民政府应成立城市土地开发经营协调小组，负责对城市土地开发经营的重大问题进行组织协调和决策。坚持政府高度垄断土地一级市场。强化政府对土地一级市场的宏观管理，推行"统一规划、统一征地、统一开发、统一供应、统一管理"的五统一制度，明晰城市土地产权关系，形成规范、有序的土地市场秩序，为全面实行城市国有土地资本运营奠定良好基础。

其次，切实做好土地储备。政府要设立土地储备中心，具体负责土地收购和储备工作。在市中心区和即将开发的新区划定土地储备控制区，储备具有升值潜力的土地。做到"一个渠道进水，一个池子蓄水，一个龙头放水"，形成"政府主导型"的土地储备制度，建立起适应市场经济发展需要、以土地供应调节和规范建设用地需求的新机制，为全面实行城市土地经营打好基础。对新增的建设用地和需零星配置的存量建设用地都要统一纳入储备中心，搞好前期开发，通过不断优化城市投资环境，提高土地配置水平，促进土地增值，由"生地"变为"熟地"后有计划地向社会供应，以提高经营效益，最大化地显现土地资产。

再次，规划部门要超前编制城市规划，国土资源部门负责土地收购、储备和招标、拍卖；建设部门负责生地变熟地的开发和基础设施配套，财政部门要从资金上给予支持，并加强对土地收益的监管，按合同规定及时将土地出让金和收益缴入财政专户；按照国家有关规定需经计划部门批准的，应报计划部门批准，并纳入年度固定资产投资计划。

最后，规划、土地、建设、计划、财政等有关部门，要密切配合，通过土地的市场经营，筹集更多的资金，加快城市基础设施建设。大力推行土地公开竞价出让。要加快培育和完善土地交易市场，实行公司竞价出让土地制度，进一步扩大土地有偿使用范围，发挥市场在土地资源配置中的主导作用，形成公开、公平、公正的市场竞争格局。土地经营的融资模式主要依托于土地储备与开发，因此要了解土地经营融资模式，关键在于明确土地储备、开发的流程，如图 4-7 所示。

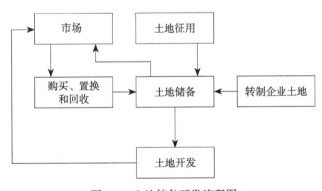

图 4-7　土地储备开发流程图

5.PPP 模式

PPP（Public—Private—Partnership）模式，是指政府和社会资本合作模式，是在基础设施及公共服务领域建立的一种长期合作关系。通常模式是由社会资本承担设计、建设、运营、维护基础设施的大部分工作，并通过"使用者付费"及必要的"政府付费"获得合理投资回报；政府部门负责基础设施及公共服务价格和质量监管，以保证公共利益最大化。PPP 模式主要适用于政府负有提供责任又适宜市场化运作的公共服务、基础设施类项目，燃气、供电、供水、供热、污水及垃圾处理等市政设施，公路、铁路、机场、城市轨道交通等交通设施，医疗、旅游、教育培训、健康养老等公共服务项目，以及水利、资源环境和生态保护等项目均可推行PPP模式。上述TOT、BOT模式均为经典的PPP模式。

近年来，我国地方政府融资平台面临整顿、土地财政难以为继、地方债务亟须化解、社会资本投资门槛居高不下、公共供给效率低下，加上新型城镇化发展需求旺盛，在上述背景下，PPP模式在我国处于方兴未艾的阶段，国务院、财政部、发展改革委连续发文推动政府和社会资本合作。发展改革委发布的相关政策文件主要有：2014年5月发布《关于发布首批基础设施等领域鼓励社会投资项目的通知》（发改基础〔2014〕981号）；2014年12月发布《关于开展政府和社会资本合作的指导意见》（发改投资〔2014〕2724号）——政府和社会资本合作项目通用合同指南；2016年10月发布《传统基础设施领域实施政府和社会资本合作项目工作导则》（发改投资〔2016〕2231号）；2016年12月发布《国家发展改革委、中国证监会关于推进传统基础设施领域政府和社会资本合作（PPP）项目资产证券化相关工作的通知》（发改投资〔2016〕2698号）。财政部发布的相关政策文件主要有：2014年9月发布《关于推广运用政府和社会资本合作模式有关问题的通知》（财金〔2014〕76号）；2014年11月印发《政府和社会资本合作模式操作指南（试行）》（财金〔2014〕113号）；2014年12月发布《关于规范政府和社会资本合作合同管理工作的通知》（财金〔2014〕156号）——PPP项目合同指南（试行）；2014年12月印发《政府和社会资本合作项目政府采购管理办法》（财库〔2014〕215号）；2015年4月印发《政府和社会资本合作项目财政承受能力论证指引》（财金〔2015〕21号）；2015年12月印发《PPP物有所值评价指引（试行）》（财金〔2015〕167号）；2016年9月印发《政府和社会资本合作项目财政管理暂行办法》（财金〔2016〕92号）。

财政部《政府和社会资本合作操作指南》覆盖了PPP项目的全生命周期，对PPP项目的设计、融资、建造、运营、维护至终止移交的各环节操作流程进行了全方位规范，其操作流程如图4-8所示。

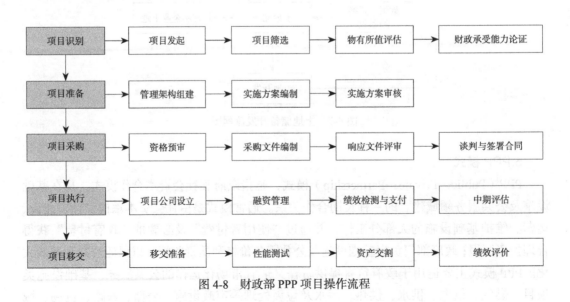

图4-8　财政部PPP项目操作流程

2016年10月，国家发展改革委《传统基础设施领域实施政府和社会资本合作项目工作导则》（发改投资〔2016〕2231号）中对传统基础设施领域的PPP项目前期流程做了进一步的梳理，遵循图4-9所示的项目流程。

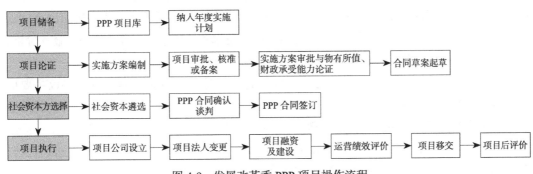

图4-9　发展改革委PPP项目操作流程

4.4.3　PPP模式管控要点与案例

同其他城市基础设施一样，资金来源、运行效率、服务质量是低碳生态市政基础设施面临的重要问题，选择合适的建设运营模式有助于解决上述问题。

PPP模式是城市基础设施建设运营模式的发展方向。住房城乡建设部、国家发展改革委发布的《全国城市市政基础设施建设"十三五"规划》提出，要大力推广政府和社会资本合作（PPP），充分发挥市场机制决定性作用，形成政府投资和社会资本的有效合力，城市政府通过规划确定发展目标、任务和建设需求，采取公开招标、邀请招标、竞争性谈判等方式竞争择优选择社会资本合作伙伴，通过合同管理、绩效考核、按效付费，实现全产业链和项目全生命周期的PPP合作，积极引导社会资本有序参与城市市政基础设施建设、运行维护和服务，提高市政公用领域的投资效率和服务质量。

从财政部和发展改革委PPP项目统计数据来看，市政工程项目是PPP项目库最主要的组成部分：截至2016年12月，财政部PPP项目库全国入库项目11260个，总投资13.5万亿元，其中市政工程项目3998个，占总个数的35%；截至2017年2月，发展改革委PPP项目库全国入库项目15966个，总投资15.9万亿元，其中市政工程项目8838个，占总个数的55%。由此可见，PPP模式是市政工程项目重要的建设运营模式。

1.管控要点 [172]

推广PPP模式有助于提高公共服务效率，为社会资本提供更多投资机会；也有助于政府转变职能，建设法治政府、服务政府。通过PPP模式引入社会资本方，并不意味着政府提供公共服务责任的完全转移，政府不能当"甩手掌柜"。因此，必须对PPP项目库进行动态管理，规范项目运作方式，推动项目签约落地，促进PPP项目在低碳生态市政基础设施建设领域的稳步推进。

（1）做好项目前期论证。按照低碳生态市政基础设施相关规划和城市近期建设计划筛选适宜的PPP项目，强化项目前期策划和论证，做好信息公开。委托有一定业绩和能力的设计或咨询机构编制实施方案。地方政府组织有关部门、咨询机构、运营和技术服务单位、相关专家以及各利益相关方共同对项目实施方案进行充分论证，确保项目的可行性和可操作性，以及项目财务的可持续性。实施方案须经地方政府审批后组织实施。

（2）通过竞争机制选择合作伙伴。城市政府应及时将项目内容，以及对合作伙伴的要求、绩效评价标准等信息向社会公布，确保各类市场主体平等参与竞争；按照国家和地方政府出台的招标投标法规制度，综合经营业绩、技术和管理水平、资金实力、服务价格、信誉等因素，择优选择合作伙伴。

（3）签订特许经营协议。政府必须与中选合作伙伴签署特许经营协议，协议主要应包括：项目名称、内容；范围、期限、经营方式；产品或者服务的数量、质量和标准；服务费标准及调整机制；特许经营期内政府与特许经营者的权利和义务，履约担保；特许经营期满后项目移交的方式、程序及验收标准；项目终止的条件、流程和终止补偿；违约责任；争议解决方式等内容；以及其他需要约定的事项。

（4）筹组项目公司。中选合作伙伴可依合同、按现代企业制度的要求筹组项目公司，由项目公司负责按合同进行设计、融资、建设、运营等；项目公司独立承担债务，自主经营、自负盈亏，在合同经营期内享有项目经营权，并按合同规定保证资产完好；项目公司的经营权未经政府允许不得私自转让。项目形成的固定资产所有权在合同期满后必须无偿移交政府。

（5）做好项目监管。由于PPP项目具有一次性、长期性和不完备契约性等特点，基于社会资本的逐利性，PPP项目建设和运营将面临更多更复杂的风险，因此，低碳生态市政基础设施建设PPP项目的发展离不开完善的PPP项目监督体系。PPP项目监管是监管机构运用行政、法律、法规、经济等手段，发挥政府和公众等利益相关者的监管职责，对PPP项目的建设和运营进行监管，以保证公用事业和基础设施的顺利实施以及公共产品的质量和服务效率。一是要建立高效的PPP项目政府监管机构，确保项目监管的有效性和统一性；二是要建立健全的PPP项目政策法规体系，包括宏观层面与微观层面的政策法规体系，宏观与微观相结合，互相补充；三是要完善社会监督体系，包括PPP项目公众投诉及建议平台和PPP项目听证会制度，从而体现公众作为项目利益相关者参与项目的公平性和公正性。

2. 案例借鉴——苏州垃圾焚烧发电项目 [195]

（1）项目概况

苏州市垃圾焚烧发电项目由一、二、三期工程组成，总投资超过18亿元人民币，设计日处理规模为3550t，年焚烧生活垃圾150万t，上网电量4亿度，是目前国内已经投运的最大的生活垃圾焚烧发电厂之一。项目采用国际先进的机械炉排技术，焚烧炉、烟气净化系统、自动控制、在线检测等关键设备均采用国际知名公司成熟产品，烟气排放指标全面达到欧盟2000标准，二噁英排放小于0.1纳克毒性当量每立方米。

为配套焚烧厂的建设，苏州市政府与光大国际采取BOT方式，先后建成了沼气发电、危险废弃物安全处置中心、垃圾渗滤液处置等项目。同时，在政府的主导下，餐厨垃圾处理等其他固体废弃物处置项目也相继落户该区域内。这些项目相互配套形成了一定的集约效应和循环效应。

2006 年 7 月，苏州垃圾焚烧发电一期项目建成并正式投运，苏州市生活垃圾处置格局由传统的、单一的填埋处置形式，转变为"填埋为主、焚烧为辅"的形式；2008 年 2 月，垃圾焚烧二期项目开工建设，并于 2009 年 5 月建成投运，苏州市生活垃圾处理实现了"焚烧为主、填埋为辅"；2011 年 9 月，三期工程建设，并于 2013 年 1 月投入商业运行，至此苏州市生活垃圾基本实现"全焚烧、零填埋"。

截止 2014 年底，苏州垃圾焚烧发电项目累计已处理生活垃圾 761.91 万 t，上网电量 19.39 亿 kWh，相当于节约标煤 111.97 万 t，减排二氧化碳 255 万 t。

（2）运作模式

各方主体。项目合作双方分别为苏州市政府和光大国际。选择光大国际作为合作者的考虑主要是其"中央企业、外资企业、上市公司、实业公司"的四重身份，具备较强的项目实施能力。项目由苏州市市政公用局代表市政府签约；光大国际方面由江苏苏能垃圾发电有限公司（后更名光大环保能源（苏州）有限公司）签约。由苏州市市政公用局代表市政府授权该公司负责项目的投资、建设、运营、维护和移交。双方签订《苏州市垃圾处理服务特许权协议》，并于 2006、2007、2009 等年度分别据其中具体条款变更事项签订补充协议。

合作机制。项目分三期采用 BOT 方式建设，其中一期工程项目特许经营期为 25.5 年（含建设期），二期工程特许经营期 23 年，三期工程设定建设期两年，并将整体项目合作期延长 3 年，至 2032 年。

监管体系。主要包括三方面：首先，项目所在地镇政府对产业园相关项目进行长期驻厂监管，并在厂内分别设有办公地点，对烟气、炉渣、飞灰等处置情况进行监管；相关职能部门成立的监管中心，有专人 24 小时联网监督重要的生产数据。其次，垃圾焚烧发电项目的所有烟气排放均已实现在线公布，通过厂门口 60m² 的电子显示屏向公众公示；且所有环保数据第一时间通过网络传输到环卫处监管中心、区、市环保局，实现了政府对运行的实时监管。第三，政府部门每年两次委托市级以上政府环保监测机构对项目开展定期及不定期的常规烟气检测及二噁英检测，企业每年两次委托第三方对各项环境指标进行检测，确保项目运行中的环境安全。

（3）社会资本收益机制

项目依靠经营净现金流收回投资、获得收益。项目收入主要有两部分构成：一是垃圾处理费。双方最初约定项目基期每吨垃圾处理费为 90 元，当年垃圾处理费在基期处理费基础上，按照江苏省统计局公布的居民消费品价格指数 CPI（累计变动 3% 情况下）进行调整。后由于住房城乡建设部调整城市垃圾处理收费标准、新建项目投运办法的原因，双方于 2006 年及之后多次签订补充协议，进行调整。二是上网电价。上网电价部分执行有关标准，一期工程为 0.575 元 / 度，二、三期工程为 0.636 元 / 度。项目公司除负担正常经营支出外，还需要负担苏州市部分节能环保宣传费用。

（4）借鉴价值

该项目实质是围绕城市垃圾处理的一个项目群。由于各个子项内容具有较强的关联性，通过整合实施，达到了优于各子项单独实施的规模经济效益。

整合实施项目。垃圾处理包括多个相对独立的环节，以垃圾焚烧发电为核心，将各种垃圾的集中处理，炉渣、渗滤液、飞灰等危险废物处理等环节有效整合，形成了一体化的项目群，有效提高了项目推进效率，同时实现了对不同项目收益的综合平衡，达到了整体效果最优。各种废物在园区范围内均得到有效治理，生活垃圾焚烧产生的热量已向园区周边的一个用户供热，形成区内资源与外界的资源整合，提高能源综合利用程度。

坚持以人为本。积极打造花园式环境并加大环保处理设施投入，严防二次污染，并与周边居民进行交流互动。在接受监督的同时，从当地居民对环境质量的要求出发进行生态修复以提高区域内的环境友好性。园区建设以来，原有的脏乱差现象有了极大的改善，区域内的宜居程度得到了大幅度的提高，体现了造福于民的宗旨。

严密的项目监督体系。项目建立了较为严格的监督制度，所在地镇政府对产业园相关项目进行长期驻厂监管专人 24 小时联网监督重要的生产数据；所有烟气排放均已实现在线公众公示；政府实时监管，项目还引入第三方对环境各项指标检测，确保项目运行中的环境安全，如由省环境监测站对二噁英每年共检测四次等。

各方利益统筹兼顾。项目建设本着优化废物综合利用网络，从废物产生、收集、输送到转化处理各个技术环节进行全过程优化，以实现经济、社会、环境效益的最大化为目标，制定两个兼顾原则：从时间上，兼顾近期和远期；在空间上，兼顾当地和周边地区，以吴中区为核心，辐射范围至苏州市域乃至长三角地区。

4.5 激励机制探索

低碳生态市政基础设施是低碳生态城市的重要组成部分，由于建设理念先进、规划设计复杂、产业发展滞后，其建设成本相对较高。同时，低碳生态市政基础设施往往具有外部经济性，仅通过市场调节机制推动低碳生态市政基础设施的发展无法实现社会福利最大化，需要国家制定相应的激励政策来平衡各方主体的经济利益，最大化社会效益，从而不断推动低碳生态市政基础设施的发展。

4.5.1 国内外相关经验借鉴

1. 日本北九州生态城

日本北九州生态城是以实现循环型社会、实现废弃物零排放为主要内容的生态城市建设，其通过创建废弃物及能源循环系统、建设多功能核心设施，将残留物及其他废弃物转化为生态城所需的电力和热能，从而真正实现零排放。

为推动北九州生态城的建设，日本政府给予循环经济园区内的企业 50% 的投资补偿，地方政府给予 10% 的投资补偿，园区内的土地由政府统一购买长期租给企业，以此鼓励园区内环保产业发展。

2. 卡伦堡生态工业园

丹麦卡伦堡是目前全球生态工业园中的典型代表之一。该生态园以 5 家企业为核心，通过贸易方式利用对方生产过程中产生的废弃物与副产品，形成了经济发展与环境保护的良性循环。卡伦堡生态工业园是在丹麦的具体制度背景、卡伦堡地区的特定资源和企业背景下产生的，其建设和运行得到了国家政策的大力支持。

第一，政府对于污染排放实行强制执行的高收费政策，迫使污染物排放成为成本要素；与此同时，对于减少污染排放则给予利益激励。例如，对于各种污染废弃物按照数量征收废弃物排放税，而且排放税随着排放量的提高而逐步提高，以此迫使企业少排放污染物。为了防止企业规避废弃物排放税而给社会造成巨大的危害，对于危险废弃物免征排放税，采取申报制度，由政府组织专门机构进行处理。

第二，卡伦堡生态工业园对废水回用进行激励。卡伦堡地区水资源缺乏，地下水很昂贵，发电厂的冷却水若直接排放不仅会导致水资源供给短缺，而且还需交纳污水排放税。因此，企业主动与发电厂签订协议，利用发电厂产生的冷却水和余热。在卡伦堡，加工废水重新利用的成本相比缴纳污水排放税，可以节约 50% 的成本，相较于直接取用新地下水可以节约成本约 75%。

3. 雨水综合利用激励政策 [196]

雨水处理补贴政策。美国华盛顿设立了绿色屋顶专项基金，鼓励开发商将房顶建成绿地，每 1 平方英尺（约为 $0.09m^2$）新建或改造的屋顶绿地可获得 5 美元的补贴，这笔费用由市政府从征收的雨水费中支出。在日本等地对雨水综合利用措施的建设行为，根据雨水贮留设施的种类、大小给予不同比例的补助。

雨水处理奖励政策。韩国首尔市广津区城市建筑委员会制定了一项雨水利用激励性计划，对安装雨水收集利用系统的用户给予一定的支持与鼓励：业主可以根据其所安装的雨水收集利用系统的不同用途，获得比原来多 5% ~ 20% 不等的建筑面积。美国芝加哥市在绿色屋顶计划中，对于建筑屋顶上的建造绿化面积比例高于 50% 或者 $2000ft^2$（约为 $186m^2$）的开发商提供奖金。江苏宿迁市按照《宿迁市雨水收集利用项目建设验收办法》，对企业（单位）给予奖励，奖励经费从节水型城市创建经费中支出。

减免雨水排放费政策。美国在许多地区建立了雨水排放收费机制，以社区为单位进行规划并实施，不同地区的雨水排放费计算和管理各不相同。在奥兰多、伯灵顿等城市还设立了雨水公用设施费。这些城市雨水排放所需要支出的维护和管理费用，通过雨水公用设施费转移给财产所有者。雨水公共设施费对于许多行业和大型商业设施来说意味着增加了成本，但奖励雨水利用的机制也得到了同步实施。用户通过减小不透水地面积、采用雨水渗入和雨水污染处理等方式，可以获得显著的成本收益。在德国，若用户实施了雨水利用技术，国家将不再对用户征收雨水排放费（德国雨水排放和污水排放费用一样高，通常是自来水费的 1.5 倍左右）。

减免城市防洪费或其他费用。韩国 Kyoungki 省规定各城市可以根据当地的雨水利用情况制定法规来降低自来水费。在 Ei-wang 市、Paju 市和 Anyang 市，进行雨水收集利用的业主使用自来水的费用为原来的 65%。北京市《关于加强建设工程用地内雨水资源利用的暂行规定》提出"建设单位在建设区域内开发利用的雨水，不计入本单位的用水指标，且可自由出售。在规划市区、城镇地区等修建专用的雨水利用储水设施的单位和个人，可以申请减免防洪费"。

深圳市制定了《深圳市节约用水奖励办法》（深水规 [2017]1 号），对在节约用水工作中有突出贡献和成效的单位或者个人进行奖励（表 4-13）。节约用水奖励包括节水先进个人奖、节水型居民小区奖和节水型企业（单位）奖。单位或个人获得奖励的，由市水务部门授予荣誉证书，并按以下标准进行奖励：节水先进个人奖，按照最高 2000 元 / 人给予奖励；节水型居民小区奖，按照最高 50000/ 个给予奖励；节水型企业（单位）奖包括水量平衡测试奖励和节水效益奖励两部分，水量平衡测试奖励标准见下表，节水效益奖励按照节水量确定，每 1 立方米节水量奖励 5 元，最高奖励 50 万元，节水量根据相同生产生活规模下，单位用户达到节水型企业（单位）标准后与达标前 1 年同期 3 个月的实际用水量差额进行计算。奖励资金来源为纳入水务部门预算管理的节水专项资金。

深圳市节约用水奖励办法水量平衡测试奖励标准　　　　　表 4-13

年用水量（万 m³）	水量平衡测试最高奖励标准（万元）
0.5 ~ 5	8
6 ~ 10	10
11 ~ 20	12
21 ~ 30	14
31 ~ 50	16
51 ~ 80	18
81 ~ 120	20
121 ~ 200	23
201 ~ 300	25
> 300	30

4. 能源清洁高效利用激励政策

低碳市政能源清洁高效利用包括天然气分布式能源、区域供冷、冰蓄冷、太阳能利用、风能利用、水源热泵等方面，目前有关国家已针对太阳能利用、风能利用出台相关激励政策，包括立法、财政激励政策和间接市场政策三大类。

以色列早在 1980 年即颁布了强制安装太阳能热水器法令。该法令要求，任何高度低于 27m 的新建房屋必须安装太阳能热水系统。目前以色列住宅楼超过 80% 的屋顶都被太阳能集热器所覆盖，在政府的强制性政策的引导下，使用太阳能热水器已成为居民的自觉行为[197]。

西班牙的太阳能热水器强制安装政策经过了从地方法令到国家法令的过程。1999 年，巴塞罗那市实行太阳能城市法令，由于效果显著，西班牙以及欧洲其他国家的很多城市都纷纷效仿。至 2006 年，实施太阳能城市法令的城市人口数占到全国总人口数的 1/3。2006 年 3 月，西班牙颁布《国家建筑技术标准》，要求所有新建建筑必须安装太阳能热水器。该标准是强制实施的国家技术标准，适用于所有新建建筑和既有建筑的改造，自 2006 年 9 月实施。

2001 年 4 月 1 日，澳大利亚联邦政府开始实施强制性可再生能源目标，强制要求可再生能源电力消费量占一定的比例，可再生能源可获得可再生能源证书，并通过证书的交易获得补贴。根据折算公式，太阳能热水器产生的热量可折算成可再生能源证书，在交易市场上出售从而获得补贴。除了可再生能源证书，各个州还有自己的可再生能源激励项目，通过提供补助、减免税收等方式，为太阳能热水器用户发放补助，在昆士兰州每户补贴金额最高可达 750 澳元。

我国《能源法》也提出了若干激励措施，包括中央财政和省级地方财政安排节能专项资金，支持节能技术研究开发、节能技术和产品的示范与推广、重点节能工程的实施、节能宣传培训、信息服务和表彰奖励等；对生产、使用规定推广目录的需要支持的节能技术、节能产品，实行税收优惠等扶持政策，通过财政补贴支持节能照明器具等节能产品的推广和使用；引导金融机构增加对节能项目的信贷支持，为符合条件的节能技术研究开发、节能产品生产以及节能技术改造等项目提供优惠贷款等。

我国《可再生能源法》也提出了经济激励措施，明确国家财政设立可再生能源发展基金，用于补偿本电网企业收购可再生能源电量所发生的费用，高于按照常规能源发电平均上网电价计算所发生费用之间的差额以及国家投资或者补贴建设的公共可再生能源独立电力系统的销售电价，其合理的运行和管理费用超出销售电价的部分，并用于支持以下事项：（1）可再生能源开发利用的科学技术研究、标准制定和示范工程；（2）农村、牧区的可再生能源利用项目；（3）偏远地区和海岛可再生能源独立电力系统建设；（4）可再生能源的资源勘查、评价和相关信息系统建设；（5）促进可再生能源开发利用设备的本地化生产。同时，《可再生能源法》明确，对列入国家可再生能源产业发展指导目录、符合信贷条件的可再生能源开发利用项目，金融机构可以提供有财政贴息的优惠贷款；对列入可再生能源产业发展指导目录的项目给予税收优惠。

深圳市于 2009 年出台《深圳市新能源产业振兴发展政策》，自 2009 年起，连续 7 年，市高新技术重大项目专项资金、科技研发资金、技术进步资金每年各安排 1 亿元，市财政新增 2 亿元，每年集中 5 亿元，设立新能源产业发展专项资金，用于支持新能源产业发展。包括：鼓励我市企业、高等院校和科研机构积极承担新能源产业领域国家、省级研发及产业化项目，专项资金予以最高 1500 万元配套支持；在深圳设立符合规定条件的研发中心、工程实验室、重点实验室、工程中心、公共技术服务平台，专项资金给予最高 500 万元资助；企业、高等院校和科研机构承担国家工程实验室、国家重点实验室、国家工程中心建设任务，并在深圳实施的，专项资金给予最高 1500 万元配套支持；对本市企业自主创新新能源产品研发，专项资金给予最高 800 万元资助；新能源产业用房优先纳入创新型产业用房规划。经认定的本市新能源企业入驻政府投资建设的创新型产业用房，首 3 年予以 500m² 以下部分免房租、500 ~ 1000m² 部分房租减半资助；鼓励社会资本通过厂房改造、产业置换等方式,建设新能源产业孵化器。经认定的本市新能源产业孵化器,专项资金予以不高于建设成本 20% 的资助,单个孵化器资助金额不超过 1000 万元。

5. 废弃物减量循环激励政策

北京市 2012 年公布相关政策,每日就餐人员规模在 1000 人以上的党政机关、大专院校、国有企事业单位以及营业面积在 1000m² 以上具备条件的大型餐饮企业及餐饮服务集中的街区,均可自建餐厨垃圾处理设施,市级财政按定额标准分期给予补助。其中,建设日处理能力 200kg 项目的,市级财政补助 32 万元;建设日处理能力 500kg 项目的,市级财政补助 64.4 万元;建设日处理能力 2000kg 项目的,市级财政补助 134.6 万元。目前,已有 30 余家市属党政机关、学校,包括市委大院、市政府第二办公区、中国石油大学等食堂安装了餐厨垃圾就地处理设备 [198]。

为引导垃圾焚烧发电产业健康发展,促进资源节约和环境保护,国家发展改革委于 2012 年发布《国家发展改革委关于完善垃圾焚烧发电价格政策的通知》,通知明确,以生活垃圾为原料的垃圾焚烧发电项目,均先按其入厂垃圾处理量折算成上网电量进行结算,每 t 生活垃圾折算上网电量暂定为 280kWh,并执行全国统一垃圾发电标杆电价每千瓦时 0.65 元(含税);其余上网电量执行当地同类燃煤发电机组上网电价。

我国《循环经济促进法》提出,国务院和省、自治区、直辖市人民政府设立发展循环经济的有关专项资金,支持循环经济的科技研究开发、循环经济技术和产品的示范与推广、重大循环经济项目的实施、发展循环经济的信息服务等;将循环经济重大科技攻关项目的自主创新研究、应用示范和产业化发展列入国家或者省级科技发展规划和高技术产业发展规划,并安排财政性资金予以支持;同时提出,国家对促进循环经济发展的产业活动给予税收优惠,并运用税收等措施鼓励进口先进的节能、节水、节材等技术、设备和产品,企业使用或者生产列入国家清洁生产、资源综合利用等鼓励名录的技术、工艺、设备或者产品的,按照国家有关规定享受税收优惠;对利用余热、余压、煤层气以及煤矸石、煤泥、垃圾等低热值燃料的并网发电项目,价格主管部门按照有利于资源综合利用的原则确定其上网电价。

4.5.2 低碳生态市政设施建设激励政策探索

国内外的经验表明,采取激励政策有利于促进水资源综合利用、能源清洁高效利用、废弃物减量循环利用等技术的使用。另一方面,在具体制定上述低碳生态市政基础设施建设激励政策的过程中,仍需要考虑不同发展阶段的激励力度和不同激励方式的使用两个方面。

1. 根据发展阶段采取不同的激励力度

在低碳生态市政基础设施建设的起步阶段,相关法律法规、标准规范等还不完善,绿色、低碳、环保、生态的消费观及消费理念尚未形成,相关产品的需求能力不足,技术、产品、设备等尚未形成一定的产业规模,导致建设增量成本较高。在这种情况下,须给予较高的经济激励,以弥补低碳生态市政基础设施建设带来的增量成本及外部成本。

到低碳生态市政基础设施建设的发展阶段，随着新材料、新能源、新技术等研发利用，产业经济带来的规模经济凸显，企业成本降低，这时需要政府给予一定的激励额度，弥补其增量成本，以鼓励其进行低碳生态市政基础设施的建设。

到低碳生态市政基础设施建设的成熟阶段，由于观念理念的转变、产品需求提高、建设成本下降，社会公众和相关企业能够自主选择低碳生态技术，政府即可逐渐退出市场，减少干预，市场这只看不见的手将会对低碳设施和产品数量进行调节，从而达到社会最优水平。

2. 综合采用不同激励方式

财政补贴政策。财政补贴政策是政府通过财政支出方式对投资主体实施补贴，直接增加收入从而提高投资收益水平[199]。从补贴对象来看，财政补贴包括中央政府对地方政府的补贴和地方政府对投资企业的补贴；从补贴方式来看，财政补贴包括财政直接补贴和财政贴息。

税收优惠政策。税收优惠政策是指政府利用税收政策，减轻参与低碳生态市政基础设施建设的相关主体应履行的纳税义务，实现对低碳生态市政基础设施相关方给予间接补贴的经济激励活动，从而提高低碳生态市政基础设施建设的积极性。

金融优惠政策。改进和完善对低碳生态市政基础设施的金融服务，对投资低碳生态市政基础设施的相关企业给予贷款、担保等方面的优惠。例如，福建省地方政府规定，金融机构优先支持绿色建筑消费和开发贷款，在贷款利率浮动范围内，绿色建筑的消费贷款利率可下浮 0.5%，开发贷款利率可下浮 1.0%；类似的，可根据实际情况，对于水资源综合利用、能源高效利用、废弃物循环利用等低碳生态市政基础设施项目予以相应的金融优惠政策。

土地优惠政策。国土部门给予低碳生态市政基础设施建设项目土地转让方面的优惠政策，可在土地招拍挂协议中明确低碳生态市政基础设施建设要求、技术要点等内容，并对符合条件的给予相应奖励，从而提高低碳生态市政基础设施投资建设的积极性。例如，福建省地方政府规定，按照一、二和三星级绿色建筑要求开发的房地产企业分别获得 1%、2% 和 3% 的奖励容积率；类似的，可根据实际情况，对于满足低碳生态市政基础设施建设要求的小区，给予一定容积率奖励。

参考文献

[1] 王丽辉.基础设施概念的演绎与发展 [J].中外企业家, 2010（4）: 28-29.

[2] 刘剑锋.城市基础设施水平综合评价的理论和方法研究 [D].北京: 清华大学, 2007.

[3] 国家统计局.新中国 60 周年系列报告之七——基础产业和基础设施建设取得辉煌成就. 2009. http: //www.stats.gov.cn/ztjc/ztfx/qzxzgcl60zn/200909/t20090915_68639.html.

[4] 孙平.上海城市规划志 [M].上海社会科学院出版社, 1999.

[5] 中华人民共和国统计局.基础产业和基础设施建设成绩斐然——改革开放 30 年我国经济社会发展成就系列报告之四.

[6] 住房城乡建设部, 国家发展改革委.全国城市市政基础设施建设 "十三五" 规划 [R]. 2017.

[7] 苗君强.资源型城市低碳生态转型的建设路径研究——以东营市为例 [D].天津: 天津大学, 2013.

[8] 郝文升.低碳生态城市过程创新与评价研究 [D].天津: 天津大学, 2012.

[9] 单樑, 荆万里, 林姚宇.基于 SMART 方法的低碳生态城市规划设计实践研究——以深圳国际低碳城启动区规划为例 [J].华中建筑, 2013（9）: 129-133.

[10] 沈清基, 安超, 刘昌寿.低碳生态城市的内涵、特征及规划建设的基本原理探讨 [J].城市规划学刊, 2010（5）: 48-57.

[11] 普雷斯科特.普雷斯科特在 2007 年低碳经济和中国能源与环境政策研讨会开幕式讲话, 低碳经济和中国能源与环境政策, http: //www.cciced.org/roundtable/roundmeeting07/200802/t2000226_149393.htm.

[12] 马强.低碳视角下的绿色市政规划实施研究——以珠三角为例 [C]. 2012 中国城市规划年会. 2012.

[13] 章蓓蓓, 黄有亮, 程赟.市政基础设施低碳化及其发展路径 [J].建筑经济, 2010（9）: 97-100.

[14] 张亮.低碳市政基础设施构建及若干关键问题探讨——以深圳盐田区为例 [C]. 2014 中国城市规划年会. 2014.

[15] 曾小瑱.低碳市政技术选择方法与应用策略分析.中国城市规划年会论文集 [C].北京: 中国建筑工业出版社, 2016.

[16] 李锋, 王如松, 赵丹.基于生态系统服务的城市生态基础设施: 现状、问题与展望 [J].生态学报, 2014, 34（1）: 190-200.

[17] 顾斌, 沈清基, 郑醉文等.基础设施生态化研究——以上海崇明东滩为例[J].城市规划学刊, 2006(4): 20-28.

[18] 赵文俊.市政工程生态化 [D].上海: 同济大学, 2008.

[19] 刘广红, 何小山, 王仁杰等.智慧城市信息通信系统研究 [J].邮电设计技术, 2012（6）: 22-26.

[20] 刘星, 高斌.新加坡生态城市市政规划建设及其经验借鉴 [J].低碳生态城市, 2012（6）: 64-69.

[21] 沈璇.城市可再生能源总体规划初探——以英国伯纳斯（Penarth）可再生能源总体规划为例.理想空间, 2013（55）: 116-122.

[22] 吴文伟.德国垃圾焚烧管理途径分析 [J].城市管理与科技, 2008, 10（2）: 68-71.

[23] 严陈玲，陈洁 . 德国城市固体垃圾管理最新进展 [J]. 环境卫生工程，2016，24（5）：83-85.

[24] 深圳市光明新区政府 . 绿色新城光明之路——深圳光明新区绿色低碳发展的实践与思考 [J]. 中国房地产业，2012（5）：32-39.

[25] 叶兴平，程炜，陈国伟 . 低碳生态理念下的控制性详细规划编制内容体系探索——以苏州独墅湖科教创新区低碳生态控制性详细规划为例 [J]. 理想空间，2013（55）：106-109.

[26] 中华人民共和国住房和城乡建设部，英国驻华大使馆，英国阿特金斯集团等 . 低碳生态城市规划方法 [M]. 2014.

[27] 王玲 . 城市规划管理中的问题研究 [D]. 上海：复旦大学，2008.

[28] 胡盈盈，陆佳 . 低碳生态视角下的深圳城市规划管理体系初探 [C]. 2012 中国城市规划年会 . 2012.

[29] 樊行，陆佳 . 基于规划管理的低碳生态城市建设激励性政策研究初探——以深圳为例 [C]. 山地城镇可持续发展专家论坛论文集 . 2012.

[30] 张一成，樊行 . 低碳生态城市建设规划管理探索与创新——兼谈深圳低碳生态示范市的规划建设 [C]. 2015 中国城市规划年会 . 2015.

[31] 陈晓，叶伟华 . 深圳低碳生态城市规划编制和实施管理探索和实践 [J]. 重庆建筑，2011，10（8）：1-4.

[32] 张云，崔树彬，胡惠方，左其亭 . 南方地区再生水利用可行性及关键问题探讨 [J]. 南水北调与水利科技，2011，9（01）：122-125.

[33] 张亮 . 我国城市再生水利用的主要制约因素及对策建议 [J]. 发展研究，2016（03）：14-16.

[34] 焦璀玲 . 城市生态环境需水量计算方法研究 [D]. 山东大学，2006.

[35]《"十三五"全国城镇污水处理及再生利用设施建设规划》. http：//www.gov.cn/xinwen/2017- 01/23/content_5162482.htm.

[36] 李威，孔德骞 . 深圳市再生水利用专题调研分析 [J]. 中国给水排水，2009，25（16）：23-25.

[37] 丁年，胡爱兵，任心欣，杨晨 . 深圳市再生水利用规划若干问题的探讨 [J]. 中国给水排水，2014，30（12）：30-33.

[38] 杨晨，任心欣，胡爱兵 . 城市再生水供水模式初探——以深圳市沙井再生水厂为例 [A]. 中国城市规划学会，南京市政府 . 转型与重构——2011 中国城市规划年会论文集 [C]. 中国城市规划学会，南京市政府，2011：7.

[39] 张璐琴 . 再生水与自来水供水价格的合理比价关系分析 [J]. 中国物价，2014（11）：40-43.

[40] 朱伟伟，郑国全 . 城市雨洪利用研究进展 [J]. 浙江农林大学学报，2015，32（06）：976-982.

[41] 吴思远 . 广州市城市暴雨内涝成因及雨洪利用技术研究 [D]. 华南理工大学，2013.

[42] 俞绍武，任心欣，胡爱兵 . 深圳市光明新区雨洪利用目标及实施方法探讨 [J]. 城市规划学刊，2010（S1）：97-100.

[43] 周玉文，邝守启，赵树旗，汪明明，丁年，张武强，刘江涛 . 深圳市雨洪利用规划探讨 [J]. 给水排水，2007（02）：39-41.

[44] 郭殿乙 . 雨洪利用技术缓解城市内涝的应用 [J]. 广东水利水电，2012（08）：13-16.

[45] 胡爱兵，任心欣，俞绍武，丁年 . 深圳市创建低影响开发雨水综合利用示范区 [J]. 中国给水排水，2010，26（20）：69-72.

[46] 孙静 . 德国汉诺威康斯柏格城区一期工程雨洪利用与生态设计 [J]. 城市环境设计，2007（03）：93-96.

[47] 南方沿海城市雨洪利用规划的探讨——以深圳市雨洪利用规划为例 [A]. 中国城市规划学会. 城市规划和科学发展——2009 中国城市规划年会论文集 [C]. 中国城市规划学会，2009：4.

[48] 姚慧敏，孔庆波. 我国北方沿海城市海水利用概述 [J]. 中国环保产业，2008，11：17-21.

[49] 国家海洋局. 2015 年全国海水利用报告 [R]. 北京：国家海洋局，2016.

[50] 艾钢，吴建平，朱忠信. 海水淡化技术的现状和发展 [J]. 净水技术，2004，23（3）：24-28，40.

[51] 陆柱，海水淡化技术的发展现状——国际海水淡化与水科学会议简介 [J]. 净水技术，1996，15（1）：39-41.

[52] 陆柱，徐立冲. 海水淡化技术进展 [J]. 净水技术，1993，12（3）：3-7.

[53] 周晶. 宁德核电站项目海水淡化设计方案比选 [J]. 净水技术，2011，30（4）：70-73.

[54] 张雨山，王静，寇希元等. 大生活用海水技术 [J]. 海岸工程，2000，19（1）：73-77.

[55] 朱庆平，史晓明，詹红丽，江桦. 我国海水利用现状、问题及发展对策研究 [J]. 中国水利，2012，21：30-33.

[56] 屈强，张雨山，王静，赵楠. 新加坡水资源开发与海水利用技术 [J]. 海洋开发与管理，2008，8：41-45.

[57] 高从堦. 海水淡化水作为饮用水所需的后处理 [C]. 全国非常规水源利用技术研讨会，2011.

[58] 国家发展改革委，国家海洋局. 全国海水利用"十三五规划"[R]. 北京：国家发展改革委，国家海洋局，2016.

[59] 深圳市城市规划设计研究院有限公司. 深圳市海水淡化工艺及布局研究 [R]. 深圳：深圳市城市规划设计研究院有限公司，2016.

[60] 屈强，张雨山，王静，赵楠. 香港特别行政区的海水利用技术 [J]. 海洋开发与管理，2008，25（12）：17-21.

[61] 廖雷. 城市初期径流雨水水量与截留池容积计算方法的研究 [D]. 湖南大学，2015.

[62] 赖后伟，黎京士，庞志华，周秀秀，何晨晖. 深圳大工业区初期雨水水质污染特征研究 [J]. 环境污染与防治，2016，38（03）：11-15.

[63] 周秀秀，黎京士，卢萃云，刘立，庞志华. 工业区初期雨水污染控制 [J]. 工业用水与废水，2015，46（01）：1-5.

[64] 李彦伟. 城市雨水管网优化与初期雨水污染控制研究 [D]. 天津大学，2010.

[65] 袁步先，张浏，郑西强，匡武. 城市新区初期雨水污染控制技术探讨 [J]. 安徽农业科学，2015，43（19）：251-253，263.

[66] 程晓波. 上海市中心城区初期雨水污染治理策略与案例分析 [J]. 城市道桥与防洪，2012（06）：168-171，15.

[67] 徐志强，秦忠强，杜浩为，苏晓，李忠峰. 人工湿地处理滨海盐碱地区初期雨水和微污染河水 [J]. 中国给水排水，2016，32（13）：6-9.

[68] 徐鹤，刘家宏，于莉君. 我国分质供水的发展 [J]. 水利水电技术，2012，43（09）：74-76，80.

[69] 周影烈，莫罹. 分质供水的模式与应用 [J]. 净水技术，2011，30（03）：20-24.

[70] 张红，李德强，陈浩亮. 分质供水模式的发展研究 [J]. 广东化工，2012，39（13）：65，57.

[71] 林晓云，徐道华，池明霞，王存. 现代城市实施分质供水的研究分析 [J]. 化学工程与装备，2010（01）：185-187.

[72] 袁一星，钟丹，于军，赵洪宾 . 我国管道分质供水的现状与展望 [J]. 中国给水排水，2009，25（06）：19-23.

[73] 李程 . 我国分质供水选择方法的思考 [J]. 山西建筑，2008（16）：168-169.

[74] 黄永东，肖贤明，徐显干，吴兆红 . 管道分质供水消毒副产物及其安全性评价 [J]. 环境污染与防治，2005（05）：349-351+317.

[75] 李田，刘遂庆 . 分质供水解决城市饮用水水质问题的局限与作用探讨 [J]. 给水排水，1999（02）：8-12，2.

[76] 孙铁珩，周启星，张凯松 . 污水生态处理技术体系及应用 [J]. 水资源保护，2002，3：6-9.

[77] 杨文涛，刘春平，文红艳 . 浅谈污水土地处理系统 [J]. 土壤通报，2007，38（2）：394-397.

[78] 刘娜 . 污水生态处理技术研究 [D]. 西安建筑科技大学，2009.

[79] 黄梅，李小兵 . 我国生态塘污水处理工艺的研究与应用 [J]. 企业技术开发 .2004，23（12）：19-21.

[80] 朱继红，宋碧玉，王启中等 . 新型污水生态工程处理技术 [J]. 污染防治技术，2003（z2）：107-110.

[81] 田魁祥，李惠英，李伟强等 . 城市生活污水微型生态处理工程及再生水农业利用研究 [J]. 土壤与作物，2001，17（4）：276-278.

[82] 孙铁珩，周思毅 . 城市污水土地处理技术指南 [M]. 北京：中国环境科学出版社，1997.

[83] 孙铁珩，周启星，李培军 . 污染生态学 [M]. 北京：科学出版社，2001.

[84] 郝桂玉 . 污水土地处理系统相关机理研究及实践应用 [D]. 华东师范大学，2005.

[85] 陆敏 . 污水处理型人工湿地规划设计研究 [D]. 山东农业大学，2009.

[86] 李家科，李亚，沈冰，等 . 基于 SWMM 模型的城市雨水花园调控措施的效果模拟 [J]. 水力发电学报，2014，33（4）：60-67.

[87] US.EnvironmentalProtection Agency（USEPA）. Lowimpact development：A Literature Review. Washington，DC，2000

[88] 中华人民共和国住房和城乡建设部组织编制 . 海绵城市建设技术指南——低影响开发雨水系统构建（试行）[M]. 中国建筑工业出版社，2015.

[89] 程小文 . 发展我国城市天然气分布式能源的规划对策 [C]. 2012 城市发展与规划大会论文集：1-7.

[90] 智研咨询集团 . 2016-2022 年中国分布式能源产业发展现状及投资前景评估报告 [R]. 2016.

[91] 国家发展改革委 . 天然气发展"十三五"规划 [R]. 北京：国家发展改革委 .2016.

[92] 华贲主编 . 天然气冷热电联供能源系统 [M]. 北京：中国建筑工业出版社 .2010.

[93] 王新雷，田雪沁，徐彤 . 美国天然气分布式能源发展及对我的启示 [J]. 中国能源，2013，35（10）：25-28.

[94] 姜爱鹏 . 中美天然气分布式能源发展对比分析 [C]. 第二届油气田地面工程技术交流大会，2015：1150-1152.

[95] http：//www.chyxx.com/ind ustry/201609/446139.html.

[96] 许勤华，彭博 . "APEC 分布式能源论坛"综述——兼论中国天然气分布式能源的发展 [J]. 国际石油经济，2013，21（1）：96-101.

[97] 华贲 . 广州大学城分布式冷热电联供项目的启示 [J]. 沈阳工程学院学报（自然科学版）.2009，5（2）：97-102.

[98] 马福多 . 区域供冷技术的应用及发展分析 [J]. 建筑节能，2009，37（8）：26-28.

[99] 王刚 . 瑞典区域供冷技术对中国的启示 [J]. 建筑热能通风空调 . 2004, 23（3）: 24 ~ 29.

[100] 夏令操 . 浅析日本区域供冷供热的负荷预测 [J]. 暖通空调, 2009, 39（2）: 93-95.

[101] http：//www.szqh.gov.cn/ljqh/ghjs/xckd/jzgl/

[102] 马宏权, 龙惟定 . 区域供冷系统的应用现状与展望 [J]. 暖通空调, 2009, 39（10）: 52-59.

[103] 寿青云, 陈汝东 . 借鉴国外经验积极发展我国的区域供冷供热 [J]. 流体机械, 2003, 31（11）: 47-50.

[104] 马宏权, 贺孟春, 龙惟定 . 区域供冷技术的经济适用性分析 [J]. 暖通空调, 2011, 41（8）: 37-42.

[105] http：cxjn.cixi.gov.cn/art/2009/7/14/art_20669_321472.html

[106] 樊瑛, 龙惟定 . 冰蓄冷系统的碳减排分析 [J]. 同济大学学报（自然科学版）, 2011, 39（1）: 105-108.

[107] 罗启军 . 基于动态规划的冰蓄冷空调系统的优化控制 [D]. 武汉：华中科技大学, 2004.

[108] 射场本忠彦, 百田真史, 李筱玫 . 日本蓄冷（热）空调系统的发展与最新业绩 [J]. 暖通空调, 2010, 40（6）: 13-22.

[109] 吴喜平 . 冰蓄冷技术的应用和发展 [J]. 华东电力, 2001,（3）: 60-61.

[110] 贾晶, 万阳, 寿炜炜等 . 上海世博会中国馆冰蓄冷工程 [J]. 制冷与空调, 2012, 12（6）: 100-103.

[111] 孙育英, 赵耀华, 王颖杰 . 亚龙湾冰蓄冷区域供冷项目自控设计与应用分析 [J]. 建筑科学, 2012, 28（8）: 104-108.

[112] 骆泽彬, 吴喜平, 李昊翔 . 上海地区冰蓄冷空调工程现状调研与分析 [J]. 建筑节能, 2010, 38（8）: 21-23.

[113] 赵晶, 赵争鸣, 周德佳 . 太阳能光伏发电技术现状及其发展 [J]. 电气应用, 2007, 26（10）: 6-10.

[114] 陈德明, 徐刚 . 太阳能热利用技术概况 [J]. 物理, 2007, 36（11）: 840-847.

[115] 电力规划设计总院 . 中国能源发展报告 2016[R]. 北京：电力规划设计总院 . 2016.

[116] 孙艳伟, 王润, 肖黎姗, 刘健, 余运俊, 庄小四 . 中国并网光伏发电系统的经济性与环境效益 [J]. 中国人口资源与环境, 2011, 21（4）: 88-94.

[117] 张耀明 . 中国太阳能光伏发电产业的现状与前景 [J]. 新能源与新材料, 2007（1）: 1-6.

[118] 王雨 . 光伏发电在我国农村及偏远地区的推广与利用研究 [D]. 北京：中国农业科学院, 2012.

[119] 王磊 . 西藏地区被动太阳能建筑采暖研究 [D]. 成都：西南交通大学, 2008.

[120] http：//guangfu.bjx.com.cn/news/20170420/821405.shtml.

[121] 华锡锋, 周名嘉 . 浅谈光伏建筑一体化在超高层建筑珠江城项目的应用 [J].《电气应用》, 2010（15）: 58-62.

[122] 顾琰 . 林茨太阳城——生态宜居城市 [J]. 世界建筑, 2017（4）: 36-41.

[123] 黄俊鹏 . 徐尤锦 . 欧洲太阳能区域供热典型案例分析 [J]. 建设科技, 2017（2）: 70-78.

[124] http：//www.gov.cn/gzdt/2013-12/09/content_2544952.htm.

[125] 中国太阳能热利用产业联盟网 . 国内部分太阳能采暖案例经典项目 [J]. 中国太阳能产业资讯, 2017（5）: 17-20.

[126] 国家能源局 . 太阳能发展"十三五"规划 [R]. 北京：国家能源局 . 2016.

[127] Cheng V, Steemers K, Montavon M, etc. Urban Form, Density and Solar Potential. Proceedings of 23rd Conference on Passive and Low Energy Architecture. Geneva, Switzerland, 6-8 September 2006.

[128] 李晓君, 俞露 . 光环境分析在城市低碳生态规划中的应用初探 [C]. 中国城市规划年会论文集, 2015.

[129] 兰忠成 . 中国风能资源的地理分布及风电开发利用初步评价 [D]. 兰州：兰州大学，2015.

[130] Siler-Evans K, Azevedo IL, Morgan MG, Apt J. Regional variations in the health, environmental, and climate benefits of wind and solar generation. Proceedings of the National Academy of Sciences，2013，110（29）：11768-73.

[131] 沈德昌 . 中国小型风电机组和风光互补系统的应用 [C]. 全国农村清洁能源与低碳技术学术研讨会，2011.

[132] 孙楠，邢德山，杜海玲 . 风光互补发电系统的发展与应用 [J]. 山西电力，2010（4）：54-56.

[133] 李晓君 . 风热环境模拟在城市新区控制性详细规划中的应用研究 [D]. 武汉：华中科技大学，2015.

[134] 李晓君，俞露 . 基于风环境模拟的城市更新规划方案优化研究 [C]. 中国城市规划年会论文集，2014.

[135] http://www.chyxx.com/industry/201603/395778.html.

[136] 艾志刚 . 形式随风——高层建筑与风力发电一体化设计策略 [J]. 建筑学报，2009（5）：74-76.

[137] 沈德昌 . 中国小型风电机组和风光互补系统的应用 [C]. 全国农村清洁能源与低碳技术学术研讨会，2011.

[138] 付振常，马金花，方燕，赵洪华 . 风光互补发电系统与建筑一体化设计 [J]. 科学咨询：决策管理，2008（10）：56-56.

[139] 王贵玲，梁继运 . 全国地热资源潜力评价基本完成 [J]. 中国地质调查成果快讯，2016（34）：1-4.

[140] 梁继运，王贵玲 . 全国水热型地热资源家底基本摸清 [J]. 中国地质调查成果快讯，2016（34）：5-7.

[141] 马峰，王潇媛，王贵玲等 . 浅层地热能与干热岩资源潜力与开发前景分析 [J]. 科技导报，2015,33（19）：49-53.

[142] 汪集旸，胡圣标，庞忠和等 . 中国大陆干热岩地热资源潜力评估 [J]. 科技导报，2012，30（32）：25-31.

[143] 陶庆法，胡杰 . 浅层地热能开发利用的现状、发展趋势与对策 [J]. 地热能，2007（2）：5-10.

[144] 国家发展和改革委员会，国家能源局，国土资源部 . 地热能开发利用"十三五"规划 [R]. 2017.

[145] 刘东 . 水源热泵的经济性分析及应用 [D]. 天津：天津大学，2003.

[146] 马宏权，龙惟定，朱东凌 . 土壤源热泵系统的实施前提 [J]. 建筑热能通风空调，2009，28（1）：43-45.

[147] 雷维君 . 土壤源热泵系统的适用性分析 [J]. 山西建筑，2011，37（20）：122-123.

[148] 中研普华咨询公司 . 2016-2020 年中国地源热泵行业市场研究与趋势预测分析报告 [R]. 2016.

[149] 陈晓，彭建国，张国强等 . 地表水在供冷供热中应用的现状及分析 [J]. 建筑热能通风空调，2006，25（2）：25-27.

[150] 曾尚德，邱碧丹 . 20kV 配电网的必要性、经济性及可行性研究 [J]. 应用能源技术，2009（1）：36-38.

[151] 施侠，葛春定，蔡婷 . 国外 20 kV 配电网研究及其应用实践简述 [J]. 华东电力，2012（12）：2245-2248.

[152] 马晓东，姜祥生 . 苏州电网 20kV 配电电压的应用于发展 [J]. 电力设备，2008，9（9）：1-5.

[153] 司大军，孙向飞 . 20 kV 配电网优越性分析及应用研究 [J]. 云南水力发电，2008，24（6）：81-84.

[154] https://www.chargepoint.com/.

[155] http://new.abb.com/ev-charging.

[156] http://www.diandong.com/shenzhen/2016092240204.shtml.

[157] John Hogg. Sunshine Coast Council's Underground Automatic Waste Collection System[J]. Engineer ing for Public Works. 2017: 12-16.

[158] 李野，杨永健，何鹏等 . 中新天津生态城南部片区垃圾气力输送系统 2 号试运行及故障解析 [J]. 环境卫生工程 .2016（24）: 92-94.

[159] 何晟，吴军，任连海等 . 城市生活垃圾分类收集与资源化利用和无害化处理：以苏州为例 [M]. 苏州：苏州大学出版社，2015.

[160] 国家发展和改革委员会 . 中国资源综合利用年度报告 [R]. 2014.

[161] 许元，李聪 . 城市建筑垃圾产生量的估算与预测模型 [J]. 建筑砌块与砌块建筑，2014（3）: 43-47.

[162] GB50838-2015,《城市综合管廊工程技术规范》[S].

[163] 田强，薛国州，田建波等 . 城市地下综合管廊经济效益研究 [J]. 地下空间与工程学报，2015, 11（2）: 373-377.

[164] 于晨龙，张作慧 . 国内外城市地下综合管廊的发展历程及现状 [J]. 建设科技，2015, 17（12）: 50-51.

[165] 刘应明等 . 城市地下综合管廊工程规划与管理 [M]. 深圳，中国建筑工业出版社，2016.

[166] 周亦 . 基于移动测量技术的实景智慧燕郊建设的设计浅析 [J]. 北京测绘，2017（S2）: 14-17.

[167] 薛宏建 . 智慧城市云平台构建未来城市大脑 [J]. 中国信息界，2013（9）: 81-83.

[168] 宋娜，杨秀丹 . 阿姆斯特丹智慧城市建设及启示 [J]. 现代工业经济和信息化，2017, 137（5）: 3-5.

[169] 宋娜，杨秀丹 . 阿姆斯特丹智慧城市建设及启示 [J]. 现代工业经济和信息化，2017, 7（5）: 3-5.

[170] 满青珊，孙亭 . 新型智慧城市理论研究与实践 [J]. 指挥信息系统与技术，2017, 8（3）: 6-15.

[171] 庄继龙，赵立群 . 智慧城市通信基础规划与建设应用 [J]. 中国新通信，2016, 18（22）: 111.

[172] 任心欣，俞露等 . 海绵城市建设规划与管理 [M]. 北京：中国建筑工业出版社，2017.

[173] 王云，陈美玲，陈志瑞 . 低碳生态城市控制性详细规划的指标体系构建与分析 [J]. 城市发展研究，2014，21（1）: 46-52.

[174] https: //wenku.baidu.com/view/feda66de77eeaeaad1f34693daef5ef7ba0d1265.html.

[175] https: //zhidao.baidu.com/question/917923529740913379.html.

[176] http: //news.bjx.com.cn/html/20150225/592046.shtml.

[177] http: //www.360doc.com/content/16/0525/10/33671887_562122263.shtml.

[178] http: //gongkong.ofweek.com/2014-02/ART-310005-8420-28779647_3.html.

[179] http: //gongkong.ofweek.com/2014-02/ART-310005-8420-28779647_3.html.

[180] http: //finance.sina.com.cn/roll/2016-06-24/doc-ifxtmses0910016.shtml.

[181] http: //www.360doc.com/content/16/0512/14/32789769_558508146.shtml.

[182] 王淑娟 . 光伏电站资源分析发电量计算与预期收益 . http: //www.doc88.com/p-501980575 4049.html.

[183] 王生辉，潘献辉，赵河立，葛云红 . 海水淡化的取水工程及设计要点 [J]. 中国给水排水，2009,25（6）: 98-101.

[184] 张东铭，张岩岗，张玥，李玮，寇彦德 . 海水淡化厂取排水方式选择及设计要点研究 . 全国冶金节水与废水利用技术研讨会论文集 [C]. 北京：中国金属学会，2015.

[185] 李征，郑福居，李佳，魏建民，梁静波 . 垃圾管道力气输送系统优缺点及应用前景分析 [J]. 环境卫生工程，2016，24（4）: 91-93.

[186] 王丽英. 我国城市基础设施建设与运营管理研究 [D]. 天津财经大学，2008.

[187] 李心丹. 西方国家公用事业企业投资及管理模式分析 [J]. 东南大学学报，2000（Ⅱ）：23-25.

[188] 张文春，王辉民. 城市基础设施融资的国际经验与借鉴 [J]. 国家行政学院院报，2001（3）：79.

[189] 丁艳华. 城市公用事业市场化改革探讨 [J]. 城市公用事业，2004（4）：20-23.

[190] 李初升. 对城市经营若干问题的认识 [J]. 南开学报，2005（2）：22-25.

[191] 王韧农. BOT 投资方式在我国的运用和立法的完善 [J]. 金陵科技学院学报，2002，19（4）41-44.

[192] 刘省平. BOT 项目融资 [M]. 西安：西安交通大学出版社，2002.

[193] 张极井. 项目融资 [M]. 北京：中信出版社，1997.

[194] 胡振，朱金弟. 对我国公共项目开发中应用 PFI 融资模式的探索 [J]. 科学管理研究，2004，19（4）：12-15.

[195] 国家发展和改革委员会固定资产投资司. 苏州市吴中静脉园垃圾焚烧发电项目 [EB/OL]. http：//tzs.ndrc.gov.cn/zttp/PPPxmk/pppxmal/.

[196] 丁淑芳，任心欣，杨晨. 光明新区低影响开发雨水综合利用激励政策研究 [J]. 中国给水排水，2015，31（17）：104-107.

[197] 胡润青，李俊峰. 全球太阳能热利用行业激励政策及对我国的启示 [J]. 中国能源，2007，29（9）：27-31.

[198] 中国环保在线. 北京新建餐厨垃圾处理厂鼓励就地无害化消纳 [EB/OL]. http：//www.hbzhan.com/offernews/Detail/4778.html.

[199] 张丽. 建筑节能经济激励机制和政策选择研究 [D]. 北京交通大学，2005.

后 记

党的十九大提出，要加快生态文明提质改革，推进绿色发展，构建清洁低碳、安全高效的能源体系，推进资源全面节约和循环利用，降低能耗、物耗，实现生产系统和生活系统循环链接。而这种循环链接是依靠市政基础设施各组件、各要素、各系统实现的。在绿色、低碳、生态的城市建设模式成为必然趋势的当下，在市政基础设施的规划、建设和管理中引入新的理念、先进的技术和更高效的投融资机制，已经是不可逆转的方向。规划从业者需要有前瞻性的眼光和强大的行动力，去把握趋势、提前谋划，才能将城市引导向更有韧性、活力和智慧的方向。

谈到智慧，不由得令人想起如今几乎人人都在谈人工智能，大量资金投入、各类企业和应用涌现，智能化正在深刻地改变着市场和人们的生活。剑桥大学智慧基础设施与地下工程研究所报告显示，智慧基础设施在全球具有 4.8 万亿英镑的潜在市场，其中包括交通、能源、水务等多个领域。随着云计算、大数据、深度学习等方面的信息技术迅猛发展，单一的数字化技术、静态的工程管理、依靠人工的决策体系，已经无法满足基础设施全生命周期管控和实时系统调度的需求。基础设施的智慧化可以更好地提升利用效率、延长设施寿命、收集储备海量数据，并拉动大量的周边行业发展。过去我们常以专业分割、独立工程的角度来看待市政基础设施，实际上，理念和技术的进步正在促进资源能源各要素之间的相互关联，以促成一个真正的设施网络——不仅仅是实体之间联结成网，更让物质流和能源流进行多维重构，所组成的生态链得以稳固和延展。规划师如何顺应大数据、智能化和网络化的发展趋势？是否要打破专业项目组之间的限制，并引入诸如计算机工程、地理信息、生态学、数据科学等专业人才？是否在"互联网＋"的平台上，重新理解和审视基础设施的建设和管理？这些都是我们需要时刻关注并深入思考的问题。

本书探讨了：什么是低碳生态的市政基础设施，哪些是低碳生态的市政基础设施，如何规划和管理低碳生态的市政基础设施。但对于一个重要问题的探索，还在初步阶段，即为：市政基础设施的低碳生态化建设，究竟能在低碳生态城市中起到什么样的贡献？除了本书 3.3.6 章节已经涉及对单项技术带来的减碳效益评估之外，系统结构的优化、新技术的不断出现还将进一步影响城市的空间结构和土地利用模式，以及人们的生活生产方式。这些间接的影响如何量化评估，或者在一个更大的系统中一并进行衡量？系统的好与坏，除了以经验进行人为判断之外，是否还可以建立一个更加智能的反馈模式？基础设施的核心是为人服务，人的体验和感受也应该是评价的维度之一，并且进一步对品质提升起到促进作用。

以上的这些思考，是本书编制过程中逐渐形成的，因为没有经过更深入的研究，仅依托于实际案例的实践和总结，所以无法形成更系统的观点，不能不说也是一种遗憾。

当然，这将鞭策我们继续探索前行，抓住每一个闪光的思考瞬间，在创新和进取中迎来新的进步。我们也希望与全国的同行有更多的交流和探讨，共同推动行业的革新。

深圳市城市规划设计研究院低碳生态规划研究中心

2018 年 5 月 1 日

致　谢

本书内容分为理念篇、技术篇、规划篇和管理篇等四章，由司马晓、丁年负责总体策划、统筹安排等工作，由俞露、曾小瑱共同担任执行主编，负责大纲编写、组织协调和审定稿等工作。

本书凝结了30多位团队成员的心血和智慧，其中理念篇主要由张亮、李翠萍等负责编写，技术篇由李晓君、汤钟、李亚、李冰、宋鹏飞、谢家强等负责编写，规划篇由曾小瑱、郭秋萍等负责编写，管理篇由李炳锋、李亚坤等负责编写。在本书成稿过程中，崔红蕾、吴丹负责完善全书图表制作工作，刘应明对本书的总体框架提出了很多宝贵意见，并承担了全书文字审核工作。韩刚团、杜兵、王健、唐圣钧、孙志超、任心欣等多位同志配合完成了全书的文字校对工作，在此表示深深的感谢！

本书在编写过程中，参阅了大量的文献，得到了深圳市规划和国土资源委员会、深圳市特区建设发展集团等单位的大力支持，在此表示由衷的感谢！所附参考文献如有疏漏或错误，请作者与编写组或出版社联系，以便再版时及时补充或更正。

本书出版凝聚了中国建筑工业出版社朱晓瑜编辑的辛勤工作，在此表示万分感谢！

最后，谨向所有帮助、支持和鼓励完成本书的专家、朋友和家人们致以真挚的感谢！